U0209928

“十四五”时期国家重点出版物
出版专项规划项目

水体污染控制与治理科技重大专项“十三五”成果系列丛书
重点行业水污染全过程控制技术系统与应用标志性成果
流域水污染治理成套集成技术丛书

钢铁行业水污染治理成套集成技术

◎ 李素芹 李玉平 张建良 等 编著

化学工业出版社
·北京·

内 容 简 介

本书是“流域水污染治理成套集成技术丛书”的一个分册，是在“十一五”“十二五”“十三五”水体污染控制与治理科技重大专项钢铁行业水污染治理技术整理与归纳的基础上，对钢铁行业各个生产工序废水、废液的特点和控制技术现状进行分析，凝练出具有示范推广价值的钢铁生产源头及过程节水减排成套技术、焦化废水污染综合控制成套技术、综合废水处理与水回用成套技术和钢铁园区水网络优化与智能调控关键技术，并对相关成套技术的适用范围、就绪度、技术指标及工艺技术参数进行描述，给出了典型污染治理技术的应用案例等。

本书所涉及相关技术具有较强的创新性、引领性、实用性和可操作性，可供从事废水处理处置及污染控制等的工程技术人员、科研人员和管理人员参考，也可供高等学校环境工程、市政工程、生态工程及相关专业师生参阅。

图书在版编目（CIP）数据

钢铁行业水污染治理成套集成技术/李素芹等编著. —北京：化学工业出版社，2020.12
（流域水污染治理成套集成技术丛书）
ISBN 978-7-122-38309-9

Ⅰ.①钢…　Ⅱ.①李…　Ⅲ.①钢铁工业-工业废水-水污染防治　Ⅳ.①X757.031

中国版本图书馆 CIP 数据核字（2021）第 001998 号

责任编辑：刘兴春　刘　婧　　文字编辑：刘兰妹
责任校对：边　涛　　装帧设计：史利平

出版发行：化学工业出版社（北京市东城区青年湖南街 13 号　邮政编码 100011）
印　　装：北京建宏印刷有限公司
787mm×1092mm　1/16　印张 20¾　彩插 8　字数 417 千字　2022 年 4 月北京第 1 版第 1 次印刷

购书咨询：010-64518888　　售后服务：010-64518899
网　　址：http://www.cip.com.cn
凡购买本书，如有缺损质量问题，本社销售中心负责调换。

定　　价：158.00 元

《钢铁行业水污染治理成套集成技术》编著人员名单

编 著 者（按姓氏笔画排序）：

弓爱君　王天宇　王海东　王靖宇　石绍渊　卢忠飞　宁朋歌
刘　涛　刘征建　闫　威　孙　健　李　红　李　晶　李玉平
李志超　李素芹　李海波　李惊涛　张　弓　张玉秀　张玮玮
张建良　张春晖　张亮亮　武会宾　尚成嘉　郑　蕾　赵　赫
赵月红　段　锋　夏　春　高康乐　曹宏斌　逯博特　焦克新
谢勇冰　蔡怡清

前 言

钢铁行业是国家的工业之母，是重要的国民经济支柱产业，在经济建设、国防建设、社会发展、财政税收等方面发挥着极其重要的作用。钢铁行业作为我国实现工业化和现代化的关键性基础产业之一，近年来得到了飞速发展，到 2019 年，已形成粗钢产量 9.96 亿吨、钢材 12 亿吨生产规模，成为较具国际竞争力的传统产业。钢铁行业关联产业面广，经济带动性强，在国民经济发展过程中占有十分重要的地位，但同时不容忽视的是其“三废”排放也对生态环境产生了一定的影响。

钢铁企业是集烧结、焦化、炼铁、炼钢、连铸、轧钢等各生产工序于一体的联合企业，在生产过程中各生产工序均会产生并排放一定量的废水。虽采取了有力控制措施，但由于钢铁行业体量大，其在工业领域里仍是耗水和排污大户，仅次于电力、纺织印染、造纸，其耗水量约占全国工业水耗的 14%，排放污水量约占工业总排放量的 12%。《钢铁工业水污染物排放标准》（GB 13456—2012）是目前钢铁企业废水排放的依据，而 2015 年 4 月 16 日国务院颁布的《水污染防治行动计划》（简称“水十条”）中，将钢铁行业列入专项整治十大重点行业之一。钢铁行业用水量大，加剧水资源消耗，废水排放造成环境污染。随着我国节能减排要求的提高，钢铁行业水治理与回用技术也在不断更新。根据目前我国钢铁企业用水处理与废水回用技术研究的现状，通过对国内外先进水处理技术进行深层次总结、分析、综合与集成，实施对钢铁工业废水的减量化、资源化和无害化全过程管理，对我国钢铁工业用水技术的发展具有重要意义。因此，有必要深入解读我国钢铁行业环保政策要求，梳理钢铁行业先进的节水减排技术和末端废水治理技术，为我国钢铁行业的生态绿色发展提供环保技术支撑和案例借鉴。

本书是对“十一五”“十二五”“十三五”水专项钢铁行业水污染治理技术的整理与归纳，提出了具有示范推广价值的源头防治技术、过程控制技术和末端治理技术，详细介绍了含特征污染物的废水和综合废水的常规处理、深度处理和回用技术，并通过实际废水处理工程设计给出了典型技术的成套应用案例。另外，书后附有《钢铁工业水污染物排放标准》（GB 13456—2012）、《炼焦化学工业污染物排放标准》（GB 16171—2012），便于读者查阅。本书具有较强的技术性和针对性，可供从事钢铁工业水处理及污染控制等工程技术人员、科研人员和管理人员参考，也可供高等学校环境工程、市政工程、生态工程及相关专业师生参阅。

本书由李素芹、李玉平、张建良等编著，具体编著分工如下：第 1 章由弓爱君、张玮玮等执笔；第 2 章由李素芹、张建良、郑蕾、刘征建、焦克新、闫威、李晶、尚成嘉、武会宾、李志超、刘涛等执笔；第3章由曹宏斌、李玉平、谢勇冰、赵赫、宁朋歌、李海波、王靖宇、夏春、高康乐、张亮亮、卢忠飞、张春晖、张玉秀等执笔；第4章由张春晖、王天宇、石绍渊、谢勇冰、段锋、李惊涛、孙健、王海东、李红、张弓、王靖宇等执笔；第5章由李惊涛、李红、高康乐、逯博特、蔡怡清、赵月红等执笔。全书最后由李素芹统稿并定稿。此外，赵鑫、张磊、王凯、侯玉婷、承强、王超、菅玲玲、刘宗、崔毓莹、唐佳伟、李婷、祖德彪、徐伟超等参与了本书部分编著工作，在此表示感谢。

本书的编著和出版得到了水体污染控制与治理科技重大专项“钢铁行业水污染全过程控制技术系统集成与综合应用示范”（2017ZX07402001）的支持，在此表示感谢。另外，化学工业出版社的相关编辑为本书的顺利出版及质量提升付出了艰辛劳动，在此表示感谢。

限于编著者水平和编著时间，书中疏漏和不妥之处在所难免，望同行和读者批评指正。

编著者

2020年12月

目 录

第 1 章 概述 …… 1

1.1 ▶ 钢铁行业废水特点 …… 1

1.1.1 钢铁行业水污染物来源、种类及污染特征 …… 2

1.1.2 钢铁行业水污染危害及控制必要性分析 …… 6

1.2 ▶ 钢铁行业水污染控制现状分析 …… 7

1.2.1 相关法律法规、排放标准、技术政策 …… 7

1.2.2 钢铁废水控制技术现状 …… 12

1.2.3 焦化废水控制技术现状 …… 16

1.2.4 综合污水控制技术现状 …… 25

1.2.5 污水回用技术现状 …… 27

参考文献 …… 31

第 2 章 钢铁生产源头及过程节水减排成套技术 …… 33

2.1 ▶ 绿色供水技术 …… 33

2.1.1 技术简介 …… 34

2.1.2 适用范围 …… 36

2.1.3 技术就绪度评价等级 …… 36

2.1.4 技术指标及参数 …… 36

2.2 ▶ 污泥废水综合配矿清洁烧结技术 …… 45

2.2.1 技术简介 …… 45

2.2.2 适用范围 …… 45

2.2.3 技术就绪度评价等级 …… 49

2.2.4 技术指标及参数 …… 49

2.3 ▶ 高炉用水减量化控制及冷却制度优化技术 …… 55

2.3.1 炉体全生命周期冷却制度优化技术 …… 55

2.3.2 炉体冷却系统供水方式优化技术 …… 69

2.4 ▶ 转炉炼钢工序节水技术 …… 81

2.4.1 技术简介 …… 82

2.4.2 适用范围 …… 82
2.4.3 技术就绪度评价等级 …… 82
2.4.4 技术指标及参数 …… 82
2.5 ▶ 轧钢过程节水关键技术 …… 91
2.5.1 低温加热技术 …… 91
2.5.2 智能化控制技术 …… 98
2.6 ▶ 循环水水质稳定强化技术 …… 106
2.6.1 技术简介 …… 106
2.6.2 适用范围 …… 108
2.6.3 技术就绪度评价等级 …… 108
2.6.4 技术指标及参数 …… 109
参考文献 …… 115

第3章 焦化废水污染综合控制成套技术 …… 119

3.1 ▶ 高毒性脱硫废液解毒处理技术 …… 119
3.1.1 技术简介 …… 119
3.1.2 适用范围 …… 119
3.1.3 技术就绪度评价等级 …… 119
3.1.4 技术指标及参数 …… 119
3.2 ▶ 酚油协同萃取技术 …… 121
3.2.1 技术简介 …… 121
3.2.2 适用范围 …… 121
3.2.3 技术就绪度评价等级 …… 121
3.2.4 技术指标及参数 …… 122
3.3 ▶ 基于高效菌株生物强化的氮杂环类有机污染物靶向削减技术 …… 132
3.3.1 技术简介 …… 132
3.3.2 适用范围 …… 136
3.3.3 技术就绪度评价等级 …… 136
3.3.4 技术指标及参数 …… 136
3.4 ▶ 高效脱氰脱碳混凝技术 …… 153
3.4.1 技术简介 …… 153
3.4.2 适用范围 …… 153
3.4.3 技术就绪度评价等级 …… 153
3.4.4 技术指标及参数 …… 153

3.5 ▶ 非均相催化臭氧氧化技术 …… 159
3.5.1 技术简介 …… 159
3.5.2 适用范围 …… 159
3.5.3 技术就绪度评价等级 …… 159
3.5.4 技术指标及参数 …… 159
3.6 ▶ 焦化废水闷渣调控技术 …… 165
3.6.1 技术简介 …… 165
3.6.2 适用范围 …… 166
3.6.3 技术就绪度评价等级 …… 166
3.6.4 技术指标及参数 …… 166
3.7 ▶ 焦化废水回用过程对水、土壤及大气的二次污染防控技术 …… 172
3.7.1 技术简介 …… 172
3.7.2 适用范围 …… 172
3.7.3 技术就绪度评价等级 …… 173
3.7.4 技术指标及参数 …… 173
3.8 ▶ 焦化废水生物处理尾水电吸附深度脱盐处理技术 …… 180
3.8.1 技术简介 …… 180
3.8.2 适用范围 …… 181
3.8.3 技术就绪度评价等级 …… 181
3.8.4 技术指标及参数 …… 181
3.9 ▶ 高浓度化产废水催化聚合关键技术 …… 182
3.9.1 技术简介 …… 182
3.9.2 适用范围 …… 182
3.9.3 技术就绪度评价等级 …… 182
3.9.4 技术指标及参数 …… 182
3.10 ▶ 焦化废水达标处理工艺包 …… 183
3.10.1 技术简介 …… 183
3.10.2 适用范围 …… 183
3.10.3 技术指标及参数 …… 183
参考文献 …… 188

第4章 综合废水处理与水回用成套技术 …… 191

4.1 ▶ 纳米陶瓷无机膜-电絮凝耦合处理酸洗废液技术 …… 191
4.1.1 技术简介 …… 191

4.1.2 适用范围 …… 192
4.1.3 技术就绪度评价等级 …… 192
4.1.4 技术指标及参数 …… 192
4.2 ▶ 新型化学破乳剂 …… 199
4.2.1 技术简介 …… 199
4.2.2 适用范围 …… 199
4.2.3 技术就绪度评价等级 …… 200
4.2.4 技术指标及参数 …… 200
4.3 ▶ 综合废水深度处理与回用技术 …… 208
4.3.1 低浓度有机物深度臭氧氧化技术 …… 208
4.3.2 以多流向强化澄清工艺为核心的钢铁企业综合污水处理与回用技术 …… 220
4.4 ▶ 高盐废水处理及回用关键技术 …… 230
4.4.1 高盐有机废水臭氧高级氧化降解-多膜组合脱盐技术 …… 230
4.4.2 高盐复杂废水高效电催化处理新技术 …… 242
4.4.3 高盐废水处理及回用工艺包 …… 248
参考文献 …… 252
第5章 钢铁园区水网络优化与智能调控关键技术 …… 256
5.1 ▶ 全流程多因子水质水量平衡优化技术 …… 256
5.1.1 技术简介 …… 256
5.1.2 适用范围 …… 260
5.1.3 技术就绪度评价等级 …… 260
5.1.4 技术指标及参数 …… 260
5.2 ▶ 钢铁企业全过程节水减排智慧管控平台技术 …… 270
5.2.1 技术简介 …… 270
5.2.2 适用范围 …… 271
5.2.3 技术就绪度评价等级 …… 272
5.2.4 技术指标及参数 …… 272
5.3 ▶ 钢铁园区水网络全局优化技术 …… 280
5.3.1 典型钢铁工业园水网络全局优化的单元超结构建模 …… 280
5.3.2 物质转化全流程超结构模型优化求解策略及算法研究 …… 284

5.3.3 基于模型优化的园区层面水污染全过程综合控制示范研究 …… 289
参考文献 …… 302

附录 …… 303

附录 1 ▶ 钢铁工业水污染物排放标准（GB 13456—2012） … 303
附录 2 ▶ 炼焦化学工业污染物排放标准（GB 16171—2012） … 311

第1章 概述

1.1 钢铁行业废水特点

钢铁行业是我国重要的国民经济支柱产业，在经济建设、国防建设、社会发展、财政税收以及保增长稳就业等方面发挥着极其重要的作用，为保障我国经济和社会发展做出了重要的贡献。我国的钢铁行业具有高度的产业关联性，其下游涵盖了金属制造业、机械加工业、运输工具业、电工器材业、建筑业等。但是钢铁工业在工业领域里是耗水和排污大户，仅次于电力、纺织印染、造纸，其耗水量约占全国工业水耗的14%，排放污水量约占工业总排放的12%。钢铁工业用水量大，加剧水资源消耗，废水排放造成环境污染[1]。

应该说明的是，钢铁工业的生存与发展是与矿产资源、水资源、能源、运输、环保五大因素直接相关的，而钢铁工业污染物排放与对环境的潜在影响所涉及的方面更多，与原料、能源、资源、工艺、设备、技术、操作、管理、监控、防治水平、周围环境、气象条件以及社会进步、科技发展与经济能力等密切相关。它以社会对环境保护重要性判断为基础，并与当前科学技术与经济发展水平相适应。

钢铁工业面临的环境问题，既是地区性的也是全球性的。世界各国钢铁企业都具有潜在的环境污染问题，它们包括大气、水源、地表、地下、海洋、生态与生物多样性等环境问题。因此，保护环境是钢铁工业一项极其重要的任务。

以清洁生产为手段，运用循环经济发展模式，建设资源节约型、环境友好型绿色企业，是21世纪钢铁企业发展的战略性目标与任务。

现代化的大型钢铁生产集团用水系统有一些共同特点：一是对水质要求严格；二是新水耗量少；三是严格执行处理与排放标准；四是实行现代化的技术管理；五是重视用水系统的四个平衡问题，即水质、水温、悬浮物和水质稳定与溶解盐的平衡[2]。归根结底就是通过清洁生产的防治手段，运用循环经济的组织形式，实现钢铁生产资源节约型与环境友好型的持续发展的战略目标。

钢铁工业综合废水的另一大特点是水质、水量波动变化大。钢铁工业各工序排污水量和水质随生产周期、季节的变化而变化。一般在生产高峰期和夏季，由于用水量大，导致系统的排污水量增大，同时也增加了后续综合废水处理的难度。由于各排水点排放污水、废水的时间也不尽相同，水质变化也很大。

我国钢铁工业经历了一个不平凡的发展过程，取得了举世瞩目的巨大成就，钢产量已连续15年居世界首位，节水减排成效显著，但由于我国钢铁工业是在我国国情特定条件下发展壮大的，与世界现代化大型钢铁企业的用水技术水平及特点相比仍存在较大差距。我国钢铁行业仍是资源、能源消耗与排污大户，建立资源节约型和环境友好型的绿色钢铁企业任重道远。

从目前我国钢铁企业用水处理与废水回用技术研究的现状来看，要想实现污水资源化，必须进行技术成熟度与优劣性分析，并对这些技术进行深层次总结、分析、综合与集成，这对指导我国钢铁工业用水技术的发展是非常必要的，而钢铁企业的废水的深度处理将成为重中之重。

钢铁行业在生产过程中会产生大量的有毒废水，同时需水量也是很大的，污水一般来自生产过程中，还有就是住宅小区等的生活区排水，以及生产过程中的冷却用水，并且大部分废水都来自于冷却用水，因此废水中含有多种污染物。中国工程院在为国家编制的《中国可持续发展——水资源战略研究》中指出，污水治理普及率达80%时水环境的污染并没有减弱，只有污水深度处理及回用才能实现健康的水循环。在我国乃至世界范围内中水回用已经势在必行。

1.1.1 钢铁行业水污染物来源、种类及污染特征

1.1.1.1 钢铁行业废水来源

一个综合的钢铁企业是集烧结、焦化、炼铁、炼钢、连铸、轧钢等各生产工序和机械、动力、耐火材料等辅助工序于一体的联合企业，各生产工序在生产过程中均产生并排放大量的废水。

（1）焦化废水

其是钢铁企业排出的主要废水之一。焦化废水是煤在高温干馏过程中形成的废水，其中含有酚、氨氮、氰、苯、吡啶、吲哚和喹啉等几十种污染物，成分十分复杂，是一种典型的难降解有机废水。

（2）高炉煤气洗涤水

先经过除尘，然后进入洗涤设备，最后被引出的煤气被称为荒煤气。煤气的洗涤和冷却是通过洗涤塔和文氏管中水、气对流接触而实现的。由于水与煤气直接接触，煤气中的细小固体杂质进入水中，水温随之升高，一些矿物质和煤气中的酚、氰等有害物质也被部分地溶入水中，形成了高炉煤气洗涤水，处理难度较大。现在高炉煤气除尘采用布袋除尘、电除尘等干法除尘工艺，无污水排放。此种水质的污水仅余少量的高炉煤气管道水封排水。

（3）转炉烟气废水

铁水中的碳在通过氧气顶吹转炉装备时与氧气发生反应，生成一氧化碳，随炉

气一道从炉口冒出。可以回收这部分炉气使之成为工厂能源的一个组成部分，这种炉气被称作转炉煤气。该含尘烟气一般采用两级文丘里洗涤器进行除尘和降温，经脱水器排出即为转炉除尘废水。转炉废水是炼钢厂的主要污水，含有大量的悬浮物。

（4）连铸废水

连铸工艺省去了模铸和初扎开坯的工序，钢水直接流入连铸机的结晶器内，液态金属急剧冷却，从结晶器尾部拉出的钢坯进入二次冷却区，二次冷却区由辊道和喷水冷却设备构成。在连铸过程中供水起着极其重要的作用，为了提高钢坯的质量，对连铸机用水水质的要求也越来越高，水的冷却效果直接影响到钢坯的质量和结晶器的使用寿命。

连铸生产中主要形成以下两种废水。

1）设备间接冷却水

主要指结晶器和其他设备的间接冷却水。由于水质要求高，一般用软化水、脱盐水等，在制成脱盐水和软化水的同时也将产生约占脱盐水和软化水水量40%～50%的浓盐水。

2）连铸废水

主要是由二次冷却区产生的废水组成的。大量喷嘴向拉辊牵引的钢坯喷水，进一步使钢坯冷却固化，此水受热污染并带有氧化铁皮和油脂，二次冷却区的吨铜耗水量一般为0.5～0.8m^3。

（5）轧钢废水

轧钢分为热轧和冷轧两类：热轧一般是将钢锭或钢坯在均热炉里加热至1150～1250℃后轧制而成；冷轧通常是指不经加热在常温下轧制。生产各种热轧、冷轧产品的过程中需要大量水冷却、冲洗钢材和设备，从而产生了大量的废水、废液。热轧废水含有大量的氧化铁皮和油脂，水温较高且水量较大。冷轧废水种类较多，成分十分复杂，主要含有中性盐和含铬废水、浓碱、乳化液废水、稀碱含油废水、光平整废液等。

（6）净循环水排污水

净循环水占比70%～80%，当浓缩倍数达到一定值时会定期“排污”，形成“排污水”。

1.1.1.2 钢铁行业废水的分类及主要污染物

（1）钢铁工业废水分类

钢铁工业废水按所含的主要污染物性质通常可分为以下几类。

① 按所含主要污染物的化学性质分类，钢铁工业废水分为有机废水、无机废水，冷却水。例如，焦化厂的含酚、氰废水是有机废水，炼钢厂的转炉烟气除尘废水是无机废水。

② 按所含污染物的主要成分分类，钢铁工业废水分为含氟、铬、油、酚以及酸碱性废水。

③ 按加工对象分类，钢铁工业废水分为焦化废水、炼铁和炼钢废水以及矿山废水、选矿废水等。

（2）钢铁工业废水主要污染及污染物

钢铁行业的废水，因为厂家的性质不同，生产的主要产品不同，又或者是地理位置的差异，在污水中的污染物质也是不同的。例如，同一家钢铁企业，因为生产生铁和生产钢材的设备、运行均不同，因此生产废水也会有很大的区别。归纳起来钢铁工业废水的污染指标主要分为以下 5 种。

1）无机悬浮物

悬浮固体是钢铁生产（特别是联合钢铁企业）污水中的主要污染物。正常情况下，这些悬浮物的成分在水环境中大多是无毒的（焦化废水中的悬浮物除外），但会导致水体变色、缺氧和水质恶化。

2）重金属

钢铁工业废水中的金属废弃物对水环境造成严重的危害，已成为钢铁工业废水污染物排放中重点关注的对象，特别是重金属废物的处理已引起人们很大的关注。它关系到水体是否能够作为饮用水、工农业用水、娱乐用水或确保天然生物群生存的重要问题。因此，必须采用生化法、物化法等手段最大限度地减少废水、废物所产生的污染和危害等。

3）油与油脂

油与油脂污染物主要来源于冷轧、热轧、铸造、涂镀和废钢贮存与加工等。多数重油和含油脂物质是不溶于水的，而乳化油则不同，在冷轧中乳化油使用非常普遍，是该工艺流程重要组成部分。一般而言，油和油脂均无害，但排入水体后引起水体表面变色，会降低氧传导作用，对水体中的生物破坏性很大。当河、湖水中含油量达 0.01mg/L 时鱼类就会产生特殊气味，含油量再高时将会使鱼呼吸困难而窒息死亡。例如，每亩水稻田中含 3～5kg 油时就明显影响农作物生长。乳化油中含有表面活性剂，是致癌性物质，它在水中的危害极大。

4）酸性废水

酸性废水具有较强的腐蚀性，易腐蚀管渠和构筑物。排入水体会改变水体的 pH 值，干扰水体自净，并影响水生生物和渔业生产；排入农田土壤，易使土壤酸化，从而危害作物生长。当中和处理的废水 pH 值为 6～9 时才可排入水体。

5）有机需氧污染物[3,4]

炼钢厂排放的有机物包括苯、甲苯、二甲苯、多氯联苯（PCBs）、二噁英、酚、挥发性有机化合物（VOCs）等，这些物质如采用湿式烟气净化，会不可避免地残存于废水中。这些物质的危害性与致癌性是非常严重的，必须妥善处理方可外排。

1.1.1.3 钢铁行业废水的主要污染特征

钢铁工业生产过程复杂，其废水来源于生产工艺过程用水、设备与产品冷却水、设备与场地清洗水等，废水含有随水流失的生产原料、中间产物和产品，以及生产过程中产生的污染物。其中原料厂废水和烧结过程废水主要污染物为SS及少量重金属离子；炼铁、炼钢生产废水除主要含SS外，还含少量氰化物、酚类、油脂、氧化铁皮等；轧钢生产废水含SS、氧化铁皮、重金属离子等和自备电厂中高含盐废水。钢铁行业废水的主要污染特征可归纳为以下几点。

(1) 废水污染物排放量大

钢铁行业生产用水量大，相当一部分生产用水中都携带原料、中间产物、副产物及终产物等排出厂外。行业分布广，污染范围广，同时废水的排放方式复杂，有间歇排放、连续排放、规律排放和无规律排放等，给污染的防治造成很大困难。

(2) 污染物种类繁杂，浓度波动幅度大

钢铁行业工艺繁多，每个工艺的用水量不同，因此工业生产过程中排出的污染物也数不胜数，不同污染物性质有很大差异，浓度也相差甚远。

(3) 污染物质毒性强，危害大

钢铁行业废水有刺激性、腐蚀性，而有机含氧化合物如VOCs等则有还原性，能消耗水中的溶解氧，使水缺氧而导致水生生物死亡。较高的重金属离子浓度容易对环境造成重金属污染，芳香族化合物如多环芳烃和单环芳烃等物质则具有较强的“三致性”(致畸、致癌、致突变)，严重危害人类的生命健康。废水中含有大量的氮、磷、钾等营养物，可促使藻类大量生长，消耗水中溶解氧，造成水体富营养化污染。废水中悬浮物含量很高，可达5000mg/L，为生活废水的16倍左右。

(4) 污染物排放后迁移变化规律差异大

钢铁行业废水中所含各种污染物的性质差别很大，有些还有较强的毒性、较大的蓄积性及较高的稳定性。一旦排放，其迁移变化规律很不相同，有的沉积水底，有的挥发进入大气，有的富集于生物体内，有的则分解转化为其他物质，甚至造成二次污染，使污染物具有更大的危险性。

(5) 恢复比较困难，具有持久性

水体一旦受到污染，即使减少或停止污染物的排放，要恢复到原来状态仍需要相当长的时间。

水中的游离铁主要是亚铁离子，Fe^{3+}在pH≥3.7时变成不溶性固体物沉积出来[Fe_2O_3，$Fe(OH)_3$]，有时这些固体微粒会形成水合物，以胶体状态悬浮于水中，所以水的全铁由胶态铁和二价铁组成。胶态铁受热会沉积在换热器表面，形成不致密的不连续的污垢层，破坏缓蚀剂膜的完整性，造成局部腐蚀；三价铁带有磁性，黏着力强，密度大，形成的污垢很难清理。亚铁离子还能起到晶种作用，加快碳酸钙结晶生成速度。

1.1.2 钢铁行业水污染危害及控制必要性分析

钢铁行业产生的废水一般由氨氮，氰化物，硫化物，硫氰酸盐，酚类化合物，多环芳香族化合物及含氮、氧、硫的杂环有机化合物等组成。废水的水质特征表现为氨氮、酚类及油分浓度高，有毒及抑制性物质多，生化处理过程中难以实现有机污染物的完全降解，从而对环境构成严重污染。钢铁行业废水是一种典型的高浓度、高污染、有毒难降解的工业有机废水。

废水中含有的有毒难降解有机物大都属于半挥发性有机化合物（semivolatile organic compounds，SVOCs）的范畴。SVOCs是指可在有机溶剂中分配，同时可进行气相色谱分析的一大类化合物，包括有机氯农药、PCBs、有机磷农药、多环芳烃类、氯苯类、硝基苯类、硝基甲苯类、邻苯二甲酸酯类、亚硝基胺类、苯胺类和氯代苯胺类、卤代烃类、卤代醚类、联苯胺类、氯代联苯胺类、呋喃类、苯酚类、氯代酚类和硝基酚类等。气相色谱和质谱联用（GC/MS）分析方法是美国环保署（EPA）推荐的半挥发性有机化合物分析方法，也是目前最常用的半挥发性有机化合物定性和定量分析方法。孔令东等采用GC/MS测定某厂焦化废水生化处理前后的有机物组分，结果在生化进水中共检出244种SVOCs，在生化出水中共检出113种SVOCs。任源等采用GC/MS分析广东韶钢焦化废水的有机物组成，结果在原水中检出了17类、约88种SVOCs，在外排水中检出了15类、约63种SVOCs，且其中多数SVOCs都具有持久性有机污染物（POPs）或内分泌干扰物（EDs）的特性。废水中的SVOCs大都很难被生物降解，即使是在达标排放的废水中仍会残留大量的SVOCs，这些物质的排放会对生态环境构成潜在的威胁，理应得到高度的重视。

钢铁行业是我国高用水行业之一，包括火力发电、石化、纺织和造纸行业在内，这五大高用水行业取水量约占全国工业取水量的2/3[5]。我国工业发展的基础产业——钢铁工业，既是用水大户也是排污大户。我国是一个水资源匮乏的国家，人均水资源仅是世界人均1/4，是世界12个贫水国之一。随着现代化工业的迅速发展，用水量剧增，水资源短缺，已成为钢铁工业发展的瓶颈。废水资源回用与节水已是钢铁企业生存与发展的重大战略问题。钢铁企业要增产和发展，仅靠节水是不够的，必须寻求新的供水来源，而最直接、最经济、最有效的是将综合排放污水经处理后回用[6]。目前，国内多数钢铁企业均在酝酿兴建综合污水处理项目。但是目前综合污水处理工艺主要为絮凝、沉淀、过滤等。

综上所述，为了提高综合污水处理厂污水回用率、保障钢铁企业设备的安全运行，钢铁企业综合污水处理厂的建设迫在眉睫，具有显著的经济效益、社会效益和环境效益。

1.2 钢铁行业水污染控制现状分析

1.2.1 相关法律法规、排放标准、技术政策

1.2.1.1 国外相关研究

钢铁企业的二次污染治理问题是事关公共安全、涉及公共服务的问题。加强二次污染治理涉及政府提高公共物品供给的绩效和提高公共服务能力，既是发达国家公共管理理论与实践的重要命题，也是新时期我国政府与市场竞争的议题[7]。例如康坦伯克的《排污权交易》、布坎南的《公共选择理论》等西方经济学家的著作，分析了作为公共物品的供给，通过政府监督并制定政策引导、国家补贴等才能有效解决污染治理问题，并实现可持续发展目标。刘军提到的“PPP模式”（政府与社会资本合作模式）也是国家解决污染治理问题可行的办法。这些都为钢铁企业二次污染治理与政府职能管理奠定了坚实的理论基础。近年来发达国家把污染治理问题的政府管理职能研究提高到国家可持续发展、构建绿色环保的高度，并且制定了相关法律规章和重要规范，例如丹麦制定的《再循环法》等。此外，通过建立碳税与碳交易机制，钢铁企业可实现二次污染生产过程中产生负外部效应。如何修正负外部性，大致有两种不同的经济理论观点：一种是基于英国经济学家庇古的庇古税和排污权交易理论的修正手段，目前许多国内外学者从碳税征收对象和征收途径的选择、税率和制度设计与安排、碳关税等方面大量研究碳税的意义和影响；另一种观点是基于科斯理论的碳交易机制。在碳交易方面的研究中，国外学者从政策层面的探讨设计具体的交易制度，对利益获得和利益分配逐渐向纵深发展。在中国，排放权交易相对滞后，国内对碳交易的研究尚处于起步阶段。

（1）美国

环境影响评价制度起源于美国。美国联邦政府颁布的《国家环境政策法》（National Environmental Policy Act of 1969，以下简称NEPA），是美国在经历了高速经济发展给环境质量带来严重负面影响后专门为环境保护制定的一项法案。它鼓励建立一种人与环境之间可持续发展的关系，一方面是为了人类的健康福利而预防或减少环境损害，另一方面还考虑到了国家和自然环境的关系，深化对国家至关重要的生态系统和自然资源的认识，设立国际环境质量委员会。但在这部政策法中并没有“环境影响评估报告书”等内容，美国环境品质委员会为了进一步完善政策法，相继发布了一些管理与指导原则，确立了环境影响评价制度。该制度规定了排污交易制度并给污染企业颁发环境许可证等。为了保障NEPA的执行，环境影响评价制度成为具体实施和监督的主要方式。其特点是：第一，鼓励公众参与环境保护，重视公民的参与力量，提高环保效率并弥补行政管理不足；第二，能够最大限

度地对国家行政决策的方法进行完善和达到国家的环保目标，《国家环境政策法》中规定，在行政决策过程中把实现环境的价值作为重要战略目标，实施国家环境保护；第三，美国以推广技术与政策法律相结合的手段，引导技术升级和产品更新换代，使污染控制有效执行。联邦政府已将环保纳入经济的发展中，设立了环境保护局和质量委员会，承担整个国家的环境管理，规划和决策环保事业，并由州政府执行。同时其他各州也成立了环境保护的分管机构，分管属于该州的环境保护工作。

（2）德国

德国政府不断完善、提升和拓展已形成的法律法规体系并长期关注废物立法管理。1996 年 7 月，德国颁布了《固体废物循环经济法》这一指导性法律。该法律的根本宗旨是：首先重视降低废物的有害程度和产生量，强调减量化；其次是循环利用资源，在环境可承受能力下且保障公共利益的情况下进行固体废物的安全处置，《固体废物循环经济法》确立了将固体废物循环再生利用这一循环经济目标。

（3）日本

日本针对国家污染治理和环境保护进行教育培训，研究环境治理相关科学技术，完善国家对环境的立法，不断寻找和加强防治污染的出路。

日本政府主要采取了科学与法律相结合的基本策略。利用科学技术，通过加强技术研发，从而避免生态危害，对环境污染进行有效防治；法律方面制定了无过失责任和环境影响评价、污染物总量控制和公害纠纷处理的相关制度；加强环境教育、企业的自我环境管理和强化培训等。主要的特点是：第一，制定颁布新的法律法规，并不断修订以适应环境保护需要；第二，环境保护管理机构的设立比较完善，各机构之间相互协作，中央政府与地方政府的配合协作；第三，完善法律体制，将环境保护标准的制定执行作为政策的重要目标和手段；第四，中央政府对地方政府授予较多权力，地方政府也可以依据污染情况制定规章和标准，包括向企业征缴排污费。

（4）欧盟

欧盟在早期通过政府首脑会议提出了环境保护相关规定，成立了欧洲环境委员会、欧盟环境部长理事会。欧洲环保局在 1990 年正式成立，同时设立开放的环境数据采集办公室和技术办公室，并对欧盟外其他国家实行开放政策。各国家针对二次污染物，如噪声、危险化学品和土壤等建立了相关政策，根据统一的环境政策、法规和标准达成共识，相互协作，共同治理环境污染。

工业社会时期，各国发展重工业使生态环境受到了严重破坏。随着社会经济高速发展，第二次世界大战后，西方国家开始对生态环境保护从细节到观念进行转变。发达国家意识到国家的可持续发展需要针对二次污染进行治理，保护生态环境，对提高人民生活水平具有重要意义。

1.2.1.2 国内相关研究

(1) 个人相关研究

国内学者就钢铁企业二次污染治理问题展开的相关研究包括以下几个部分。

1996年，王文忠等在《关于冶金资源综合利用研究的几点思考》中根据冶金资源特点开展综合利用和消除环境污染的必要性，提出解决思路。

2004年，刘国涛所著的《循环经济绿色产业法制建设》，界定了绿色产业内容，提出了传统产业绿色化，探索了实现环境保护和经济发展“双赢”的新思路和新措施。

2005年，田书华的《中国钢铁业重组的必要性及途径》，全面分析了钢铁行业存在的问题，通过产业链重组和市场整合，从而提高钢铁行业的竞争力。

2006年，在罗冰生的《我国钢铁工业的结构调整与增长方式转变》、邹元龙的《钢铁工业水污染控制及资源化利用技术的研究与应用》中，提出了钢铁企业综合废水处理与回用技术的工艺组成与框架和技术特点，为钢铁企业二次污染治理提供了可行的废弃物资源化技术方案。

2007年，在殷瑞钰所著的《钢铁工业是发展循环经济的优先切入点——钢铁工业发展循环经济的有效模式与途径》、徐竟成等的《生物活性炭深度处理和回用钢铁工业废水》中提出了采用生物活性炭工艺对钢铁工业达标排放的废水进行深度处理和回用的具体方法，很好地体现了循环经济特征；王彦在《钢铁企业发展循环经济的几点思考》中提出钢铁行业走循环经济之路。

2008年，艾西南的《走向钢铁强国之路需大规模并购》、陶魄的《世界钢铁业并购发展的规律对中国钢铁业发展的启示》、刘航等的《日本企业兼并概况及对我国钢铁行业的启示》从企业组织调整角度讨论了钢铁行业的发展；唐军等在《钢铁产业发展循环经济的博弈分析》中分析了钢铁产业发展循环经济的动因，以实现经济效益和社会效益统一的结论。

2009年，张若生等的《循环经济与钢铁工业可持续发展研究》通过对循环经济与传统线性经济关系的分析，对中国钢铁企业循环经济实施现状与国外发达国家进行比较，探讨钢铁业发展循环经济的潜力。

2013年，徐永华在《废钢管理》中提出废钢资源的优势及废钢回收加工过程中产生二次污染的根源，并针对不同污染要素提出了不同的应对防治措施。同时指明了随着我国工业化进程的快速发展及生活水平提高，越来越多的形形色色的钢铁制品将报废淘汰，如何有效防治废钢回收加工处理过程中的二次污染成为废钢产业绿色发展中必须认真面对而不容忽视的一个重要环节。

2015年，王国栋在《钢铁行业技术创新和发展方向》中提出创新驱动钢铁行业转型发展、调整结构、实现钢铁行业绿色制造势在必行，从工艺创新、钢铁制造等方面提出了创新思路。

（2）相关重要会议和国家相关政策

面对钢铁行业造成环境污染问题，我国近年来开展了很多重要会议，就相关问题进行讨论分析。2003年，解振华在全国生态环境保护工作会议中提出污染的治理对策包括：第一，借鉴发达国家在治理污染中的经验，应对循环经济的发展进行立法，明确钢铁企业和各级政府在循环经济的发展中应尽的责任和义务，把生态环境资源放在政府的公共管理中，明确政府的职能。第二，要转变国家的政策目标，不能盲目追求GDP。第三，要设立环境技术开发基金项目，并重点支持废旧产品加工处理和技术的研究，进行公共性事业适用技术的开发与推广应用，并促进国家信息公开制度的发布和区域环境综合治理。重要的是制定相关的法律和政策，监督执行政策并落实。在对城市环境质量、重点企业污染治理方面，鼓励公众参与，进行地方的巡察制度和生态环境评估，建立企业的环境公开制度并监督企业环境行为。通过媒介向社会传递结果，促进公民人人参与环境保护和国土整治综合规划的编制。第四，环境保护政策方面建立政策激励、政府采购并拉动循环经济发展的政策体系。通过政策调整，循环利用资源。能够让个人、企业对环境保护的外部效益内部化，从而保护环境。依照“谁污染谁付费、利用者进行补偿、开发者应当保护并让破坏者进行恢复”的原则，进一步推进生态环境的有偿使用制度。

在中国钢铁工业发展循环经济研讨会上，罗冰生指出钢铁工业转变增长方式的最佳选择是循环经济的发展。2009年，中国废钢铁应用协会秘书长闫启平在对钢铁企业二次污染治理分析时指出，钢铁企业二次污染治理在我国起步还较晚，需要专门和专业人才、科研机构进行研究。目前国家在这方面的投入和形成的体系尚为薄弱，并未纳进科研发展的国家规划。全行业并未达到治理的目标，需要长期的治理过程，应当加强研究并探讨机制和政策支持，科技发展的步伐、科学发展观的落实。

面对钢铁行业产能过剩、钢铁行业二次污染、钢铁行业创新发展等系列问题，国家相关部门出台了一系列的相关政策。

2003年，国家发改委对钢铁企业二次污染问题制定了《钢铁产业发展政策》。

2009年，国家发改委对钢铁企业二次污染问题制定了《钢铁产业调整和振兴规划》，提出以节约资源、循环经济的发展为目标，走可持续发展道路。

2010年，《废钢铁产业“十二五”发展规划建议》中分析了“十二五”期间废钢提供能力的具体目标，并提出低碳环保发展方式的转变。将加快产业结构调整、改变发展方式、发展低碳经济和循环经济，利用废钢回炉冶炼，削减从国外进口铁矿石和原生矿产开采，具有实用价值。以改变发展方式，促进产业整体结构的调整，并具有战略意义。

2016年，环境保护部（现生态环境部）发布了《关于实施工业污染源全面达标排放计划的通知》（以下简称《通知》），要求到2017年年底，钢铁、火电、水泥、煤炭、造纸、印染、污水处理厂、垃圾焚烧厂8个行业达标计划实施取得明显成效，污染物排放标准体系和环境监管机制进一步完善，环境守法良好氛围基本形成。到2020年年底，各类工业污染源持续保持达标排放，环境治理体系更加健全，环境守法成为常态。

2016年，工信部发布《钢铁工业调整升级规划（2016—2020年）》，提出了十大任务，包括积极稳妥去产能去杠杆、完善钢铁布局、提高自主创新能力、提升钢铁有效供给水平、发展智能制造、推进绿色制造、促进兼并重组、增强铁矿资源保障能力。

实现能源和资源的综合利用，钢铁企业首先要优化工艺，兼顾环境效益和社会效益，实现资源最佳配置；建立健全机制，实施有效的管理及控制，实现可持续发展[8]。

1.2.1.3 小结

纵观上述研究，钢铁企业二次污染问题已经成为社会普遍关注的热点，也日益成为学术界关注的焦点，发达的西方国家也仍然致力于寻找提高环境质量的方法。

但是这些研究仍有空白之处，主要表现在以下方面：在国内研究方面，我国学术界从钢铁企业的行业特征、技术装备、工艺流程的优化、企业管理、废弃物综合治理、节能减排、钢铁企业生态产业链的构建等多个方面探讨了钢铁企业二次污染治理的有效途径。治理水平与发达国家相比仍旧有非常大的差异，我国目前大部分小型钢铁企业并未实行分类收集办法，钢铁企业二次污染更加严重。部分实行了该方法的大型钢铁企业，分类设施配套不全，在重新利用环节忽视了多层环节，这就加大了资源重新利用的难度。多是在出现重大环境污染之后对结果进行研究，没有对产生这种状况的原因做深层次的挖掘，而且过分关注经济发展，忽略政府与企业治理环境的关系以及职能缺失之间的因果联系。针对环境污染的相关法律法规较少并缺乏相应的政策支持。

在国外研究方面，发达国家在环境管理中引入成本-收益分析，注重环境立法并进行执法保障、建立健全环境规制领域和环境审计制度及健全环境与发展综合决策，分别在排污权交易制度化、完善环保投资机制和全方位实行环保方面对我国具有启示意义。这些先进国家经过产业结构调整，环境保护措施实施，不断提升环保理念并提高公众的环境保护意识。发达国家节能减排的成果和市场机制、政府政策的相互协作分不开。欧盟利用政策引导，进行高耗能设备改造，提高节能减排技术，提高热量回收利用率；实施分类管理制度，对企业相关专业人员进行考核，颁发节能减排管理师证，加强培训制度，并进行国家统一认定。美国、日本、欧盟的经验值得中国政府进行深入的借鉴和学习。

钢铁企业二次污染的良好治理，一方面能增产节约、保护自然环境，另一方面也可为政府管理部门和利益相关者提供适应新形势的决策依据，有利于促进相关理论的完善。

1.2.2 钢铁废水控制技术现状

钢铁的整个生产过程都与水密不可分，选矿、烧结、焦化、炼铁、炼钢、轧钢各工序都需要消耗大量水资源，所以，钢铁企业节水必须从全流程统筹部署，要尽可能选用先进的生产工艺技术和装备，从源头降低水耗[9]。其中干熄焦、高炉煤气干法除尘、转炉煤气干法除尘以及提高钢铁企业“水循环利用”都与节约水资源相关[10]。在推广节水工艺的同时建立钢铁生产工序内部、工序之间及厂际间多级、串级利用，提高水循环利用率，提高浓缩倍数，实现水耗下降，减少工业废水排放量[11]。比较成熟的措施有采用不用水或少用水的工艺及大型设备，从源头消减用水量；采用高效、安全的先进水处理技术和工艺，提高水的循环利用率，降低新水耗量；采用先进工艺对排污水及其他排水进行有效处理，使工业废水资源化，进而实现工业废水“零排放”[12]。同时，保证污水处理效果并分级别回用，实现水资源最大限度的利用。

1.2.2.1 废水处理回用技术的选择

根据对国内外废水处理的实际运行经验及其存在问题的综合分析，废水处理回用技术方案的选择原则与要求如下。

① 污水处理厂的进水水量和进水水质是决定污水处理工艺流程及处理设施规模的基础，必须加以科学合理的测量和确定。在污水处理工艺流程确定之前，必须对企业各废水排出口、各季度排水的水量和水质指标进行有效的收集和核实。必须以工业用水水质指标进行设计，不能简单地以环保和排放的要求指标进行排出口水质控制，否则不结合生产工艺的水处理工艺难以满足要求，致使水处理工艺不能正常运行[13]。

② 钢铁企业绝大部分的工艺排水具有共性。悬浮物、油等是外排废水中主要污染物，水体硬度较高，肉眼观察为色度高、浊度较大，但这些废水的 BOD_5/COD_{Cr}值较低，可生化性较差，可不考虑生化处理工艺。绝大多数都可用物理方法处理，采用预处理、混凝沉淀、调整和过滤等以物理-化学水处理为主的工艺流程。

③ 钢铁企业部分工序排水也有其个性特点。特别是随着产业链的延伸，冷轧酸洗工序普遍采用，排水中酸性离子居多。乳化液、碱油废水等尽管数量不大，但混入其他水体后难以处置，必须建设独立的处理设施，采用特殊的工艺路线加以处置，应根据各厂污水水质情况进行合理调整与增减。

④ 取用水的水质平衡是基础，如水温、悬浮物等，特别是必须对盐分进行综合平衡，只有在盐平衡的基础上才能谈及水量平衡。

⑤ 要根据污水水质选用降低暂时硬度和永久硬度的处理工艺以及过滤、杀菌等处理技术，使深度处理后的污水可以回用作为生产补充水。

⑥ 必须考虑水质整体平衡的关键因素，防止水中盐类富集，以在全厂或区域大循环水系统中保持水的高重复利用率，污水回用方案要选择是否设置除盐水系统或设施[14]。

⑦ 药剂的选择也直接影响循环水水质的变化。常用的水处理药剂虽然保证了用水设施的效果，但亦对循环水水体产生了污染，增加了离子浓度及总盐分。根据废水特性及处理后的水质要求，在综合处理工艺中需投加高效的水稳药剂。

⑧ 全自动污水水质分析和控制系统是有效降低水量消耗和药剂消耗、提高水质的重要手段。综合污水处理厂必须实行严格管理、规范操作、定期检查、自动检测。因此，水质监控与运行自控是综合污水处理厂运行稳定与保障质量的关键。

⑨ 要关注反渗透应用后的排水问题，由于钢铁废水含盐量很大，直接排放污染的程度将远大于低浓度污水造成的危害[15]。

1.2.2.2 重点节水技术措施

(1) 节水型工艺技术和装备

近年来，随着节能减排技术的逐步发展，各类型的节水工艺逐步在钢铁行业得以有效利用，这些主要节水技术和措施有高炉干法除尘技术、焦炉干法熄焦技术、转炉干法除尘技术、高炉渣粒化技术、钢渣滚筒法液态处理技术和钢渣风淬技术、加热炉汽化冷却技术等[16]。

高炉干法除尘技术使用布袋除尘器替换传统的湿法除尘系统，提高了机组的煤气入口温度，吨铁发电量提高，同时可以节约大量煤气洗涤用水，可谓一举多得。高炉干法除尘已在国内很多钢厂建成投产，莱钢座衬高炉、首钢高炉、柳钢扩高炉、唐钢高炉等采用的是全干法除尘系统，而攀钢号高炉、武钢号高炉、邯钢耐高炉和首钢号高炉等则采用干湿混用除尘系统，提高系统整体运行的稳定性。全干法除尘技术在高炉应用较广、技术成熟，国内应用非常广泛。国外使用干法除尘技术的高炉最大容积为 $4000m^3$ 时，大型高炉多采用干湿混用除尘系统，虽然投资较大，但节水、运行安全。

转炉干法除尘技术利用电除尘器替代湿法除尘，与常规湿法除尘相比系统阻损更低，煤气回收水平更高，更节水。该技术在国外已有多套的运行实例，国内钢铁企业近年来新建的炼钢系统也多采用。

焦炉干法熄焦技术采用惰性气体闭路循环实现红热焦炭能量的综合利用，在节约用水的同时也进一步降低了传统湿法熄焦工艺熄焦蒸汽对大气的污染物排放。

(2) 节水型空冷器在设备间接冷却水系统的应用

采用先进的软水闭路冷却循环供水系统取代开路冷却循环供水系统是新的节水技术发展趋势，在间接冷却用水领域有着广泛的应用价值，对空气干燥、湿度低的北方钢铁企业更有实际意义。由于闭路冷却循环系统循环水与空气不接触，循环水水质明显改善，浓缩倍数极大提高。

(3) 废水分质处理技术

传统意义上的废水处理往往是规模较大的集中水处理系统，但由于不同系统污水的杂质和污染物质的特性不同，需要采用不同的工艺进行处理，而集中处理的最大问题就是各种水质间污染物的相互稀释，增加了处理的难度，也提高了水处理成本。随着对污水处理技术的进一步理解，分质处理逐步取代了集中处理。对特征污染物含量较高的焦化废水、氨氮、轧制废水含油、含酸、含重金属尘泥进行分别处置与高盐水膜法水处理技术等，是提高全系统水质的有效手段[17]。

(4) 新型冷却工艺的应用

对需要冷却的生产主工艺设施的冷却方式进行改进，可采用的技术主要有高效空冷技术，适用于干燥和严重缺水地区替换常规开式冷却，加热炉汽化冷却技术替换常规的低温水循环冷却，节水喷雾型冷却塔等。

(5) 污水回用型节水技术

很多企业开始研究开发新的非常规水资源，城市污水再生利用技术就是很好的代表。此外，外排水综合处理回用技术、串级补水技术等也是减少污水排放量的重要手段。

(6) 反渗透废水回用深度处理技术

由于常规简易物理-化学法污水处理工艺的出水水质不高，简单的废水回用技术受限于劣质水用户的消化能力，所以废水回用深度处理技术的应用将成为企业实现“零排放”的必要条件。随着用水工艺的逐步改进，落后的直流冷却用水工艺逐渐减少，生产排水大部分为小区域循环水的排污水及车间生产废水处理排水，含盐量相对较高，若只经过简易处理均不能直接回用于其原用水系统，这部分排水由于回用使用面窄，不能充分运用，部分水必须外排。只有通过反渗透处理技术才能降低回用水的含盐量，使回用水水质恢复到工业新水水质指标，取代工业新水，真正达到回用目的，同时由于采用反渗透技术后使盐分进一步浓缩，需外排浓盐水水量大幅度减小，通过在原料场洒水、高炉冲渣、炼钢渣场等对水质要求不高的工序进行利用，可以基本实现高浓度含盐废水的综合利用。

(7) 废水“零排放”技术

废水“零排放”理念早在 21 世纪初我国钢铁行业就提出了，但真正做到废水零排放的企业基本上没有，究其原因，主要是水中的盐分经多次浓缩后逐步富集，特别是氯离子含量大幅度提高，造成设备腐蚀和损坏。采用反渗透可以脱出盐分，但水体中的总盐量并未减少，而是浓缩到反渗透排出的浓盐水中。受限于不同的原因，这部分浓盐水很难在钢铁企业完全消化，难以全部回用而不得不外排。化工行业中的氯碱企业多采用将盐水打回一次盐水池来达到废水“零排放”，还有一些是将盐水再次经反渗透装置浓缩，减少浓盐水量，再采用蒸发结晶回收凝结水来达到废水“零排放”，水体中的盐分最终被固化排出[18]。这一技术包括预处理软化技术、反渗透浓缩技术深度处理、蒸发结晶技术等，但由于蒸发结晶过程需要消耗大量的热能，成本较高，很多企业难以承受。开发经济型浓盐水深度处理“零排放”技术将是今后水处理技术发展的重要课题。

（8）海水、雨水利用技术

在淡水资源逐渐减少，严重制约企业和社会经济发展的今天，开发利用海水、雨水是钢铁企业摆脱有限水资源束缚、可持续发展的又一出路。海水作为钢铁企业的冷却水，可在直接冷却水系统和间接冷却水系统得以利用；而雨水由于水质较好，经储存和处理后可直接替代一次水源，是钢铁企业又一非常规水资源[19]。

为鼓励钢铁企业节约有限的淡水资源，工业企业取水定额国家标准规定海水用量和雨水用量不作为钢铁企业用水定额考核指标，这为沿海地区及内陆钢铁企业发展创造了有利条件。

1.2.2.3　节水的管理措施

钢铁企业除了更多地利用节水技术之外，更重要的是在日常生产运营中加强对用水、废水处置的过程管理[20]。具体的措施主要有：

① 宏观上在调整钢铁工业布局时除应考虑矿产资源等因素外，水资源也必须加以考虑和重视，避免在严重缺水地区为扩大产能而新增取水量。

② 通过定额用水和阶梯水价政策，使用水单位被动接受。

③ 厂区给排水管网分质敷设。生产给排水管网分质设置是水资源合理利用的前提条件[21]。

生产排水管网应分为一般废水排水管网和浓盐水排水管网。前者可将企业一般工业废水、车间废水处理站出水等进行收集，送至厂区废水处理站，处理回用；后者可将企业除盐水站、软化水站产生的浓盐水以及废水处理站深度处理产生浓盐水等进行收集，以便经废水处理站简易处理后直接用于可接受高含盐水的用户。采用分质排水，可以减轻厂区废水处理站负荷、减少投资和运行费用，同时使高含盐水因量少而充分利用，减少废水排放[22]。

生产给水管网除按常规设有工业新水供水管网、软化水和脱盐水供水管网外，还应设中水回用供水管网、浓盐水回用供水管网。中水来自废水处理站处理后的一般回用水，可供浊环水系统用水、膜法深度处理制备软化水、脱盐水等用水。浓盐水来自浓盐水排水管网收集并进行简易处理后的回用水，回用浓盐水供水管网可供原料场洒水、高炉冲渣、铸铁机、钢渣场等用户。

采用分质供水，可以满足不同用户对水质的差异化需求，减少不必要的水质浪费，降低运行成本。

④ 对所有循环水系统进行有效的运行质量监控，包括水质、水温、加药量、加药种类等多方面内容，在满足主工艺用水需求的基础上降低系统损耗、减少药剂对水体的污染。

目前，国内钢铁企业正通过各种技术创新和技术改造落实工业用水的节能减排，并且已经得到了良好的效果。为不断提高节水减污水平，要继续研究开发新技术和新装备，重点是如何合理地将含油工业污水引入深度脱盐处理系统，最大限度地提高现有工业污水的利用率，全面促进工业污水的资源化[23]。

1.2.3 焦化废水控制技术现状

近年来，随着我国钢铁行业的迅猛发展，与之相配套的炼焦规模也空前扩大，现有不同规模的焦化厂 200 多个，2005 年焦炭产量达到 2.43 亿吨，同比增长约 17.9%。我国在跃居世界焦炭第一生产大国的同时也对环境造成了严重的污染。

焦炭是高耗水产业，通常每生产 100t 焦炭会产生 1.18～1.83m^3 废水，我国每年焦化废水的排放量为 2.85 亿立方米。焦化废水的来源有以下 3 个方面。

① 含氨废水，即煤高温裂解和荒煤气冷却的过程产生的剩余氨水废物，产生量占总废水产生量的 1/2 以上，是焦化废水的主要来源。含氨废水水质复杂，污染物种类较多，而且污染物的浓度高，含有多种无机污染物如氨、氰、硫等，同时含有难降解的有机污染物如酚、萘、吡啶、喹啉、蒽及其他稠环芳烃化合物等，处理难度较大[24]。

② 煤气净化过程中最终冷却器和粗苯分离槽排水，污染物主要组成成分为酚、氰及其他 COD_{Cr} 等。该部分废水污染物浓度比含氨废水低。

③ 煤焦油、精苯排水系统等其他进程废水，污染物主要组成成分为酚、氰及其他 COD_{Cr} 等。该部分废水水量较少，污染物浓度较低。

焦化废水中污染物种类多，浓度高，成分复杂，是公认的难降解有机工业废水。焦化企业由于原煤性质、生产工艺、操作步骤不同，所产生的焦化废水成分有所差异[25]。一般焦化厂的炼制焦炭产生的焦化废水 COD_{Cr} 浓度高达 3000～4000mg/L、酚类浓度为 500～900mg/L、氰化物浓度为 15mg/L、石油类浓度为 55～75mg/L、氨氮浓度为 200～300mg/L，色度高达几千倍以上。焦化废水是有毒有害的工业废水，直接排放会对受纳水体造成严重污染。焦化废水所含的酚类化合物会致使生物细胞丧失活力，对生物组织产生毒害作用，若人饮用被焦化废水污染的水会导致各种疾病；多环芳烃和杂环化合物难以降解，同时还是致癌物质；焦化废水中的氨氮排入水中会导致水体严重富营养化，极大危害生态环境，威胁人类健康。

目前焦化废水一般按常规方法进行两级处理：第一级处理包括隔油、过滤（或一次沉降），溶剂萃取脱酚、蒸氨、黄血盐脱氰等；第二级处理包括浮选、生物脱酚、混凝沉淀等，但是其中某些有毒有害物质的浓度仍居高不下，常常难以达到国家允许的排放标准。生产实践表明，治理焦化废水的主要难点是去除其含有的有机物以及 NH_4^+-N，由于 NH_4^+-N 及多环芳香烃等有机物会对微生物产生毒性和抑制作用，会使焦化废水治理技术存在缺陷以及废水处理成本较高。《炼焦化学工业污染物排放标准》明确规定，焦化企业的水污染物最高允许排放限度，$COD_{Cr} \leqslant$

100mg/L，NH_4^+-N≤15mg/L，目前80%以上的焦化企业废水污染物排放量大大超标。因此，如何有效治理焦化废水已成为国际性难题。我国围绕焦化废水的处理近年来开展了大量研究工作，焦化企业也采取了多种处理工艺和处理方法，如生物处理法、物理处理法、化学处理法、生物-化学联合法等，但目前采用的处理技术尚有很大的局限性，处理效果不十分理想。

焦化废水成分复杂，污染物浓度高，是较难生化降解的高浓度有机工业废水。因此，焦化废水的处理是国内外废水处理领域的一大难题，近年来国内外专家、学者开展了大量的研究工作。

1.2.3.1 焦化废水生物处理技术研究现状

生物处理是焦化废水的主要处理方式，生物处理技术包括固定化微生物技术、生物强化技术、生物流化床技术、生物膜技术等，这些技术的处理效果及优缺点如下。

（1）固定化微生物技术

固定化微生物技术始于1959年，由Haaod等首先实现了大肠杆菌的固定化，从此迅速发展。固定化微生物的制备方法可分为共价结合法、交联法、吸附法、包埋法，以及新近发展的无载体固定化方法。彭云华通过实验分别比较了几种常用固定化方法（包埋法、交联法、吸附法）处理焦化废水的效率。结果表明：以海藻酸钠为载体，戊二醛为交联剂，采用包埋-交联联用法（一次交联）处理焦化废水是固定化微生物技术的最佳方法，其效果极佳。王剑锋等利用铝盐代替PVA-硼酸法中的$CaCl_2$进行包埋，解决了传统固定化方法的耐曝气性能低、活化时间长等问题。Wiesel等研究了利用固定化混合菌群降解焦化废水中的多环芳烃技术，结果表明：焦化废水中的多环芳烃可被固定化细胞彻底降解，且固定化细胞利用降解的这些有机物质进行生长。Lee等实验表明可利用固定化细胞降解吡啶。刘和等对活性污泥法和固定化微生物法处理焦化含酚废水做对比试验，含酚废水经6h处理后苯酚及COD_{Cr}的去除效率分别为89.1%和84.6%，而采用活性污泥法时苯酚及COD_{Cr}的去除效率分别为76.6%和75.0%，且固定化微生物法能保持稳定时的COD_{Cr}，最高负荷约为1000mg/L，固定化微生物法在处理时间及浓度两方面均比活性污泥法更具优势。

（2）生物强化技术

生物强化技术是为了提高废水处理系统的处理能力而向生化系统中投加从自然界中筛选的优势菌种或通过基因组合技术产生的高效菌种，以去除某一种或某一类有害物质的方法。吴立波等利用喹啉作为唯一碳源，通过驯化得到应用于处理焦化废水的高效菌种，并使其中的一部分附着于陶粒载体上来处理焦化废水，取得了很高的去除率。Selvaratnam通过加入苯酚降解菌处理焦化废水中的苯酚，使苯酚的去除率维持在95%～100%。徐云等从西安杨森药厂回流污泥中成功地提取了3种优势菌种，投入焦化废水活性污泥法处理系统中，通过实验得出：生物增强作用既可以有效消除污泥膨胀，增强污泥的沉降性能，又大大减少了污泥的产生，通常可使污泥容积降低17%～30%，改善了出水水质，减少了污泥排放和消化剩余污泥消耗的能源。王璨等通过驯化富集培养，从处理焦化废水的活性污泥中分离出2株萘降解菌（WN1、WN2）和1株吡啶降解菌（WB1），研究投加高效菌种及微生物共代谢对焦化废水生物处理的增强作用，投加共代谢初级基质、Fe^{3+}和高效菌种均能促进难降解有机物的降解，提高焦化废水COD_{Cr}的去除率，当三者协同作用时效果最好。

（3）生物流化床技术

生物流化床是近年来应用于焦化废水处理领域的一项新技术，20世纪70年代诞生于美国。自20世纪70年代末，我国对生物流化床技术做过许多研究，并取得了很大的进展。目前流化床技术工艺主要有空气流化床工艺、纯氧流化床工艺、三相流化床工艺和厌氧兼氧流化床工艺4类。其中，三相流化床工艺将生物技术、化工技术及废水处理技术有机地结合起来，是目前研究较多的一种工艺。四川大学化工学院杨平等应用$A_1/A_2/O$（厌氧/缺氧/好氧）工艺对攀钢焦化废水做中试研究，其中缺氧-厌氧段采用生物流化床反应器。中试结果表明：在厌氧流化床、缺氧流化床中采用生物流化床工艺处理高浓度NH_4^+-N焦化废水是可行的，系统具有较强的去除NH_4^+-N、COD_{Cr}，以及抗进水NH_4^+-N、COD_{Cr}浓度波动的能力，且脱氮效果较好；在厌氧流化床、缺氧流化床中NH_4^+-N去除率分别为91.8%和31.3%。蔡建安等采用内循环侧边沉降式三相气提流化床为反应器对焦化废水进行实验室水平处理，实验过程中以焦炭粒为载体，Na_2HPO_4为磷源。反应器对酚、氰等污染物的耐受力强，去除效果好，并具有较低的曝气能耗；其COD_{Cr}去除率为54.4%～76.0%，酚去除率为99.5%～99.8%，氰去除率为95.0%～99.2%；曝气能耗是活性污泥法的1/4～1/3。耿艳楼等采用$A_1/A_2/O$工艺对邢台钢铁公司焦化废水做中试水平研究，在工艺中选用内循环式生物流化床反应器。中试结果表明：工艺中所采用的内循环式生物流化床反应器具有较强的去除焦化废水中COD_{Cr}和NH_4^+-N的能力，抗进水COD_{Cr}和NH_4^+-N浓度波动和冲击的能力也比较强。韩国学者Yong Shik Jeong以沸石、炉渣为载体，以KH_2PO_4为反应系统的补充磷源，用生物流化床反应器处理浦项钢铁公司焦化废水。实验表明：在温度为20～30℃、pH值为6.8～7.2时，经过36h的反应后，进水（硫氰化物含量在7000mg/L左右的焦化废水）的硫氰化物脱除率达到99%以上，脱除效率大大超过常规反应器。

（4）生物膜技术

生物膜技术是一种用膜过滤取代传统生化处理技术中二次沉淀池和砂滤池的水处理技术，我国对生物膜反应器研究尚少，但取得了较大的进步。王海燕等采用A-O（厌氧-好氧）生物膜工艺进行焦化废水的试验研究，通过对进水、厌氧出水、好氧出水NH_4^+-N和COD_{Cr}的检测分析，得出了系统去除COD_{Cr}和NH_4^+-N效果规律。为强化SBR（序批式生物反应器）的脱氮效果，耿琰等把生物膜技术同SBR结合起来形成SMSBR（浸没式膜生物反应器），试验中采用PVDF（聚偏氟乙烯）中空纤维微滤膜。实验结果表明：系统硝化效果受温度、pH值、溶解氧的影响，膜的截留作用有利于提高硝化能力和效果，其去除NH_4^+-N的最高负荷为0.19kg/(m³·d)，出水NH_4^+-N浓度小于1mg/L，去除率为99%。

（5）生物脱氮技术

生物脱氮技术作为焦化废水处理新技术于20世纪70年代在加拿大首先发展起来，随后英国、德国和澳大利亚等相继发展和使用该技术。早在20世纪80年代我国对A/O（厌氧好氧）工艺就有了实验室规模的研究。目前人们对生物脱氮技术的研究主要集中在$A_1/A_2/O$工艺和SBR工艺。

1）$A_1/A_2/O$工艺

$A_1/A_2/O$是在A/O的基础上发展而来的，试验表明：在A-O法前增加一个厌氧段可以减轻后续反硝化、硝化系统中NO_2^--N的积累，由于酸化（厌氧）作用将一部分难降解的有机物转化为易降解的有机物，提高了废水的可生化性，为缺氧段提供了较好的碳源。对COD_{Cr}的去除率可达到80%以上。仇雁翎等利用厌氧-缺氧-好氧工艺研究了上海焦化废水中有机物在各段中的降解情况，试验结果表明：在厌氧段，酚类和喹啉、吲哚等含氮杂环化合物得到了很大程度上的降解和去除，部分有机物被完全去除，但也生成了一些原水中不存在的有机中间物。M. Zhang等对A_1/A_2固定床生物膜系统处理焦化废水进行了研究。试验结果表明，该系统能稳定有效地去除NH_4^+-N和COD_{Cr}，当系统总的水力停留时间为31.6h时出水中NH_4^+-N和COD_{Cr}的浓度分别为3.1mg/L和114mg/L，去除率分别为98.8%和92.4%。

2）SBR工艺

SBR工艺是活性污泥法废水处理工艺中的一种间歇运行工艺，集均化、初沉、生物降解、终沉等功能于一池。陈雪松等采用SBR工艺对杭钢焦化废水的有机物生化降解和生物脱氮进行研究，SBR反应器对NH_4^+-N的去除率为95.8%～99.2%，COD_{Cr}的去除率为85.3%～92.6%。李春杰等采用一体化膜-序批式生物反应器处理焦化废水，实验验证泥龄过长所产生的微生物代谢产物抑制了硝化反应过程中的硝酸盐细菌，造成短程硝化作用的平均亚硝化率仅为91.1%。

近几年，我国在应用微生物处理焦化废水领域取得多项重大突破，其中固定化微生物、生物强化、生物脱氮等技术均已达到国际领先水平，其中生物脱氮技术及HSB等技术已经达到工业应用水平。但大规模应用新型微生物技术来代替传统方法，投资巨大，可行性低。因此，结合新型微生物处理技术对现有处理工艺进行改进是我国焦化废水治理的主要出路。

1.2.3.2　焦化废水电化学法处理技术研究现状

电化学技术能够产生氧化性强且无二次污染的氧化剂，从而受到废水治理研究者的广泛关注，有关焦化废水电化学处理技术的报道也逐渐增多。常见报道的有微电解法、电解氧化法、三维电极法和电 Fenton 法等。

（1）微电解法

微电解法又称内电解法或铁屑过滤法，它是利用金属腐蚀原理，以 Fe、C 形成原电池对废水进行微电解处理的工艺，基本原理分原电池反应原理和氧化还原反应原理两个方面。铸铁是由纯铁和 Fe_3C 及其他杂质组成的，当铸铁浸入水中就形成了无数个细小的微电池，纯铁为阳极，Fe_3C 及其他杂质为阴极，从而发生电极反应。在中性或偏酸性环境条件下，铸铁电极及其所产生的新生态 HO・、Fe^{2+} 等都能与废水中的许多组分发生氧化还原反应，破坏废水中所含有机物质的结构，使大分子分解为小分子，从而大幅度提高了废水的可生化性，为后续的生化处理提供了条件。当水中存在氧化剂时，Fe^{2+} 可继续被氧化为 Fe^{3+}。铁的还原能力较强，能将某些有机物还原为还原态，如将硝基苯还原为苯胺。除此之外，微电解法处理废水过程中还会发生混凝作用[26]。张文艺等选用微电解工艺对焦化废水进行预处理，去除一部分污染物并提高废水的可生化性后，再利用 SBR 活性污泥法深度处理。实验表明，微电解法能在去除焦化废水中的 COD_{Cr}、酚等有机污染物（COD_{Cr}去除率为 70%，酚的去除率为 76.8%）的同时，大幅提高废水的可生化性（BOD_5/COD_{Cr}值在处理前为 0.28，处理后提高到 0.54）。焦化废水采用微电解预处理-SBR 深度处理工艺，出水可达标排放。废水处理成本在 4.6 元/m^3左右。唐光临等对焦化废水采取的预处理措施是在铁屑中加入辅料并且曝气，并没有调节废水 pH 至酸性，就取得了比较好的效果，COD_{Cr}的去除率达到 40%。唐光临等还研究了在瓦斯泥中加入铁屑，焦化废水中所含 COD_{Cr}的去除效果。结果表明：焦化废水中所含 COD_{Cr}的去除率随瓦斯泥和铁屑加入量的增加而提高。

（2）电解氧化法

焦化废水中含有大量的酚，目前所报道的电解氧化法技术主要针对焦化废水中酚的降解。L. C. Chiang 等采用 PbO_2/Ti 作为电极，研究了电解氧化法处理焦化废水的处理效率。结果表明：电解 2h 后，废水中 COD_{Cr}浓度由 2143mg/L 降低到 226mg/L，去除率达到 89.5%。废水中所含的 NH_4^+-N（760mg/L）被同时去除。此外，电解过程产生的氯化物/高氯化物能引起非直接氧化，这对去除焦化废水中的污染物具有重要作用。梁镇海等用 $Ti/SnO_2+Sb_2O_3+MnO_2/PbO_2$电极电解氧化处理含酚的焦化废水，酚的转化率达到 95.8%。

（3）三维电极法

随着对电化学法研究的深入，人们发现采用二维平板电极的传统电解反应器处理效果有待提升。20 世纪 60 年代末期，J. R. Backhurst 等首先提出了三维电极的概念，又可称为粒子电极（particle electrode）或者床电极（bed electrode）。三维电极是一种新型的电极反应器。它在传统的二维电解槽的电极之间填充颗粒状或者其他的碎屑状电极材料，并且使装填工作电极材料的表面带电，成为第三个电极，工作电极表面发生的电化学反应使有机物发生降解。崔艳萍采用三维电极对焦化废水进行处理，研究结果表明，30.0V槽电压下，焦化废水经2h电解处理后其中所含的有机物去除效率达到了76.7%，对比试验表明，相同电解条件下，三维电极的处理效率比二维电极的处理效率高30%左右。

（4）电Fenton法

电Fenton法是一种新型的高级氧化水处理技术，近几年关于电Fenton方法的研究很多。电Fenton法起源于Fenton法。Fenton法直接将H_2O_2和Fe^{2+}投入水体中，利用两者产生的HO·降解有机物。该法中H_2O_2的利用率很低，而且不能充分矿化有机物，初始物质部分转化成某些中间产物，这些中间产物有的与Fe^{3+}形成络合物，有的妨碍HO·的生成，并且可能生成对环境有更大危害的化合物，因此，科研人员对Fenton法进行了改进，创造出电Fenton法。电Fenton法的实质就是把电化学法产生的Fe^{2+}和H_2O_2作为Fenton试剂的可持续来源。它与其他Fenton法相比有2个优点：a.自动产生H_2O_2的机制较完善；b.能够使有机物降解的因素较多，除HO·的氧化作用之外，还有阳极氧化、电吸附等。因为H_2O_2的成本远远高于Fe^{2+}，研究将自动产生H_2O_2的机制引入Fenton体系的实际应用意义重大。

国外对电Fenton法的应用研究报道得很多。E. Brillas等用炭黑-PTFE复合电极电Fenton法处理氯酚和苯胺废水，取得较好的效果。Y. Huang等用普通Fenton和电解反应器相结合的方式研究六胺废水降解情况，实验表明电Fenton法的处理效率高于普通Fenton法和直接电解法。在对电Fenton法的应用研究方面，郑曦等进行过相关研究。他们在染料废水的脱色研究中，用多孔石墨电极为阴极，电解时在阴极通氧气或空气，电解生成的过氧化氢与阳极溶解的Fe^{2+}进行化学反应，即可生成HO·（Fenton试剂），并对染料废水进行降解脱色。关高明等在自制电解槽内加入硫酸亚铁储备液形成电Fenton体系，用生化处理后的焦化废水进行深度处理实验。实验结果表明，电Fenton体系对该外排水中的含氮杂环类有机物具有较佳的处理效果，COD_{Cr}去除率可达60%，最终水样的COD_{Cr}达到国家二级标准。左晨燕利用芬顿氧化/混凝协同处理焦化废水生化出水，提出最佳反应条件。张乃东采用铁屑Fenton法处理含酚的焦化废水，研究了pH值、H_2O_2加入量、过滤时间、Fenton反应的持续时间等因素对COD_{Cr}去除率的影响。试验确定的最佳工艺参数为初始pH=2.4，H_2O_2加入量120mmol/L，过滤13min，Fenton反应时长为60min；再经絮凝沉淀，出水COD_{Cr}浓度约为55mg/L，去除率达92%，挥发酚浓度小于0.5mg/L，去除率达97.9%。许海燕等研究了Fenton-混凝法处理焦化废水的效率和影响因素，研究结果表明，焦化废水在Fenton反应的催化氧化下生成易被混凝沉降的中间产物。控制温度和pH值，COD_{Cr}和色度去除率分别可达87.30%和99.45%，均达到相关标准要求。Byung通过对比研究Fenton试剂和臭氧对焦化废水的处理效果，发现Fenton试剂可以有效地氧化焦化废水中难降解的有机污染物，臭氧却不能。刘红等采用 Fenton 试剂用自制聚硅硫酸铝对焦化废水进行催化氧化-混凝试验研究，并确定了最佳工作条件。结果表明，经氧化-混凝处理后焦化废水中的 COD_{Cr} 去除率达 96.7%。

1.2.3.3 焦化废水其他处理技术研究现状

(1) 湿式催化氧化技术

湿式催化氧化技术是 20 世纪 80 年代国际上发展起来的一种治理高浓度有机废水的新技术，它是在一定温度和压力下，借助催化剂的催化作用，经空气氧化，使污水中的有机物、氨分别氧化分解为 CO_2、H_2O 及 N_2 等无害物质，以达到净化目的。杜鸿章等研制出了适合处理焦化企业蒸氨、脱酚前的浓焦化废水的湿化催化剂，这种催化剂活性高，耐酸、碱腐蚀，稳定性好，适于工业推广应用，对 COD_{Cr} 和 NH_4^+-N 的去除率分别为 99.5% 和 99.9%；而且据湿式催化氧化法处理焦化废水的小试结果估算，处理费用与生化法接近，但处理后的水质明显好于生化法。鞍山焦耐院与中科院大连化学物理研究所合作，曾成功地研制出双组分的高活催化剂，对高浓度的含 NH_4^+-N 和有机物的焦化废水处理效果极佳。上海宝钢采用日本进口的湿式催化氧化技术处理焦化废水，出水污染物浓度分别为：$COD_{Cr} \leqslant$ 50mg/L，NH_4^+-N$\leqslant$10mg/L，BOD$\leqslant$2mg/L。湿式催化氧化法的优点为适用范围广、氧化速度快、处理效率高、二次污染低、可回收能量和有用物料等，但该法催化剂价格过高，处理成本高，且仅在高温高压条件下运行，对工艺设备要求极严，投资费用高。

(2) 臭氧组合氧化技术

臭氧是种强氧化剂，可以与废水中大多数有机物、微生物迅速反应，去除废水中的酚、氰等污染物，并降低 COD_{Cr}、BOD_5 浓度，同时还可起到褪色、除臭、杀菌的作用，而且臭氧在水中可很快分解为氧，不会造成二次污染。臭氧组合氧化与单纯的臭氧氧化过程比较，在高级氧化过程中形成了氧化性强、反应选择性较低的羟基自由基（·OH），从而引发一系列自由基链反应，使各种污染物直接降解为 CO_2、H_2O 和其他矿物盐[27]。Gurol 等在 pH 值为 2.5、7.0、9.0 条件下，分别采用 UV/O_3、O_3、UV 等工艺氧化酚类化合物，结果发现只有在酸性时臭氧才是主要的氧化剂。在一定 pH 值下，3 种方法的处理效果 UV/O_3 法最好，O_3 法其次，UV 法最差。因臭氧氧化法存在投资大、电耗大、处理成本高的缺点，目前这种方法还主要应用于废水的深度处理。

(3) 光催化氧化法

光催化氧化法是由光能作用造成的电子和空隙之间的反应，并产生反应活性较强的电子（空穴对），这些电子迁移到颗粒表面就会加速氧化还原反应的进行。光催化氧化法对废水中酚类物质及其他有机物具有较高的去除效率。高化等在焦化废水中加入催化剂粉末，用紫外光线照射并鼓入空气，将焦化废水中所有的有机毒物和颜色有效去除。最佳光催化条件下，调节废水流量为 3600mL/h，就可将出水 COD_{Cr}值从 472mg/L 降到 100mg/L 以下，检测不到多环芳烃。曹曼用光催化氧化法处理焦化废水，并研究了催化剂、pH 值、温度和时间等因素对处理效果的影响，结果发现：加入催化剂后，紫外光照射 1h，可将废水中所有的有机毒物和颜色全部除去。光催化氧化法比传统的化学氧化法具有明显的优势，它无需化学试剂，操作条件容易控制，无二次污染，而且 TiO_2 化学稳定性高，无毒且成本低。但光催化氧化法也存在一定的缺陷，主要是催化剂的催化效率和光在高浓度废水中的传导效率低等。

（4）微波诱导催化氧化技术

把微波和湿式催化氧化技术结合起来并加以改进，以期利用微波来解决湿式催化氧化技术中的缺陷，这种方法便是微波诱导催化氧化技术，也称为微波辅助湿式催化氧化技术。微波辅助湿式催化氧化技术需要存在氧源和催化剂，现在应用在微波水处理方面的催化剂有 Ni、Cu、Zr、Ti 等金属氧化物。这些催化剂一般都以活性炭为载体，而且活性炭本身也是一种水处理催化剂，用活性炭作催化剂（或活性炭作载体）进行微波诱导催化氧化和微波辅助湿式催化氧化是近几年废水处理的一个“焦点”。Y. B. Zhang 等对微波辅助湿式催化氧化法，从设备、机理等方面进行了深入的研究，并用微波辅助湿式催化氧化技术处理了 H 酸（1-氨基-8-萘酚-3,6-二磺酸），在最佳条件下，H 酸浓度为 3000mg/L 的模拟溶液和总有机碳在 20min 和 60min 的处理时间里的去除率分别达到 92.6%和 84.2%，同时表明在以活性炭为催化剂、空气为氧源的体系中 H 酸最终降解为硝酸盐，苯磺酸最终分解为硫酸盐，有机物彻底矿化，同时使废水的可生化性从 0.008 提高到 0.467，改善了后续生化处理的反应条件。微波诱导催化氧化存在的主要问题是微波处理设备大型化技术尚未成功，设计和制造大型微波水处理设备是这种技术工业应用的瓶颈。

（5）超声处理技术

近年来，美国、日本、法国、加拿大和德国等大学、实验室和研究所纷纷致力于将超声波化学应用于废水污染控制，特别对废水中难降解有毒有机污染物治理的研究取得了较满意的效果，20 世纪 90 年代以来，利用超声降解水中难降解的有毒有害有机污染物的研究很多。胡学伟等将 500mL 焦化废水加入超声波反应器里，超声声频确定为 18kHz，声功率 54W 的条件下超声降解，得到以下结论：超声技术可以有效降解焦化废水中的 NH_4^+-N；超声辐照-活性污泥法为处理焦化废水中高浓度 NH_4^+-N 创造了良好的条件。宁平等将焦化废水分别用活性污泥法和超声辐照-活性污泥法联合降解。对两种处理方法的实验进行比较，发现采用超声辐照-活性污泥法联合处理焦化废水 COD_{Cr}，比单独采用活性污泥法效果好，单独采用活性污泥法时，废水中的 COD_{Cr}降解率为 45%，经超声波预处理后废水中的 COD_{Cr}降解率提高至 81%，且加活性污泥后，其耗氧速率明显降低，说明经过超声波预处理后的焦化废水对生物没有毒性。许海燕等通过 Fenton 试剂处理焦化废水和超声＋Fenton 试剂联合处理焦化废水的比较实验发现，用超声＋Fenton 试剂联合处理后废水色度降至 16 倍，COD_{Cr}浓度从 223.9mg/L 下降到 37.8mg/L；脱色效果很明显，药品投加量相对较低，反应时间也明显缩短，超声的空化效应促使 HO·大量迅速产生，并且使生物难降解有机物的处理效果更好。魏新利等采用超声、Fenton 与絮凝协同处理焦化废水，结论是处理效果明显，废水水质达到国家一级排放标准。唐玉斌、吕锡武等分别采用单独超声辐照、Fenton 氧化法和 US/Fenton 协同工艺三种技术对 COD_{Cr}浓度为 4799mg/L、pH 值为 9.17 的焦化废水进行处理，Fenton 氧化法对焦化废水 COD_{Cr}的去除率在反应 60min 时达到了最大 47.1%，US/Fenton 氧化法在反应 40min 时 COD_{Cr}去除率达到了最大值的 55.6%。可知，US/Fenton 协同处理焦化废水的效率明显高于 Fenton 氧化法，且缩短了反应时间。超声技术通过超声空化反应将焦化废水中的有毒、难降解有机污染物转化成二氧化碳、水或毒性更低的小分子物质，提高了废水的可生化性，但仍存在许多限制条件，每一种有机物都有其特定的最佳降解频率和声强，而实际工程中处理的废水都含有大量不同种类的有机物，单一频率和声强的超声反应器难以胜任工程化的需求，开发具有高效混响效果（频率和声强协同效应）的反应器是超声技术未来发展的必然要求。

（6）等离子体处理技术

等离子体处理技术的原理是：在毫微秒高压脉冲条件下，气体间隙能产生放电等离子体，放电等离子体中有大量高能电子，这些高能电子导致水分子产生大量的水合电子、·OH、O·等强氧化基团来氧化水中的有机物，以实现降解有机物的目的。实验结果表明：焦化废水经脉冲放电处理后，有机物大分子被降解成小分子，废水的生物降解性大大提高，再用活性污泥法进一步处理后，水中氰化物、酚及 COD_{Cr}浓度均有降低。

（7）烟道气处理技术

烟道气处理焦化含氨废水是使废水在喷雾塔中与烟道气接触并发生物理化学反应。废水全部汽化，烟道气中 SO_2和废水中的 NH_4^+-N 及塔中的 O_2发生化学反应生成 $(NH_4)_2SO_4$，吸附在烟尘上的有机污染物在高温焙烧炉或锅炉炉膛内进行无毒化分解，从而实现废水的“零排放”，并且不会对大气环境构成污染。该工艺“以废治废”，处理效果好，还具有投资省、运行费用低等优点。Z. J. Chung 发明了利用烟道气处理焦化含氨废水或全部焦化废水的技术，该技术已获专利，在江苏淮钢集团剩余氨水处理工程中得以应用，并取得成功。

综上分析，焦化废水处理仍是国际国内一大难题。按照目前处理技术水平，单一处理技术和方法难以解决焦化废水达标排放问题。只有提高现有焦化废水处理技术的处理能力、提高新技术的经济可行性，将各种有效方法加以集成创新，取长补短，才能探索找到焦化废水处理的最佳技术方法和工艺。因此，深入研究焦化废水深度处理技术，既是焦化行业当前面临的瓶颈和解决现实问题的需要，也是进行技术攻关的重点。

1.2.4 综合污水控制技术现状

1.2.4.1 工业污水控制技术

工业污水所含污染物种类繁多并且性质复杂，因此工业污水的处理方法也有别于生活污水。下面简单介绍几种工业污水处理工艺。

（1）排放与回用污水处理工艺

对于排放污水处理工艺，主要流程为：城市污水处理厂二级处理出水→砂滤→消毒→排放。

对于回用污水处理工艺，主要流程为：城市污水处理厂二级处理出水→微絮凝、混凝或者淹没式生物滤池或者生物接触氧化法→过滤→消毒→回用。

（2）离子交换树脂污水处理方法

离子交换树脂是一种交联聚合物结构中含有离子交换基团的高分子材料。它不溶于酸、碱溶液以及各种有机溶剂，在结构上属于既不溶解也不熔融的多孔性固体高分子物质。离子交换树脂在处理含有汞、铜以及钼的污水过程中得到广泛应用。

（3）生物膜法

在几十年的不断研究下，如今已经有多种生物膜反应器应用于污水处理中。上流式污泥床是20世纪70年代末由荷兰开发的一项新的颗粒型生物膜反应器，主要应用于厌氧生物处理系统中，它主要由配水系统、污泥床、三相分离器等组成。反应过程中产生的气体将污泥和污水进行充分混合，三相分离器将颗粒污泥、气体和污水进行分离，污泥保留在反应器中，气体和处理后的出水排出反应器。20世纪80年代后又出现了新的颗粒污泥反应器，其中以内循环反应器和污泥膨胀床最具有代表性，两者的结构类似，但其高径比更大，上升流速更快，颗粒污泥处于膨胀状态。

1.2.4.2 钢铁污水控制技术

（1）用垂直流混锰砂人工湿地处理钢铁废水

黄翔峰等用垂直流混锰砂人工湿地对钢铁废水进行了试验处理。试验中模拟出了一个人工湿地，尺寸为1m×0.6m×0.8m，内部填充物为粒径=6～8mm的锰砂填料，在填料上种植芦苇，密度约为250株/m^2，表面无覆土。湿地系统对Fe、Mn、TP、COD_{Cr}、NH_4^+-N的平均去除率分别为97%、94%、95%、52%、83%。其中湿地在夏季对各种污染物的去除效果最好。在这几种主要的污染物中，有机物、TP的浓度达到《城市污水再生利用　工业用水水质》（GB/T 19923—2005）的回用标准，但其浊度、NH_4^+-N、Fe、Mn还未达标。HRT在2～5d时，其改变对污染物的去除影响很小，低温条件对NH_4^+-N的去除效果有一定影响。

（2）用高密度澄清池处理钢铁污水

赵萍利用澄清池对钢铁行业污水进行了处理。实验中所使用的高密度澄清池是采用斜管沉淀及污泥循环方式的快速澄清池。高密度澄清池有反应池、斜管分离池和预沉池-浓缩池三个主要部分。用斜管沉淀，可控制污泥循环，不用再建污泥浓缩池，节约了工程空间。该设施的优点是：最佳的絮凝性能，矾花密集、结实，斜板分离水力配水设计周密，有很高的上升速率（能达到15～35m/h），集中污泥浓缩。装置的优点是缩短长距离管道、占地面积小，这样可以做到无噪声无异味，可以用于建设封闭式污水处理厂。

（3）钢铁废水的混凝处理

钢铁废水占工业废水相当大的比重，目前我国大型钢铁企业对钢铁废水回收利用的处理过程主要采用“三段式”，即预沉、混凝沉淀和过滤。废水经过处理后，出水水质可以达到工业用水的基本要求。该过程中混凝沉淀对总排水水质有着决定性作用，因此对混凝沉淀进行研究具有非常重大的意义。阳红等使用不同混凝剂和阴阳离子型聚丙烯酰胺（PAM）作为助凝剂，对不同时间段的钢铁废水进行混凝试验，从而确定了最佳加药量和最佳混凝剂。在钢铁污水处理中，选用硫酸铝作为混凝剂最为合适，并且此时不需要投加助凝剂。

（4）微生物吸附技术

戴群等从南京某钢铁厂污水处理池中的微生物菌种中选取了对于高浓度的锌离子耐受性最强的黄杆菌属的一种菌株，通过正交实验研究了培养基初始 Zn^{2+} 浓度、培养温度和培养基初始 pH 值三个因素对该微生物菌种吸附培养基中 Zn^{2+} 能力的影响。结果表明该菌种吸附 Zn^{2+} 的最适条件为培养基初始 pH 值为 2，培养温度为 27℃，培养基初始 Zn^{2+} 浓度为 1000mg/L。

（5）膜分离技术

膜分离技术的特点使它在钢铁厂污水的预处理、排放以及回用的领域中都得到了广泛的应用，在水资源的保护、钢铁厂水资源的节约以及降低成本等方面都起到了巨大的作用。唐山国丰钢铁有限公司采用双膜法（UF＋RO）对污水进行了深度处理，然后经混床树脂进一步去除离子后回用作为锅炉补给水。该公司采用超滤对污水进行预处理后，对系统运行数据采集分析得出结论：该系统运行稳定，产水量可以从 $215m^3/h$ 增加到 $240m^3/h$。产水浊度小于 0.05NTU，SDI（污染指数值）小于 3，连续 3 个月未进行化学清洗。现场水样分析结果表明，超滤组件对 TOC 去除率高达 60%，能有效保护后续反渗透系统的长期稳定运行。安阳钢铁污水处理厂也采用双膜法对其污水进行处理。超滤系统具有 6 套装置，每套超滤装置产水量为 $235m^3/h$。反渗透系统设置 3 套主机，每套装置配有 50 支膜壳，每只膜壳内装有 6 支 8in（1in＝0.0254m，下同）抗污染反渗透膜。每套反渗透装置产水量为 $187m^3/h$。该系统运行情况良好，段间压差稳定，进水压力 3 年来没有明显升高，每次清洗后都能恢复，出水电导率低于 30μS/cm，清洗频率在 90d 左右。并且该系统不但为企业解决了水资源紧缺的问题，同时也创造了良好的经济效益。唐运平采用连续微滤膜系统对荣程钢铁集团的钢铁废水进行了深度处理，通过现场实验。测其进出水水质和性能参数，分析了该系统对钢铁废水生化二级出水的水质处理效果及其运行状况，结果表明：连续微滤膜系统运行稳定，具有较强的耐污能力，该系统微滤膜的截留作用可以有效地去除水中COD、悬浮物、胶体和有机颗粒，能够使水质满足多用途回用和反渗透预处理的要求。唐山国丰钢铁集团采用双膜法对污水进行回用处理，该企业的双膜系统的简单流程为：采用市政污水处理厂达到一级A排放标准的污水作为原水，原水经过超滤系统的预处理后，再进入反渗透膜系统；反渗透产水一部分作为各净环系统及软水密闭循环系统的补充水，另一部分经过混床处理后用于中压锅炉的补给水。超滤膜为西门子Memcor膜组件，反渗透膜采用PROC10。该系统在回用项目中运行近3年，产水水质一直符合该厂要求，运行稳定，节水节能效果明显。徐竟成采用人工湿地与反渗透系统组合的工艺对某大型钢铁企业的废水进行处理。结果表明：湿地植物生长良好，人工湿地内的锰砂填料强化了湿地去除铁和锰的能力，人工湿地可以有效地去除原水中的悬浮物和有机物，在回收率为75%的条件下反渗透系统运行稳定，脱盐率达到了98%以上，出水水质符合企业生产用水水质的要求。

1.2.5 污水回用技术现状

节能减排是我国的战略目标，钢铁工业作为重点能耗行业之一，是节能减排的重点。钢铁企业水系统现普遍采用循环-串级供水体制、限制工业新水的直流用水。将工业污水收集后处理制成回用水、工业新水、脱盐水、软化水或纯水等用于生产，是目前钢铁企业回用工业污水、实现污水资源化的常见方式[28]。但在具体实施工业污水处理和回用时，很多企业却面临着工业污水量远大于回用水量，处理后的工业污水因缺少用户只能外排，而同时还需引入大量的工业新水的尴尬局面。要实现节能减排不仅要研究水处理工艺，更重要的是要实现工业污水排放量和回用水量之间的平衡[29]。本节针对在不同的生产工艺（长流程和短流程）中工业污水的回用方式和回用率的不同，分析了工业污水的回用方式，并探讨了提高回用率的技术措施。

在钢铁企业里，循环用水量占总用水量的95%以上，其工业污水主要来源于浊循环水系统的排污水。敞开式净循环水系统的排污水一般作为浊循环水系统的补充水，冷轧工业废水等特种工业污水通常单独处理。工业污水中含悬浮物、杂质、油等，另外其含盐量较高。就浓缩倍数而言，通常可达到工业新水的5～6倍以上。这是工业污水重要的特点，也是影响其回用的重要因素。

1.2.5.1 目前工业污水回用常见方式

目前工业污水回用常见方式为将工业污水收集后处理制成回用水、工业新水、脱盐水、软化水或纯水等用于生产[30]。

(1) 工业污水经过普通处理制成回用水

工业污水经过常规水处理工艺（如混凝、沉淀、除油、过滤等）处理后制成回用水，原工业污水中的悬浮物、杂质、油等均得到了有效的去除，但其含盐量并没有降低，远高于工业净循环水和浊循环水。

(2) 工业污水经脱盐制成脱盐水、软化水及纯水

脱盐水、软化水及纯水常用于钢铁企业炼铁、炼钢、连铸等单元关键设备的间接冷却密闭式循环水系统以及锅炉、蓄热器等的补充用水。随着全膜法水处理系统造价和运行成本的日益降低，超滤加二级反渗透工艺已广泛应用于钢铁企业脱盐水的制取。但在制成脱盐水、软化水及纯水的同时，也将产生约占脱盐水、软化水及纯水水量40％～50％的浓盐水，浓盐水的含盐量更高，按常规工业污水反渗透的回收率约为75％计算，浓盐水针对工业污水的浓缩倍数将达到4倍以上，其含盐量针对工业新水而言达到了20倍以上[31]。

(3) 工业污水全部经脱盐制成工业新水

如果将全部工业污水脱盐制成工业新水，其生产成本将大幅度提高。在短期内缺乏实施的可操作性，制成工业新水的同时将产生更多的反渗透浓水。

1.2.5.2 钢铁企业主生产工艺对各类水的需求分析

我国钢铁工业按其生产产品和生产工艺流程可分为长流程生产和短流程生产两类：长流程生产主要包括烧结（球团）、焦化、炼铁、炼钢、轧钢等生产工序；短流程生产主要包括炼钢、轧钢等生产工序。

长流程的炼钢工艺一般是转炉，短流程的炼钢工艺一般是电炉。

(1) 长流程生产工艺用水需求

炼铁、炼钢、连铸、冷轧等单元如炉体、氧枪、结晶器等关键设备的间接冷却密闭式循环水系统以及锅炉、蓄热器等的补充用水一般采用脱盐水、软化水及纯水。烧结、炼铁、炼钢、连铸、热轧、冷轧等单元设备的间接循环冷却水系统补充水一般采用工业新水。

各主要工艺单元浊循环水系统由净循环强制排污水补水，水量不够的采用工业新水。烧结的一次混合和二次混合用水以及渣处理或是浇洒地坪等一般可采用回用水或反渗透系统的浓水。烧结一次混合和二次混合的用水量一般为每小时十几到几十立方米；高炉炉渣粒化如采用冲渣方式，其吨渣耗水量为8～12m^3，如采用泡渣方式，其吨渣耗水量为1.0～1.5m^3；转炉炼钢渣量较大，一般采用浅热泼渣盘工艺，吨渣耗水量约为1.2m^3。

从用水需求量来看，由于存在一次混合和二次混合用水以及渣处理等工艺用户，回用水量较大，与工业新水用量接近，甚至大于工业新水用量，其次是脱盐水、软化水及纯水。

(2) 短流程生产工艺用水需求

短流程生产工艺用水需求总的来说与长流程类似，但是没有炼铁、烧结单元，因此也没有烧结的一次混合、二次混合和炼铁的炉渣粒化等回用水用户；另外，电炉炉渣处理也与转炉炉渣处理工艺不同，回用水需求量远小于长流程生产工艺。从用水需求量来看，工业新水量是最大的，其次是脱盐水、软化水及纯水，而回用水用水量的需求更少。

1.2.5.3 工业污水回用方式探讨

(1) 长流程生产工艺污水回用

对于长流程生产工艺的钢铁企业，鉴于回用水需求量较大，建议将部分工业污水制成脱盐水、软化水或纯水用于生产，将反渗透浓水和其他由工业污水制成的回用水回用至烧结的一次混合和二次混合用水以及渣处理等直流用户或是浇洒地坪。

(2) 短流程生产工艺污水回用

对于短流程生产工艺的钢铁企业，工业污水排放量和回用水量之间不平衡的矛盾比较突出。首先是回用水用户少，回用水需求量也少；而工业污水经过常规处理制成的回用水含盐量高，无法用于循环水系统作补充水，回用水无法有效地消耗；另外，在制取脱盐水、软化水及纯水过程中将产生含盐量更高的反渗透浓水。

(3) 焦化废水回用技术现状

焦化废水在经过处理后，一部分企业焦化废水达到排放标准，排放至外界环境。但随着国家节能减排政策的提出，国内焦化厂对焦化废水的回用进行了很多探索和尝试。主要回用方式包括用作生化处理稀释水、湿熄焦、高炉冲渣、煤厂抑尘、烧结混料（见表1-1）。

表1-1 焦化废水回用方式

回用方式	对水质的要求	二次污染	存在的问题	应用情况
用作生化处理稀释水	生化处理后出水	小	用水量有限	部分焦化厂应用
湿熄焦	生化处理后出水	较大	操作环境较差，焦化厂应用较广	设备腐蚀严重，逐步面临淘汰
高炉冲渣	生化处理后出水	较大	操作环境较差，设备及管道腐蚀，用水量有限，污染物富集	部分钢铁焦化联合企业应用
煤厂抑尘	生化处理后出水	小	用水量有限	应用较广
烧结混料	生化处理后出水	小	操作环境较差，设备及管道腐蚀，喷头堵塞	部分钢铁焦化联合企业应用

1) 将外排废水用作生化处理稀释水

利用生化模拟装置进行外排废水取代工业新水的实验主要原理是活性污泥是以好氧菌为主体形成的絮状体，絮状体中混杂着污水中有机的和无机的悬浮物质、胶体物质，并在其表面上附聚着由藻类、菌类、原生动物和后生动物等组成的一个生态系统。利用曝气池里的生物群落吸收废水里的污染因子（酚、氰、NH_4^+-N 和 COD）[32]。在供氧条件下，当加入适量的外排废水作稀释水时，原来的生物群落会发生相应数量、形状上的变化，甚至部分微生物将会发生变异。但经过一段时间的驯化后，活性污泥中的生物能够适应新的生存环境，可使外排水达到相应外排标准。

2）将废水处理后用于湿熄焦

采用湿法熄焦的焦化厂大多将处理后的焦化废水用于熄焦工段。由于熄焦工段对熄焦水水质要求不高，部分熄焦的处理后废水含有较高的 COD、NH_4^+-N 等，熄焦时废水中的有机污染物随蒸汽散发至外界大气中，对周围环境造成二次污染。

3）将废水处理后用于高炉冲渣

江苏沙钢集团采用了高效气浮-生物滤池-高效净水器-消毒的污水处理新工艺，对焦化污水、公司生活污水再次进行处理，将处理后焦化废水用于高炉冲渣，实现了焦化废水的回用，效果良好。太原钢铁厂将传统 A/O 系统改造强化后出水达到一级排放标准，部分废水回用于高炉冲渣，现场基本闻不到刺激气味。

4）将废水处理后用于烧结混料

由于焦化废水的部分污染物经高温加热后可炭化分解，部分钢厂将焦化废水用于烧结混料工序。该法的好处是减少了部分二次污染，但是该法的缺点是添加焦化废水的喷头往往容易堵塞，同时散发的气味严重影响工作环境。《城市污水再生利用 工业用水水质》（GB/T 19923—2005）中要求用于敞开式循环水系统补充水的 COD_{Cr}≤60mg/L，溶解性总固体≤1000mg/L。就现今处理技术而言，如果不采用膜分离技术则很难保证 COD_{Cr}≤50mg/L，更不能保证对溶解性固体的去除率。假如没有采用膜分离技术，即使主要控制指标 COD_{Cr}≤50mg/L，必须增加除盐功能才可回用。

目前国内新建焦化项目根据国家产业政策要求采用干熄焦后，为保护自然生态环境与人类健康，保持经济持续发展，焦化废水深度处理成为焦化厂亟待解决的问题。

1.2.5.4 钢铁浓水处理现状和研究

钢铁企业常见的反渗透浓水处置排放方法有：

① 排放到钢铁企业的总排污水处理厂；

② 用于各工艺单元的直流喷渣或冲洗地坪。

随着钢铁企业节水减排工作的开展，一些钢铁企业着手进行浓水回收再利用的研究和应用。张胜总结了唐钢浓水回用于冲洗过滤器的效果。金亚飚分析了反渗透浓水的悬浮物和含盐量，发现其比钢铁企业的典型的浊循环水水质还好，提出了反渗透浓水作为浊循环水补充水，从而减少新鲜水的用量。李和平介绍了华菱涟源钢铁把反渗透浓水用于循环冷却水补水的应用，每年可减少新水消耗 51 万吨。吴礼云等介绍了海水低温多效蒸馏浓盐水经脱硬预处理后，再通过反渗透淡化的应用。罗金华总结出钢铁工业废水“零排放”的各种浓盐水处理技术，包括软化、膜处理、蒸发等。中冶南方工程技术有限公司发明了一种冷轧钢厂反渗透浓水处理工艺及其处理系统。它包括如下步骤：

① 反渗透浓水先进入调节池，经调节池调节处理后的反渗透浓水进入臭氧接触反应器；

② 经过臭氧接触反应器处理后的出水进入衰减池，经衰减池处理后的废水进入 MBR 膜生物反应池，同时在 MBR 膜生物反应池中投加粉末活性炭，然后通过 MBR 膜生物反应池的分离膜进行固液分离后的出水由抽吸泵抽入中间产水池，得到中间产水；

③ 中间产水经过高压泵打入反渗透机组进行第二次反渗透脱盐处理；经过反渗透机组处理后的出水作为回用水使用，反渗透机组产生的浓水直接排放。该工艺具有废水回收率高的特点。

参考文献

[1] 刘丹丹，解建仓，朱琪，等．钢铁工业用水过程可视化及节水评价 [J]. 水利信息化，2019 (4)：41-46.

[2] 张国方．工业污染源全面达标有了时间表 [J]. 纸和造纸，2017，36 (2)：29.

[3] 张国方．建筑工程绿色施工中的施工管理问题分析 [J]. 中国房地产业，2011 (7)：67.

[4] 袁宏伟．攀钢钒炼钢厂可持续发展战略实践与规划研究 [D]. 成都：电子科技大学，2013.

[5] 赵晶．石化等行业用水有了效率指南 [J]. 河南化工，2013，30 (16)：8.

[6] 赵建辉．钢铁冶金行业用水节水问题分析 [J]. 科技与企业，2015 (8)：89-89.

[7] 赵晶．钢铁企业二次污染治理中的政府职能研究 [D]. 四川：西南交通大学，2014.

[8] 孙静，陈鹏，龙海萍，等．鞍钢水资源优化利用研究与探索 [C]//2016 全国冶金节水与废水利用技术研讨会论文集，2016：429-431.

[9] 刘志强．水利部全国节水办调研组在我省调研 [J]. 山西水利，2019，35 (5)：3-4.

[10] 陈晓光，杨树新，王伟峰，等．干熄焦系列标准研究与制定 [Z]. 秦皇岛秦冶重工有限公司，冶金工业信息标准研究院，2017.

[11] 谢春玲．我国推进节水型企业建设 [J]. 上海化工，2012，37 (11)：42-42.

[12] 刘晗．典型钢铁企业水资源处理技术与评价体系的研究 [D]. 天津：南开大学，2016.

[13] 刘志强．钢铁工业的水污染控制技术分析 [J]. 建筑工程技术与设计，2018 (3)：311.

[14] 武建国，程继军．钢铁企业水系统优化探讨 [J]. 冶金设备，2018 (1)：76-80.

[15] 谢春玲．钢铁废水回用反渗透浓水减排的试验研究 [D]. 青岛：中国海洋大学，2013.

[16] 阎国荣，刘全金．钢铁企业节水技术、措施和发展趋势 [J]. 冶金管理，2007，(9)：17-18.

[17] 王喜胜．邯郸某钢铁集团高盐废水的浓度处理 [D]. 邯郸：河北工程大学，2014.

[18] 林高平．浅谈废水零排放与钢铁企业的水资源管理 [J]. 资源再生，2019 (7)：33-38.

[19] 赵攀，张长生，赵家龙．马钢新区水资源利用现状及发展趋势 [C]//2016 全国冶金节水与废水利用技术研讨会论文集，2016：362-367.

[20] 冀刚．钢铁企业节水减排技术的探索与研究 [D]. 西安：西安建筑科技大学，2010：3-9.

[21] 杜腾飞，李占江．钢铁企业节水及水污染控制方法探索 [J]. 中国化工贸易，2017，9 (4)：161.

［22］ 武盛．包钢近几年节水工作回顾与展望［J］．包钢科技，2008，34（3）：1-3.
［23］ 原野．焦化废水特性及处理工艺研究［J］．山西化工，2018，38（2）：184-186.
［24］ 赵萌．焦化废水深度处理制纯水工程方案设计［D］．济南：山东大学，2012.
［25］ 彭贤玉．Fenton-混凝沉淀法处理焦化废水的试验研究［D］．长沙：湖南大学，2006.
［26］ 王丹．超重力强化高级氧化法处理实际废水的研究［D］．北京：北京化工大学，2017.
［27］ 秦正宇．热致相分离法 PVDF 中空纤维膜在钢铁废水中的应用［D］．青岛：中国海洋大学，2014.
［28］ 杨树军．钢铁厂污水回用工程设计与运行［D］．天津：天津大学，2014.
［29］ 董有．钢铁工业水污染物排放标准及用排水管理［C］//2013 全国冶金节水与废水利用技术研讨会论文集，2013，1-4.
［30］ 白洁．济南钢铁集团综合污水处理及回用系统优化研究［D］．济南：山东建筑大学，2016.
［31］ 刘楠薇．钢铁企业综合污水处理厂出水脱盐处理技术研究［D］．北京：北京工业大学，2008.
［32］ 毕利民．山钢集团张店钢铁总厂 6000m^3/d 废水深度处理回用工程设计研究［D］．青岛：青岛理工大学，2014：9-11.

第2章 钢铁生产源头及过程节水减排成套技术

2.1 绿色供水技术

在钢铁联合企业中，水源水的直接供水对象主要是循环冷却系统，这部分水占整个用水量的70%～80%，节水潜力巨大。循环水系统供水主要来源于江河水、回收利用水等，属于非常规水源，其成分复杂多变[1-3]。如果钢厂用水水质不好，在循环过程中由于浓缩倍数增加，水中含有大量成垢离子会在换热器及管道表面沉积而形成水垢。水垢可使传热效率降低，过水断面减少，影响换热器的正常使用，而且还可能堵塞管路系统，从而降低整个输水能力。离子浓度过高，还可能导致管道腐蚀穿孔，引起工业事故，不能保证循环冷却水系统在高浓缩倍率下生产的正常运行。

本节以邯钢为例，介绍绿色供水技术在邯钢制氧厂净环水系统的应用。

邯钢是1958年建厂投产并逐步发展起来的特大型钢铁企业。经过多年发展，已形成年产1300万吨钢铁产品的综合生产能力，因此，作为用水大户，其耗水量也是很大的，年新水补充量在12000m^3/h以上。邯钢制氧厂所用水源水来自滏阳河。

邯钢补充水的特点及存在的问题如下。

① 滏阳河水属高硬度、高碱度水质，直接使用不能保证循环冷却水系统在高浓缩倍率下生产的正常运行。

② 供水系统补充的水源水中含有一定量的有机物质，它们不能通过沉降过程去除，会在循环的过程中形成生物黏泥，使得菌藻滋生加剧并黏附在管道中产生（软）垢下腐蚀，对供水管道及设备产生一定的损坏，不利于循环冷却水浓缩倍数的提高，导致新水耗量增加。

非常规水源的特点及存在的问题如下。

① 河水、中水等非常规水源水属高硬度、高碱度水质，直接使用不能保证循环冷却水系统在高浓缩倍率下生产的正常运行。

② 供水系统补充的水源水中含有一定量的有机物质，它们不能通过沉降过程去除，会在循环的过程中形成生物黏泥，使得菌藻滋生加剧并黏附在管道中产生（软）垢下腐蚀，对供水管道及设备产生一定的损坏，不利于循环冷却水浓缩倍数的提高，导致新水耗量增加。

③ 使用软水比例增加势必导致离子交换或反渗透处理。因此，随着水的不断循环，硬度值及 Cl^- 含量必然增加，恶性循环，降低循环冷却水浓缩倍数，增加新水使用量。

④ 通常净环水系统采用的办法是匹配一定比例的软水稀释，达到高浓缩倍数下水质稳定的效果，但同时会使得钢铁企业运行成本增加，耗水量增加。

2.1.1 技术简介

（1）国内外研究现状

国内外钢铁联合企业，特别是在高硬度水质区域企业，大部分净环水是由补充河水、中水等非常规水配加软水稀释而成，并且在水中投加一定量的阻垢缓蚀剂和杀菌灭藻剂，经过一段时间循环之后直接排放。且软水制备会产生浓盐水，造成水资源浪费和恶性循环。

水源水处理常用的方法主要为化学法[4-6]。化学法主要分为以下两类。

一类是向水中加入专用化学药剂（阻垢缓蚀剂和杀菌灭藻剂），这种药剂会改变离子特性，干扰成垢离子的结晶过程，从而使水垢不能析出。但该法只是阻止水垢生成，未降低水的硬度，在温度梯度较大时还是会产生水垢，并且根据处理水的复杂性，阻垢缓蚀剂的类别和比例需要不断调整改变。随着工业的发展，循环冷却水处理剂快速发展，目前常用的有：a. 聚磷酸盐，其热稳定性差、易水解，与水中的 Ca^{2+} 形成 $Ca_3(PO_4)_2$，降低了聚磷酸盐的缓蚀阻垢性能，目前逐步被淘汰；b. 有机磷系阻垢剂，其化学稳定性好，不易水解，易与二价金属离子形成稳定的络合物，200℃以下有良好的阻垢性能，但是单一使用对铜系管材的缓蚀效果欠佳，而且单位质量的含磷量偏高，给环境带来很大的压力，逐渐被低磷的全有机配方药剂所代替；c. 全有机配方处理方法，该法是当前最为普遍的处理方法，药剂分子中含有羧酸基、酯基、磺酸基、磷酸基等多种特效官能团，水溶性好，对分散在水中的碳酸钙、磷酸钙、硫酸钙及氢氧化铁等溶解效果良好，与锌盐复配效果更佳。绿色环保型处理药剂不如磷系药剂处理的范围广泛，存在一定的局限性。

另一类处理方式则是根据溶度积原理，根据需要向水中投加适当化学试剂，使之与 Ca^{2+}、Mg^{2+} 反应生成 $CaCO_3$ 和 $Mg(OH)_2$ 不溶性沉淀物[7]。化学软化法包括石灰纯碱软化法、石灰软化法、苛性钠软化法等。化学软化法中最常用的药剂是石灰，它的技术成熟，来源广泛，而且价格低廉。石灰经消化后，生成石灰乳投加到原水中，在较高 pH 值条件下与重碳酸盐发生反应，生成 $Mg(OH)_2$ 和 $CaCO_3$

等沉淀物。在下沉过程中Ca^{2+}、Mg^{2+}形成的沉淀物起到混凝剂的作用，进而使各种沉淀物在反应池中絮凝，在滤池和沉淀池中去除。适量地投加助凝剂，可增加混凝效果。

除化学法外，离子交换法也是常用的方法之一。离子交换剂中的Na^+或H^+和组成水硬度的Ca^{2+}、Mg^{2+}进行交换，Na^+或H^+被Ca^{2+}、Mg^{2+}取代，使水软化，降低水质硬度[8,9]。常用的离子交换剂是磺化煤和阳离子交换树脂。钠离子交换软化工艺可以降低水的硬度，但不能降低水的碱度和盐含量，且只适用于盐和碱度不高的原水。当原水碱度过高时，软化过程可以使用H^+交换，原水碱度可以在氢离子交换剂中与强酸发生中和反应，产生的CO_2用除碳器去除，可达到水质脱碱和水的软化效果。

近年来，新兴的降低循环水硬度的方法有多种。物理法逐渐应用广泛，包括超声波法、电场法、磁处理法等，在水处理过程中可集防垢、除垢、缓蚀、杀菌等多功能于一体，使之发生物理或化学性质上的变化，并进一步改变水垢的生成及生长过程，从而实现阻垢的目的。这些技术往往使用方便、成本低、无污染，因而具有广阔的应用前景和商业市场。

（2）技术优势

采用绿色供水技术，通过物理、化学及生化的交互作用可实现脱除COD、降硬、除浊及杀菌灭藻功能，其优势在于：

① 通过人工湿地处理可以改善水质，消除有机物对水质的影响，降低COD浓度，避免有机污染物产生；

② 通过物理-化学耦合技术的交互作用使系统中的成垢离子以及微纳米级有机/无机颗粒凝聚脱除，杀菌灭藻；

③ 合理匹配供水水源，适当降低软水比例，降低对补充新水的需求。

（3）取得的效果

① 可直接降低河水硬度值40%以上，减少循环水系统软水配比，降低用水量，达到节水的目的；

② 降低软水用量10%就相当于减少15%的反渗透水量，不仅处理成本降低，而且避免浓水进入系统导致的硬度及Cl^-增加的危险；

③ 超导高强磁场-化学耦合技术同时具有很好的杀菌灭藻功能，避免了系统杀菌灭藻剂带来Cl^-含量增加的风险；

④ 河水硬度降低，管道内结垢强度降低，减少新水消耗，从而起到节水的作用。

因此，该技术对深度节水或实现“零排放”意义重大，生化-外场-化学耦合技术基于工业生态和循环经济全生命周期集约化控制理论，从源头上控制，节水降耗效果显著。

2.1.2 适用范围

水源水净化、中水等非常规水源的应用，全部或部分替代软水，实现绿色供水，节水减排。

2.1.3 技术就绪度评价等级

TRL-5。

2.1.4 技术指标及参数

相关原理如下所述。

① 针对高硬高碱或低浊度水源水（包括河水、地下水以及城市中水等非常规水源水）进行源头控制，通过超导高强磁场与物理化学的耦合作用实现水中钙、镁、硅及铁等成垢离子及微纳米级有机/无机颗粒凝聚脱除，在高效降硬除浊的基础上替代或减少软水，节水并降低成本；超导设备同时具有极强的杀菌灭藻功能，可在无氯投加下实现绿色灭杀；在水质深度净化的基础上进行水源水的合理配置，取消或最大限度地替代软水，实现源头绿色供水，节水降耗。

② 当河水特别是中水等非常规水资源中有机物含量较高时，采用垂直潜流人工湿地反应器，以旁流的方式进行生化处理脱除有机物。垂直潜流人工湿地由防渗层、基质层、土壤层和湿地植物构成，钢渣作基质层并作为生物膜生长的载体，内部供氧充足。通过截留、基质层和植物根系附着生物膜的生化作用以及湿地植物的营养吸收作用，实现 COD、NH_4^+-N 及 P 的有效脱除，切断微生物滋生需要的营养源。再经过超导超强磁场-物化耦合技术交互作用，脱除成垢离子、微纳米颗粒物并杀菌灭藻，即可从源头有效避免供入净环水系统后管路或设备表面结垢或生物黏泥附着。以钢渣作基质层，将景观构建与水处理结合，具有多重效益。

（1）工艺流程

以旁滤的方式针对高硬高碱补充水源水水质进行处理，通过人工湿地切断微生物滋生需要的营养源，通过外场-化学的交互作用使系统中的钙、镁、硅及铁等成垢离子以及微纳米级有机/无机颗粒凝聚脱除，杀菌灭藻。

工艺流程如图 2-1 所示。

1）分析供水水质，探究水质对循环系统的影响

邯钢主要水源水来自滏阳河。河水硬度$>$400mg/L，碱度$>$200mg/L，易形成 Ca^{2+}、Mg^{2+} 的硬垢或含铁锈垢的复合垢；同时由于 SS 较高、有机物存在（COD $>$10mg/L）具备形成生物膜的条件，还有形成生物黏泥及垢下腐蚀的危险，如表 2-1 所列。另外，由于二氧化硅含量较高，如不加以控制一旦形成硅垢将非常难以处理，会严重影响生产的正常运行，给用水及节水带来很大困扰。

像其他高硬度水源水钢铁联合企业一样，邯钢在向净环水系统供水时也要配加

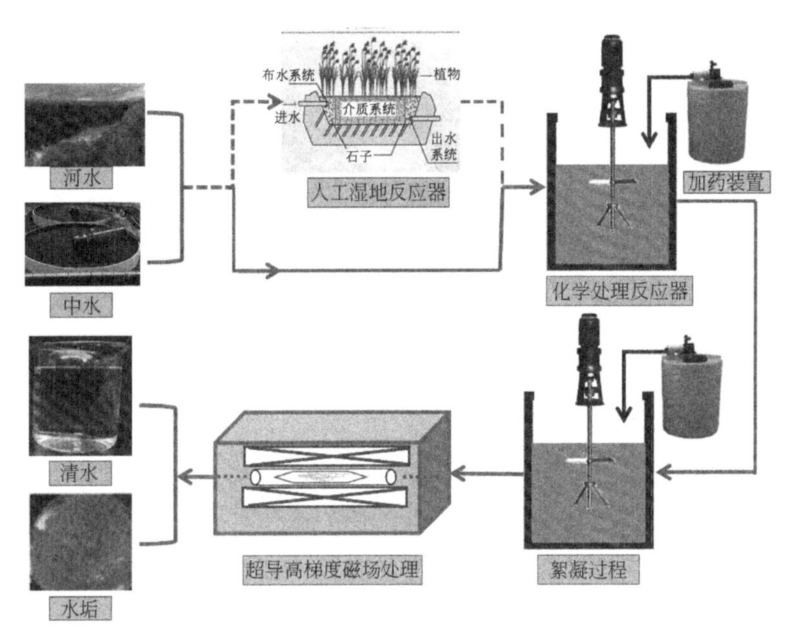

图 2-1　生化-外场-化学耦合技术工艺流程

表 2-1　滏阳河水质分析表

序号	水质项目	单位	数值
1	pH 值		7.22
2	SS	mg/L	43～100
3	总溶固含量	mg/L	828
4	溶解固形物	mg/L	794
5	烧失量	mg/L	245.6
6	硬度	mg/L	400～500
7	全碱度	mg/L	265
8	Fe、Al 离子	mg/L	13.2
9	SiO_2	mg/L	28.8
10	Cl^-	mg/L	83
11	SO_4^{2-}	mg/L	257.4
12	NO_3^-	mg/L	6
13	COD	mg/L	4.72(最大 7.78)
14	BOD	mg/L	3.62(最大 4.94)
15	电导率	μS/cm	1200

一定比例的软水稀释后使用，这无疑增加了水耗和运行成本。以邯钢 RO 反渗透及离子交换的产水率估算，制备 1t 软水需要 1.4t 的河水，造成水资源浪费，而且如果软水制备产生的浓液处理不当混入运行的水系统中会造成 Cl^- 含量及硬度飙升，形成恶性循环，扰乱正常生产秩序，增加处理成本，危害极大。

2）垂直潜流人工湿地，去除水源水中有机物

当水源水中有机物含量较高时，采用人工湿地预处理。实验所用的基质包括河

砂和建筑施工石子。基质进行分级，分别为1～2mm河砂、2～4mm河砂、4～8mm河砂、8～12mm碎石。采用垂直潜流人工湿地处理水源水，人工湿地进水采用穿孔管实现进水和出水的布水和集水，在反应器中部设立阻隔墙，阻隔墙底部连通，实现水流在前部的向下流和后部的向上流，以此实现了较好的水力条件。实验所用的芦苇是一种常见的湿地植物，在广泛的环境条件下都能生存良好，具有耐寒性和良好的净水能力。湿地反应器底部铺设0.2m高的砂石层，砂石层上部铺设0.5m高的钢渣或煅烧钢渣层。为了防止入流和出水穿孔管的堵塞，在穿孔管周围铺设一圈砂石层。

湿地系统设计示意见图2-2。

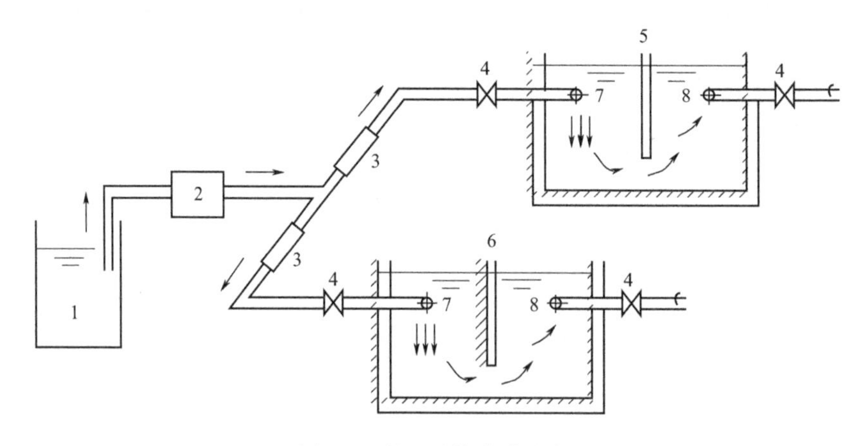

图2-2　湿地系统设计示意

1—湿地反应器；2—蠕动泵；3—流量计；4—阀门；5—钢渣湿地系统；6—煅烧钢渣湿地系统；7—入流穿孔管；8—出水穿孔管

垂直潜流人工湿地反应柱稳定期运行结果如图2-3和图2-4所示，可以发现，

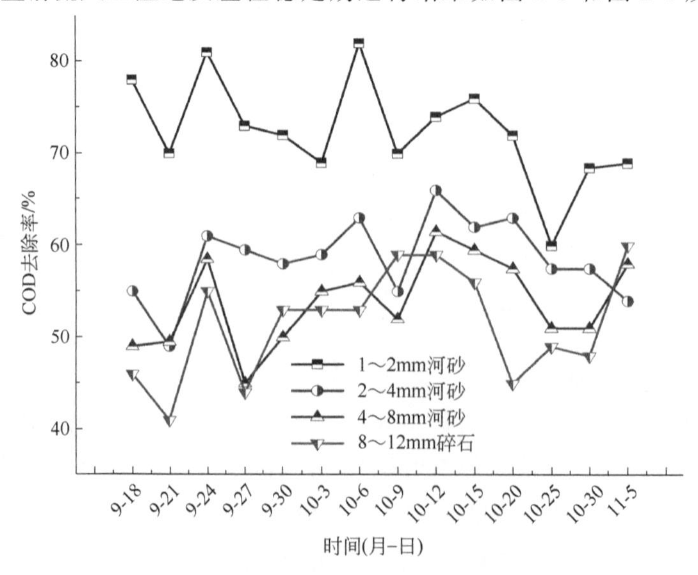

图2-3　人工湿地反应器COD去除率

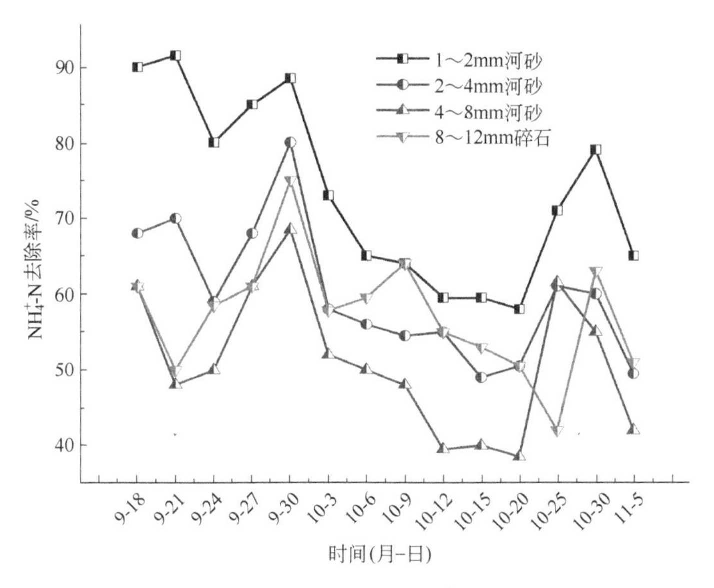

图 2-4　人工湿地反应器 NH$_4^+$-N 去除率

4 种基质对污水中污染物的去除效果不同，对 COD 去除率从大到小依次为 1～2mm 河砂＞2～4mm 河砂＞4～8mm 河砂＞8～12mm 碎石，最高去除率大于 80%；对 NH$_4^+$-N 去除率从大到小依次为 1～2mm 河砂＞2～4mm 河砂＞8～12mm 碎石＞4～8mm 河砂，最高去除率大于 90%。综合来说 1～2mm 河砂是人工湿地的优良基质。

不同级数湿地反应柱对河水和中水处理效果如图 2-5 所示，随着级数从一级增加到三级，两种进水中的 COD 和 NH$_4^+$-N 去除率均得到增长，但是三级系统相对二级系统的增加较少，因此在本研究中采用二级实验柱是较为适宜的选择。如图 2-5所示，当采用二级垂直潜流人工湿地反应柱处理河水和中水时，COD 和 NH$_4^+$-N 平均去除率达到 70%和 80%以上。

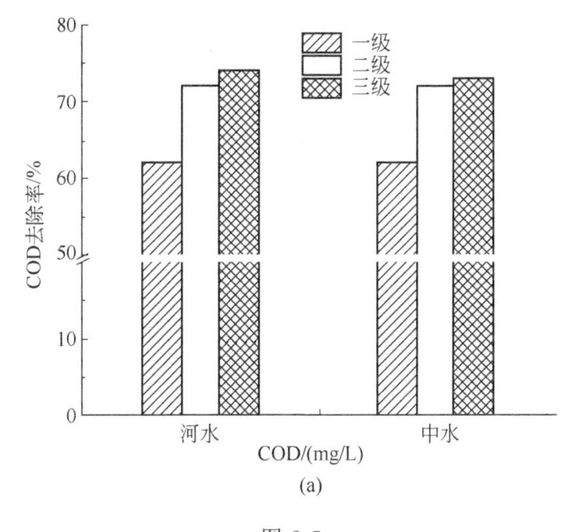

图 2-5

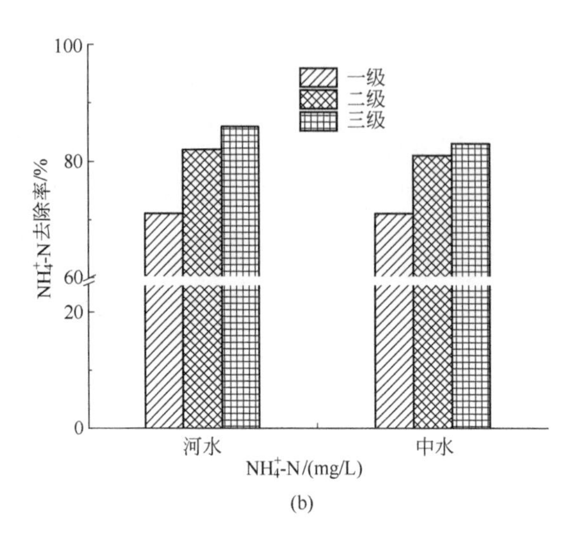

(b)

图 2-5 不同级数湿地实验系统处理效果

3）进行降硬除浊实验，获取最佳处理参数

超导高强磁场-化学耦合处理流程包括化学处理过程、絮凝过程、超导高梯度磁场处理过程。人工湿地预处理后的水源水经水泵输送，进入化学处理反应器，实现钙、镁、硅及铁等成垢离子的去除；出水经过絮凝处理，微纳米级有机/无机颗粒凝聚脱除；超导高强磁场具有非常强的绿色杀菌灭藻功能，过程中所产生的絮体残渣排至沉降池分离垢体，处理后的水源水可作为循环系统补水。

河水降硬除浊效果如图 2-6 所示。

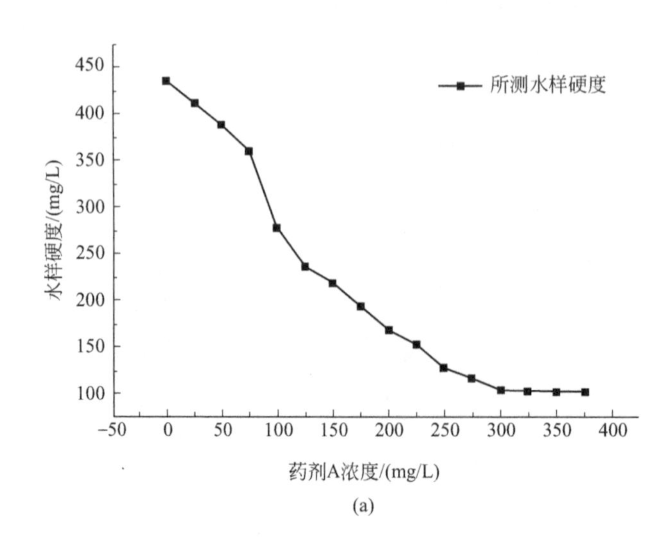

(a)

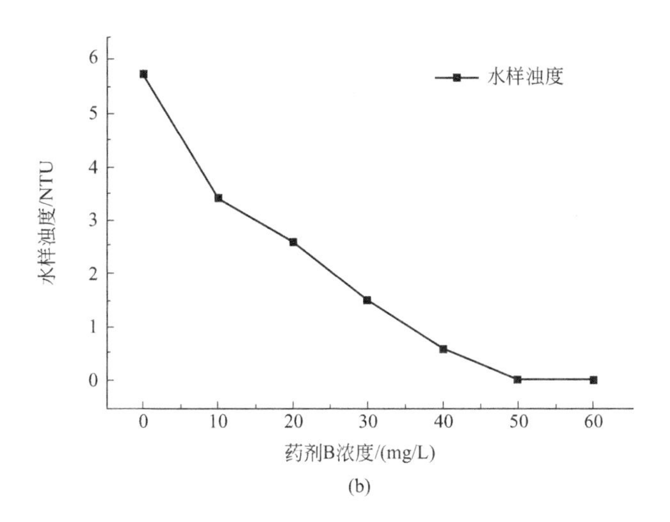

图 2-6　河水降硬除浊效果

超导高强磁场-化学耦合处理技术可实现河水降硬除浊。以河水作为水源时，实现 50%甚至 100%软水替代，节水 10%以上。超导高强磁场-化学耦合技术处理河水，处理后硬度去除率 75%，浊度可降至 0.5NTU 以下。超导高强磁场-化学耦合处理后，产生的絮体变得大而松散，从而不易附着在管壁上，易被流动的水冲走。最后出水水质清澈透明，达到降硬除浊的效果。

中水降硬除浊效果如图 2-7 所示。图 2-7 中，MD-N_2 用于 pH 值调节，MD-18 为自主研发无机高效絮凝剂。

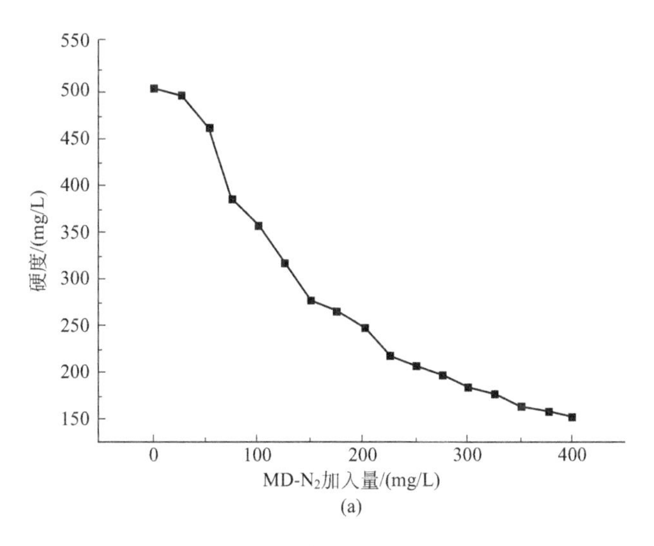

图 2-7

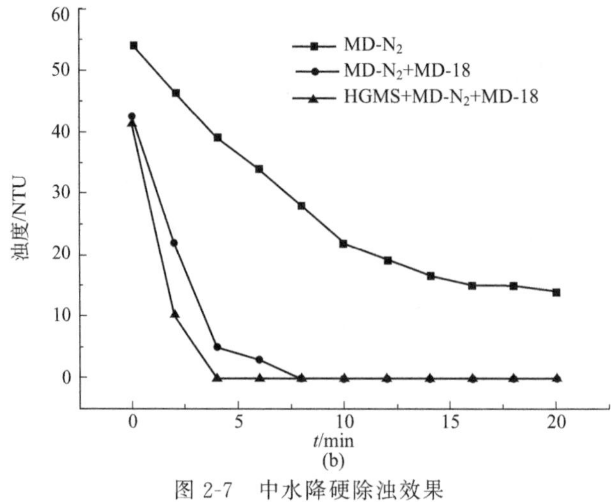

图 2-7 中水降硬除浊效果

超导高强磁场-化学耦合技术实现中水降硬、除浊：硬度去除率 70%，浊度可降至 5NTU 以下。超导-物化耦合处理使中水中成垢离子及微纳米级微粒脱除，钙离子去除率为 98.5%，镁离子去除率为 87.2%，硅离子去除率为 60%，如图 2-8

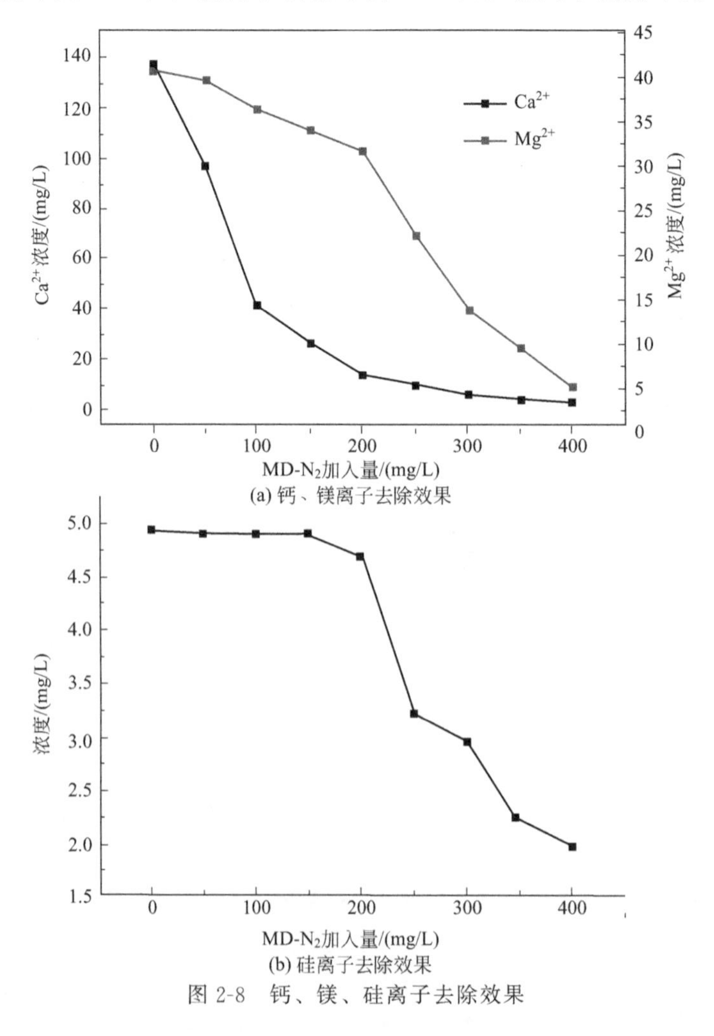

(a) 钙、镁离子去除效果

(b) 硅离子去除效果

图 2-8 钙、镁、硅离子去除效果

所示。中水替代河水作为水源水，节水效果更为明显。

4）超导高强磁场杀菌灭藻，源头抑制菌藻滋生

水源水中含有一些细菌，细菌在循环冷却水系统中会大量繁殖，会使冷却水颜色变黑，产生恶臭，污染环境；同时会形成大量黏泥使冷却塔的冷却效率降低。经过超导高强磁场-化学耦合技术处理，水源水中大量细菌被除去，超导高强磁场具有杀菌效果，在高强磁场作用下细菌丧失生存条件，最终导致细胞突变、老化和死亡。超导高强磁场-化学耦合技术杀菌效果如图2-9所示，红色代表细菌，可见处理前水中含有大量细菌，经过超导高强磁场-化学耦合处理后水中几乎无细菌存在。

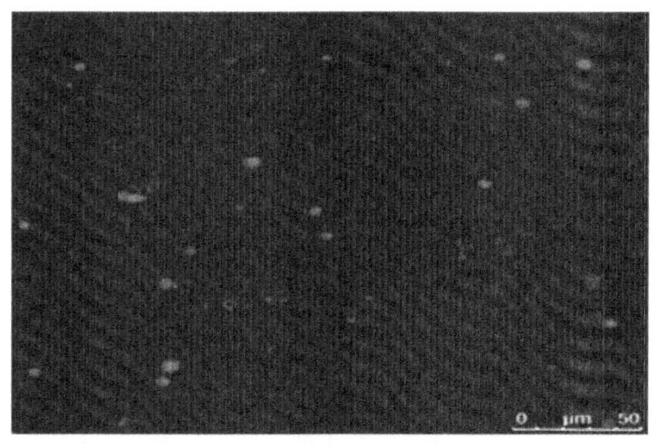

(a) 处理前

(b) 处理后

图2-9　超导高强磁场-化学耦合技术杀菌效果（见书后彩图）

藻类在充足的阳光、合适的温度和充足的营养条件下迅速滋生。其带来的危害是分泌的黏液与悬浮物结合而形成的黏泥会黏附在换热器内表面，影响换热效率，严重的会形成垢下腐蚀。采用超导耦合絮凝技术去除水中的藻类，高强磁场可以产生很高的磁场梯度，当水在磁场中以一定的流速流过时磁场对细胞的结构产生影响。高梯度磁场会对细胞产生抑制作用，最终杀死细胞。

超导高强磁场-化学耦合技术灭藻效果如图2-10所示。

由图2-10可以看出，经过处理后水中的藻类细胞破裂，最终死亡。

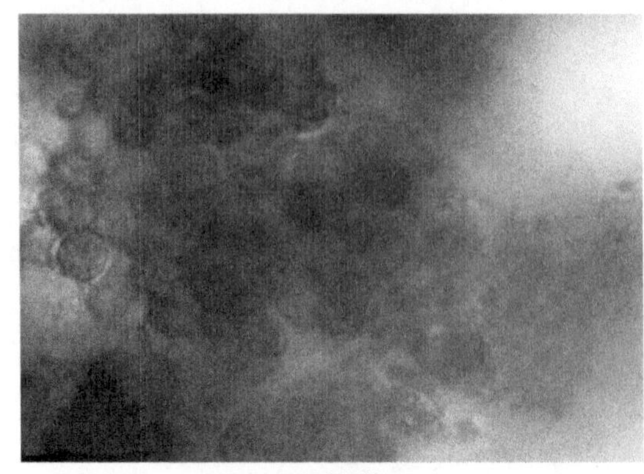

(a) 处理前

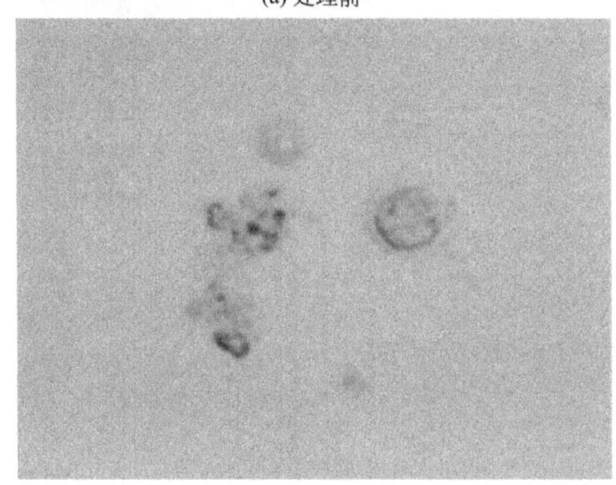

(b) 处理后

图 2-10 超导高强磁场-化学耦合技术灭藻效果（见书后彩图）

（2）主要技术创新点及经济指标

开发超导高强磁场-化学耦合技术，实现河水、中水及雨水等非常规水资源的成垢离子及微纳米级颗粒的脱除，硬度去除率达 70%以上，浊度降至 0.5NTU 以下；常规磁处理需要加入磁种，在磁絮凝作用下去除污染物，超导高强磁场具有较高的磁场梯度，不需磁种的加入，能耗低，成本低；以河水或中水等非常规水资源替代或减少软水使用比例，节水 10%以上。

当水中有机物超标时，可以钢渣作为基质构建垂直潜流人工湿地生态系统，以废治废，并将景观构建与生化水处理结合，脱除水中有机物。COD、NH_4^+-N 脱除率分别达到 80%、90%以上，实现水源水特别是城市中水及雨水等非常规水资源中有机物的绿色脱除。

解决了同类技术中非常规水源水应用、成垢离子和微纳米级颗粒脱除、菌藻滋生、软水用量大、钢渣资源化利用等问题，节水降耗。

实现了水处理工艺技术的重大突破。开发了人工湿地生化处理和超导 HGMS-物化耦合技术水源水预处理工艺。该工艺为绿色处理技术，高效且无二次污染产生。

获奖情况：基于超导高强磁场耦合工业水处理关键技术获得“科学技术成果评价证书”（中科评字〔2020〕第 4225 号），成果水平为“国际领先”。

（3）工程应用及第三方评价

针对邯郸钢铁集团有限责任公司制氧厂供水系统水质硬度高、碱度高、菌藻滋生的问题，研发了相应的处理工艺技术。以 15000m^3/h 水站为例，处理后硬度降低 70%以上，水中 Ca、Mg、Si 离子最高去除率分别为 98%、87%、60%，并且有很好的杀菌灭藻效果。通过降低源水硬度来减少软水配给量，节约补新水量 10%以上。

2.2 污泥废水综合配矿清洁烧结技术

2.2.1 技术简介

污水配矿清洁烧结技术是一种在烧结配水时配加合理污泥浓度的悬浊液，在保证烧结矿质量的前提下，节约烧结工序新水消耗的技术。

2.2.2 适用范围

污水配矿清洁烧结技术借鉴了纯氧顶吹转炉除尘废水的治理技术[10-12]，并在此基础上加以原理的细化和实际工艺的对接，适用于污泥中含有较高铁元素的情况。

以邯郸老区烧结厂示范工程为例，该工程已运行半年以上，由于该厂需要消纳炼钢工序的污泥，且污泥中含有较高的铁元素，具有较高的再利用价值，在保证有害元素不超标的前提下，合理配加是具有可行性的。

我国的纯氧顶吹转炉除尘废水的治理技术是在不断实践中提高的。起初，废水经过沉淀处理，经沉淀后的溢流水大多循环使用，没有采取水稳措施，所以使用一段时间后就发生结垢现象，从而被迫大量排污，总的循环率只有 40%～60%，有的甚至根本不能循环使用而直排[13,14]。对于沉淀下来的污泥，一般也没有污泥处理设施，回收的污泥含水量大，储运困难，又无综合利用措施，大量排放，形成二次污染。进入 20 世纪 70 年代，国内科研、设计和生产单位经过不懈的努力，特别是消化、吸收了上海宝钢引进的国外技术，使转炉炼钢废水治理技术有了显著的提高。一般采用添加絮凝剂、辐流式沉淀池沉淀、水质稳定、闭路循环、污泥脱水等技术措施[15-17]。

近年来，随着转炉除尘废水治理技术的不断成熟，普遍采用高效的两级文氏管洗涤器，除尘效率都在 98%以上。用于沉淀废水中悬浮物的构筑物，过去使用的平流池已逐步被立式沉淀池或辐流式沉淀池所取代，自然沉淀被混凝沉淀所取代，同时使用分散剂解决循环水结垢的问题，实现了水的密闭循环。首钢集团采用絮凝技术和磁处理技术使废水中悬浮物的含量降至 53mg/L 以下。有的厂家还在废水进沉淀池之前增加了颗粒分离装置，除去较大悬浮杂质（>60μm），也取得了一定的效果。中国宝武钢铁集团有限公司（下简称宝钢）炼钢厂的转炉除尘废水在进入沉淀池之前，加酸调整 pH 值，使之达到 7.5～8.5（未加酸调整时 pH 值为 11 左右），同时投加絮凝剂，其沉淀池溢流的悬浮物始终在 50mg/L 以下，溢流水中又投加分散剂，投产三年多情况良好，防止了结垢，实现了密闭循环。还有的厂家采用药磁混凝沉淀法和永磁除垢法，将旋流器上部的溢流水经永磁场处理后再进入污水分配池与混凝剂混合，分流倒立式（斜管）沉淀池澄清，其出水经冷却塔降温后流入集水池，清水通过磁除垢装置后循环使用。采用磁凝聚沉淀法和水稳定药剂法将转炉除尘废水经磁凝聚器磁化后，流入沉淀池，沉淀池出水投加 Na_2CO_3 解决水质稳定问题，沉淀池污泥送厢式压滤机脱水。经过工程技术人员的不断努力，我国的转炉除尘废水的治理有了很大的成效，每吨钢转炉废水的产生量已由原来的 5～6m^3降至 2m^3，接近国际先进水平。

污水配矿清洁烧结技术适用于不同碱度、不同原料配矿方案的烧结；并且在企业已有相关的应用实践[18-20]。炼钢污泥可用于球团和烧结两道重要的工艺。

（1）配加到球团厂

实验室及工业试验表明，炼钢污泥用于球团矿生产是可行的。在保证球团矿品位不降低或降低很小的情况下，球团配加炼钢污泥可提高球团矿的产量及强度，球团矿生产中配料为铁精粉和膨润土，其球团矿品位在 62.5%左右。邯郸钢铁集团有限责任公司（下简称邯钢）两座 15t 炼钢转炉投产后，在产钢的同时产生大量的炼钢尘泥，约占钢产量的 5%。尘泥是炼钢生产过程中对烟气回收处理后所产生的湿尘泥和干尘粉。湿尘泥水分大，为减少污染，要在沉淀池里进行沉淀，占用场地面积大，因此有的厂家将湿尘泥外运丢弃，造成浪费。球团配加炼钢污泥，不仅开辟了污泥综合利用的新途径，而且可大幅度降低球团矿生产成本。球团配加炼钢污泥不仅有较大的经济效益，而且有很大的社会效益。因此，应加快炼钢污泥干燥处理项目的建设，使其在球团矿生产中得到利用。

（2）配加到烧结厂

承德钢铁集团有限公司炼钢厂原设计三座转炉，1988 年 7 月投产。烟气净化系统采用湿法除尘，烟气洗涤水经两座 D18m 浓缩池沉淀，澄清水循环使用。沉淀后的泥浆再进行液固分离处理，简称污泥处理系统。污泥处理系统是按年产钢 40 万吨设计的。随着钢产量的逐年增加，尤其是年钢产量达百万吨后污泥处理系统的处理能力明显不足，经常出现两座 D18m 浓缩机压耙、沉淀效果变差、循环水水质恶化的现象，从而导致除尘系统恶性循环，威胁生产顺利进行。1999 年 6 月 4# 转炉投产运行，该系统的负荷再次增加，因此对污泥处理系统进行了改造，即将沉淀后的泥浆直接用罐车运往烧结厂，用作烧结球的原料，实现了转炉炼钢除尘污泥二次利用。其中尘泥加入烧结主要为以下两种方法[21-23]。

1）泥饼用于烧结

实验室和工业试验表明，炼铁污泥含碳量较高，是用作烧结生产的好原料，具有降低烧结固体燃料消耗、利于烧结制粒的特点。济钢集团有限公司（下简称济钢）年产量300万吨时污泥年产生量在4万吨左右，每年350万吨烧结矿和150万吨球团矿，如果采用喷污水的方式利用污泥，每年烧结最多可利用炼铁污泥1.4万吨，球团最多可利用炼钢污泥6000t。因此，继续采用喷污水的利用污泥的方式是不行的。如果炼钢炼铁污水采用一次、二次沉淀池沉淀，然后由板框压滤机压滤脱水，再烘干或自然晾晒，污泥可以脱水至13%以下，此时污泥具有松散性，运输和工艺生产配加容易实现，但污泥处理时间长，人力物力投入大，处理运行成本高达80～100元/t，一次性投资大约需要800万元以上，而且会进一步扩大环境的污染，污泥的利用成本很高。经过研究、试验和对比，分析认为采用污泥膏的利用方式最经济合理。炼钢炼铁污水通过一次或二次沉淀池沉淀后，采用板框压滤机或超级卧式螺旋沉降离心机脱水，很容易脱水到含水40%左右，运行成本低，尤其是采用超级卧式螺旋沉降离心机脱水，运行成本大约为13元/t，处理后的污泥运输不洒漏，转运不扬尘，利于环境维护；全部污泥处理，一次性投资约200万元。

试验选用的污泥膏制备设备——超级卧式螺旋沉降离心机结构示意见图2-11。

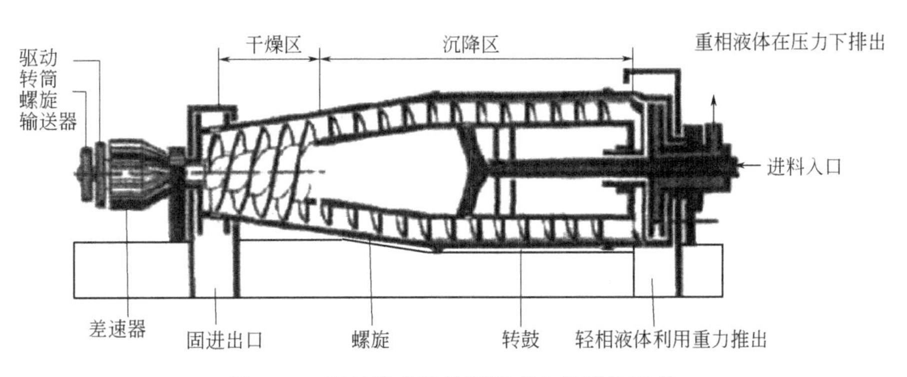

图2-11 超级卧式螺旋沉降离心机结构示意

试验表明：该设备进泥含固形物5%～10%，出泥固形物含量60%～65%。杭州钢铁公司炼铁厂年炼铁污泥总量1.5万吨，采用浙江青田特种设备制造有限公司4台设备，用于炼铁污泥的脱水2年，每年备件费6.3万元。千吨污泥运行电费15万元。计算表明，邯郸钢铁集团有限责任公司采用3台W553大型号卧式螺旋沉降离心机，千吨污泥运行电费9.8万元，设备运行年总费用40万元左右。污泥膏含水35%～40%，黏性很大，配加时难以使用一般的配料设备：一是容易粘堵出料口和配加设备；二是物料粘在一块分散度差，参与配料时不均匀，对生产稳定造成一定影响。经过反复研究试验，济钢采用挤压式原理开发出了污泥配加机，解决了污泥脱水、运输和连续配加使用中存在的一系列技术难题，成功地开发了炼钢炼铁污泥膏的处理和使用方法，并取得了专利。

污泥膏的处理和使用方法如下。

① 炼钢污泥工艺流程：浓度为2%～5%的转炉炼钢湿法除尘污水，首先经一次、二次沉淀池沉淀至浓度30%左右，再由板框压滤机压滤至污泥浓度60%～65%，采用自卸车运输到球团厂污泥专用仓，由污泥配加机将污泥配入原料中。

② 炼铁污泥工艺流程：浓度为2%的湿法除尘炼铁污水，经一次沉淀池沉淀至浓度15%～20%；再用国产卧式螺旋沉降离心脱水机将污泥脱水至浓度60%～65%，采用自卸车运输到烧结厂污泥专用仓，由污泥配加机将污泥配入烧结原料中。

2）泥浆用于烧结

济钢总厂区域现有2台90m²烧结机，日需各种原料8500t。按技术要求，原料应含有6%～6.5%的水分，因此混料时需加部分水。为实现污泥直接利用，在满足烧结工艺技术要求的前提下，连续均匀地将沉淀池中的污泥用泥浆泵泵入高速搅拌罐，经过高频振动细筛去除粗粒后，泵入浓缩均质池，搅拌均匀，形成含水率为60%～70%的均质泥浆；然后用管道输送到烧结系统混料室，通过喷嘴均匀喷入混料机，作为原料配水使用。考虑到烧结系统检修停机等因素，为避免污泥在管道中停留结垢堵塞管路，设置泥浆回路和旁路，在烧结系统停运时污泥浆可通过回路再次回到浓缩均质池，也可通过旁路输送到原料厂料堆作喷浆利用，从而省去了污泥处理过程中的压滤、晾晒、运输和再加工环节，实现了污泥的直接利用。

在泥浆烧结过程中，其中所含铁质参与了混合料间复杂的物理化学作用得以利用；泥浆中的水分替代了部分烧结过程中的新水用量；泥浆中的CaO和SiO_2作为熔剂参与了烧结过程；泥浆中的碳在烧结过程中重新燃烧，在一定程度上降低了能源消耗，泥浆中的有用成分得到了再利用。

3）其他方法

① 首钢集团将湿法除尘泥与生石灰按1∶(0.3～0.7)的配比进行破碎混合，经消化后，使其产生松散的、无扬尘的散状物料，直接配入烧结拌合料中。

② 上海钢铁一厂将炼钢粗尘泥通过螺旋给料机与钢渣、高炉灰、烧结灰、轧钢氧化铁皮、白云石等按一定比例混合、搅拌后，作为烧结料参与烧结矿生产。

③ 莱芜钢铁集团有限公司将炼钢湿污泥与氧化铁皮、轻烧白云石、石灰粉和结合剂等按一定比例混合后，通过专用设备加工成椭球状的污泥球，再经高温焙烧后供转炉作为造渣剂和冷却剂使用。

④ 唐山钢铁集团有限公司将炼钢湿污泥直接装入料仓，强行加入造球原料，作为球团矿生产原料，参与球团矿生产[24,25]。

⑤ 宝钢、鞍钢将湿尘泥加水稀释成浓度为15%～20%的泥浆，作为烧结配料水，在一次混料工序中加入圆筒混料机的料面上，参与烧结生产。

从上述几种工艺可以看出，前三种工艺的污泥处理量大，但存在占用土地和二次污染问题。第四种工艺不会占用土地和产生二次污染，但存在炼钢污泥粘堵设备问题，不能保证生产的稳定进行。最后一种工艺环保较好，但容易发生管道、阀门等的堵塞现象，且投资较大。因此，有必要开发新的炼钢污泥利用工艺[26,27]。其中马鞍山钢铁股份有限公司污泥配烧结矿的工艺详细介绍如下：根据含水40%左右的炼钢污泥搅拌活化后，具有一定的流动性，可以用特种泵进行输送，再采用特制布料器进行平铺布料。搅拌器与泵通过管道连接，泵通过管道将炼钢污泥输送到布料器。布料器形如扁喇叭状，安装在配料皮带上方。布料器排料口的宽度和厚度可以根据配料皮带的运行速度、炼钢污泥的布料厚度要求进行调整。炼钢污泥由排料口排出，呈帘状落下，薄薄地平铺在配料皮带的料面上。

该工艺主要由炼钢污泥搅拌池、搅拌机械、输送泵、管道和布料器组成。其工艺流程见图2-12。

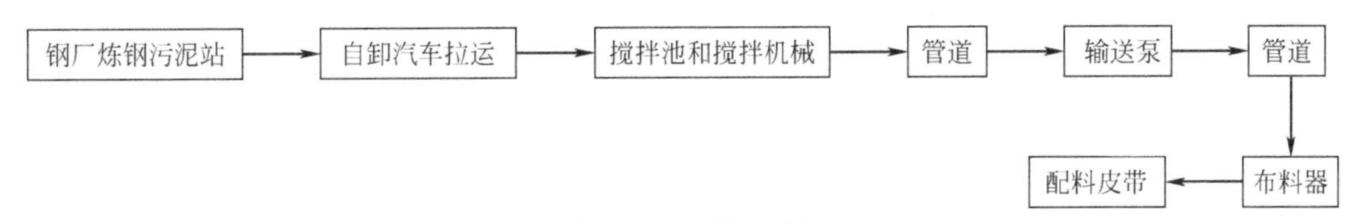

图2-12　炼钢污泥平铺布料工艺流程

由于布料器与泵之间采用刚性或耐压柔性软管连接，布置比较灵活，可以在烧结、球团或混匀料场的配料皮带上的多个配料点之间安装多个布料器，实现多层添加炼钢污泥，增加炼钢污泥的利用量。这样配有单层或多层炼钢污泥的混合料，进入烧结或球团混合设备混合后，基本呈分散状态，从而实现与炼钢污泥的均匀混合。

2.2.3　技术就绪度评价等级

TRL-3。

2.2.4　技术指标及参数

（1）基本原理

炼钢过程中随烟气排放的原料和反应产物尘粒经湿法除尘后产生大量的除尘污水，经加药、沉淀、浓缩和板框压滤后，形成含水30%～40%的炼钢污泥。大量含铁粉尘在吹氧冶炼期间，通过氧枪吹入高压氧气到熔解池中而产生。若使用净化系统除尘，将会产生悬浮物污水，这是由分散在水溶液中的极细小固体颗粒造成的。根据有关资料报道，目前转炉污泥综合回收利用率约为90%。产出和循环利用没有实现均衡发展，积累的污泥含有较高的Fe和CaO等有价元素和化合物，如不治理和回收，既污染环境，又危害人体健康，浪费能源和资源。转炉除尘废水经沉淀处理后积于池底的污泥，含铁成分很高，利用价值极高。

对邯钢的污泥进行化学元素检测，检测结果如表2-2所列。

表2-2　转炉污泥的化学成分　　单位：%

化学成分	Fe_2O_3	CaO	MgO	SiO_2	ZnO	MnO	Al_2O_3	其他
含量	64.71	25.45	3.14	2.80	1.77	0.65	0.41	1.07

从表 2-2 可知转炉污泥的主要成分是铁的氧化物以及 CaO、MgO 等，Fe_2O_3 含量高达 64.71%，CaO 含量为 25.45%，SiO_2 含量高于 2%。邯钢转炉炼钢污泥的铁氧化物和 CaO 含量高，这些都是有益的金属元素的氧化物，因此用转炉污泥代替澳大利亚进口矿是非常合理的，可被广泛利用。

从机理角度出发，污泥废水的添加会影响烧结矿的性能，主要原因是氯化物的限制。如图 2-13(a) 所示，污泥带入的 $CaCl_2$ 溶液，溶液中解离的 HCl 与 Fe_2O_3 发生反应生成了铁的氯化物。如图 2-13(b) 所示，CO 或 H_2 等还原气体对铁的氯化物的还原能力大于对铁氧化物的还原能力，氯化物阻碍了还原气体与赤铁矿的接触，降低了烧结矿的还原度。

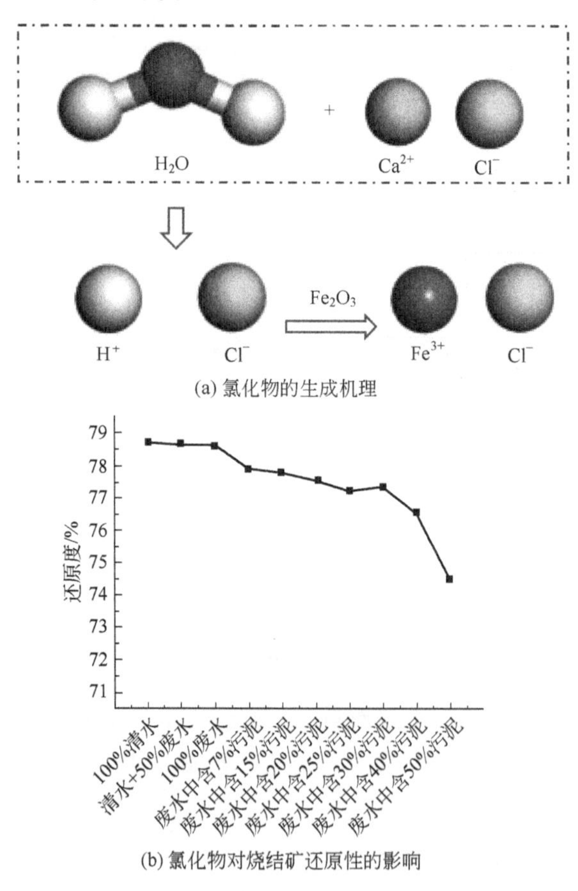

图 2-13 氯化物影响烧结矿还原性的机理

从工艺角度出发，工艺主要包括烧结配矿和烧结用水两部分，配矿时加入炼钢污泥达到消化污泥的目的，配水时利用污泥废水悬浊液混合添加代替新水达到节水的目的。

1）烧结原料控制

根据研究结果，在表 2-3 烧结原料条件的基础上可获得表 2-4 实际应用方案。烧结混合料中混合矿的配比为 72.43%，高炉返矿配比为 12.80%，除尘灰配比为 2.2%，白粉和白云石配比相互调节，焦粉配比为 4.60%，烧结矿碱度基本稳定在

1.85，MgO 含量为 1.8%。

表 2-3　烧结原料的化学成分　　单位：%

矿粉名称	TFe	CaO	SiO_2	MgO	烧损
PB 粉	62.7	0.04	3.40	0.07	5.00
杨迪	56.95	0.03	6.00	0.11	11.50
巴卡	65.90	0.01	1.80	0.10	2.30
巴混	63.40	0.06	4.83	0.04	2.50
返矿	58.60	7.50	5.20	1.50	1.00
除尘灰	53.20	9.50	5.80	1.50	20.00
氧化铁皮	71.00	0.10	1.00	—	0.50
细钢渣	39.00	23.02	11.50	3.22	2.50
砚山精粉	67.10	0.22	5.56	0.36	1.00
白云石	—	46.50	3.43	27.00	28.00
白灰	—	77.00	3.01	1.77	22.00
焦粉	—	0.60	7.50	0.12	85.00
污泥	41.67	21.44	2.10	4.52	5.00

表 2-4　混匀矿中各矿粉配比　　单位：%

方案编号	15%	20%	25%	30%
PB 粉	16.87	16.80	16.73	16.64
杨迪	20.66	20.58	20.49	20.39
巴卡	16.76	16.69	16.62	16.54
巴混	10.03	9.99	9.95	9.90
返矿	11.33	11.29	11.24	11.18
除尘灰	1.95	1.94	1.93	1.92
氧化铁皮	1.73	1.72	1.71	1.70
细钢渣	2.62	2.61	2.60	2.59
砚山精粉	2.49	2.48	2.47	2.46
白云石	4.06	4.00	3.90	3.82
白灰	5.68	5.56	5.44	5.28
焦粉	4.60	4.60	4.60	4.60
污泥	1.23	1.74	2.33	2.98

2）炼钢污泥废水预处理

首先将炼钢污泥废水在净化池进行沉淀后，将污泥与炼钢废水配置为浓度为 15%～30%的悬浊液。需要增加浓度检测仪以测量混合液浓度。

烧结工序需要消耗大量水资源，而在烧结工序用废水代替新水，并同时消纳污泥。污泥偏碱性，探究废水污泥浓度对烧结矿制粒、烧结矿质量和有害元素的影响，在满足烧结矿质量的前提下提出合理的废水污泥浓度。实验证明该方案具有可行性。

（2）工艺流程

首先将炼钢污泥废水于净化池进行沉淀后，将污泥与炼钢废水配置为浓度为15%～30%的悬浊液。需要增加浓度检测仪以测量混合液浓度。

将污泥混合液以管道运输的方式加入烧结的一混工序，配加水分为烧结用水量的80%。应当注意管线输送喷头应当采用旋转分离喷头以实现均匀加入。需要在管线中加入流量计，精准控制输送量。烧结二混制粒所需的水以除尘废水形式加入，二混所加水分占总水量的20%（见图2-14）。烧结总需水量为7.2%。

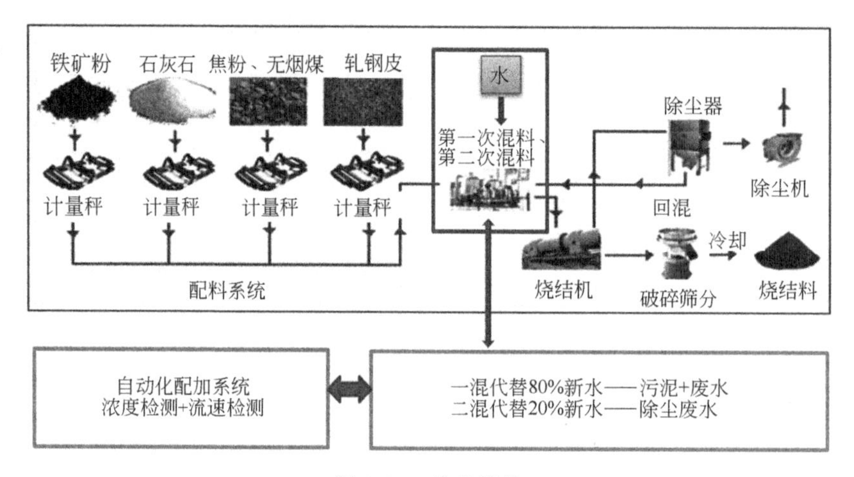

图2-14　技术路线

（3）主要技术创新点及经济指标

首次提出并研究了“污泥-废水”烧结共利用的污泥及废水利用方式，实验结果表明，污泥的最大利用度可达20%，该种利用方式不仅能够消纳炼钢污泥，而且能够实现除尘废水的利用。

（4）示范工程应用及第三方评价

本示范工程在邯钢老区烧结厂试运行。

1）应用背景

① 转炉污泥及废水利用迫在眉睫。钢铁工业作为国民经济的支柱产业之一，是衡量一个国家综合国力和工业发展水平的重要指标。2018年世界钢铁产量达到18.88亿吨，比2000年增长了112.7%，中国钢铁产量占比从15.1%上升至51.32%。通常，炼钢技术可分为氧气转炉法和电炉炼钢。图2-15给出了2017年世界主要国转炉炼钢占总产量的比例。统计结果表明，转炉是世界上最重要的钢铁生产方式，特别是在中国，转炉炼钢比达到了97%。然而，就湿法除尘而言，氧气转炉法每生产1t钢将会产生2～3m^3的炼钢除尘废水和15～20kg的炼钢污泥，因此每年有数以亿吨的除尘废水及污泥，不仅对生态环境造成影响，而且造成了资源的极大浪费。

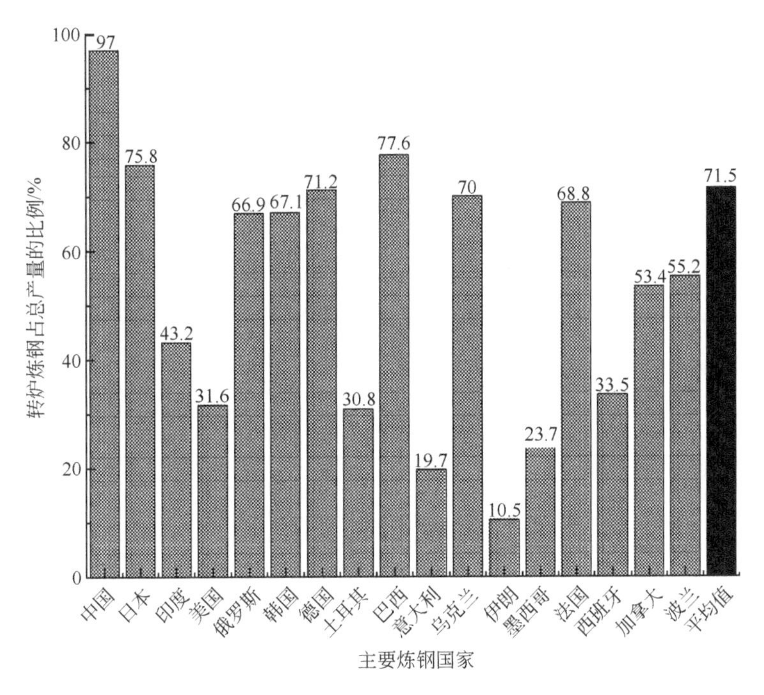

图 2-15　2017 年世界主要炼钢国转炉炼钢占总产量的比例

② 烧结工序污泥及废水利用潜力尚待挖掘。炼钢污泥的主要成分为 Fe、Fe_3O_4、CaO、SiO_2、MgO、ZnO、Al_2O_3 和 MnO。炼钢污泥的 TFe（49.67%）和 CaO（25.45%）的含量较高，其具有较高的碱度，特别是污泥中 Al_2O_3 和 TiO_2的含量远低于铁矿石，因此，炼钢污泥可以作为一种优质的烧结原料。目前烧结工序污泥的配加率较低，而且，由于传统工艺污泥以块体形式加入，污泥混合不均，导致烧结矿成分偏析，引起烧结质量的恶化。与此同时，铁矿石烧结制粒需要配加 7%左右的水以满足烧结料层良好的透气性，传统烧结工序所用的水全部是新水。若以除尘废水配加污泥加入烧结原料，可以实现污泥及除尘废水的综合利用。综合考虑传统烧结工艺现状，可知烧结工序污泥及废水利用存在很大的挖掘潜力。

③ 炼钢污泥对混合料制粒、烧结矿性能的影响尚待研究。尽管诸多学者针对污泥用于烧结工序展开研究，但其研究主要集中于污泥配加配比对烧结矿技术经济指标的影响。但是，其研究主要是在烧结配料里添加块状污泥，或者是采用新水与污泥制备悬浊液加入混合料。该项目提出一种“除尘废水-污泥”共利用的方式，可以实现除尘废水和污泥的同时利用，因此“除尘废水-污泥”的共利用对混匀料制粒性及烧结矿性能的影响尚待研究。

④ 对有害元素在烧结过程中的迁移转化规律认识不足。邯钢除尘废水中 Cl（909.1mg/L）和 Ca（43.76mg/L）含量较高。除尘废水的硬度较高，达到 380mg/L，pH 值为 11.8。除了 Fe、Fe_3O_4、CaO、SiO_2、MgO、Al_2O_3 和 MnO 外，污泥中还存在大量的有害元素，如 ZnO、K_2O 和 Na_2O 等。生产实践表明，除尘废水及污泥中有害元素对高炉耐火材料、冷却壁产生腐蚀，从而损害高炉的寿命，不利于

高炉稳定、长寿。因此，在烧结利用污泥及废水的同时需要深入探究烧结过程有害元素的迁移规律。

总之，从国家钢铁行业发展及邯钢生产实际出发，有必要开展“废水-污泥共利用对烧结矿产质量的影响”的研究，挖掘烧结工序污泥及废水利用潜力、探明污泥对烧结混合料制粒及烧结矿产量的影响，明确有害元素在烧结过程的迁移转化规律，实现炼钢污泥的高附加值利用。

⑤ 目前邯钢用水现状。公司共有 4 种水源，分别为滏阳河水、南水北调水、冷轧加压水和城市中水。各水源单价见表 2-5。

表 2-5　邯钢水费构成及单价　　单位：元/t

水费构成	提水费	水资源税	污水处理费	综合单价	备注
滏阳河水	1.35	0.5	1.45	3.3	—
冷轧加压水	1.8	0	—	1.8	短期协议
南水北调水	阶梯价	0.5	—	—	逐年递增
城市中水	1	0	1.45	2.45	—

滏阳河水：河水目前按照 2651.86 万立方米的年基础水量计费，年费用 3580 万元。

冷轧加压水：提水单价 1.8 元，小时最大提水能力为 $1500m^3$。

南水北调水：年用水指标 371 万立方米，执行阶梯水价，逐年递增，具体价格如下。

2018 年：≤40%按 2.3 元/t 计；40%～60%按 1.76 元/t 计；60%以上按 1.5 元/t 计。

2019 年：≤50%按 2.51 元/t 计；50%～70%按 1.76 元/t 计；70%以上按 1.5 元/t 计。

城市中水：按照河水基础水量进行收费，单价 1.45 元/t，2017 年费用 3800 万元。

2）应用方法

根据不同污泥配比选择不同的配矿结构，配矿结构满足原则：烧结矿碱度和燃料比保持不变。首先将炼钢污泥废水在净化池进行沉淀后，将污泥与炼钢废水配置为浓度为 15%～30%的悬浊液。需要增加浓度检测仪以测量混合液浓度。将污泥混合液以管道运输的方式加入烧结的一混工序，配加水分为烧结用水量的 80%。应当注意管线输送喷头应当采用旋转分离喷头以实现均匀加入。需要在管线中加入流量计，精准控制输送量。烧结二混制粒所需的水以除尘废水形式加入，二混所加水分占总水量的 20%。烧结总需水量为 7.2%。

3）实施效果

如表 2-6 数据所列，对比污泥浓度为 0%和 15%的烧结矿性能，当配加污泥浓度为 15%时可达到以下效果：制粒后颗粒的均匀性指数从 35%升高至 37%，料柱透气性从 9.66 增加至 11.22，有利于提高烧结透气性。与此同时，烧结过程垂直烧结速率从 18.72mm/min 增加至 19.25mm/min，烧结矿成品率增加了 2%，转鼓强度几乎不变，烧结矿的还原性有所降低，烧结矿的还原粉化性能[17,18]得到改善；当污泥浓度从 0%增加到 40%时，除了 P 元素的含量没有达到标准以外，其余元素都在标准范围之内。综合来看，炼钢污泥废水加入的适宜浓度为 15%～30%，浓度为 15%时 P 元素含量达标。

表 2-6　烧结矿性能表

污泥浓度	TFe/%	FeO/%	成品率/%	转鼓强度/%	RI/%	$RDI_{+3.15}$
0%	57.50	7.39	81.98	68.78	78.64	59.1
15%	56.49	7.89	83.32	68.86	75.92	59.6

注：RI 为还原度；$RDI_{+3.15}$为还原粉化指数。

4）经济效益

① 经济指标：经济效益主要包括两个部分，一是污泥废水代替新水取得的水费支出降低；二是污泥废水循环利用，减少了污泥废水的额外处理费用，实现了低碳经济。

② 直接经济效益：节约烧结用新水。

节约新水效益＝邯钢烧结总需水量×7.2%×1.85。

③ 其他经济效益：a. 增加烧结成品率 2.1%；b. 实现烧结用污泥 2%以上。

5）环境效益

钢铁行业清洁生产的关键技术是采用烧结配料结构优化配合污泥废水混合添加工序实现污染源头控制及循环废水有效利用。处理后有效利用了除尘废水和转炉污泥，实现了废物二次利用，节约了处理一次废物带来的成本，更为重要的是有效降低了新水资源的利用，减少了水费支出。实施效果表明，配加合理的污泥废水浓度，添加至烧结工序，不但不影响烧结矿的冶金性能，还有助于提高烧结矿的成品率。该技术符合国家“既要金山银山，又要绿水青山”经济发展方针战略，技术上可行，经济上合理，而且绿色环保。整个过程可以做到物尽其用，废物实现资源化和生态化利用，生态环境效益显著。

2.3 高炉用水减量化控制及冷却制度优化技术

2.3.1 炉体全生命周期冷却制度优化技术

2.3.1.1 技术简介

高炉冷却是炼铁系统的用水大户，当前高炉炉体不同部位不同炉役时期的需水量及冷却水进出水温度没有统一的标准，高炉冷却系统的供水模式也千差万别，钢铁企业对高炉冷却系统的控制仍然根据生产经验，缺乏科学依据与理论支撑，造成水资源的大量浪费。在保障高炉生产安全及冷却器正常工作的前提下，针对高炉冷却系统复杂、循环用水量大且不同炉役时期水量需求差异大的现状，结合高炉炉体不同部位工作状况及冷却器工作机制，通过建立三维水冷模型，构建高炉炉体全生命周期对冷却水量的最低需求，优化高炉炉体不同部位、不同炉役时期冷却水量配置，降低冷却水用量。实现高炉不同炉役时期与冷却制度的精确耦合，保障高炉安全长寿，降低冷却水量消耗，可实现全生命周期节水量20%的目标。

2.3.1.2 适用范围

适用于高炉炉役全生命周期内炼铁生产过程，针对不同炉役时期实现精细化水量控制。

2.3.1.3 技术就绪度评价等级

TRL-5。

2.3.1.4 技术指标及参数

（1）基本原理[28]

高炉冷却可以视为由渣皮、炉衬以及冷却壁组成的多层平板传热[29]。其传热过程示意如图2-16所示。

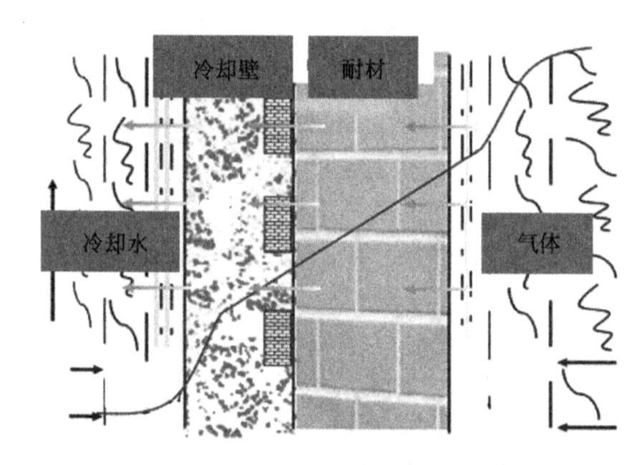

图2-16 冷却系统传热过程示意（见书后彩图）

① 高炉热面高炉炉气综合换热热阻 R_g：

$$R_g=\frac{1}{h_1} \tag{2-1}$$

式中 h_1——炉气与冷却壁热表面综合传热系数，W/(m^2·K)。

② 炉渣或耐火材料的热阻 R_r：

$$R_r=\frac{\delta_r}{\lambda_r} \tag{2-2}$$

式中 δ_r——耐火材料的厚度，m；

λ_r——耐材的热导率，W/(m·K)。

③ 冷却壁热阻 R_s：

$$R_s=\frac{1}{1/R_b+1/R_f} \tag{2-3}$$

式中 R_b——镶砖热阻，$m^2 \cdot K/W$；

R_f——冷却壁水管与热面之间热阻，$m^2 \cdot K/W$。

④ 单位长度水管的热阻 R_p：

$$R_p=\frac{1}{2\pi\lambda_p}\ln\frac{d_2}{d_1} \tag{2-4}$$

式中 d_2——水管外径，m；

d_1——水管内径，m；

λ_p——水管热导率，$W/(m \cdot K)$。

⑤ 冷却水对流换热的热阻 R_c：

$$R_c=\frac{1}{h_2} \tag{2-5}$$

式中 h_2——冷却水与水管内壁之间的对流换热的传热系数[30]，$W/(m^2 \cdot K)$。

⑥ 如果冷却壁的材料是铸铁，则由于浇铸到水管中而应考虑气隙层和防渗碳涂层的热阻 R_i：

$$R_i=\sum_{i=1}^{n}\frac{1}{2\pi\lambda_i}\ln\frac{d_{i+1}}{d_i} \tag{2-6}$$

式中 λ_i——气隙层或防渗碳层热导率，$W/(m \cdot K)$；

d_i——存在气隙层或防渗碳层时水管内径，m；

d_{i+1}——存在气隙层或防渗碳层时水管外径，m。

⑦ 在热传导稳定的情况下，传热期间热通量 Q 是恒定的。以铜冷却壁为例，冷却壁的简化传递方程可以用下式表示：

$$Q=\frac{T_g-T_w}{\frac{R_g}{A_h}+\frac{R_r}{A_h}+\frac{R_s}{A_h}+\frac{1}{2\pi L\lambda_p}\ln\frac{d_2}{d_1}+\frac{R_c}{A_f}} \tag{2-7}$$

式中 R_g、R_r、R_s——含义同上；

L——水管长度，m；

T_g——冷却壁热面炉气温度，K；

T_w——冷却水温度；

A_h——冷却系统热面积，m^2；

A_f——冷却水作用面积，m^2。

在上面的数值模拟结果分析中详细解释了水管正面和背面之间的差异，只有前半部分起主要作用，占水管内表面面积的1/2。另一侧的效果需要乘以相应的系数才能转化为主要作用，本研究中系数取0.4，综合面积A_f为水管内表面面积A_w的7/10。

⑧ 由于一维稳态传热，热通量 Q 在整个传热过程中是一个常量，整个传热过程和冷却壁分别作为研究对象：

$$Q=\frac{T_g-T_w}{\frac{R_g}{A_h}+\frac{R_r}{A_h}+\frac{R_s}{A_h}+\frac{1}{2\pi L\lambda_p}\ln\frac{d_2}{d_1}+\frac{R_c}{A_f}}=\frac{T_b-T_w}{\frac{R_b}{A_h}+\frac{1}{2\pi L\lambda_p}\ln\frac{d_2}{d_1}+\frac{R_c}{A_f}} \tag{2-8}$$

上式简化为：

$$T_b=\frac{R_b+\frac{A_h}{2\pi L\lambda_p}\ln\frac{d_2}{d_1}+\frac{A_h}{A_f}R_c}{R_g+R_r+R_s+\frac{A_h}{2\pi L\lambda_p}\ln\frac{d_2}{d_1}+\frac{A_h}{A_f}R_c}(T_g-T_w)+T_w \tag{2-9}$$

$$k=\frac{\delta_s}{\lambda_s}+\frac{A_h}{2\pi L\lambda_p}\ln\frac{d_2}{d_1}+\frac{A_h}{A_f}R_c \tag{2-10}$$

式中 T_b——冷却壁热面温度，K；

k——参数。

同样，分别以耐火材料和热面为研究对象：

$$T_s=\frac{\frac{A_h}{A_f}R_g}{R_g+R_r+R_s+\frac{A_h}{2\pi L\lambda_p}\ln\frac{d_2}{d_1}+\frac{A_h}{A_f}R_c}(T_g-T_w)+T_w \tag{2-11}$$

$$T_h=\frac{R_r+R_s+\frac{A_h}{2\pi L\lambda_p}\ln\frac{d_2}{d_1}+\frac{A_h}{A_f}R_c}{R_g+R_r+R_s+\frac{A_h}{2\pi L\lambda_p}\ln\frac{d_2}{d_1}+\frac{A_h}{A_f}R_c}(T_g-T_w)+T_w \tag{2-12}$$

式中 T_s——水管壁面温度，K；

T_h——耐火材料热面温度，K。

从上式可以得出以下几点：首先，水管、冷却壁和耐火材料的温度与炉气温度T_g成正比；随着炉气温度的升高，上述温度均在一定程度上有不同程度的升高，越接近高温表面温度越高；此外，随着冷却水温度下降，上述温度值下降，离冷却水越近温度越低，传热机理与炉内气体温度的机理基本一致[31]。

1）高炉铸铁冷却壁冷却制度分析

为了分析铸铁冷却壁的相关参数对铸铁冷却壁温度场的影响，采用表 2-7 所列铸铁冷却壁结构和物理参数，利用 ANSYS 软件进行模拟计算。分别对冷却水流速、冷却水温度、冷却水管直径、冷却水管间距 4 种因素进行对比分析[32-34]。炉气温度分别为 1000℃、1100℃、1200℃、1300℃、1400℃[35]。

表 2-7 铸铁冷却壁结构和物理参数

项目	厚度/mm	传热系数/[W/(m²·K)]
炉壳及螺栓	65	50
泥浆	130	5
铸铁壁体	240	30
浸磷酸黏土砖	150	4.55
渣皮	30	1.2

研究对象为邯钢 3200m³ 高炉铸铁冷却壁，模型尺寸为高×宽×厚＝2000mm×832mm×230mm。对冷却壁物理模型做以下假设：a. 根据对称性，取冷却壁的 1/4 进行研究；b. 冷却壁热面分别在 150mm 厚镶砖、30mm 厚渣皮及极限工况条件。

以冷却壁厚度方向为 x 轴，冷却壁高度方向为 y 轴，冷却壁宽度方向为 z 轴，冷却壁壁体冷面下沿角部点为坐标原点。取炉气温度为 1200℃、冷却水流速为

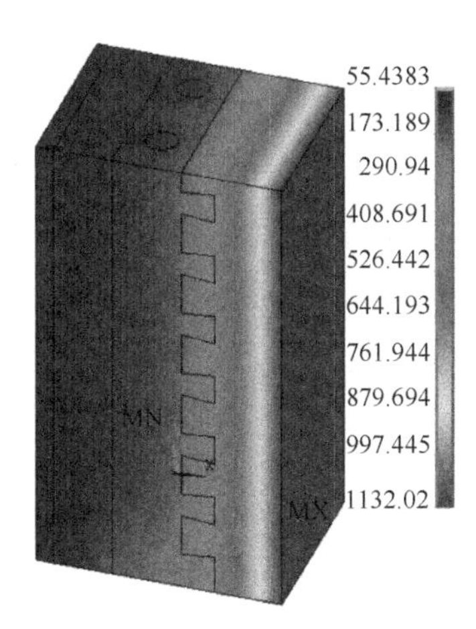

(a) 镶砖150mm厚

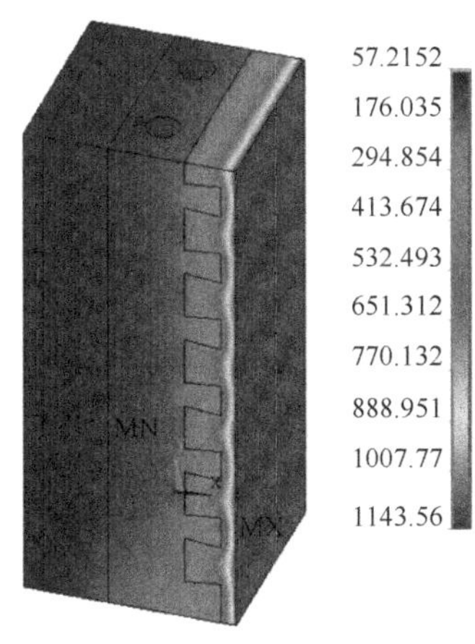

(b) 渣皮30mm厚

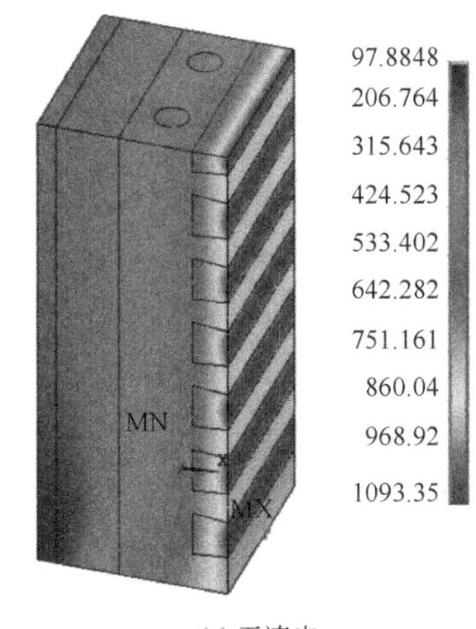

(c) 无渣皮

图 2-17　铸铁冷却壁整体温度分布（单位：℃）

2.0m/s 时铸铁冷却壁的温度场进行分析，得到铸铁冷却壁整体温度分布云，如图2-17所示（图中 MN 指最小值，MX 指最大值，下同）。

为了准确分析铸铁冷却壁本体温度的分布，单独取铸铁冷却壁壁体温度分布云，如图 2-18 所示。从图 2-18 可以看出，镶砖 150mm 厚时，铸铁冷却壁壁体热

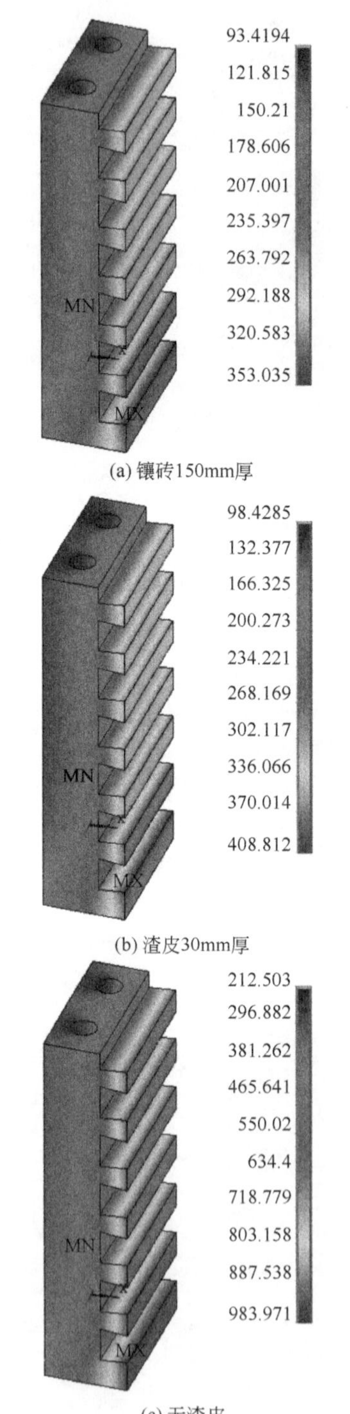

(a) 镶砖150mm厚

(b) 渣皮30mm厚

(c) 无渣皮

图 2-18 铸铁冷却壁壁体温度分布（单位：℃）

面最高温度为 353℃，冷面最低温度为 93℃，说明在冷却壁热面镶砖完整时铸铁冷却壁整体温度较低，有利于铸铁冷却壁的长寿。

通过对冷、热面参考点在不同炉气温度和不同水速等工况条件下的研究（见图 2-19），发现水速从 0.1m/s 增加到 1.0m/s 时，铸铁冷却壁热面、冷面参考点温

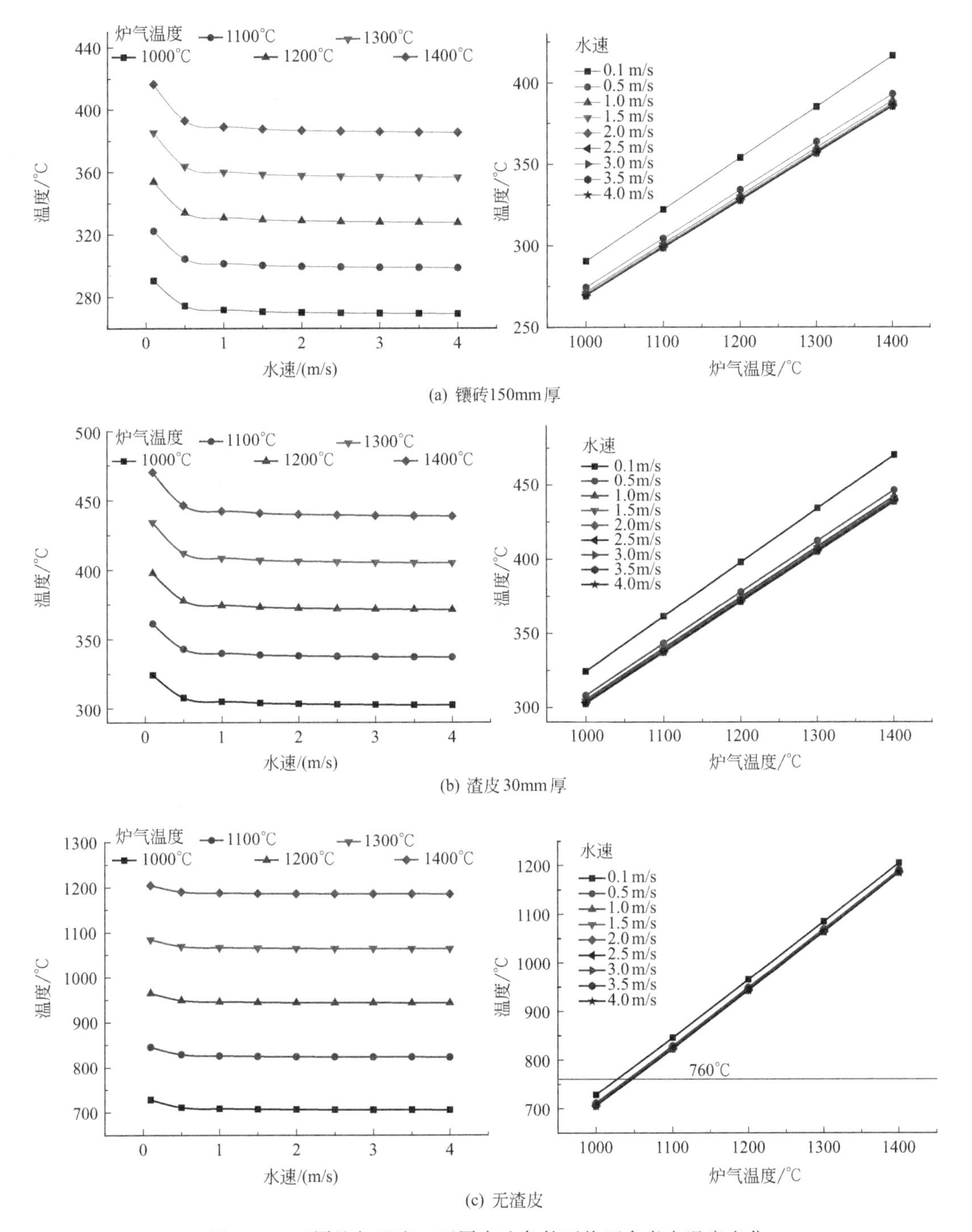

图 2-19　不同炉气温度、不同水速条件下热面参考点温度变化

度分别降低 20℃、28～65℃，可见水速对铸铁冷却壁温度影响较大；而水速从 1.0m/s 增加到 4.0m/s 时，铸铁冷却壁热面、冷面参考点温度分别降低 3℃、4～9℃，说明此时水速对铸铁冷却壁温度影响较小。因此，水速在 1.0m/s 以下时增大水速对冷却壁传热有较大影响，且水速太小可能发生膜态沸腾，铸铁冷却壁水速增大到 1.0m/s 之后再继续增加，水速对铸铁冷却壁的传热影响较小，因此生产中

应选择合适的水速，水速太小可能引起膜态沸腾影响传热，水速太大可能浪费资源。而在高炉前期，镶砖厚度较厚，冷却壁的临界水速位于1.0m/s，乘以相应的安全系数，前期冷却水速维持在1.2m/s左右即可完全满足高炉安全工作需要，高炉中后期时镶砖厚度减薄，与之相匹配的冷却水速相应增大。

通过对不同冷却水温度条件进行研究（见图2-20），发现冷却水温度从45℃降

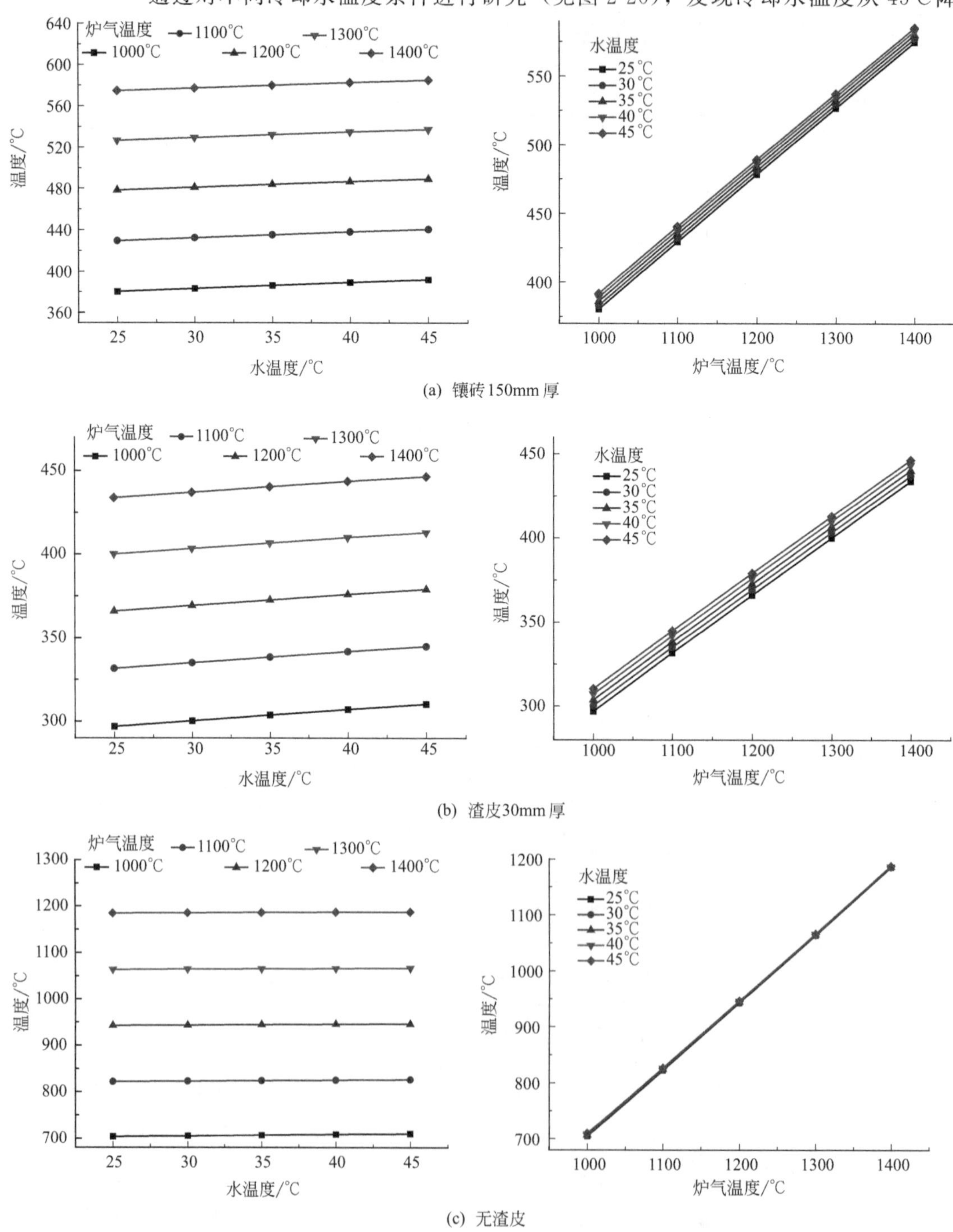

(a) 镶砖150mm厚

(b) 渣皮30mm厚

(c) 无渣皮

图2-20　不同炉气温度、不同冷却水温度条件下热面参考点温度变化

低到25℃，即降低20℃，铸铁冷却壁热面、冷面参考点温度分别降低3～13℃、11～17℃，可见冷却水温度对铸铁冷却壁温度影响较小。因此，在实际生产过程中若采取过多措施通过降低冷却水温度来降低铸铁冷却壁温度，效果不会很明显，因此也是不经济的。

2）高炉铜冷却壁冷却制度分析

采用与研究铸铁冷却壁同样的研究方法对高炉铜冷却壁进行研究，铜冷却壁结构和物理参数如表2-8所列。

表2-8　铜冷却壁结构和物理参数

项目	厚度/mm	传热系数/[W/(m²·K)]
炉壳及螺栓	65	50
中质浇筑料	120	0.45
铜壁体	105	380
特种喷涂料	150	0.5
渣皮	30	1.2

将图2-20中线段拟合成$T=T_0+bT_g$形式，得出3种不同工况时不同冷却水速条件下热电偶温度随炉气温度变化的函数参数，以及不同炉气温度条件下热电偶温度随冷却水温度变化的函数参数，分别如表2-9和表2-10所列。

表2-9　不同冷却水速条件下热电偶温度随炉气温度变化的拟合函数

工况	水速/(m/s)	截距T_0	斜率b	r
喷涂层150mm厚	0.1	34.62	0.0060	0.99999
	0.5	34.86	0.0023	1.00000
	1.0	34.89	0.0017	1.00000
	1.5	34.90	0.0015	0.99981
	2.0	34.90	0.0014	0.99978
	2.5	34.92	0.0013	0.99966
	3.0	34.92	0.0012	1.00000
	3.5	34.91	0.0012	0.99971
	4.0	34.93	0.0011	0.99957
渣皮30mm厚	0.1	17.67	0.0679	0.99997
	0.5	27.87	0.0272	0.99997
	1.0	29.72	0.0202	0.99996
	1.5	30.40	0.0175	0.99997
	2.0	30.79	0.0160	0.99996
	2.5	31.04	0.0150	0.99996
	3.0	31.23	0.0143	0.99997
	3.5	31.35	0.0138	0.99997
	4.0	31.46	0.0134	0.99997

续表

工况	水速/(m/s)	截距 T_0	斜率 b	r
无渣皮	0.1	−535.91	0.7468	0.98937
	0.5	−287.69	0.3973	0.98133
	1.0	−221.18	0.3120	0.97932
	1.5	−193.10	0.2767	0.97848
	2.0	−177.08	0.2566	0.97798
	2.5	−166.56	0.2435	0.97766
	3.0	−159.03	0.2342	0.97744
	3.5	−153.33	0.2271	0.97727
	4.0	−148.83	0.2215	0.97714

表 2-10　不同炉气温度条件下热电偶温度随冷却水温度变化的拟合函数

工况	炉气温度/℃	截距 T_0	斜率 b	r
喷涂层 150mm 厚	1000	1.51	0.9934	1.00000
	1100	1.66	0.9930	1.00000
	1200	1.82	0.9924	1.00000
	1300	1.97	0.9920	1.00000
	1400	2.12	0.9916	1.00000
渣皮 30mm 厚	1000	13.91	0.9446	0.99998
	1100	15.79	0.9380	0.99997
	1200	17.64	0.9320	0.99996
	1300	19.45	0.9264	0.99995
	1400	21.27	0.9204	0.99995
无渣皮	1000	58.73	0.7766	0.99951
	1100	79.21	0.7080	0.99890
	1200	105.15	0.6234	0.99769
	1300	137.09	0.5228	0.99469
	1400	176.55	0.4034	0.98622

从表 2-9 可以看出，水速从 0.1m/s 增加到 1.5m/s 时，铜冷却壁整体温度降低较多，水速对铜冷却壁壁体温度影响较大；而水速从 1.5m/s 增加到 4.0m/s 时，铜冷却壁整体温度降低较小，此时水速对铜冷却壁壁体温度影响较小。从传热的角度来讲，水速在 1.5m/s 以下时增大水速对冷却壁传热有较大影响，且水速太小可能发生膜态沸腾，铜冷却壁水速增大到 1.5m/s 之后再继续增加，水速对铜冷却壁的传热影响较小，因此生产中应选择合适的水速，水速太小可能引起膜态沸腾影响传热，水速太大可能浪费资源。

另外，在炉役初期铜冷却壁喷涂层完整或者喷涂层脱落后铜冷却壁热面凝结有渣皮时，铜冷却壁整体温度较低，而无渣皮工况条件下，铜冷却壁壁体温度较高，远高于铜冷却壁的安全工作温度 250℃，可见，喷涂层或渣皮能较好地保护铜冷却壁。因此，在炉役中后期喷涂层脱落后，应稳定高炉操作，保证铜冷却壁热面结有一定厚度的渣皮，避免铜冷却壁因温度过高而烧损，从而可以延长高炉寿命。

不同冷却水温度条件下热电偶温度随炉气温度变化的函数参数如表 2-11 所列。

表 2-11　不同冷却水温度条件下热电偶温度随炉气温度变化的拟合函数

工况	水温/℃	截距 T_0	斜率 b	r
喷涂层 150mm 厚	25	24.93	0.00142	0.99974
	30	29.93	0.00138	0.99972
	35	34.92	0.00136	0.99971
	40	39.89	0.00135	0.99978
	45	44.90	0.00132	0.99969
渣皮 30mm 厚	25	20.66	0.01692	0.99995
	30	25.70	0.01655	0.99996
	35	30.71	0.01625	0.99997
	40	35.76	0.01593	0.99997
	45	40.73	0.01573	0.99997
无渣皮	25	−198.20	0.27079	0.97837
	30	−188.85	0.26521	0.97822
	35	−180.22	0.26053	0.97807
	40	−171.58	0.25587	0.97793
	45	−163.72	0.25217	0.97785

从表 2-11 可以看出，在有喷涂层和渣皮工况条件下，冷却水温度对铜冷却壁温度影响较大，而在无渣皮时，冷却水温度对铜冷却壁热面温度影响较小，冷面温度影响较大，但在有喷涂层和渣皮时壁体温度整体较低，不必通过降低冷却水温度来降低壁体温度，在无渣皮时通过降低冷却水温度来降低冷却壁热面温度效果不明显。因此生产中若采取过多措施降低冷却水温度来降低铜冷却壁的温度效果不会很明显，也是不经济的。

3）高炉冷却系统冷却能力评价模型[35,36]

以冷却壁T_b的热表面温度作为冷却能力的评价指标，温度越低，冷却壁越安全，热表面结渣性能越好，根据式(2-9) 和式(2-10)，T_b由参数 k 确定，A 的值越大，T_b越大，因此制冷量与参数 k 成反比关系，冷却壁的冷却能力应建立在相同的基础上，诸如高炉煤气温度、冷却水量和冷却水温度等参数。结合冷却壁本身的主要参数，冷却能力 φ 定义为：

$$\varphi = c\,\frac{\lambda}{\delta} \times \frac{A_f/A_h}{d^{0.2}} \tag{2-13}$$

式中　c——恒定的无量纲参数；

λ——冷却壁材料的热导率，W/(m·K)；

δ——水管与冷却壁热面之间的距离，m；

A_f——冷却水作用面积，m^2；

d——水管的内径，m；

A_h——热面的面积，m^2。

在相同冷却水量条件下，管内径 d 越小，冷却能力越强。但是随着管内径减小，冷却水速增加，当水速增加到一定程度后继续增加水速对冷却壁的传热影响较小；冷却壁材料的导热性越好，冷却能力越强；水管与冷却壁热面之间的距离越小，冷却能力越强，但冷却壁要保持一定的厚度以保证冷却壁的强度；冷却壁热面的面积越小，冷却强度越强；另外，冷却水作用面积越大，冷却能力越强，如采用各种翅片管、螺纹管等方式增加冷却壁表面积是提高单位体积传热面积的有效途径。因此，冷却壁的设计中应充分考虑上述各因素，以提高冷却壁的冷却能力。

表 2-12 列出了不同类型冷却壁的冷却能力，包括铜冷却壁、铸钢冷却壁和铜钢复合冷却壁的类型，不同冷却通道的冷却壁在冷却能力上有所不同。相比于传统的圆管，一些具有特殊冷却通道形状，如铸钢冷却壁的椭圆管和铜冷却壁的花生壳形状，都比相应的圆形具有更好的冷却能力。

表 2-12　不同类型冷却壁的冷却能力

类型	水管形状	λ/[W/(m·K)]	δ/m	A_f/A_h	φ/[W/(m^4·K)]
铜冷却壁	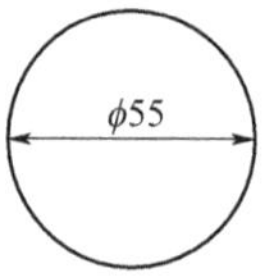 $\phi55$	350	0.0375	0.532	8.869
	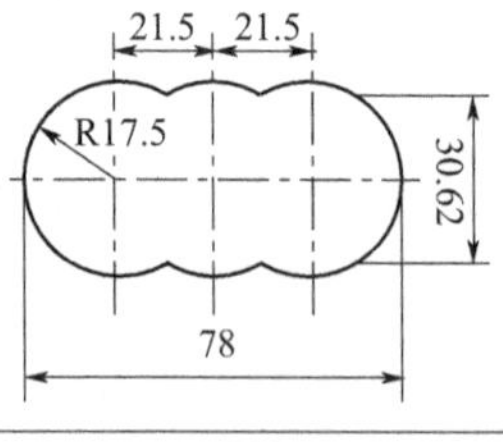 21.5　21.5　R17.5　30.62　78	350	0.0375	0.6244	10.706
铸钢冷却壁	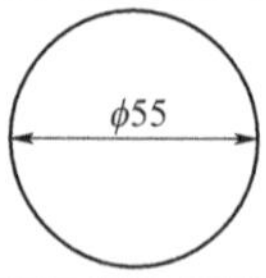 $\phi55$	42	0.12	0.532	0.333
	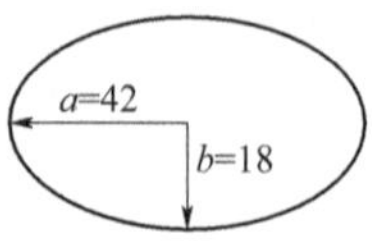 a=42　b=18	42	0.12	0.271	0.407
铜钢复合冷却壁	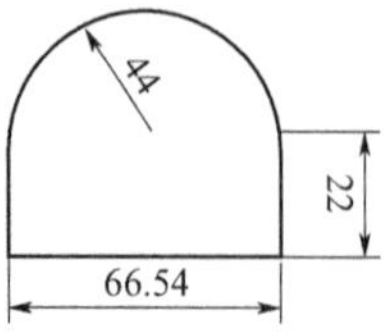 44　22　66.54	350	0.056	0.241	7.152

在高炉服役过程中，耐火材料逐渐被侵蚀和变薄，在此过程中温度发生相应的变化。以镶砖厚度为自变量，温度为因变量，建立以下公式：

$$T_b=\frac{\lambda_r\left(R_b+\dfrac{A_h}{2\pi L\lambda_p}\ln\dfrac{d_2}{d_1}+\dfrac{A_h}{A_f}R_c\right)}{\delta_r+\lambda_r\left(R_g+R_s+\dfrac{A_h}{2\pi L\lambda_p}\ln\dfrac{d_2}{d_1}+\dfrac{A_h}{A_f}R_c\right)}\Delta T+T_w \tag{2-14}$$

冷却壁热面温度 T_b 与砖的厚度 δ_r 成反比，控制其他变量不变，以铸钢冷却壁为例，取耐材厚度 δ_r 为 60mm；水管与热面之间距离 δ_s 为 140mm；耐材热导率 λ_r 为 15W/(m·K)；钢的热导率为 40W/(m·K)；炉气温度与冷却水温度 ΔT 为 1165℃；冷却水与内壁对流换热的传热系数 h_2 为 344W/(m^2·K)；水管外径 d_2 是 0.076m；水管内径 d_1 是 0.058m；炉气与冷却壁热面综合传热系数 h_1 为 5800W/(m^2·K)；冷却水温度 T_w 是 35℃。

$$T_b=\frac{15200}{\delta_r+46.74}+35 \tag{2-15}$$

$$T_s=\frac{6.025}{\delta_r+45.09}+35 \tag{2-16}$$

$$T_h=\frac{1165(\delta_r+45.0052)}{\delta_r+45.09}+35 \tag{2-17}$$

冷却壁热面T_b的温度随砖墙厚度变化的函数曲线如图 2-21 所示。另外，当壁温达到材料的临界安全工作温度时，有一个与厚度相应的耐火材料厚度，定义该厚度为极限厚度 δ_a。以T_b的偏导数为 δ_r 时，当导数值为−0.5 的斜率时存在稳定厚度 δ_b与此渣皮厚度对应。

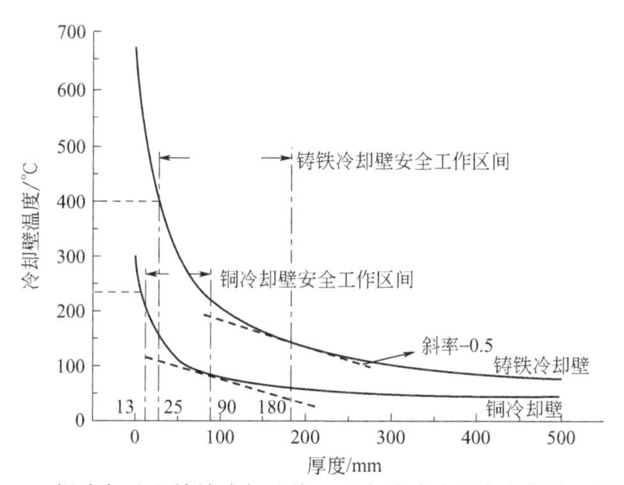

图 2-21　铜冷却壁和铸铁冷却壁热面温度随砖墙厚度变化的函数曲线

铜的安全工作区域为 13～90mm，铸铁的安全工作区域为 25～180mm。与铸铁冷却壁相比，铜更容易凝结渣皮，达到稳定的工作区域，因此稳定的炉况更容易得到保证，但铜作为缓冲区的安全工作区比铸铁冷却壁小得多，只有 1/2，当炉况频繁波动时热表面渣会脱落，炉体更容易暴露在高温炉气中，因此铜冷却壁更容易在炉况不稳定时损坏。

4）高炉全生命周期水量匹配制度分析

高炉全生命周期划分为炉役前期 5 年、炉役中期 3 年、炉役后期 3 年、炉役末期 1 年。炉役前期，有较厚镶砖保护，壁体安全，冷却水速小；炉役中期，冷却水速应适当提高；炉役后期，水速继续升高；炉役末期，水速较大（见图 2-22）。

图 2-22 高炉全生命周期划分及对应水速分析

通过模拟计算，炉役前期冷却水速取 1.2m/s，炉役中期冷却水速取 1.4m/s，炉役后期水速取 2.0m/s，特护时期水速取 2.2m/s。

邯钢 3200m^3高炉炉役前期冷却水速取 1.9m/s，后期采用 2.15m/s，具有较大的节水潜能，冷却制度有较大的优化空间。通过上述对邯钢实际的冷却能力研究表明，炉役前期冷却水速采取 1.2m/s 即可完全满足高炉安全生产需求，炉役中期冷却水速加大到 1.4m/s。高炉全生命周期期间的节水潜能计算如下：

$$a=100\%\times\left(1-\frac{1.2\times5+1.4\times3+2.0\times3+2.2\times1}{1.9\times8+2.15\times3+2.2\times1}\right)=22.85\% \quad (2\text{-}18)$$

特护时期侧壁温度升高严重，水速进一步提升至 2.3m/s，此时循环水降低量：

$$a=100\%\times\left(1-\frac{1.2\times5+1.4\times3+2.0\times3+2.3}{1.9\times8+2.15\times3+2.3\times1}\right)=22.75\% \quad (2\text{-}19)$$

特护时期采取 2.4m/s，此时循环水降低量：

$$a=100\%\times\left(1-\frac{1.2\times5+1.4\times3+2.0\times3+2.4\times1}{1.9\times8+2.15\times3+2.4\times1}\right)=22.66\% \quad (2\text{-}20)$$

因此，采取全生命周期梯度供水方式，可节约循环冷却水量 20%以上。

（2）主要技术创新点及经济指标

1）主要技术创新点

基于建立的铸铁冷却壁、铜冷却壁水冷模型，构建高炉炉体全生命周期对冷却水量的需求；通过定义高炉冷却强度、冷却效率等评价参数指标，建立高炉冷却能力评价模型，并研究不同冷却参数对冷却能力的影响。从而最终达到优化高炉炉体不同部位、不同炉役时期冷却水量配置，降低冷却水量消耗的目标。

2）主要经济指标

① 经高炉全生命周期水量节省潜能综合分析，采取全生命周期梯度供水方式，在炉役前期冷却水速采取 1.2m/s，中期冷却水速加大到 1.4m/s，特护时期水速进一步提升至 2.3～2.4m/s 条件下，可节约循环冷却水量 22.66%。

② 该项研究内容获得发明专利一项（CN 201910266849.6），发表SCI论文两篇。

（3）工程应用及第三方评价

相关技术内容将在邯钢炼铁厂高炉上实施应用，目前本技术已通过对邯钢高炉冷却水及温度数据进行分析研究，技术内容可行，节水量能达到预期目标。下一步将通过安装电磁流量计、温度计、阀门等设备，实现高炉精细化供水，在安全运行的前提下达到节水的效果。

2.3.2 炉体冷却系统供水方式优化技术

2.3.2.1 技术简介

高炉冷却系统是高炉炼铁的用水大户，高炉炉体冷却系统的供水模式千差万别，而且冷却水在不同方位、不同标高位置的水量分配均衡程度尚无研究，钢铁企业对高炉冷却系统的控制仍然根据传统经验，采用平均值方式计算水量及冷却效果，不但会造成部分位置冷却效果不佳，还会造成水资源的大量浪费。在保障冷却器正常工作和高炉安全生产的前提下，优化冷却系统供水结构，达到均匀供水、高效供水和精确供水，不仅能极大延长高炉的使用寿命，还能实现节水、减排、降耗的社会效益和经济效益[37]。

针对高炉冷却系统存在冷却水周向分配不均匀的现象，通过建立高炉冷却系统在不同结构条件下的冷却水量分配模型，基于水动力学并联水管间脉动机制解析冷却水周向分配不均匀机理，并基于水量分配不均匀度的定义，评价不同模型下冷却水分配均匀性。通过冷却水管结构布置优化，实现高炉冷却水量均匀分布，达到高炉节水效果[38]。

2.3.2.2 适用范围

适用于高炉生产过程中炉体冷却系统，解决冷却水在平行水管间分配不均匀性问题。

2.3.2.3 技术就绪度评价等级

TRL-5。

2.3.2.4 技术指标及参数

（1）基本原理

通过对高炉冷却壁水管中冷却水流速进行测量，发现了冷却水在周向分配存在不均匀的现象（图2-23）。基于此发现，通过研究高炉炉体冷却系统的布置、冷却系统水管分布等[39,40]，采用24根水管简化代替冷却壁建立高炉冷却系统数量分配研究模型如图2-23所示。

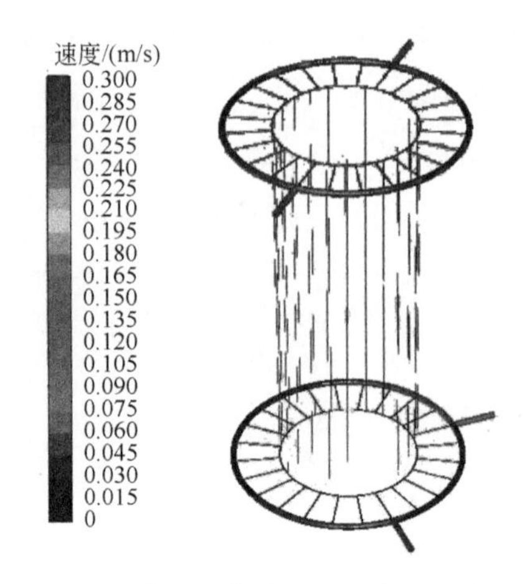

图 2-23 高炉冷却水周向速度分布模拟

高炉圆周方向水速分布如图 2-24 所示。

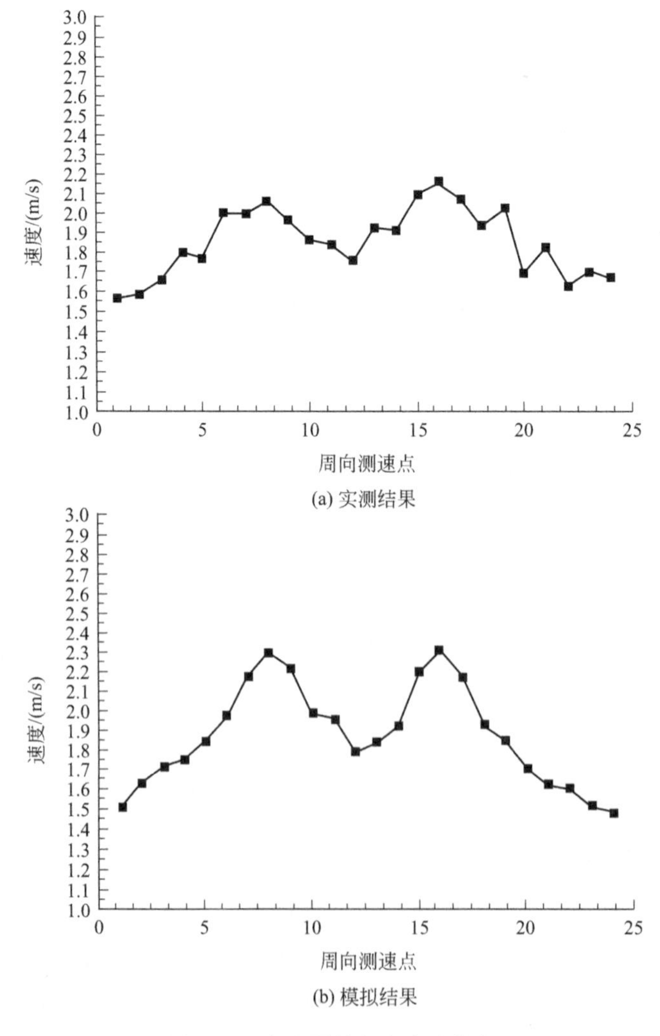

图 2-24 高炉圆周方向水速分布

从图 2-24 可以看出，实测结果和模拟结果均显示冷却水在周向分配存在不均匀的现象，且变化规律相同。基于此，通过改进模型及参数使结果与实际更契合，并模拟不同冷却结构条件下水量分配情况，基于自定义的不均匀度概念，分析改善水量分配不均匀性的合理模型及方式[41-44]。

（2）工艺流程

1）建立高炉冷却系统水量分配模型，计算高炉冷却水速度场、流场分布

基于高炉冷却系统模型图，计算了高炉冷却水速度场、流场分布，重点分析了供水系统下部流场，如图 2-25 所示，并可根据需要导出各位置的水速结果。

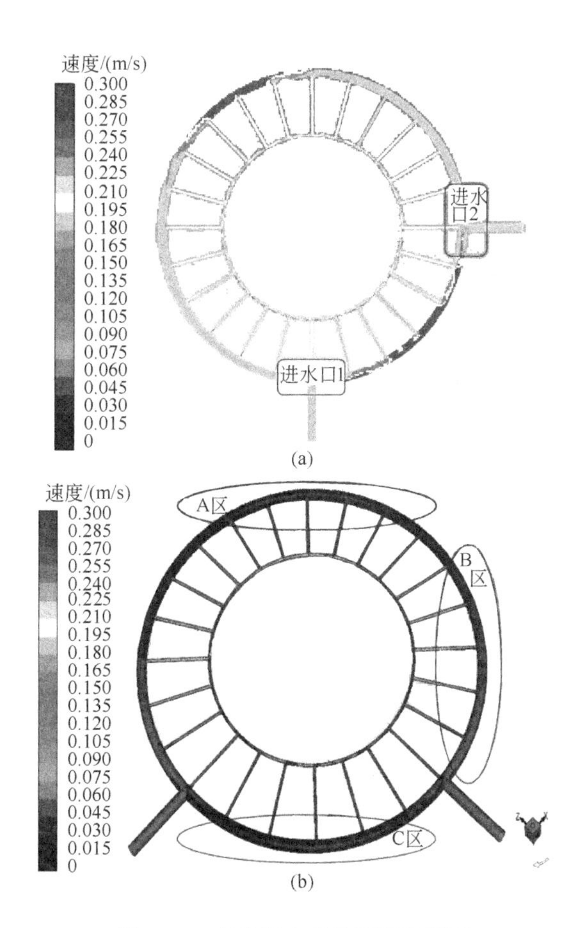

图 2-25　高炉供水系统下部流场图

2）定义高炉冷却系统水量分配不均匀度指标，表征水量分配均匀程度

为了定量分析高炉冷却系统的均匀性，为后面的供水结构改造提供强有力的理论数据支持，结合冷却系统的实际情况，定义了冷却系统均匀度 K。

在高炉本体冷却系统中，冷却壁直冷管代表着串联的冷却壁，因此冷却壁直冷管中的水速情况是关注的核心位置；冷却壁直冷管的水速均匀性取决于供水环管的均匀性，供水环管的水速均匀性取决于供水总管的均匀性；因此把供水环管

与冷却壁直冷管的所有连接处（图 2-26 中标圆点•的位置）作为内环速度监视点，设内环监测速度为 $\nu_i(i=1,2,3,\cdots,n)$，把供水总管与下部分流管的所有连接处（图 2-26 中标五角星★的位置）作为外环监测速度 $\mu_i(i=1,2,3,\cdots,n)$，按照逆时针编号。

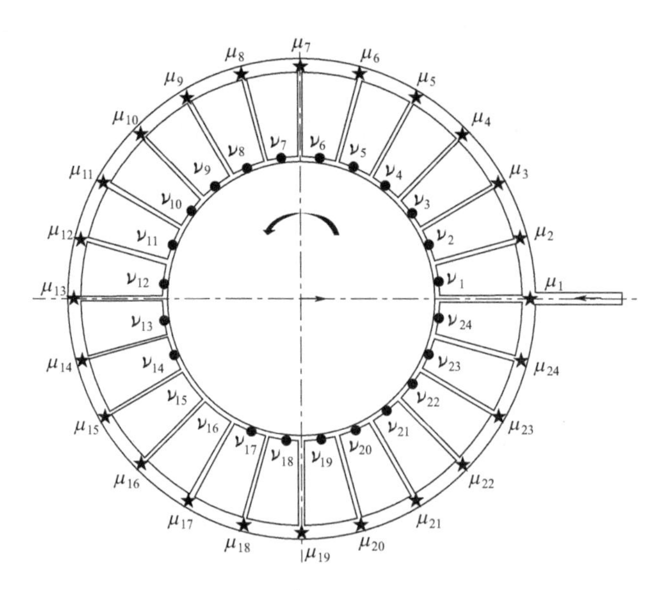

图 2-26 高炉冷却系统下部进水区测速点

把内环监测速度的标准差 $\sqrt{D}$ 同内环监测速度的平均值 $\overline{v}$ 的比值与 1 的差值定义为高炉本体冷却系统均匀度 K，公式如下：

$$K=1-\frac{\sqrt{D}}{\overline{v}} \tag{2-21}$$

式中 K——高炉本体冷却系统均匀度，无量纲；

$\sqrt{D}$——内环监测速度的标准差；

$\overline{v}$——内环监测速度的平均速度，m/s。

通过对均匀度的比较来评判不同高炉本体冷却系统的优劣，为高炉本体冷却系统的优化提供指导。

3）构建不同供水结构模型，分别计算水量分配均匀度

① 不同进水口数条件下数值模拟结果。通过对不同进水口数条件下的均匀度对比分析，明确进水口数对本体冷却系统均匀度的影响，为后期结构改造做好理论支撑。图 2-27 为不同进水口数的几何模型，对应的速度云图见图 2-28。

为量化在不同进水口数条件下冷却系统的水量分配均匀性，针对不同进水口数的冷却系统，对内环速度监测点和外环速度监测点进行精确测定，结果如表 2-13 所列。

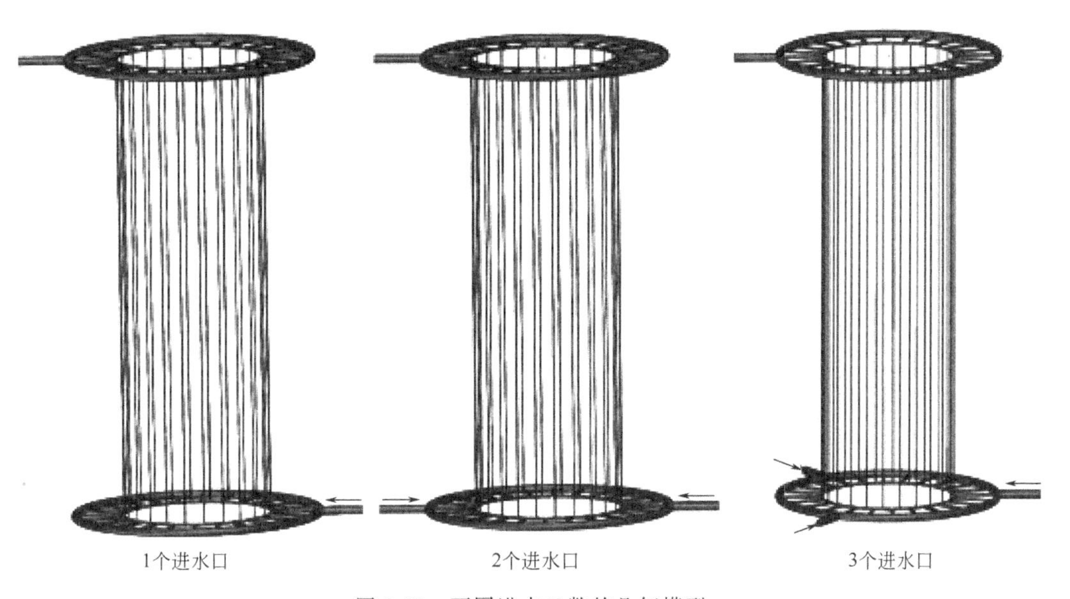

图 2-27　不同进水口数的几何模型

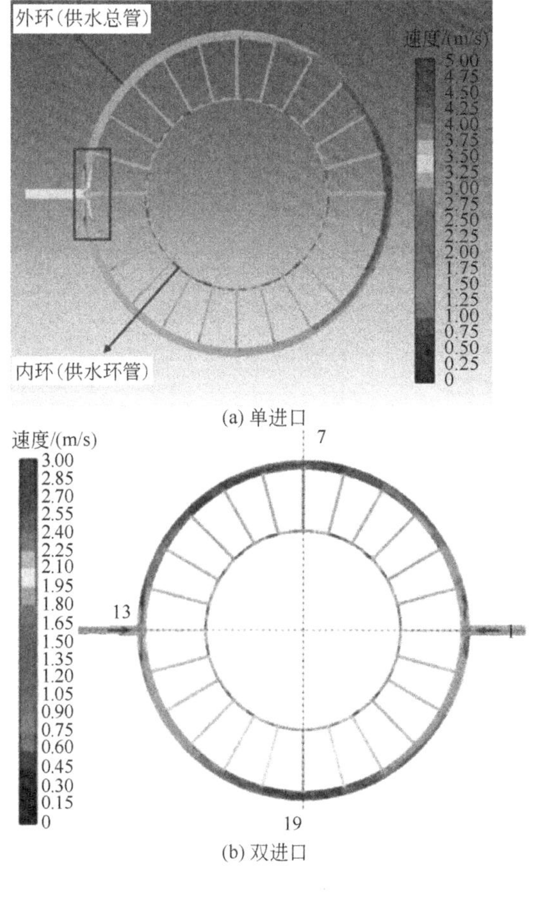

图 2-28

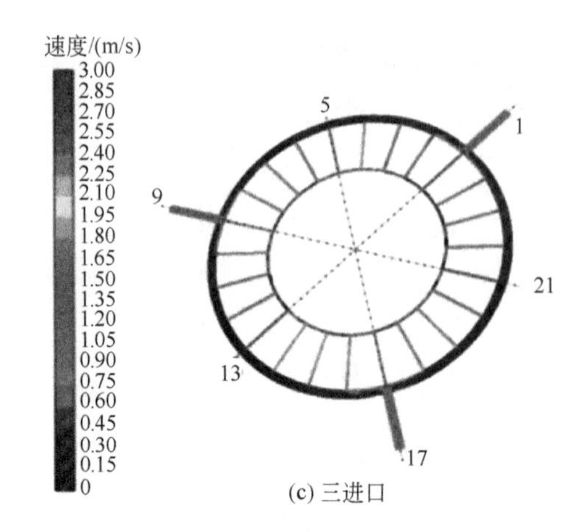

(c) 三进口

图 2-28　不同进水口数条件下的速度云图（图中数字表示水管标号）

表 2-13　不同进水口数条件下内外环水速监测结果　　单位：m/s

监测点＼速度	1个进水口		2个进水口		3个进水口	
	内环	外环	内环	外环	内环	外环
点1	1.812	2.015	2.017	2.181	1.585	1.453
点2	1.703	1.791	1.926	2.094	1.705	1.609
点3	1.630	1.478	1.382	2.019	1.782	1.642
点4	1.485	1.374	1.729	1.325	1.905	1.938
点5	1.391	1.406	1.601	1.256	1.868	2.040
点6	1.411	1.283	1.402	1.190	1.696	1.762
点7	1.108	1.153	1.531	1.389	1.814	1.794
点8	1.137	1.148	1.748	1.477	1.757	1.697
点9	1.104	1.074	1.900	1.629	1.605	1.588
点10	1.215	1.070	1.957	1.821	1.592	1.431
点11	1.155	1.044	2.081	1.929	1.932	1.771
点12	1.227	0.931	2.105	2.147	1.889	1.833
点13	1.152	0.957	1.979	2.256	1.922	2.069
点14	1.134	0.916	1.630	2.029	1.852	2.004
点15	1.306	1.073	1.540	1.870	1.632	1.806
点16	1.338	1.133	1.550	1.822	1.606	1.577
点17	1.431	1.243	1.471	1.517	1.599	1.480
点18	1.317	1.123	1.556	1.369	1.890	1.856
点19	1.360	1.205	1.339	1.352	1.925	1.956
点20	1.464	1.231	1.415	1.316	2.041	2.095
点21	1.358	1.340	1.687	1.368	1.944	2.126
点22	1.444	1.478	1.713	1.612	1.722	1.821
点23	1.758	1.666	1.893	1.757	1.697	1.759
点24	1.845	1.984	1.903	2.181	1.540	1.461

根据表 2-13 数据绘制成图，如图 2-29 所示。

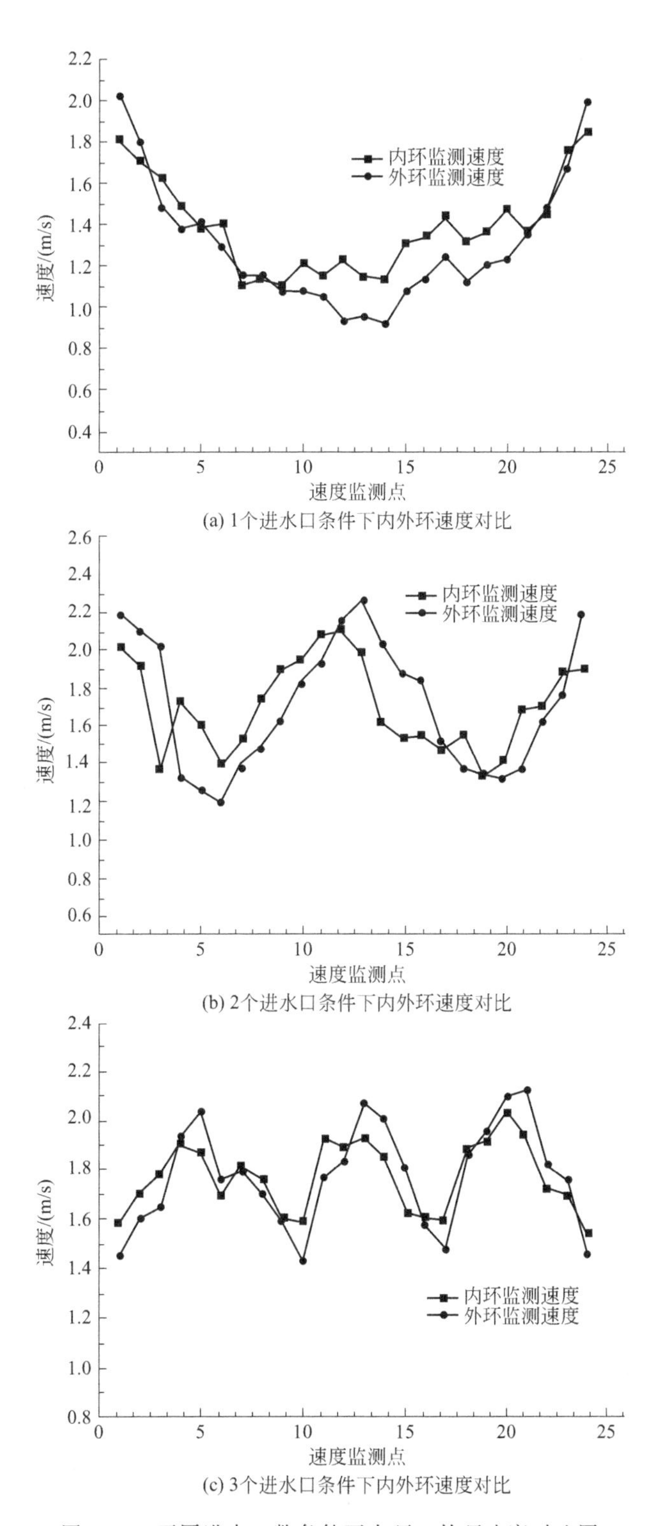

(a) 1个进水口条件下内外环速度对比

(b) 2个进水口条件下内外环速度对比

(c) 3个进水口条件下内外环速度对比

图 2-29　不同进水口数条件下内环、外环速度对比图

根据均匀度的定义，计算出3种情况的均匀度，如表2-14所列。

表2-14　3种进水口数条件下的均匀度

进水口数	1		2		3	
内外环	$K_{1,内}$	$K_{1,外}$	$K_{2,内}$	$K_{2,外}$	$K_{3,内}$	$K_{3,外}$
标准差($\sqrt{D}$)	0.225803	0.307820	0.236862	0.344498	0.144599	0.212682
平均值($\bar{v}$)	1.386808	1.296561	1.710707	1.704429	1.770825	1.773653
均匀度(K)	0.837178	0.762587	0.861541	0.797881	0.918344	0.880088

② 不同进水口角度条件下数值模拟结果。三种进水口角度条件下的模型如图2-30所示，不同进水口角度条件下的均匀度如表2-15所列。

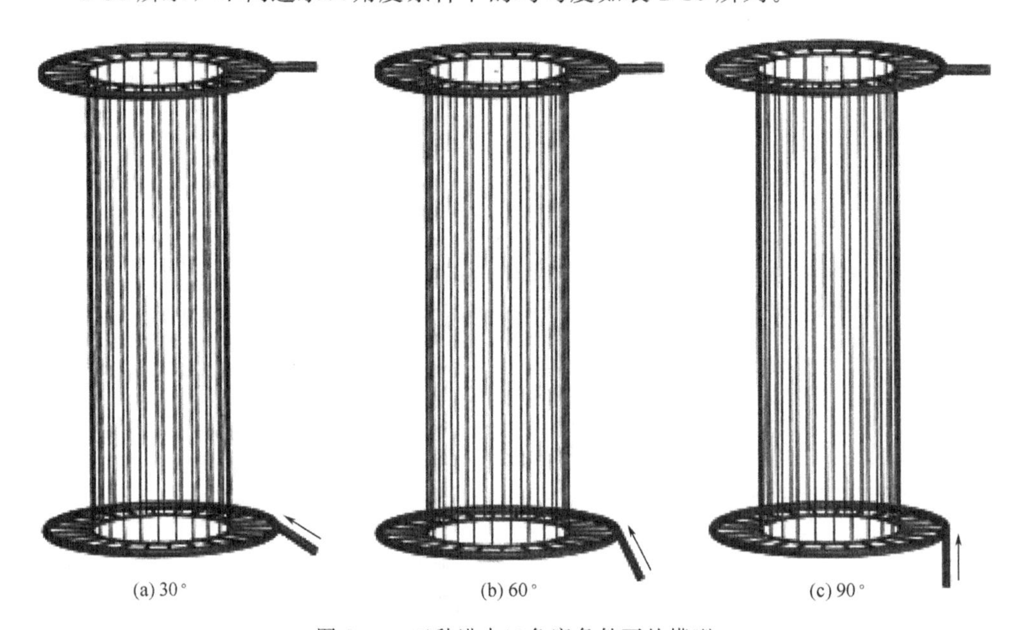

图2-30　三种进水口角度条件下的模型

表2-15　不同进水口角度条件下的均匀度

进口角度	$K_{0°}$	$K_{30°}$	$K_{60°}$	$K_{90°}$
标准差($\sqrt{D}$)	0.307820	0.245826	0.244549	0.213271
平均值($\bar{v}$)	1.296561	1.338083	1.445673	1.549511
均匀度(K)	0.762587	0.816285	0.830841	0.862362

③ 不同进水量条件下内外环水速对比。不同炉役时期总进水量初值如图2-31所示，不同进水量条件下的均匀度如表2-16所列。

4）高炉冷却系统供水结构改造节水法

通过对不同进水口数条件下供水结构均匀性对比分析可知，进水口越多其横向均匀分流的作用越明显，随着进水口数的增加，外环的均匀性增加，从而导致内环的均匀性增加，并且两者之间的均匀性差异也会越来越小，差异缩小的速度也越来越快。

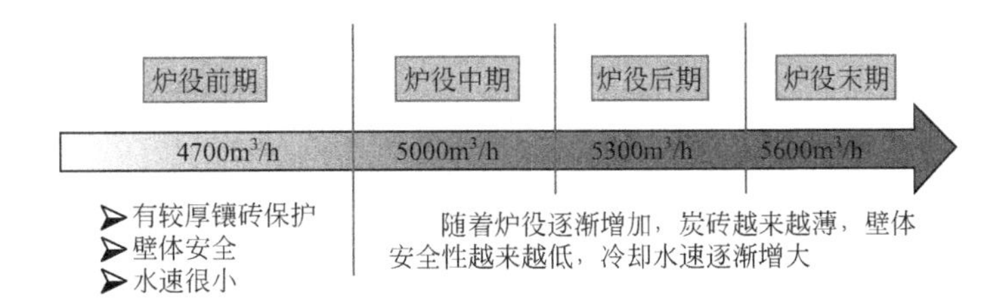

图 2-31　不同炉役时期总进水量初值

表 2-16　不同进水量条件下的均匀度

进水量	4700m³/h		5000m³/h		5300m³/h		5600m³/h	
内外环	$K_{1,内}$	$K_{1,外}$	$K_{2,内}$	$K_{2,外}$	$K_{3,内}$	$K_{3,外}$	$K_{4,内}$	$K_{4,外}$
标准差($\sqrt{D}$)	0.2279	0.2978	0.2955	0.3838	0.3021	0.3934	0.3022	0.3944
平均值($\bar{v}$)	1.3797	1.2924	1.6222	1.5866	1.8039	1.8441	1.9851	2.0739
均匀度(K)	0.8348	0.7697	0.8178	0.7581	0.8325	0.7867	0.8478	0.8098

因此，理论上进水口数越多越好，从而形成了图 2-32 所示的多进水口供水结构[45-47]。

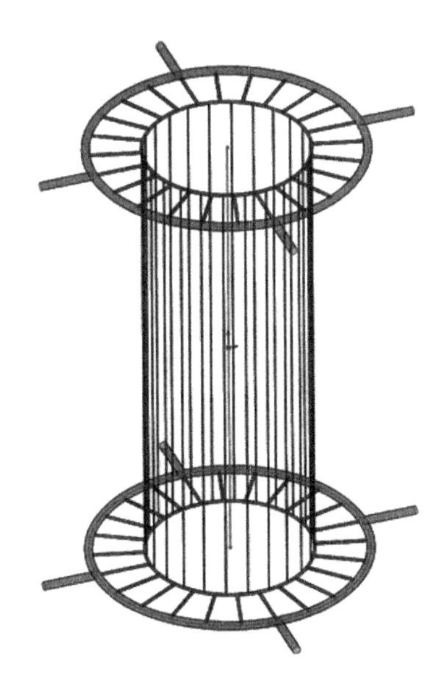

图 2-32　多进水口供水结构

但在实际情况下，直接周向均匀增加进水口数也是有限制的，并且进水口数太多使得供水管路复杂、不易施工，所以不采用此结构。

进水口的作用就是横向分流，在原结构基础上增加一圈横向分流管，形成如图 2-33所示两圈横向分流管供水结构，通过两圈横向分流管的分流作用，来提高内环的均匀性；其中①、②、③分别为新增大环管、内层横向分流管和外层横向分流管，结构上要保证内层横向分流管与外层横向分流管个数相同，且错位连接。该供水结构只有 1 个进出水口，不仅解决了管道复杂、施工难的问题，也极大地提高

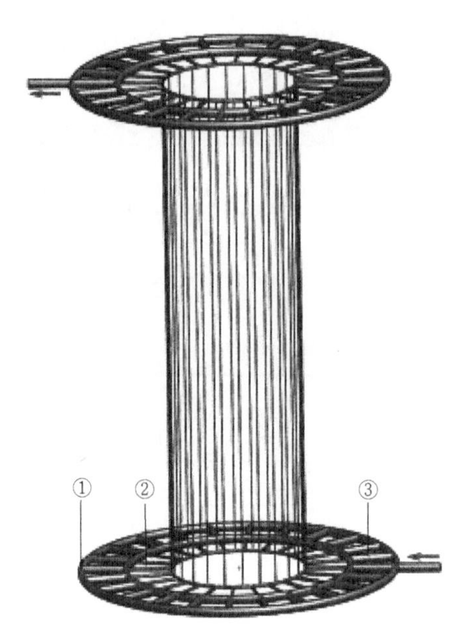

图 2-33　两圈横向分流管供水结构

了内环的均匀性。

通过对比分析不同进水口角度条件下的均匀度可知，进水口角度越大越好，即进水口角度最好为 90°(竖直进水)，不仅外环需要竖直进水，尤其是重点关注的内环更需要竖直进水，因此在两圈横向分流管结构的基础上，把进水口角度改成竖直，并把内层横向分流管改成竖直分流管，形成如图 2-34 所示的一圈横向分流管加一圈纵向分流管的供水结构。

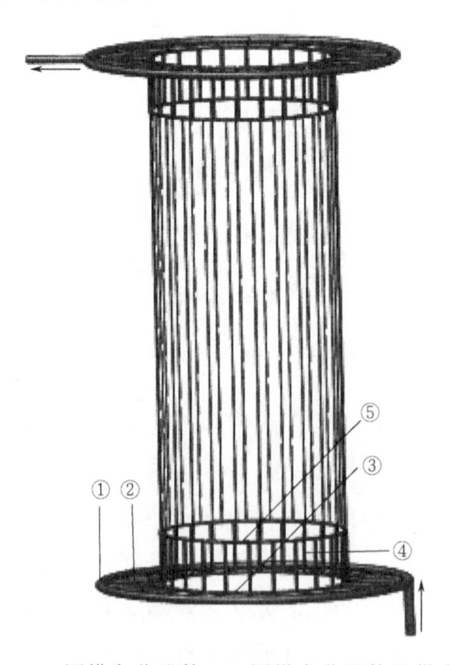

图 2-34　一圈横向分流管＋一圈纵向分流管的供水结构

该新型供水结构中的①～⑤分别为外大环管、外层横向分流管、中间环管、内层竖直分流管、内环管。此供水结构要保证：a. 横向分流管、中间环管、竖直分流管和内环管的内径相同；b. 横向分流管数与纵向分流管数相同，并错位连接；c. 管道连接处尽量采用喇叭形接口，减少阻力；d. 上部出水区与下部进水区的结构应尽量相同。该结构从根本上解决了由供水结构造成的供水不均的问题。

5）计算新型供水结构模型条件下高炉节水降耗能力

邯钢高炉处在炉役后期，用一圈横向分流管加一圈纵向分流管的供水结构进行模拟计算。模拟的边界条件、初始条件、24个测速点的位置等都与先前的不同进水量条件下的模拟情况一样，只是一个是原有的供水结构，一个是新型供水结构。这里以进水量约5300m^3/h的炉役后期作为研究参照，其他各个时期与之相同。新旧供水结构的内外环监测速度的结果如表2-17、图2-35所示。

表2-17 炉役后期新旧模型水速模拟结果对比

取点位置	进水量(炉役后期)为5300m^3/h			
	原供水结构		一圈横向分流管加一圈纵向分流管的供水结构	
	外环	内环	外环	内环
点1	2.685	2.342	2.772	1.832
点2	2.561	2.233	2.601	1.813
点3	2.148	2.160	2.293	1.800
点4	1.944	1.915	2.021	1.785
点5	1.976	1.821	1.952	1.771
点6	1.853	1.841	1.864	1.761
点7	1.653	1.468	1.765	1.748
点8	1.648	1.397	1.649	1.737
点9	1.574	1.464	1.596	1.724
点10	1.540	1.455	1.606	1.715
点11	1.514	1.485	1.546	1.713
点12	1.401	1.557	1.492	1.717
点13	1.427	1.482	1.508	1.722
点14	1.386	1.564	1.534	1.744
点15	1.543	1.636	1.618	1.736
点16	1.633	1.698	1.605	1.748
点17	1.523	1.791	1.583	1.761
点18	1.623	1.777	1.660	1.787
点19	1.775	1.791	1.813	1.790
点20	1.801	1.894	1.884	1.794
点21	1.910	1.888	1.911	1.808
点22	2.148	1.974	2.235	1.814
点23	2.336	2.288	2.479	1.823
点24	2.654	2.375	2.703	1.835

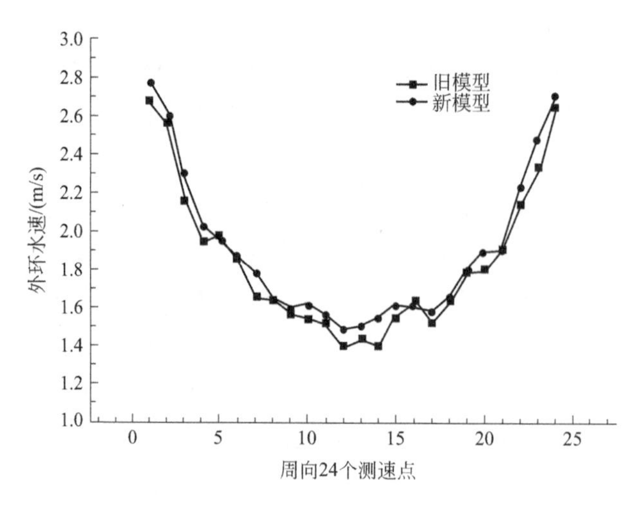

图 2-35 炉役后期新旧模型外环水速对比

内环供水均匀性是高炉供水系统的核心关注点，在图 2-36 中旧模型代表在炉役后期旧供水结构的内环水速分布情况，新模型代表在炉役后期新型供水结构的内环水速分布情况，水平线代表炉役后期的最低安全水速 $v_{\mathrm{mix}}^{3}=1.737\mathrm{m/s}$。可以看出新型供水结构的内环水速明显比旧供水结构的内环水速更加均匀，更加接近且略高于最低安全水速。也就是说经过新型供水结构的两层分流管的分流作用，使得内环供水均匀性有了极大的提高。

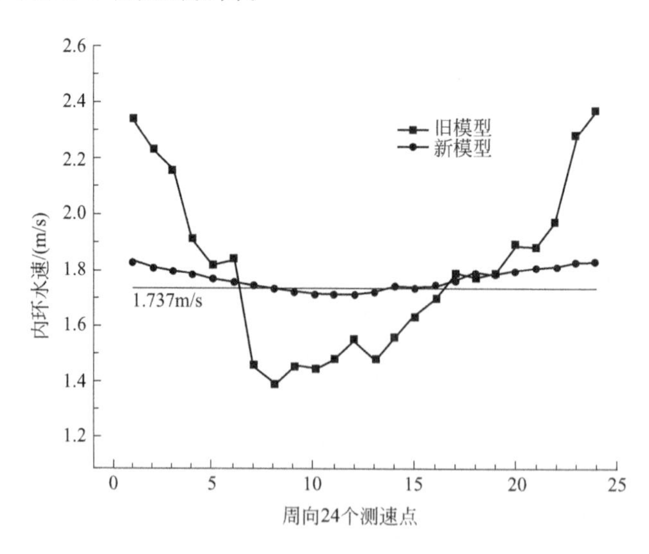

图 2-36 炉役后期新旧模型内环水速对比

新型供水结构内环水速的平均值为 1.769m/s，略高于最低安全水速 1.737m/s，其均匀度高达 97.76%，基本上可以认为是均匀的了，在此情况下基本上不会出现供水薄弱的区域，也就不需要精确控水法，更不需要原来的非精确供水法，只需要按照各阶段最低安全水速去提高一下总水量，使其满足最低安全水速即可。

新型供水结构在炉役前期、炉役中期、炉役后期、炉役末期的最小节水量分别

为 U_{mix}^{1}、U_{mix}^{2}、U_{mix}^{3}、U_{mix}^{4}，则 $U_{mix}^{1}=Q_{mix}^{1}=320.82m^3/h$，$U_{mix}^{2}=Q_{mix}^{2}=488.60m^3/h$，$U_{mix}^{3}=Q_{mix}^{3}=613.92m^3/h$，$U_{mix}^{4}=Q_{mix}^{4}=1060.04m^3/h$。前、中、后、末各炉役时期的最小节水量与总进水量之间的比值分别为 6.80%、9.77%、11.5%、18.93%。新型供水结构的均匀度高达 97.76%。

新型供水结构能够从根本上解决高炉供水结构所造成的供水不均匀问题，但在高炉运行过程中对高炉供水结构进行大规模结构改造不具有现实实施条件，因此采用在不改变供水结构的前提下，通过沿着周向安装流量计和阀门等设备这一方法来实现供水均匀性和节水的目标。

(3) 主要技术创新点及经济指标

高炉用水减量化控制及冷却制度优化技术研究基于数值模拟建立了不同供水模型条件下冷却水量分配情况，定义冷却水分配不均匀度的参数表征冷却水分配均匀程度，通过模拟和现场实测表明该参数具有现实意义。基于不同供水模型及冷却水分配不均匀度指标，计算最优冷却系统模型，在该模型下冷却水量分配均匀度可达到 97.76%，在炉役后期最小节水量可以达到 18.93%。考虑到供水模型改变的难度，在不改变供水模型的条件下，可以通过安装阀门、流量计等实现提高水量分配均匀度以及节水的目的。

(4) 工程应用及第三方评价

相关技术内容在邯钢炼铁厂高炉上实施应用，目前已通过测量现场水量分配情况验证了水量分配不均匀性存在的客观事实，验证了模拟结果的准确性，支撑了水量分配均匀性定义的内容。技术内容可行、节水量基本达到预期目标。下一步将通过安装电磁流量计、温度计、阀门等设备，提高高炉冷却水在水管内分配的均匀性，在安全运行的前提下达到节水的效果。

2.4 转炉炼钢工序节水技术

2018 年中国粗钢产量为 9.3 亿吨，其中将近 90% 为氧气转炉生产。钢铁工业用水量大，其中转炉炼钢过程是耗水的重要环节之一[48-50]。目前关于转炉炼钢工序的耗水控制主要通过设备的改进和优化及水资源的循环利用来实现，如除尘设备和技术的改进、建立多尺度用水网络优化模型、优化净化水系统、优化用水管理制度、优化改造炼钢循环冷却水系统、提出废水“零排放”方案、提高循环水系统浓缩倍数、提高整体用水网络用水效率、提高各系统浓缩倍数、减少外排水、提高反渗透回收率、将一次冷却水的旁滤系统反冲洗水作为二次冷却水的补水水源实现综合用水成本降低[51-59]。这些技术主要集中于装备升级和末端废水处理，关于通过优化转炉操作工艺实行耗水量控制的转炉冶炼过程源头节水的研究还少见报道与应用。

2.4.1 技术简介

基于以上背景，研究揭示了蒸发冷水量消耗的影响因素，基于现场数据建立了烟尘量、转炉煤气量和蒸发冷却温降与蒸发冷水量消耗的量化关系；研究明确了烟尘组成、来源和影响因素，提出了基于转炉造渣操作的控制烟尘的措施；明确了烟气量及温度的影响因素，建立了这些影响因素与水量消耗的关系；建立了考虑烟气流量、烟尘浓度、一氧化碳浓度、空气吸入系数、蒸发冷却进出口温度等因素的蒸发冷却喷水量调节预报模型。最终形成了基于转炉工艺操作的转炉冶炼过程耗水控制技术措施，完成了在转炉冶炼过程的应用。

2.4.2 适用范围

钢铁企业转炉冶炼过程蒸发冷耗水控制。

2.4.3 技术就绪度评价等级

TRL-6。

2.4.4 技术指标及参数

(1) 基本原理

转炉炼钢生产目的主要包括造渣、脱碳、脱磷、部分脱硫、去除钢液中的气体、去除非金属夹杂物以及升温等基本任务。在转炉炼钢生产中，氧气通过氧枪进入熔池，通过氧化作用去除钢液中的C、P等元素。转炉炼钢冶炼强度高、吞吐量大，同时还具有周期短、烟气含尘量大的特点。转炉冶炼过程中会产生褐色浓烟，其原因在于烟气中含有大量烟尘，吹炼过程中粒径较小的造渣料及炉渣颗粒以及铁珠等都会随着剧烈生成的烟气从炉口排出[60]。转炉烟气具有温度高、含尘量高、含有有毒组分等特点，不能直接排放至大气中或者直接利用，必须经过冷却和除尘等净化处理[61]。最初转炉烟气采用全燃法处理，这种方法不仅处理量庞大，显热利用效率低，同时需要大量的费用用于投资和运行维护。转炉烟气如果不经过处理直接排放到空气中会对大气环境造成严重污染。因此该处理技术逐渐被未燃法替代。氧气转炉炼钢生成的烟气若采用未燃法处理，则烟尘中粒径$<40\mu m$的颗粒约占60%，粒径较小的烟尘难以过滤或沉降分离，因此常采用喷水使其凝聚、增大粒径和沉降速度等，进而达到除尘目的。其中雾化的水滴粒径越小，则其总表面积越大，能够捕集到更多烟尘颗粒。烟气净化的目的在于对烟气降温同时将尘气分离。目前除尘方法大致分为干法、湿法、干湿法三种，其中湿法除尘即用水吸附尘，达到尘气分离；干法除尘首先用水汽进行粗除尘，之后采用布袋过滤或者静电等方式进行精除尘，整个系统最终分离出的尘是干燥状态；干湿法除尘是粗除尘采用干法、精除尘采用湿法，故称之为干湿法[62]。其中干法除尘耗水量最少。

本技术的开发是建立在干法除尘的基础上。转炉干法除尘技术又称鲁奇（LT）法，是近年来国内大力推广的转炉烟气处理技术，相对于湿法和半干法在节能节水方面有很大的进步。如图 2-37 所示，干法除尘系统主要由烟气收集系统、冷却系统（气动烟罩、汽化冷却烟道）、除尘系统（蒸发冷却器、静电除尘器）及回收系统（风机、煤气冷却器、切换站、煤气柜）组成[63]。除尘系统中蒸发冷却器主要通过雾化喷嘴将冷却水破碎雾化成为微小液滴喷射进蒸发冷却器。蒸发冷却器采用特殊的双流喷嘴，在蒸发冷却器的喉部圆周布置，其个数由需要冷却的烟气量计算决定。该双流喷嘴两个通道分别通入水和水蒸气，水从喷嘴的中心孔喷出，水蒸气直接冲撞液束，在气体动能作用下液滴破碎成粒径较小的液滴，达到雾化的效果。利用雾化后的微小液滴的汽化相变成为蒸汽，吸收烟气中的热量。高温烟气从汽化烟道进入蒸发冷却器时温度为 800～1000℃，在冷却器出口处被冷却至 200℃以下。因此转炉烟气的变化直接影响冷却水消耗量的变化。因而，冷却水对干法除尘系统至关重要。虽然相对于湿法除尘来讲，干法除尘有效降低了水量消耗，但是从工艺角度降低烟尘量和烟尘温度可以进一步降低用于冷却除尘的冷却水消耗。用于冷却煤气和烟尘的冷却水的消耗可以通过烟气量、烟尘量、冷却水之间的热平衡计算得到。

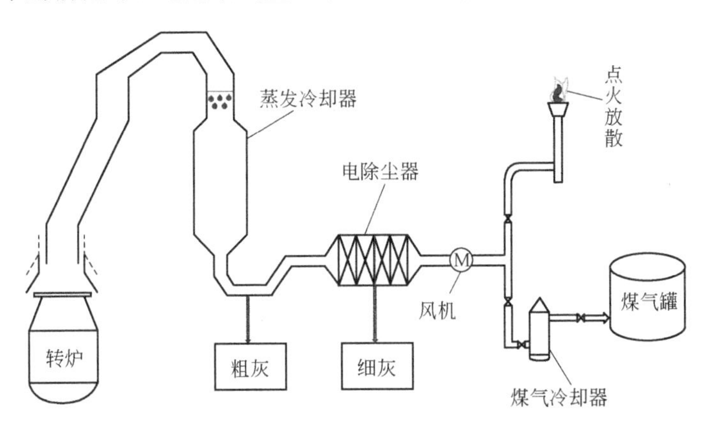

图 2-37　转炉干法除尘冷却示意

根据转炉冶炼过程，转炉耗水主要用于转炉烟气除尘净化和转炉烟气的冷却，因此通过对转炉烟气进行合理控制，可以达到节约水资源的效果。转炉烟尘的产生及其温度与造渣料物性、造渣制度、吹炼时间、终点控制、空气吸入等操作因素密切相关，本技术即从操作工艺角度出发，以蒸发冷却过程节水为目的，围绕以上操作因素研究其与烟尘和耗水量之间的关系，并基于建立的相互作用关系提出针对烟尘产生及其温度的控制措施，建立融合多操作因素的转炉蒸发冷却耗水量预报模型，为转炉冶炼过程耗水量控制提供技术支撑。

（2）工艺流程

如图 2-38 所示，工艺流程为渣料、吹炼和空气吸入控制→烟气控制→蒸发冷却水量控制。具体为：a. 基于理论和铁水条件及冶炼目标计算渣料消耗；b. 基于终渣条件、热力学理论和铁水条件及冶炼目标计算适宜留渣量和留渣次数；c. 基

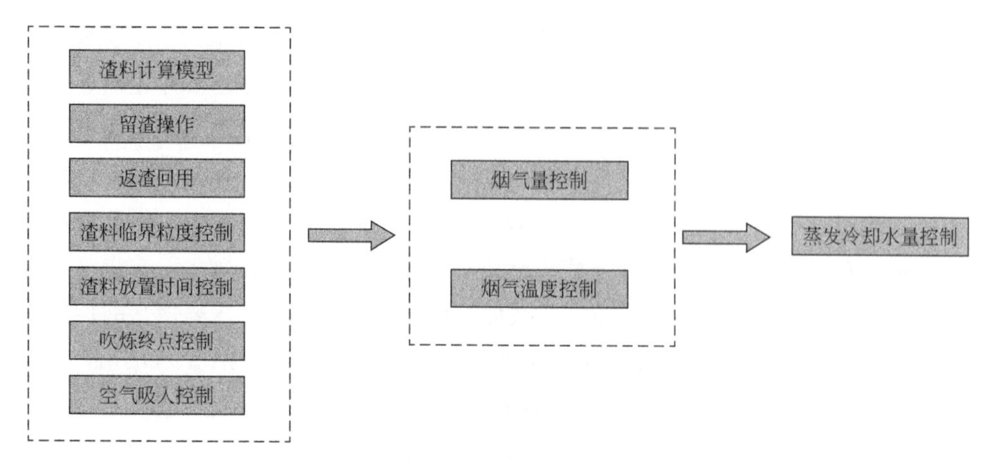

图 2-38 工艺流程

于返渣成分、留渣量、热力学理论和铁水条件及冶炼目标计算适宜返渣加入量；d. 基于烟气流速和渣料物性计算渣料临界粒度；e. 基于渣料粉化与时间的关系及渣料临界粒度要求控制渣料放置时间；f. 基于终点控制模型控制终点碳含量和终点温度；g. 基于烟罩自动调节系统自动调节出钢和吹炼时的空气吸入量；h. 根据以上步骤控制烟气量和烟气温度；i. 通过烟气量和烟气温度控制降低冷却和洗涤烟气的水量消耗。

① 渣料减量化方面。在前期的研究中发现，转炉烟尘中尤其是一次除尘灰中含有大量的 CaO 和 MgO。转炉冶炼过程中，粒径较小的颗粒会随高速流动的烟气抽走。毋庸置疑，这是由于造渣料中的石灰和白云石等被风机抽走进入烟道的缘故。当颗粒直径超过对应临界粒度即悬浮状态下的颗粒直径时，颗粒就会被抽走；反之，颗粒可以进入炉内参与反应。因此控制渣料合理入炉直径对提高原料利用率减少除尘压力很有必要，进而可以减少转炉冶炼过程中的水量消耗。石灰的粒径与存放过程的粉化有关，石灰的粉化率增加，会造成小粒度石灰的增加，这部分石灰在加入转炉的过程中，往往不是进入了转炉参与造渣，而是被除尘的风机抽走，造成了尘量的增加和石灰的浪费。如图 2-39 所示为石灰存放过程的粉化情况。可见，

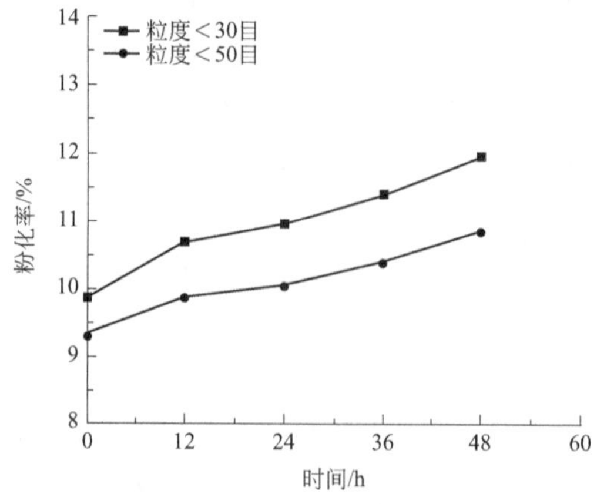

图 2-39 石灰粉化率与存放时间的关系

随着存放时间的增加，石灰粉化率增加。粉化率高的石灰，加入转炉过程中易被风机抽走。

如图 2-40 所示为基于现场数据得到的渣料临界粒度与烟气流速的关系。随着烟气流速的增加，石灰和白云石的理论最小入炉直径也会增加。为适应不同流速下转炉生产情况，减少石灰和白云石被风机吸走的比例，石灰和白云石入炉最小直径要根据最大烟气流速来控制。考虑到造渣料的粉化情况，转炉炼钢时应尽量减少造渣料的储存时间，或者对长时间存放的造渣料进行筛分处理，将粒度较大的石灰用于转炉造渣，以防小粒度的石灰被抽走进入烟气，从而减少转炉的烟尘量。

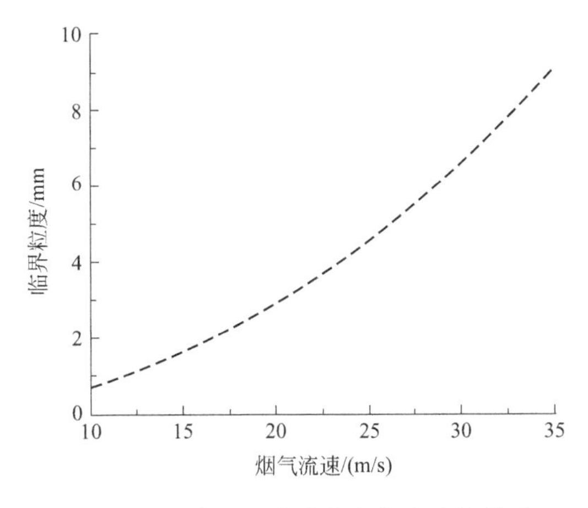

图 2-40　渣料临界粒度与烟气流速的关系

除去渣料筛分去除小粒径造渣料来减轻烟尘量外，既然大部分烟尘来自造渣料，那么从另一个角度考虑通过造渣料的减量化也可以减少小粒度造渣料进入烟尘，从而降低烟尘的产生。项目组前期研究计算表明，现场所加渣料中轻烧白云石约 8.9%进入烟尘中，石灰约 8.4%进入烟尘中，可知降低渣料加入量可以降低烟尘量。图 2-41为采用本技术前石灰加入量与铁水成分的关系，同时用本技术的计算数据进行了对比。实际石灰加入量是实际冶炼过程中加入的石灰和白云石量，计算石灰加入量为本技术基于转炉实际冶炼过程所加入的原辅料及终点成分计算的需

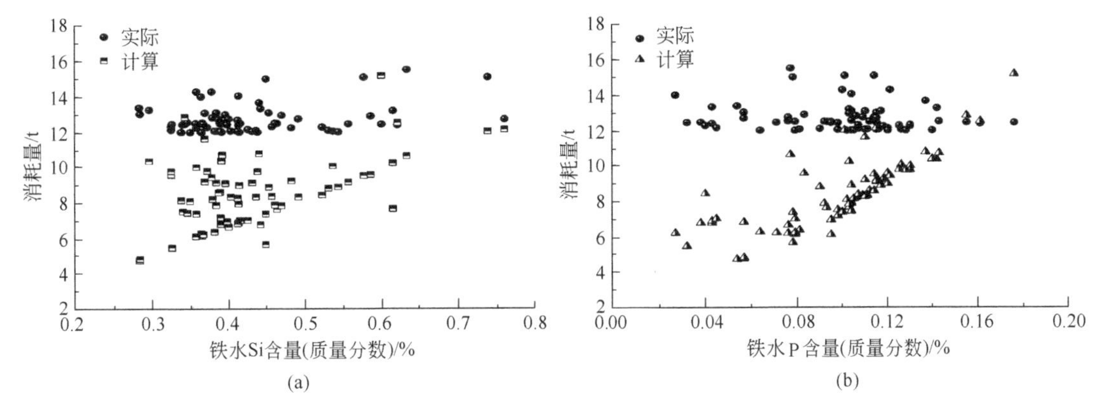

图 2-41　改进前实际和计算石灰加入量与铁水成分的关系

要加入的石灰量。造渣料的加入主要是为了脱除铁水中的磷，其加入量由铁水硅含量和磷含量共同决定。由图 2-41可以看出，无论铁水硅含量和磷含量高低，现场每炉加入的石灰量均稳定在 13t 左右。例如，在铁水量均为 245t 的条件下，铁水硅含量和磷含量分别为 0.621%和 0.16%时，石灰加入量为 12.4t；当铁水硅含量和磷含量分别降低到 0.357%和 0.095%时，石灰加入量依然是 12.4t。这说明现场的石灰加入没有根据造渣需求来加，这就造成了渣料加入量的增加，进而带来尘量的增加和除尘冷却水量的增加。

图 2-42 为采用本技术提供的方法进行的渣料的添加对比。可以看出，采用本技术后，实际加入的石灰量和计算的石灰量较为一致，且相比采用本技术前大幅降低。说明渣料加入量得到了有效减少。

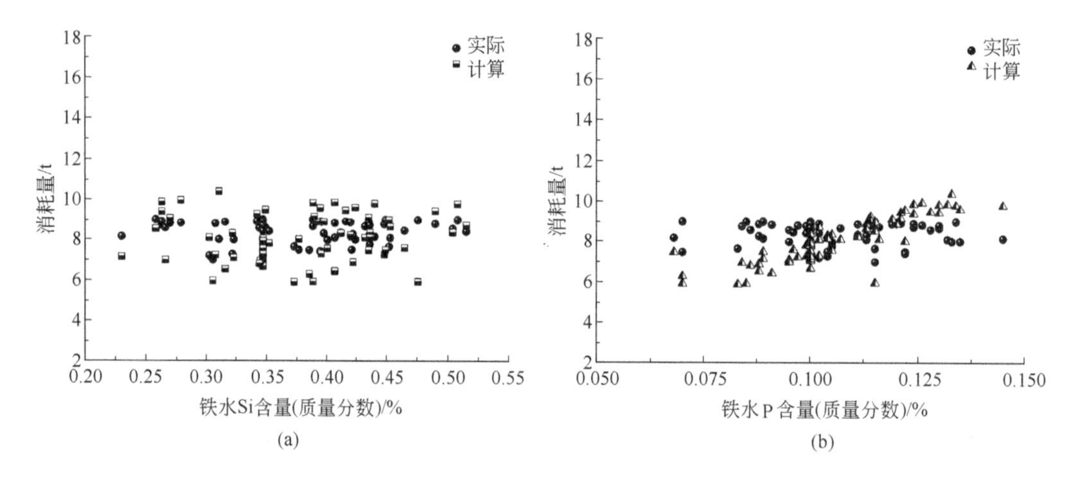

图 2-42 改进后实际和计算石灰加入量与铁水成分的关系

转炉冶炼过程中留渣操作也有利于降低渣料消耗。这是因为转炉冶炼后留下的渣属于高碱度炉渣，含有大量的石灰和 FeO，有利于继续脱磷，同时也有利于降低石灰和白云石的加入。由图 2-43 留渣量与石灰和白云石的关系可以看出，随着留渣量的增加，石灰和白云石的加入量显著降低。也就是说留渣操作在满足冶炼目

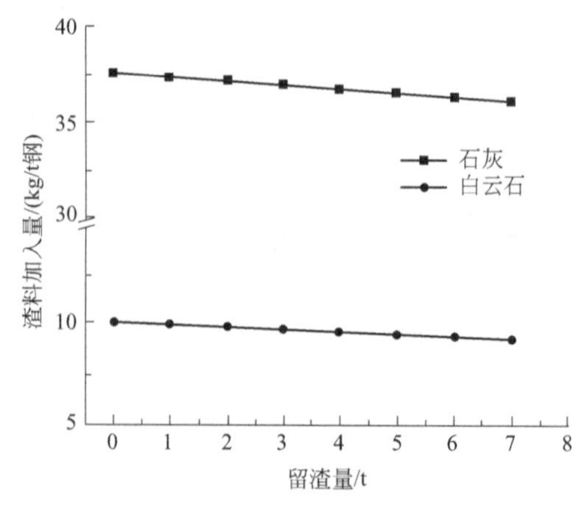

图 2-43 留渣量与石灰和白云石的关系

标要求的情况下可以降低转炉冶炼渣料消耗。

进一步开发了考虑铁水情况、终点控制情况的转炉终点控制模型，如图2-44所示，模型可以根据上述条件调整渣料加入量，实现渣料的精准控制和减量化加入。

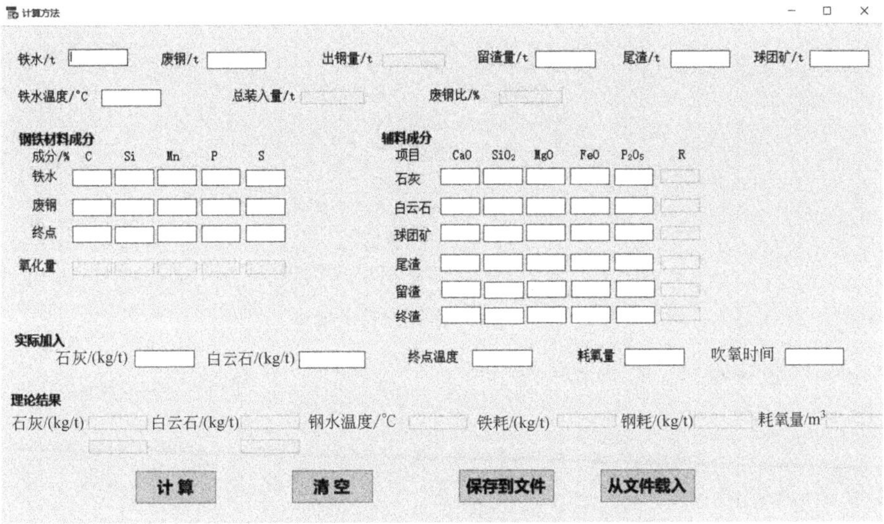

计算方法
铁水/t
废钢/t
出钢量/t
留渣量/t
尾渣/t
球团矿/t
铁水温度/°C
总装入量/t
废钢比/%
钢铁材料成分
成分/% C Si Mn P S
铁水
废钢
终点
氧化量
辅料成分
项目 CaO SiO2 MgO FeO P2O5 R
石灰
白云石
球团矿
尾渣
留渣
终渣
实际加入
石灰/(kg/t)
白云石/(kg/t)
终点温度
耗氧量
吹氧时间
理论结果
石灰/(kg/t)
白云石/(kg/t)
钢水温度/°C
铁耗/(kg/t)
钢耗/(kg/t)
耗氧量/m3
计算
清空
保存到文件
从文件载入

图2-44 渣料控制及终点预测模型界面

② 烟尘量与水量关系方面。如图2-45所示，蒸发冷却器入口温度及烟尘量与水量消耗呈正比例关系，蒸发冷却器入口温度越高，烟尘量越大，则水量消耗越大。蒸发冷却器入口温度为800℃时，每减少1kg烟尘量，可节省约0.21kg喷淋冷却水，同时可以节省约0.06kg水蒸气，总共可以节省约0.27kg水；若蒸发冷却器入口温度为1000℃，则每降低1kg烟尘量，可节省约0.28kg喷淋冷却水，同时可以节省约0.08kg水蒸气，总共可以节省约0.36kg水。

喷淋冷却水减少量
总水减少量
水蒸气减少量
水减少量/kg
0
30
60
90
120
150
50
100
150
200
250
300
350
400
450
500
烟尘减少量/kg

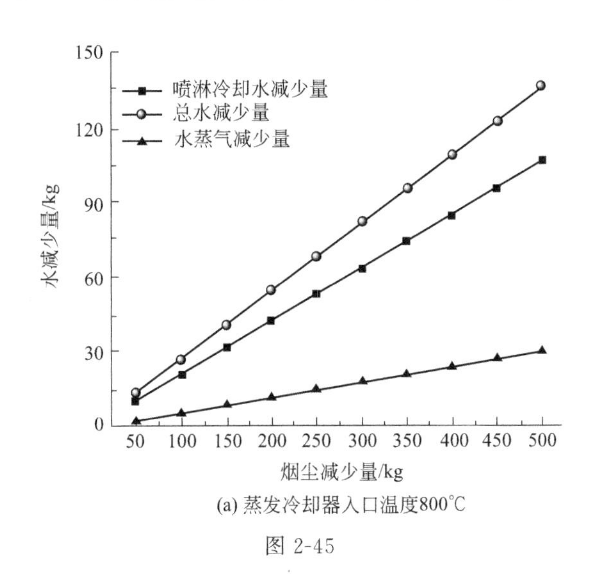

(a) 蒸发冷却器入口温度800℃

图2-45

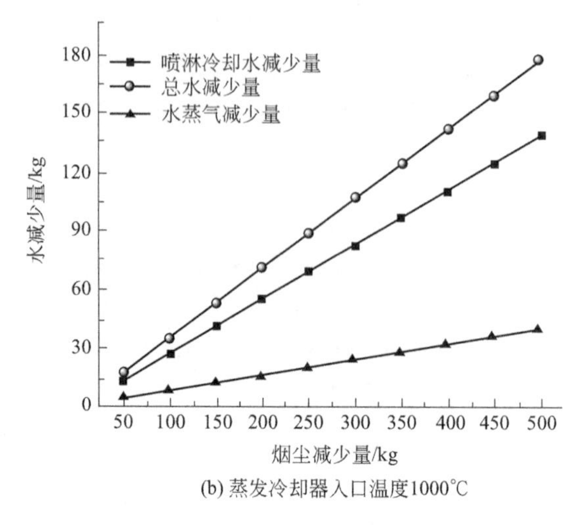

(b) 蒸发冷却器入口温度1000℃

图 2-45　烟尘量与水量的关系

③ 煤气量与水量关系方面。如图 2-46 所示，随着转炉煤气量的减少，水消耗

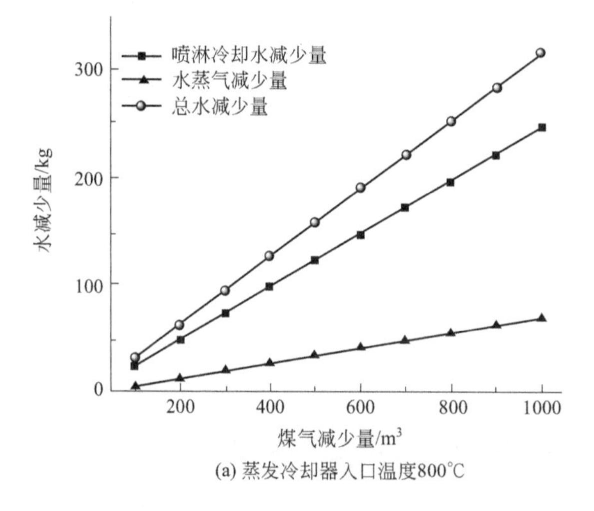

(a) 蒸发冷却器入口温度800℃

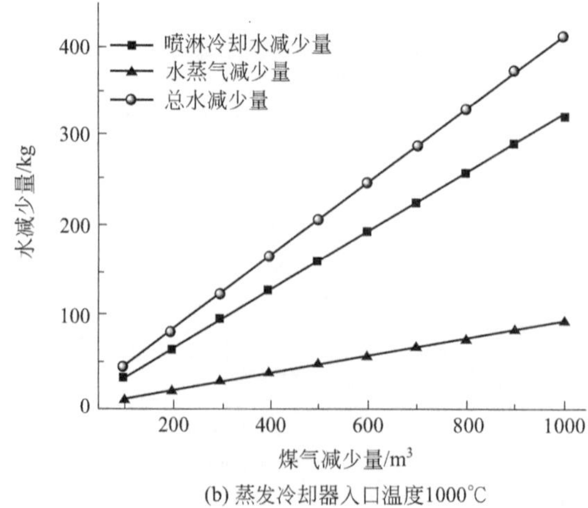

(b) 蒸发冷却器入口温度1000℃

图 2-46　煤气量与水量的关系

量也逐渐降低。蒸发冷却器入口温度为 800℃时，每减少 $100m^3$ 烟气量，节约喷淋冷却水约 24.3kg，节约水蒸气约 6.9kg，总节约水量约 31.2kg。若蒸发冷却器入口温度为 1000℃，则每降低 $100m^3$ 烟气量，可节省约 32.4kg 喷淋冷却水，同时可以节省约 9.2kg 水蒸气，总共可以节省约 41.6kg 水。由转炉烟气量与水消耗量关系的分析可知，通过控制烟气量可以达到降低冷却水消耗量的目的。

转炉烟气主要来源于铁水 C 的氧化，烟气流量也与脱碳速率有关。吹炼初期铁水温度不高，脱碳反应缓慢，Si、Mn 的氧化速度快，同时 P 氧化进入炉渣中。上述元素氧化时放出大量热，铁水温度逐渐升高。脱碳速率逐步升高，吹炼中期脱碳反应剧烈，此阶段产生的烟气量急剧增加，同时含尘量上升。这个阶段氧的脱碳效率接近 100%。吹炼后期，碳含量降低，脱碳速度放缓。脱碳要采用氧化反应的方法，最终生成 CO 或 CO_2 气体以去除碳。所以转炉冶炼过程脱碳量的大小直接影响转炉吹炼过程烟气量的大小。在实际生产中为了避免钢水 P 含量等达不到出钢要求，转炉操作常出现深脱碳现象，脱碳量加大导致烟气量增加，进而影响新水消耗量，如图 2-47 所示。通过终点的有效控制减少不必要的深脱碳，可以有效降低水量消耗。

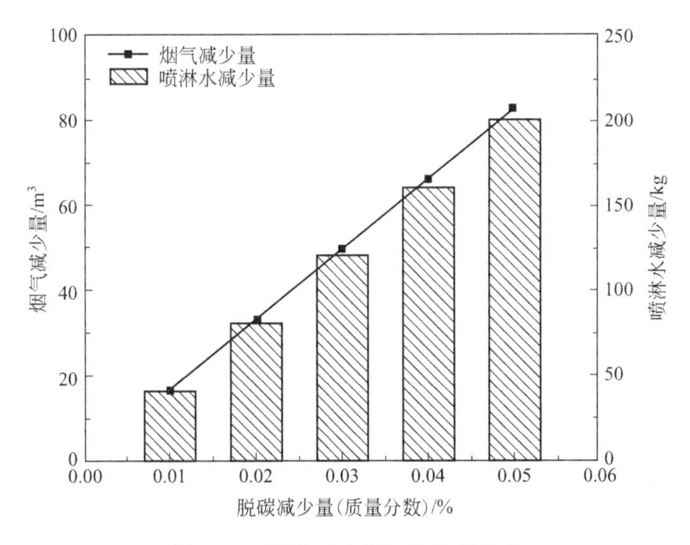

图 2-47　脱碳减少量与水量的关系

由于转炉操作不佳或供氧强度或补吹的原因会导致吹炼时间延长，由于吹炼时期烟气流量较大，过长的吹炼时长不仅影响冶炼周期，也对烟气除尘冷却等后续工序增加较大负担，造成新水消耗量增加，如图 2-48 所示。因此，在满足生产需要的情况下，优化转炉操作和供氧，合理控制吹炼时长，有助于减少新水消耗量。

转炉冶炼中，在活动烟罩与炉口的间隙处会有少量空气进入，易造成烟气二次燃烧。“空气吸入系数”通常用于描述在转炉冶炼中从转炉炉口吸入的空气量与转炉烟气全部燃尽所需理论空气量之比。若空气吸入系数增加，使烟气中 CO 燃烧，造成烟气温度增加，从而使蒸发冷却过程降低烟气温度所需的水量增加。为了对比

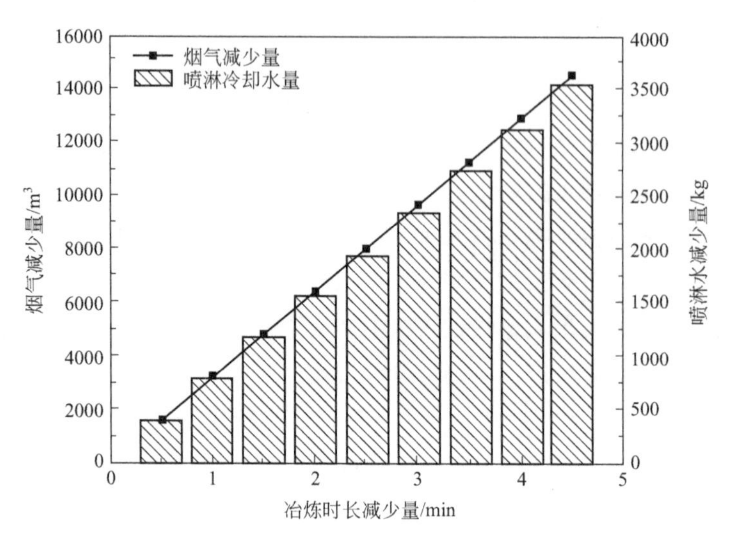

图 2-48 吹炼时长减少量与水量的关系

相同CO浓度和空气吸入系数对耗水量的综合影响，将其影响关系作图，如图2-49所示。由图2-49可见，在同样的CO浓度下，随着空气吸入系数的增加，耗水量降低比例逐渐加大。随着CO浓度的增加，耗水量降低比例增加。这是因为烟气中CO浓度增加，燃烧掉的CO量增加，产生更多的热量，大幅提高烟气温度，耗水量也增大。实际生产中，如果转炉烟罩高度被固定在最大高度，不随吹炼过程的不同阶段调节，导致空气吸入系数较大，约为0.16，烟气量增大同时导致二次燃烧带来的烟气温度升高。因而必须增加烟罩自动控制系统，对标先进企业的空气吸入系数0.10，对冶炼过程中空气吸入系数进行调节，以降低烟气量温度和冷却水消耗量。

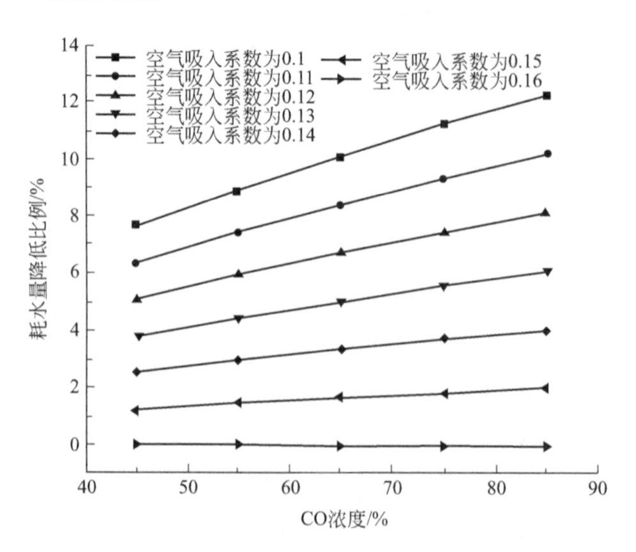

图 2-49 空气吸入系数、CO浓度与耗水量的关系

（3）主要技术创新点及经济指标

针对转炉冶炼过程冷却水用量大且影响因素复杂的问题，从渣料控制角度出发开发了转炉冶炼终点预测模型，在满足钢种终点要求的前提下优化渣料加入，减少烟尘产生，通过模型的应用可降低吨钢石灰消耗5～15kg，烟尘量可降低5%～10%；建立了融合多因素的转炉冶炼过程耗水调节模型，通过操作工艺优化对冶炼过程冷却水进行实时调节，降低水量消耗10%左右。为从工艺操作角度降低转炉冶炼过程水量消耗提供了良好的技术支撑。

获软件著作权一项（2019SR0113619）。

（4）工程应用及第三方评价

本套技术中的部分技术已经应用于邯钢260t转炉、八一钢铁和永锋钢铁的120t转炉，通过技术的应用有效降低了渣料消耗，缩短了吹炼时间，减少了烟尘的产生，降低了冷却洗涤水的消耗。

2.5 轧钢过程节水关键技术

2.5.1 低温加热技术

2.5.1.1 技术简介

① 加热制度优化实现除鳞用水减量化；

② 轧制参数优化实现精轧机架间用水减量化。

2.5.1.2 适用范围

钢铁企业热轧工序加热、轧制用水优化设计。

2.1.5.3 技术就绪度评价等级

TRL-7。

2.1.5.4 技术指标及参数

（1）基本原理

钢铁冶金企业在轧钢生产过程中要消耗大量的水，水越来越成为冶金企业轧钢工序一项重要的能源介质消耗，并为企业带来较大的生产成本。为了保证除鳞效果，氧化铁皮与基体的结合强度必须很低。铸坯出炉温度在1200℃左右，使得铸坯表面氧化铁皮增厚[64-66]。已有研究表明，氧化铁皮的结构、厚度、致密性及形成的条件会影响氧化铁皮与基体的结合强度，但钢坯的加热制度与氧化铁皮与基体的结合强度的精确耦合鲜有报道。因此，研究不同合金元素加热过程中的加热制度与基体的结合强度的规律，达到指导生产现场除鳞参数的设定及应用，实现不易氧化、易除鳞的目标，对工业现场具有重要的指导意义[67-69]。

轧钢工序中铸坯出加热炉到轧制冷却过程结束，温度从近 1200℃降至约 400℃，除空冷外，温度的下降主要靠冷却水作用。传统铸坯加热温度在 1200℃以上，这个过程除鳞需要消耗大量的冷却水，合金元素及加热温度对氧化层与基体的结合力有重要影响，现针对不同的合金成分体系，通过降低加热温度至 1150℃，改进氧化铁皮厚度和氧化铁皮与基体的结合力，达到除鳞用水减量化的目的。

合金元素对 Q690 钢氧化动力学的影响如图 2-50 所示。随着氧化时间的增加，氧化铁皮厚度呈抛物线形增加，这与 Wanger 理论相符，即氧化速率由氧化膜中阳离子和阴离子的迁移速率决定，抛物线速率规律一般由式(2-22) 表示：

$$\mathrm{d}x/\mathrm{d}t=2k_x/x \quad 或 \quad x^2=k_xt+x_0 \tag{2-22}$$

式中 x——氧化膜厚度，cm；

t——时间，s；

k_x——抛物线速率常数，cm^2/s；

x_0——常数，一般 $x_0=0$。

抛物线速率常数 k_x 是温度的函数，可以表示为：

$$k_x=k_x^0\exp(-Q/RT) \tag{2-23}$$

式中 k_x^0——常数；

Q——氧化铁的激活能，J/mol；

T——绝对温度，K；

R——气体常数，J/(mol·K)。

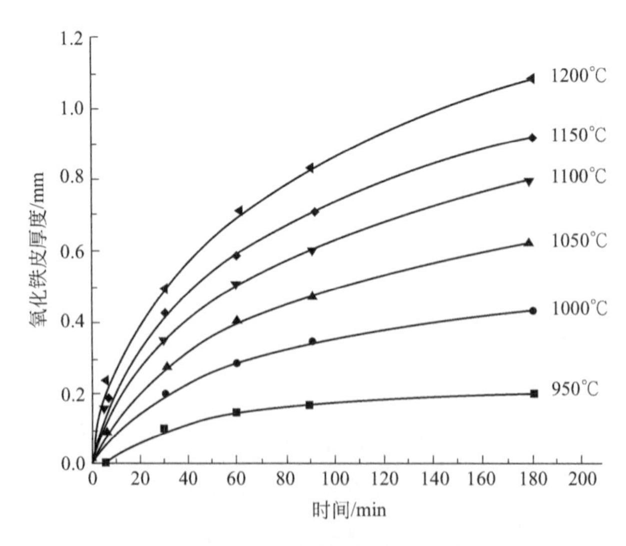

图 2-50 Q690 钢氧化动力学曲线

将图 2-50 中的曲线进行拟合可以得到不同温度下的 k_x 值，如表 2-18 所列。

对式(2-23) 两边求对数，可以得到：

$$\ln k_x=\ln k_x^0-Q/RT \tag{2-24}$$

表 2-18 不同温度下抛物线速率常数 单位：cm^2/s

温度	950℃	1000℃	1050℃	1100℃	1150℃	1200℃
k_{bx}	1.4×10^{-7}	2.9×10^{-7}	4.8×10^{-7}	6.4×10^{-7}	8.2×10^{-7}	1.2×10^{-6}

拟合出 $\ln k_x$ 与 $-1/RT$ 的直线，则其斜率即为 Q 值，截距为 $\ln k_x^0$，如图 2-51 所示。得到 Q_c 及 Q_b 值分别为 114356J/mol、81032J/mol，因此可以得到抛物线速率常数 k_{cx} 为：

$$k_{cx}=0.79\exp(-114356/RT) \tag{2-25}$$

$$k_{bx}=0.2\exp(-81032/RT) \tag{2-26}$$

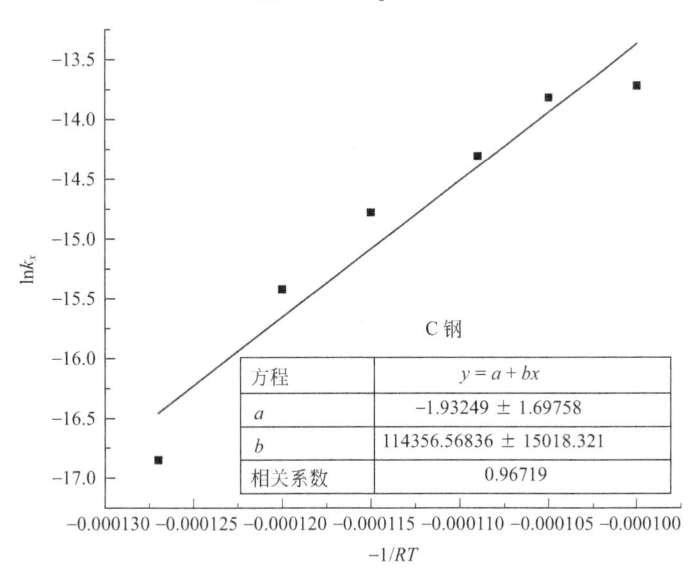

图 2-51 $-1/RT$ 与 $\ln k_x$ 的线性关系

对于纯铁或超低碳钢，抛物线速率常数 $k_x=6.10\exp(-169452/RT)$。对比发现，Q690 钢的 k_x 要低于纯铁或超低碳钢，在氧化气氛相同的前提下，主要是 Si、Cr 等合金元素的影响，C 钢和 B 钢具有相同的碳含量，前面的研究发现在实验钢与氧化层界面有合金元素的偏聚，而这些合金元素形成的尖晶石（Fe_2SiO_4 及 $FeCr_2O_4$）会降低铁离子的扩散速率，同时钢的氧化过程是通过铁离子向外扩散进行，高含量的合金元素最终会导致氧化速率的降低。

随着 C 含量的增加钢的氧化速率降低，一定程度上可以起到抑制抗氧化作用。其原因为氧化过程中 C 在氧化铁皮中发生了富集，阻碍了铁离子的扩散。还有部分学者认为 C 对起泡有一定的作用。

Si、Ni 和 Cr 元素对氧化铁皮显微结构的影响大于 Mn 元素；低碳钢的氧化铁皮主要为 Fe 的氧化物，其最内层和中间层的氧化物均以柱状晶形式垂直基体向外生长；在低碳钢基础上增加 Si 含量，可显著降低氧化皮总厚度，氧化皮最内层为富 Si 层，且氧化铁皮/基体界面的凹凸度增加；进一步增加 Ni 含量，最内层的合金富集层以锚状沿晶界向基体内延伸。降低氧化铁皮/基体界面的凹凸度、减少合金富集层均利于氧化铁皮剥离。含 Si 钢易在基体表面形成不规则的 FeO/Fe_2SiO_4

相，导致板卷表面因除鳞不净而产生红锈。

Asai等通过实验研究发现：低碳钢中Ni的质量分数达到0.05%以上即可导致加热炉内的氧化铁皮/基体界面粗糙度增加，使氧化铁皮与基体界面不平直。而Si、Ni复合添加时，除鳞效果更是大幅降低，Cr与Si的作用相似，钢中Cr的质量分数增加到0.9%时，基体表面会生成$FeCr_2O_4$，钢材除鳞后表面氧化铁皮残留量增加。

合金元素Si、Ni、Cr的增加，在温度高于1000℃时会增加氧化铁皮与基体的附着性，恶化钢的除鳞性能。钢中的合金元素特别是Si和Ni的含量，对内层氧化铁皮的结构及氧化铁皮/基体界面凹凸度起主要作用。

合金元素对铁离子扩散的抑制作用的顺序为Cu<Cr<Ni<Si。另外，合金元素在界面处的富集还会造成氧化铁皮与基体的结合力增强。试样的鼓泡现象非常明显，而在微合金钢中鼓泡现象得到了不同程度的抑制。对于鼓泡现象有两种解释理论：一种认为鼓泡是由氧化铁皮生长时产生的应力所导致；另一种认为是由氧化铁皮/基体界面处释放的气体所导致。尽管两种理论认为鼓泡现象的产生机制是不同的，但是都认为提高界面的结合强度将能有效地抑制鼓泡现象。从产生鼓泡容易程度的角度来看：在高温下，Si能非常显著地提高氧化铁皮/基体界面的结合强度，Cr和Ni次之，Cu对结合强度的提高最不明显。合金元素增强界面的结合强度会恶化氧化铁皮的除鳞效果。

对含有不同合金元素试样的氧化铁皮进行截面组织观察和元素分布面扫描，结果如图2-52所示。由图2-52可见，经1150℃氧化15min后Q690钢试样氧化铁皮与基体发生了脱离，对LC试样进行元素面扫描发现，氧化铁皮含有的元素有Fe、Cr、Si、Mn和O。

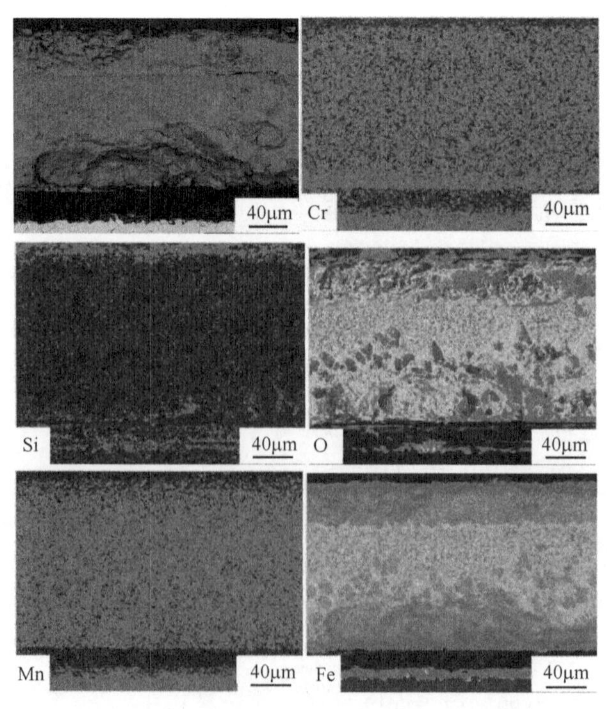

图2-52　Q690钢经1150℃氧化15min后氧化铁皮横截面的背散射图像（见书后彩图）

采用元素面扫描的方法研究合金元素在氧化铁皮中的分布情况，发现合金元素倾向于在氧化铁皮/基体的界面处富集，尤其是 Si 和 Cr 元素在界面处形成一层连续的富集层，类富集层分别为尖晶石 Fe_2SiO_4 和 $FeCr_2O_4$。

Si 是合金元素中最易氧化的元素，所以在氧化铁皮与金属的界面上发生选择性氧化形成粒状 SiO_2 的内氧化层。当 SiO_2 呈球状存在时，由于使 SiO_2 在同素异构转变时所产生的应力分散、呈各向同性分布，因而对氧化铁皮的剥离起着“栓锁作用”。同时 Si 还在 1150℃以下形成铁橄榄石，1200℃时 FeO 与 Fe_2SiO_4 形成低熔点共熔体，这种共熔体的共晶温度大约为 1150～1170℃。所以，在 1200℃以上加热时，在氧化铁皮中产生液相，在外力的作用下液相就会浸入基体金属晶格空隙，使外来应力分散，同样对氧化铁皮的剥离起抑制作用。此外，由于铁通过尖晶石层的扩散速率小于铁通过 FeO 层的扩散速率，因此氧化层/基体界面 Fe_2SiO_4 尖晶石的形成降低了铁由基体向氧化层的扩散速率，即降低了基体进一步的氧化速率。Ni 和 Cu 元素也在氧化铁皮/基体界面处发生富集，但是以细小粒子的形式富集在界面处，对这些析出物进行拉曼光谱分析，结果如图 2-53 所示。

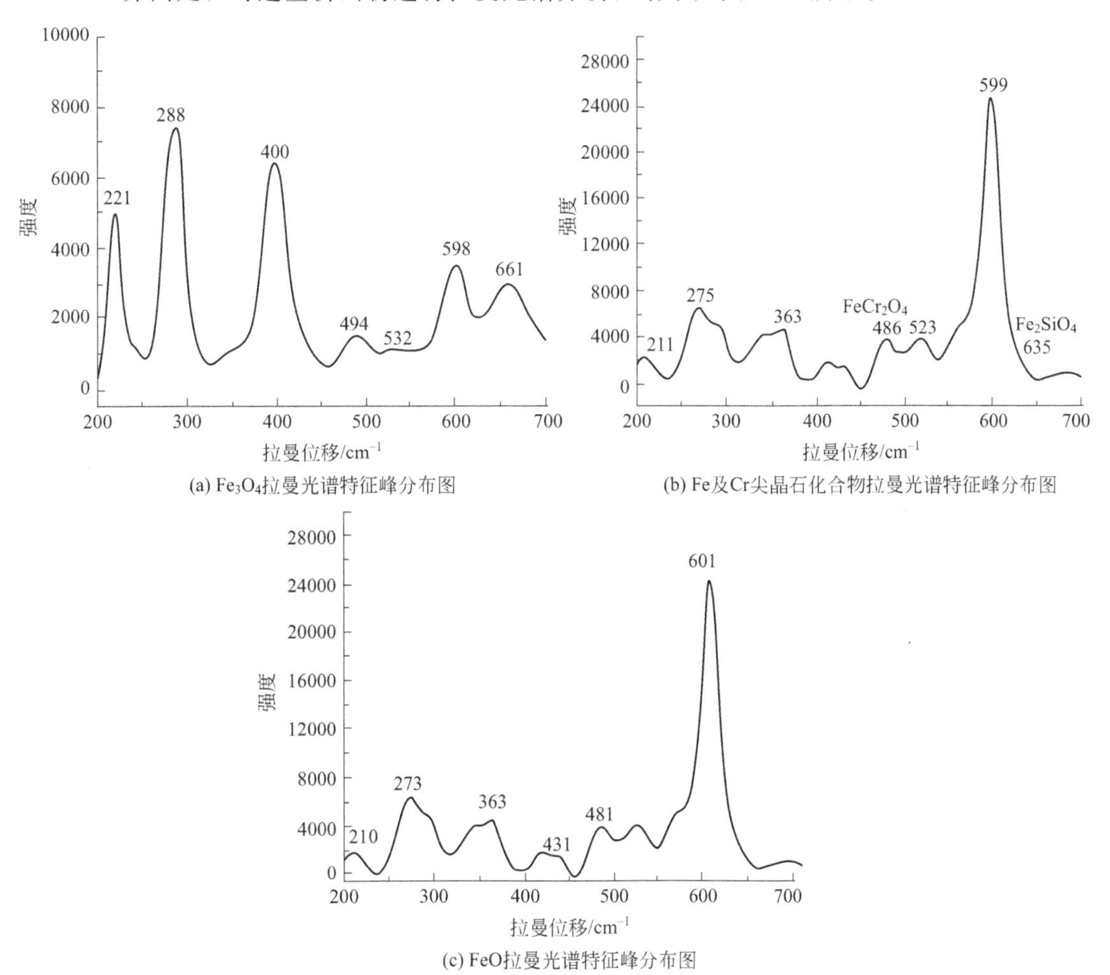

(a) Fe_3O_4拉曼光谱特征峰分布图

(b) Fe及Cr尖晶石化合物拉曼光谱特征峰分布图

(c) FeO拉曼光谱特征峰分布图

图 2-53　氧化层的拉曼光谱分析

发现析出物的成分同样为铁、氧及合金元素的化合物，Paladino 等结合 Si-O 和 Cr-O 相图研究发现这些化合物也为尖晶石。这种合金元素在氧化铁皮/基体界面处的富集并形成尖晶石是提高氧化铁皮与基体的结合力的主要原因。Q690 钢在 1050～1200℃加热时氧化层与基体的结合力随加热温度及保温时间变化如图 2-54 所示。

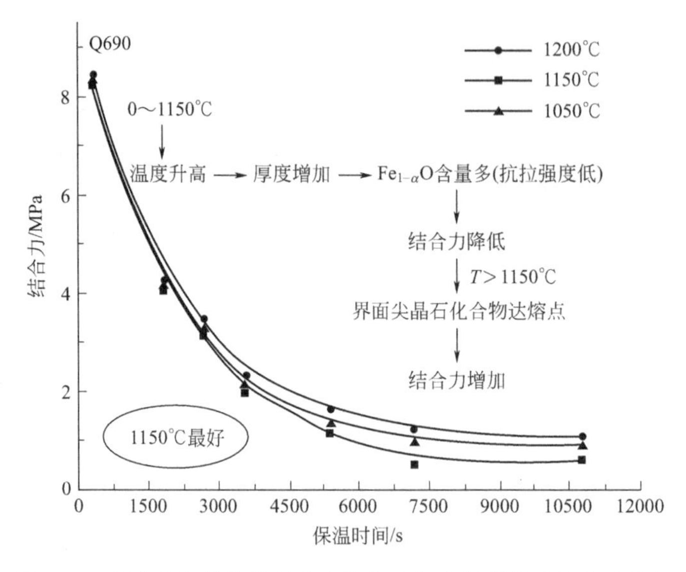

图 2-54　氧化层与基体的结合力随加热温度及保温时间变化示意

随着保温时间的延长即氧化层厚度的增加，氧化铁皮与基体的结合强度逐渐减小后趋于平稳。在 1150℃时氧化铁皮与基体的结合强度最小。为了研究这些差异，通过纳米压痕的方法研究了氧化层微区的弹性模量及硬度。

试样 Q690 钢氧化铁皮与基体截面扫描电镜图片如图 2-55 所示。由图 2-55 可知氧化层为多层结构，与钢基体连接处为内层，其他的统称为外层。所有的压痕点在氧化层中随机选取，氧化层的泊松比设定为 0.25。

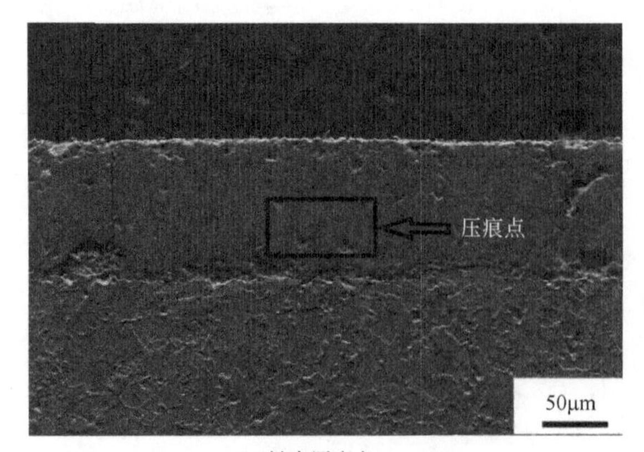

(a) 纳米压痕点

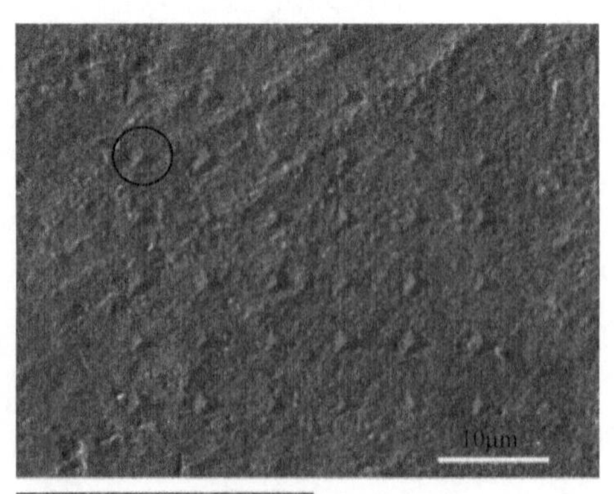

(b) 纳米压痕点放大示意

图 2-55　Q690 钢纳米压痕示意

纳米压痕实验通过记录连续的加载、卸载-位移曲线，可以获得材料的硬度、弹性模量等技术指标。加载力为 25mN，加载速率 45mN/min，为了保证数据的可靠性，试样取至少 10 个点进行压痕实验，取其平均值。如图 2-56 所示为图 2-55(a) 中氧化铁皮截面各点的弹性模量。其中随机选取的 10 个点，靠近基体的为第 10 点，最外层 Fe_3O_4 附近为第 1 点。

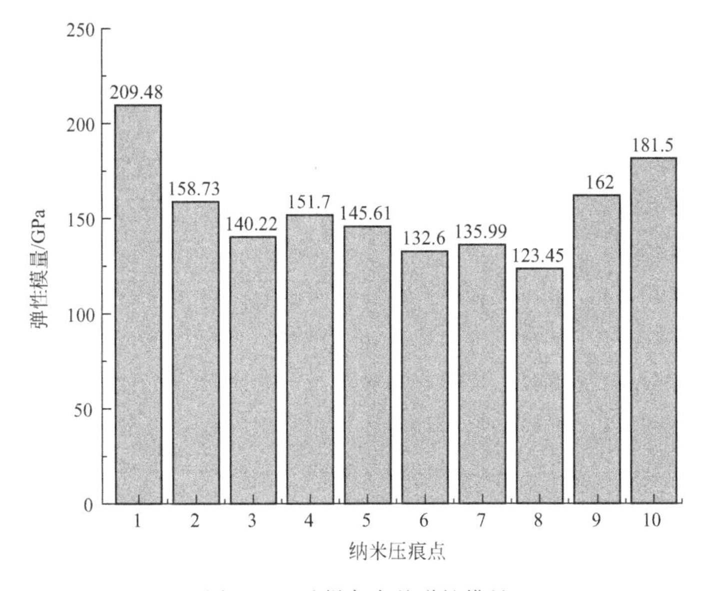

图 2-56　试样各点的弹性模量

随着载荷的增加，压头深度的不断增加，氧化铁皮首先发生弹性变形，然后发生塑性变形。第 8 点和第 9 点压痕曲线上存在着不连续的台阶说明在压入过程中氧化铁皮发生破裂。在相同载荷作用下，靠近基体处第 10 点压入最浅，第 10 点的硬度均值最大接近基体。

通过纳米压痕实验，在 1150℃时氧化层弹性模量与钢基体性质最为接近，在界面附近，性质接近会使氧化铁皮界面约束协调变形，从而提高了界面的结合力，这种变形协调能力越好，越不易在界面处产生裂纹及空隙。界面性能协调性的概念的提出对于表征结合强度具有重要的参考价值。当加热温度高于 1160℃时，氧化层界面处 Fe-Si、Fe-Cr 尖晶石结构化合物融化填补了氧化层孔隙，增大了氧化层与基体的结合力，综上 1150℃时氧化层与基体的结合力最小，此时除鳞可节约用水。

开轧温度影响钢板性能及氧化铁皮结构类型。随着开轧温度的升高，氧化铁皮中疏松多孔型结构类型含量增加，由于其弹性模量及抗拉强度低，降低了轧制过程中随基体协调变形的能力，增加了机架间用水消耗，通过降低开轧温度及快速轧制，改善了氧化层结构类型，轧制过程易于随钢板协调变形，不破裂，减少了轧制过程机架间用水消耗。低温加热技术有效降低了轧制温度，通过纳米压痕技术表征了低温加热可以有效降低氧化层与钢基体之间的结合力，同时低温加热技术有效降低了轧制温度，实现了除鳞及机架间过程用水平均减量 20%以上；加热优化实现除鳞水减量化、轧制参数优化实现道次间用水减量化，实现冷却用水减量化（专利：一种新型定量表征氧化铁皮与钢基体结合力的方法）；综上实现了除鳞及机架间过程用水平均减量20%以上。

（2）主要技术创新点及经济指标

通过纳米压痕技术表征了低温加热可以有效降低氧化层与钢基体之间的结合力，同时低温加热技术有效降低了轧制温度，实现了除鳞及机架间过程用水平均减量20%以上；加热优化实现除鳞水减量化、轧制参数优化实现道次间用水减量化，实现冷却用水减量化。

申请发明专利一项（202010010273.X）。

（3）工程应用及第三方评价

本技术在邯钢中板厂及热连轧厂进行了现场示范工程中试实验，处理规模为1000t钢板。示范工程已经稳定运行1年，运行良好。在保证钢板性能的基础上，通过采用低温加热及轧制用水优化实现除鳞及轧制机架间用水减量化，通过优化开冷温度制度、水温制度、智能化高精度数学模型＋智能化控制方式实现了层流冷却用水减量化目的。目前轧钢过程层流冷却用水减量化技术已经推广到邯钢。

2.5.2 智能化控制技术

2.5.2.1 技术简介

冷却工艺制度优化以缩减冷却温降区间，同时结合降低冷却水温、头尾遮蔽及变频控制等智能化技术，实现了轧钢过程层流冷却用水减量化。

2.5.2.2 适用范围

钢铁企业热轧工序冷却用水优化设计。

2.5.2.3 技术就绪度评价等级

TRL-7。

2.5.2.4 技术指标及参数

（1）基本原理

钢铁冶金企业在轧钢生产过程中要消耗大量的水，水消耗越来越成为冶金企业轧钢工序一项重要的能源介质消耗，并为企业带来较大的生产成本[70,71]。轧钢过程节水主要通过低温加热技术来实现，低温加热技术有效降低了轧制温度和开冷温度，缩减了冷却温降区间，同时结合降低冷却水温、头尾遮蔽及变频控制等智能化技术，综合实现了轧钢过程节水20%的目标，相关原理如下：

① 通过板坯低温加热技术，优化开冷温度，实现冷却节水。

② 先进冷却主要控制目标为冷却温度及冷却速度，通过对冷却温度即相变点

温度及冷却速度的精准控制能保证材料的最终组织及性能。通过对冷却过程中的材料进行均匀冷却能保证其横向、纵向温度的均匀性，并保证材料的板形及表面质量。冷却路径的控制可以实现冷却温度及冷却速度的精准控制，冷却均匀性控制策略可以保证材料横向、纵向及厚度方向温度均匀性的精准控制[72-74]。

冷却路径是指根据开冷温度、目标终冷温度及目标冷却速率计算冷却时间及辊道速度，通过设定辊道速度及合理的开启模式，实现终冷温度及冷却速率的精确控制。冷却路径包含冷却前1段空冷、2段水冷及冷却3阶段空冷，主要控制参数包括终冷温度、返红温度、空冷时间、水冷时间及冷却速率等。本方案研究的为2段水冷，主要控制参数包括终冷温度及冷却速率，其中开冷温度取决于精轧后终轧温度，为控制输入参数。合理、精准的冷却路径控制可以实现节水。

先进冷却路径控制如图2-57所示。

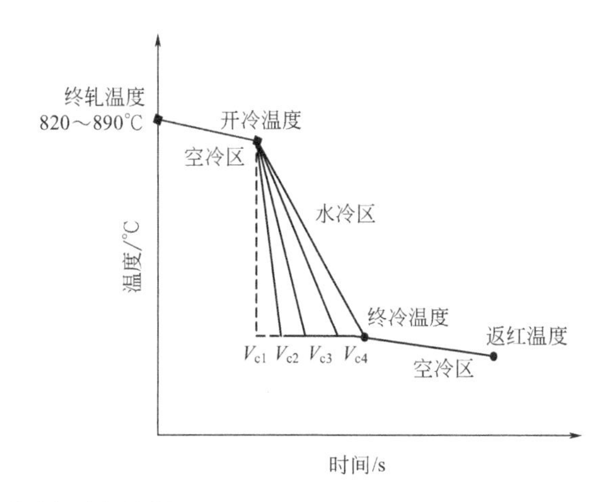

图2-57 先进冷却路径控制（V_{c1}、V_{c2}、V_{c3}、V_{c4}为对应于不同材质的冷却速率）

基于中厚板冷却换热机理，建立了钢板冷却过程温度场，依据温度场计算钢板终冷温度。采用适合中厚板的有限差分模型算法进行求解。在建立终冷温度模型基础上，进行模型预设定（静态前馈控制）、模型再设定（动态调整控制）、模型自学习（反馈控制）及模型自适应等求解，实时下达设定计算参数，进行动态控制及修正。模型具有计算时间短、精度高且运行稳定可靠的特点。

终冷温度模型如下：

$$T_{fc}=T_{sc}-\frac{2A_0W^{A_1}(A_2-A_3\lg T_w)}{c_p\rho h}\times\frac{(m+n+0.3k)N}{v} \tag{2-27}$$

式中 T_{fc}——目标终冷温度；

T_{sc}——实测开冷温度；

A_0、A_1、A_2及A_3——模型换热系数，可通过生产数据反算法或回归法获取；

W——水流密度；

T_w——水温度；

m、n、k——各类型冷却区集管间距；

N——开启组数；

c_p——钢的比热容；

ρ——钢的密度；

h——钢板的厚度；

v——辊道速度。

从式(2-27) 可得，目标终冷温度与钢板厚度、开冷温度、水流密度、水温、集管间距、开启模式、比热容及辊速相关，合理、精准的终冷温度控制可以实现节水。

先进冷却装备实现节水。现有西马克冷却装置由 DQ＋ACC 装置组成，其中 ACC 装置采用加密 U 形管形式，主要实现膜沸腾冷却。其冷却效率较低，可通过更换成同样适应低压水介质的超密度高强度冷却装置大大提高冷却效率，进一步实现冷却节水。

冷却速率可控的参数包括辊道速度、水流量、喷头开启组数、喷头开启位置、上下水量比。冷却速率 V_c 计算公式如下：

$$V_c=\frac{\sum_{i=1}^{k}T_{sci}-\sum_{i=1}^{k}T_{fci}}{kL/v} \tag{2-28}$$

式中　k——测量次数；

L——开启模式中第 1 组至最后 1 组之间的距离；

v——辊道速度；

i——钢板纵向长度方向测温点。

其中，目标冷却速率及其允许误差根据不同材质给出。根据目标冷却速率要求，结合开冷温度及终冷温度计算冷却时间。同时根据终冷温度模型计算开启模式，确定冷却区距离，根据冷却区距离及冷却时间计算辊道速度。控制思路：在辊道设备所能达到的速度极限范围内设定辊速，根据式(2-27) 计算终冷温度及喷头开启组数，并验算冷却速率是否在误差范围内，如超出范围则调整辊道速度重新计算，直至冷却速率满足要求；如冷却速率未达到要求，但辊道速度已达到极限，也要终止计算程序。

由式(2-28) 可知，冷却速率受开冷温度、终冷温度及辊道速度等因素影响。由式(2-27) 可知，水流密度是影响终冷温度的主要因素，而水流密度主要由集管水流量决定，冷却速率则与稀疏模式密切相关，因此选择合理的集管水流量及稀疏模式可实现终冷温度及冷却速率的精确控制。

集管水流量精确控制影响到水流密度，要实现流量精确控制前提是流量的精确标定。通过流量标定，可以寻找水流量与阀门开口度的关系，并确定集管最小允许流量 Q_{min}（不断流条件下的流量）和最大能达到的流量 Q_{max}，集管水流量与冷却器供水管路管径、水流速及水压等均有关。水流量及阀门开口度曲线采用三次幂函数进行回归求解，见式(2-29)：

$$V_{开口度}=A_0Q^3+A_1Q^2+A_2Q+A_3 \tag{2-29}$$

式中　$V_{开口度}$——阀门开口度；

Q——集管水流量；

A_0、A_1、A_2、A_3——回归系数。

稀疏模式主要包括如下几种模式：

① 1/4 模式，即 1000 1000 1000 1000，冷却速率最小，适用于普碳钢等生产要求较低的钢种；

② 2/4 模式，亦称等距间隔模式，即 1010 1010 1010 1010，冷却速率大于 1/4 模式，适用于冷却速率和强度均要求不高的低合金钢；

③ 3/4 模式，即 1011 1011 1011 1011，具有较高的冷却速率，适用于冷却速率要求较高的高强度钢；

④ 4/4 模式，即 1111 1111 1111 1111，具有最高的冷却速率，适用于冷却速率要求高的直接淬火 DQ 钢种及间断淬火 IDQ 钢种。

合理、精准的冷却速率控制可以在保证产品组织性能的基础上最大程度实现节水。

冷却温度控制策略包括横向温度均匀性控制、纵向温度均匀性控制及厚度方向温度控制。图 2-58 所示为超快冷常见控制策略图，包含头尾遮蔽策略、变开启模式策略、辊道微加速策略等。冷却控制策略可以保证在轧件均匀化冷却的基础上最大程度实现节水。

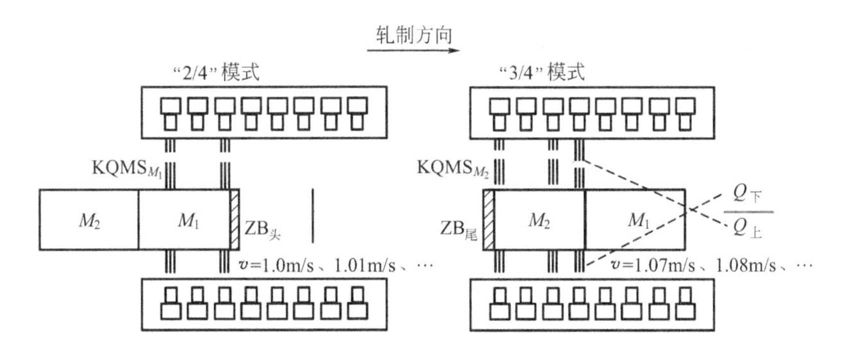

图 2-58　冷却均匀性控制策略

KQMS$_{M_1}$—钢板前开启模式；KQMS$_{M_2}$—钢板后开启模式；$Q_下$—下集管流量；$Q_上$—上集管流量；ZB$_头$—头部遮蔽长度；ZB$_尾$—尾部遮蔽长度；v—辊道速度

1）横向温度控制

控制钢板横向温度均匀性，主要采用如下策略：a. 适用于钢板上下表面合理的冷却器横向流量分布曲线设计；b. 水凸度控制策略；c. 中压水侧喷控制策略；d. 边部遮蔽控制策略，中厚板沿宽度方向边部冷却较中心位置快导致横向冷却不均匀，为了防止边部遮蔽距离完全相等导致边部与中心位置出现新的不均匀冷却，边部遮蔽采用梯度模型进行控制；e. *DQ* 段前部输送辊采用螺旋辊；f. *DQ* 段上辊、钢板间隙的精确控制；g. 控冷入口、出口气体吹扫。

合理的冷却器横向流量分布曲线设计是为了补偿钢板中部滞留热水的影响，以及螺旋辊疏水时冷却水对钢板边部的附加冷却。*DQ* 段的前部采用螺旋辊，将高流量的第 1 组至第 5 组水阻挡，及时疏导出钢板上下表面，防止滞留热水降低钢板中部冷却效率，以及由此导致的横向温度不均。疏水效果还受上 *DQ* 辊与钢板表面间隙的控制精度的影响。入口和出口的气体吹扫是为了防止回流积水和滞留积水对钢板横向的不均匀冷却。

2）纵向温度控制

钢板纵向温度不均匀的主要表现有加热过程中表面形成的水印、轧制过程导致的头尾温差及冷却过程中的不均匀冷却。主要原因有：钢板纵向加热温度不均，控冷时纵向入水冷前的空冷时间不同，辊道速度不均匀，这种不均匀在后续控冷过程中会扩大。

钢板纵向温度均匀性控制主要包括头尾遮蔽策略（可采用 0～300mm 位置遮蔽或流量遮蔽）、辊道微加速策略（加速度取值范围为 0.001～0.08m/s^2）及变开启模式策略等策略，变开启模式适用于钢板前半部分与后半部分温差大的情况，即前后分别采用不同开启模式。

① 辊道微升速控制：由于入冷却区前的空冷时间不同，钢板后部温降较多，或加热时头部温度略高，为减少钢板头尾的温差，采用控冷辊道微升速的方式。如不采取加速度控制，则会导致钢板尾部温度偏低。

② 辊道速度的精确控制：辊道速度是钢板纵向温度均匀性控制的关键，是显著影响因素。辊道采用变频器控制速度，并在辊道传动的减速电机上安装有编码器用于速度检测，便于变频器根据检测信号对速度精度精确控制。

③ 喷水流量的精确控制：喷水流量的变化也会影响纵向温度均匀性。为减少喷水流量因变频水泵频率波动或高位水箱液位变化的影响，在喷水系统的管路上设置有调节阀和电磁流量计，电磁流量计可实时监测流量波动，并由调节阀对流量实施闭环控制，保证冷却水流量的稳定。

3）厚度方向温度控制

厚度方向的温度不均匀主要表现有上下表面冷却温度不一致、心部与表面冷却温度不一致、产生上翘或下扣板形、表层出现淬火组织等。钢板厚度向温度均匀性控制主要采用上下表面对称冷却策略，采取合理的上下表面冷却水流量比例，保证钢板厚度方向的对称冷却及钢板平直度的关键。合理上下流量比受冷却水密度、喷水压力、钢板厚度、冷却器类型等诸多因素影响，需要根据具体控冷设备的控冷工艺进行数值模拟和物理调试得到。北京科技大学通过多年的研究、开发与应用经验，针对不同设备和工艺条件，设定精确的钢板上下表面冷却水比，实现钢板上下面对称冷却。

先进变频供水＋智能高位水箱液位控制可实现节水。通过对现有供水系统进行配套升级改造，主要是针对泵站电机及控制系统进行变频改造，将供水泵电机改造成变频电机，控制系统由工频控制改造成变频控制，同时结合高位水箱液位智能化控制技术，实现冷却供水节水。

供水周期内有效能耗对比见图 2-59。采用高位水箱、优化能源介质、变频供

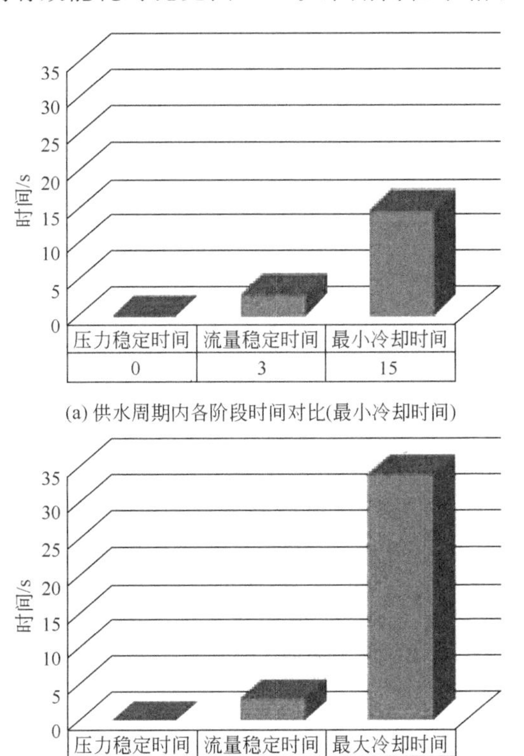

(a) 供水周期内各阶段时间对比(最小冷却时间)

(b) 供水周期内各阶段时间对比(最大冷却时间)

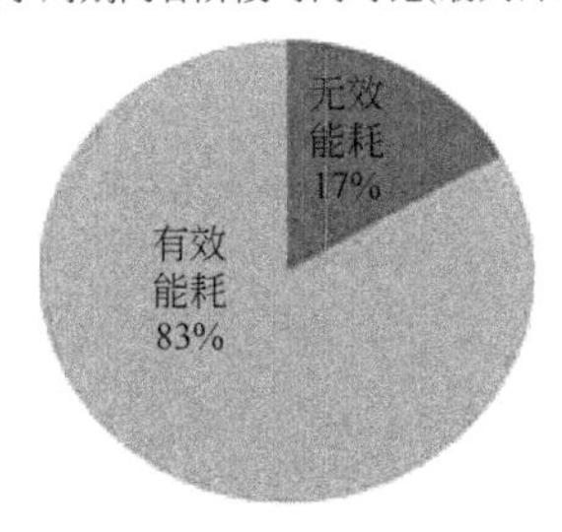

(c) 供水周期内有效能耗占比(最小值)

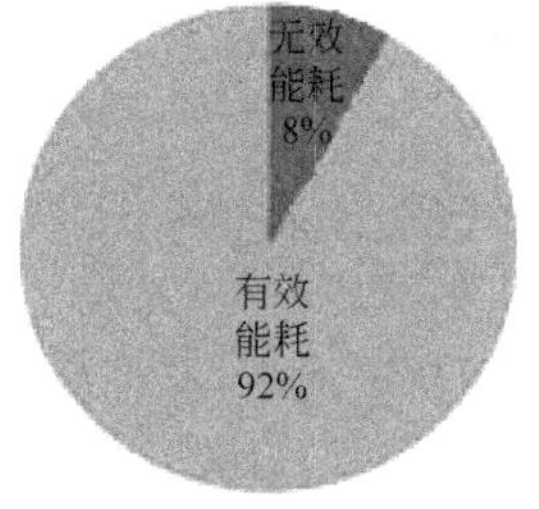

(d) 供水周期内有效能耗占比(最大值)

图 2-59　供水周期内有效能耗对比

水技术，可实现显著节水特征。采用高位水箱进行供水的中间连通器和储存器，可以进行有效缓冲，大幅降低供水端供水能力要求，大幅节约用水；供水端优化过滤及冷却技术可提供合适的水温（或调整生产顺序，需要控冷的钢板安排在夜间，较白天低超过 5℃），例如 25～30℃水温，将大幅提高冷却效率达到节约用水的目的；采用变频供水，可以大幅节约用水。

超密度快速冷却技术能适应用水压力 0.20MPa，因此可以采用高位水箱＋变频供水技术而实现节水。采用高位水箱＋变频供水方式产品占比为 83.3%～92%，并在供水及水流稳定所需时间上大大缩短，减少了控冷的无效水量，综合供水节水接近 12%～30%。另外，超密度快速冷却技术能达到高压 0.50MPa 超快冷冷却能力，在供水能耗方面也大大降低。

智能化策略实现节水。智能化控制策略主要是通过基于多目标控制的冷却策略、冷却数学模型及逻辑顺序协同控制，实现大幅冷却工序节约用水。

（2）工艺流程

高压除鳞段、机架间及层流冷却段用水减量化工艺流程如图 2-60 所示。

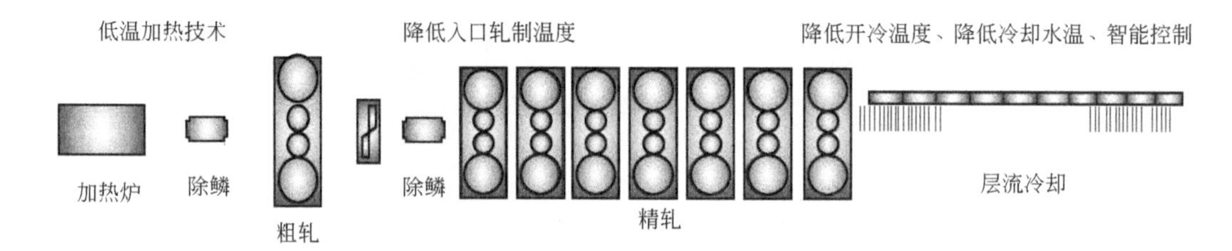

图 2-60 高压除鳞、机架用水及层流冷却减量化工艺流程

氧化层与基体结合力随着加热温度的升高而减小，当加热温度大于 1150℃时氧化层界面处 Fe-Si、Fe-Cr 尖晶石结构化合物融化填补了氧化层孔隙，增大了氧化层与基体结合力；当加热炉加热温度降至 1150℃时，氧化层与基体之间的结合力最小，通过减少除鳞道次降低了轧制除鳞用水量。开轧温度影响钢板性能及氧化铁皮结构类型，随着开轧温度的升高，氧化铁皮中疏松多孔型结构类型含量增加，由于其弹性模量及抗拉强度低，降低了轧制过程中随基体协调变形的能力，增加了机架间用水消耗，通过降低开轧温度及快速轧制，改善了氧化层结构类型，轧制过程易于随钢板协调变形，不破裂，减少了轧制过程机架间用水消耗。低温加热技术有效降低了轧制温度，通过纳米压痕技术表征了低温加热可以有效降低氧化层与钢基体之间的结合力，同时低温加热技术有效降低了轧制温度，实现了除鳞及机架间过程用水平均减量 20%以上。

图 2-61 为相同开轧温度（1000℃）、不同终轧温度（790℃、820℃和 850℃）条件下实验钢氧化铁皮截面的 SEM 形貌。可以看出，随着终轧温度的升高，氧化铁皮的总厚度呈增加趋势，由终轧温度 790℃时的 19.7μm 增加到 850℃时的 36.3μm。终轧温度不仅对氧化铁皮总厚度有影响，而且对各层的百分含量影响也

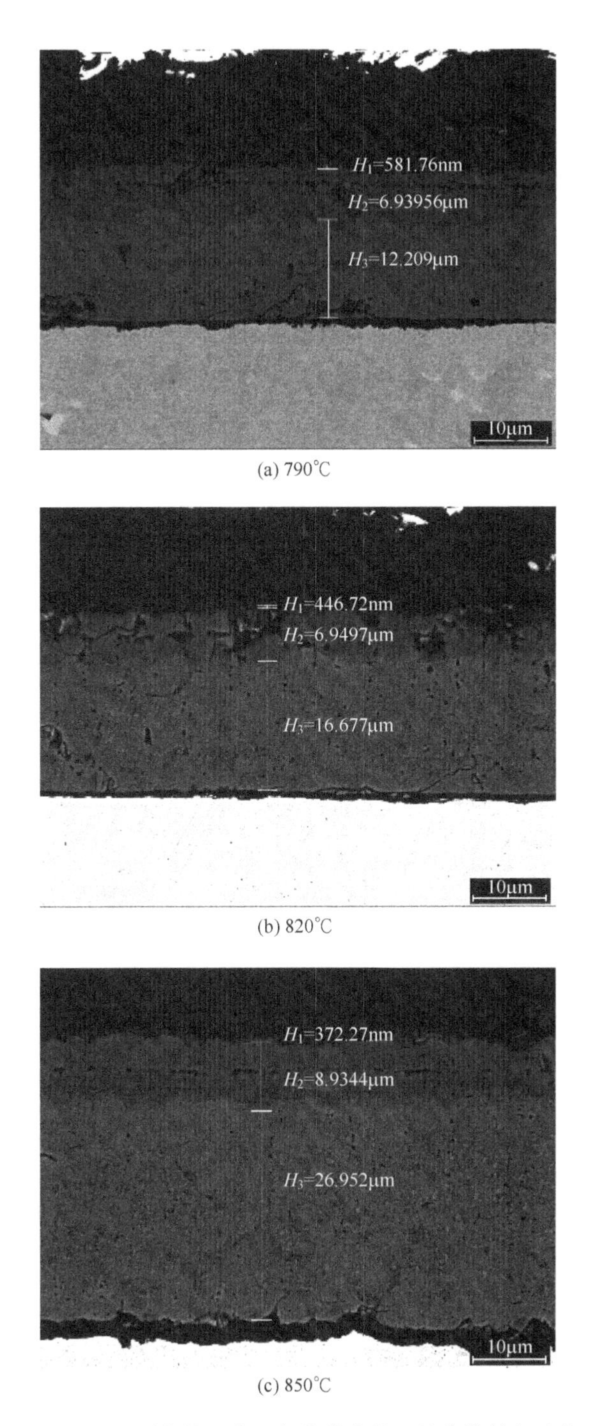

图 2-61　不同终轧温度下氧化铁皮截面的背散射电子像

很大。

在 790℃终轧时，Fe_2O_3 层、Fe_3O_4 层和 FeO 层的厚度比例为 3∶35∶62；终轧温度升高到 820℃时，各层的比例为 2∶29∶69；当终轧温度达到 850℃时各层的比例值为 1∶25∶74。由此可知，随着终轧温度的升高，Fe_2O_3 层和 Fe_3O_4 层的百分含量不断减少，FeO 的百分含量不断增加。这是因为伴随着温度降低，氧化铁皮中的 FeO 会发生先共析转变。由相变热力学可知，过冷度越低则相变的驱动力越大。因此，如果温降越大，则 FeO 的先共析转变的驱动力也越大，转变过程更容易进行，发生转变的 FeO 的量也就越多。所以，在开轧温度不变的条件下，终轧温度越低，则 FeO 越容易发生先共析转变。其结果是，随着终轧温度的降低，FeO 层不断减少，而 Fe_3O_4层相应地不断增加。这也就解释了终轧温度对 FeO 层和 Fe_3O_4层厚度比例的影响规律。Fe_2O_3 厚度随终轧温度变化不大，但是氧化铁皮的总厚度随着终轧温度降低而减小，因此 Fe_2O_3 的百分含量随终轧温度降低而增加。

当精轧入口温度由 1030℃ 降至 990℃ 时，氧化铁皮厚度可由 11.0μm 降至 5.2μm，改变了氧化层结构类型，提升铁皮与钢基体协调变形能力，减少了精轧机架间打水道次，从而减少精轧过程机架间用水消耗。

通过典型钢种降低开冷温度、缩减了冷却温降区间，在保证钢板性能基础上节约了冷却用水；同时结合降低冷却水温，调整生产计划（需要控冷的钢板夜间生产，较白天低超过 5℃）将大幅提高冷却效率，达到节水效果。智能控制方面通过头尾遮蔽及变频控制等智能化技术节约了层流冷却用水量。

（3）主要技术创新点及经济指标

通过纳米压痕技术表征了低温加热可以有效降低氧化层与钢基体之间的结合力，同时低温加热技术有效降低了轧制温度，实现了除鳞及机架间过程用水平均减量 20%以上；加热优化实现除鳞水减量化、轧制参数优化实现道次间用水减量化，实现冷却用水减量化。

获得发明专利一项（ZL201710474057）。

（4）工程应用及第三方评价

本技术在邯钢中板厂及热连轧厂进行了现场示范工程中试实验，处理规模为 1000t 钢板。示范工程已经稳定运行 1 年，运行良好。在保证钢板性能的基础上，通过采用低温加热及轧制用水优化实现除鳞及轧制机架间用水减量化，通过优化开冷温度制度、水温制度、智能化高精度数学模型＋智能化控制方式实现了层流冷却用水减量化目的。目前轧钢过程层流冷却用水减量化技术已经推广到邯钢。

2.6 循环水水质稳定强化技术

2.6.1 技术简介

国内钢铁联合企业净循环水系统普遍存在结垢、腐蚀及黏泥滋生问题，特别是制氧净循环水系统。结垢、腐蚀及生物黏泥会导致冷却器腐蚀速度加快、浓缩倍数降低、使用寿命降低、耗水增加，甚至影响正常生产。如何既能有效控制结垢腐蚀、菌藻滋生又能节水降耗是制氧工序净环水系统面临的一大难题。

2.6.1.1　循环水系统存在的问题

邯钢循环水系统补水中含有大量的钙、镁、硅等成垢离子，循环水由于浓缩倍数的提高，循环水的硬度增加，成垢离子就会析出附着在换热器及管道表面形成水垢。水垢可使传热效率降低，过水断面减少，影响换热器的正常使用。

邯钢气体厂（制氧工序）由于采用敞开式凉水工艺，空气和粉尘易卷入凉水塔，导致菌藻滋生，从而形成生物黏泥，轻则影响生产，重则带来安全事故隐患。循环水系统中卷入的大量细泥由于颗粒小，在水中以胶体形态存在，不能自然沉降，一部分悬浮在循环水水池中，一部分沉积于冷却器管内壁（水走管程）或外壁（水走壳程），形成生物黏泥。生物黏泥影响热量传导、降低换热效率，导致氧气、氮气等气体压缩机压缩效能降低，冷却器温度上升，无法有效地制备氧气、氮气，影响炼钢、炼铁等工序。管壁附着的生物黏泥会形成生物膜，其中的菌群会加剧冷却器铜管管壁腐蚀，使其变薄，直至被穿透，缩短使用寿命。尘泥积聚导致的腐蚀会不同程度地加速设备及管道老化，影响寿命，需要维修或更换，导致成本的增加。

2.6.1.2　研究现状

（1）水垢的脱除

目前常用的阻垢方法可分为化学阻垢法和物理阻垢法。

1）化学阻垢法。常用的化学阻垢法主要有离子交换法、化学软化法以及阻垢剂法等。①离子交换法是让冷却水通过离子交换树脂，将其中的钙镁离子置换出来并使它们结合在树脂上，从而去除水中的钙镁离子。其中，钠型阳离子交换树脂是最常用的树脂。②化学软化法包括石灰纯碱软化法、石灰软化法、苛性钠软化法等，其中石灰软化最为常用。石灰软化法是利用石灰与水中的钙镁离子反应沉淀，从而使水软化的一种方法，它具有原料廉价易得，废弃物易处理，无污染，能够同时部分去除水中的有机物、硅化物、铁等优点。③阻垢剂法是利用阻垢剂直接作用于 $CaCO_3$ 等晶体产生螯合作用、晶格畸变作用、抑制作用以及分散作用来抑制 $CaCO_3$ 等晶体的形成和长大，以防止循环水系统结垢现象的产生。目前使用的各种阻垢剂有聚磷酸盐、有机多元磷酸、聚丙烯酸盐等。

2）物理阻垢法。物理阻垢法是利用声波、光波、电场及磁场等外界场量对硬水溶液中的各种微观粒子产生作用，使之发生物理或化学性质上的变化，并进一步改变水垢的生成及生长过程，从而实现阻垢的目的。这些技术往往使用方便、成本低、无污染，因而具有广阔的应用前景和商业市场。常见的物理阻垢法主要有磁化处理法、电场处理法、超声波处理法等。

（2）生物黏泥的控制

1）前期预防措施。在绝大多数工业循环冷却水系统中，生物黏泥的形成总是伴随着其他非生物垢的产生，且生物黏泥与这些无机腐蚀产物之间的反应会影响到结构材料金属惰性。因此，考虑生物黏泥的预防与控制策略时，不能仅仅将注意力集中在微生物活性和生长抑制方面，还要注意金属与循环水两相界面的物理化学条件，以及循环冷却水中可能发生的化学反应。为了加强对生物黏泥的控制，需要前期预防。前期预防措施主要包括进行合理的系统设计、选择适当的材料、加强阴极保护、对设备表面进行防腐涂层处理、投加阻垢缓蚀剂等。这些措施目前已广泛应用于工业循环冷却水系统中，对生物黏泥有一定的预防效果。

2）后续处理措施。尽管前期预防措施多种多样，但在实际运行过程中由于维护、操作、水质水量变化等方面的原因，循环冷却水系统中仍会存在一定数量的微生物通过生长繁殖而形成生物黏泥，此时需要采取进一步的后续处理措施。依据其作用机理，这些方法可分为物理控制法、生物控制法和化学控制法。其中，物理控制法主要包括旁流过滤、温度控制、超声波控制、磁场控制、机械清洗等；生物控制法主要包括酶处理法和噬菌体法；化学控制法主要包括化学清洗和化学杀菌剂。目前，对于循环水中生物黏泥的控制普遍采用的方法仍是投加化学药剂。

综上所述，在循环冷却水水垢和生物黏泥控制方面，虽然有物理法和化学法，但在实际工业应用中仍以化学试剂为主。化学处理的废液一般要进行处理，否则会造成环境污染。物理法也有一定的应用，但实际应用较少。如何有效地去除循环冷却水中的水垢和生物黏泥同时最大限度地降低对环境的污染已成为新的发展趋势。

针对上述方法存在的问题，本方案采用超导高梯度磁分离（HGMS）-物化耦合技术处理净循环水，并取得了很好的效果。

2.6.1.3　技术优势

超导 HGMS 技术在工业污水处理方面有了一定的研究，但在循环水降硬除浊、杀菌灭藻、阻垢缓蚀方面鲜有报道。

针对凉水塔负压吸入细泥导致生物黏泥滋生和腐蚀问题，采用超导 HGMS-物化耦合技术，可有效脱除细泥并杀菌灭藻，阻断生物黏泥生成条件，避免垢下腐蚀产生，提高水循环利用率，提高冷却器使用寿命；还可以消除或避免复合垢的产生，达到除垢、阻垢及抑垢效果，稳定水质，提高浓缩倍数。超导 HGMS-物化耦合技术，不仅处理效果好，而且绿色无二次污染，还能为企业带来一定的经济效益，一举多得。

2.6.2　适用范围

工业净循环水的绿色阻垢缓蚀，生物黏泥抑制，稳定水质，节水减排。

2.6.3　技术就绪度评价等级

TRL-5。

2.6.4　技术指标及参数

（1）基本原理

超导 HGMS-物化耦合技术能阻垢抑垢、杀菌灭藻，阻断生物黏泥生成条件，避免生物黏泥引起的污垢及垢下腐蚀，深度净化循环水水质，提高冷却器使用寿命。

① 针对敞开式循环冷却水系统，由于循环水浓缩倍数升高导致的结垢问题，超导 HGMS-物化耦合技术通过磁絮凝、缔合以及晶型转变作用，改变循环水的理化性质，提高钙镁离子的溶解度，减少其成垢析出；高强磁场下促使垢体形成过程中晶格发生歪曲，如碳酸钙垢型水垢的晶体结构会从方解石向文石转变，使得垢体变得松散，随水流冲走而不在管路或设备表面附着，从而避免结垢影响换热，提高冷却器使用寿命。

② 由于凉水塔负压使得空气中的大量微纳米颗粒等杂质吸入水中，加之供水中微纳米颗粒脱除不净，这些微纳米污染物颗粒会在水中形成水溶胶，在设备表面附着，为生物黏泥形成提供条件。针对这一难题，研发超导 HGMS-物化耦合技术，通过高效絮凝和超强磁的磁絮凝作用，脱除微纳米颗粒、杀菌灭藻，阻断生物黏泥生成条件，避免生物黏泥附着引起的污垢及垢下腐蚀，深度净化水质。

（2）工艺流程

针对净环水系统进行过程控制，采用超导 HGMS-物化耦合技术，通过絮凝及磁场作用脱除为纳米级颗粒、阻垢抑垢、杀菌灭藻，避免系统吹入粉尘等形成生物黏泥引起的污垢及垢下腐蚀，稳定循环水水质。工艺流程如图 2-62 所示。

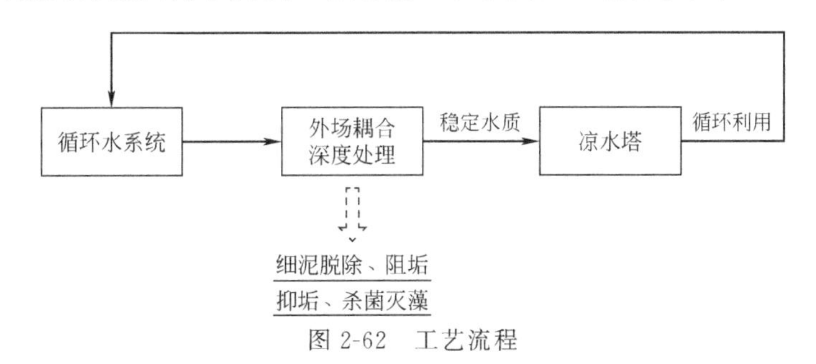

图 2-62　工艺流程

1）分析水垢成分，研究组成成分对水垢形成的影响因素

从现场取回冷凝器上升管形成的水垢，分析结果如表 2-19 所列。

表 2-19　水垢样中各元素含量

元素	含量/%
Ca	46.31
O	34.4
Mg	4.94
P	3.365
Si	3.37

续表

元素	含量/%
Zn	2.628
S	1.41
Fe	1.338
Na	0.62
Al	0.49
Sr	0.3412
Cu	0.249
K	0.13
Mn	0.0582
Ti	0.042

根据表2-19可知，水垢中含有一定量的钙、镁、锌、铁、硅、氧等元素，是个复合垢。水样硬度428mg/L，碱度220mg/L，属于高硬度高碱度水，易形成钙镁离子的硬垢，会严重影响生产的正常运行。从图2-63热重分析结果看，300～600℃减重10%左右，说明水垢中有一定量的有机物存在；600～800℃减重很大（27%以上）说明含有一定量的碳酸盐，结合XRD分析是碳酸钙，而且含有小部分的硫酸钙及二氧化硅垢体。从产生部位分析应该是局部温度梯度剧烈变化导致水溶液系统不稳定，成垢离子结合，形成晶粒析出所致；可采取超导HGMS-物化耦合技术消除或避免复合垢的产生，达到除垢、阻垢及抑垢效果；实现微纳米颗粒脱除，杀灭菌藻等微生物，阻断生物黏泥生成条件，避免生物黏泥滋生导致生物黏泥污垢产生。

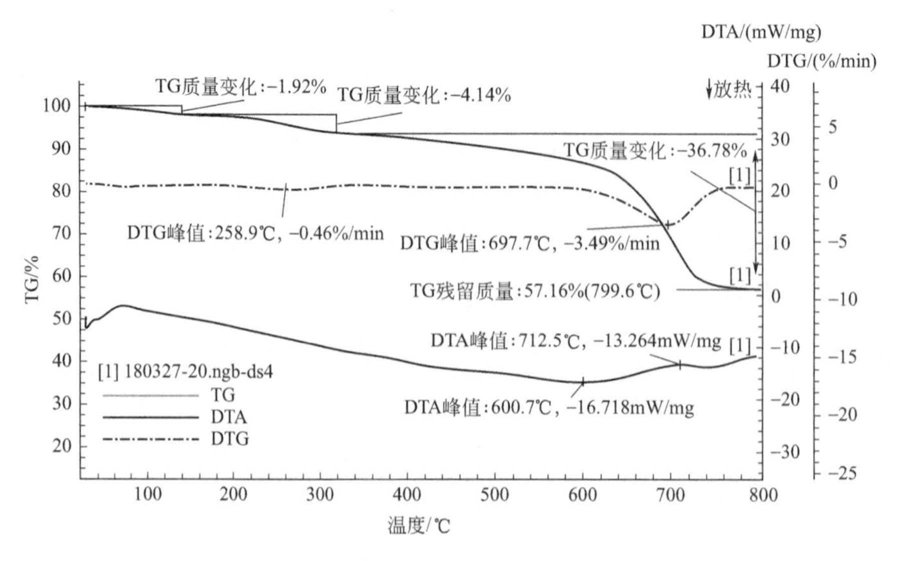

图2-63 水垢热重分析图

2）采用超导HGMS-物化耦合技术，通过缔合及晶型转变作用稳定水质

经过超导HGMS-物化耦合技术处理后的循环水，钙镁离子的容忍度增大，在外界温度发生变化时钙镁离子析出的更少，减少水垢的形成，证明超导HGMS技术对净循环水有良好阻垢效果。水样的理化性质发生了改变，水样的表面张力和电导率降低，黏度增加。电导率与水样中的离子浓度有关，电导率降低说明经过超导HGMS处理后水样中的自由离子减少，经过超导HGMS处理后成垢离子与其他离子发生缔合作用（见图2-64），减少其成垢析出。表面张力的变化与水样的表面熵有关，表面张力减小，表面熵也不断减少，水样的有序性增加，从而增加水质稳定，减少钙镁等离子成垢。黏度是一种可以反映水分子间相互作用的强弱程度的物

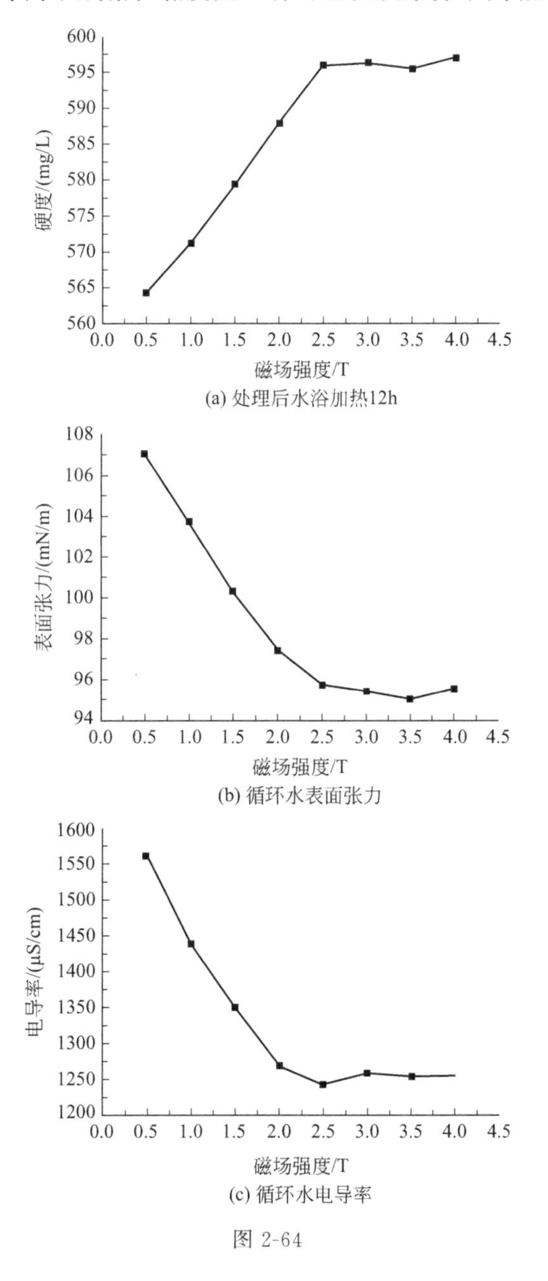

(a) 处理后水浴加热12h

(b) 循环水表面张力

(c) 循环水电导率

图2-64

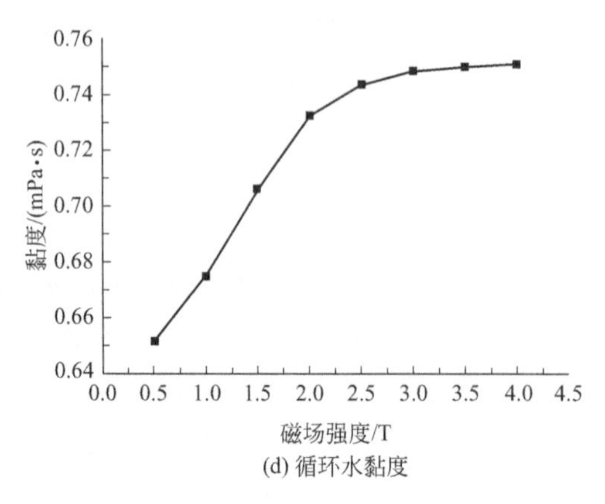

(d) 循环水黏度

图 2-64　缔合作用

理量，进而分析内能的变化。水样的黏度不断增加，表明磁场处理降低了水样的摩尔内能，增加了水分子间的相互作用力，使水质稳定性增强，减少离子析出。

碳酸钙主要有方解石、文石以及球霰石三种存在形式，三种形式在一定条件下可以互相转变。其中方解石的硬度最大，且多数呈块状结构，结构最为稳定，因此大部分的碳酸钙以方解石的形式存在，如图 2-65(a) 所示。文石和球霰石结构比较

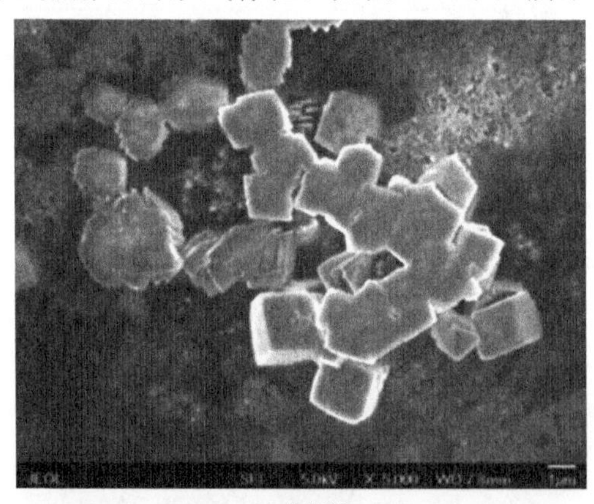

(a) 处理前

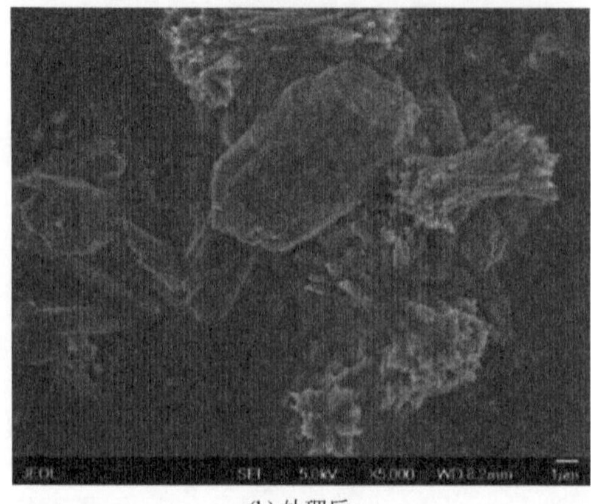

(b) 处理后

图 2-65　晶型转变

松散，不稳定，常规条件下易转换成方解石形式存在。经过超导 HGMS 处理后，原本水垢中的方解石会逐渐转变成文石，如图 2-65(b) 所示。这种存在形式硬度较低，结构松散，易被水冲散成小颗粒，进入水中，在絮凝和高强磁絮凝作用下这些小颗粒聚集长大，脱稳沉降，排出系统。

3）超导 HGMS-物化耦合技术处理循环水，去除菌藻等微生物，稳定水质

由图 2-66 可知，处理前循环水中含有大量的细菌，这些细菌可以分泌黏性物质，在循环水流动过程中与水中的悬浮物及微纳米颗粒相互黏结在一起，最终导致生物黏泥的生成。经过超导 HGMS-物化耦合技术处理，超导 HGMS 对细菌具有一定的灭活作用，细菌生成量减少。超导 HGMS 还可有效去除循环水中附着的藻类，在超导 HGMS 作用下藻类形体发生变化，原来聚集在一起的藻类变得分散，直至死亡，从而达到灭藻的效果，如图 2-67 所示。

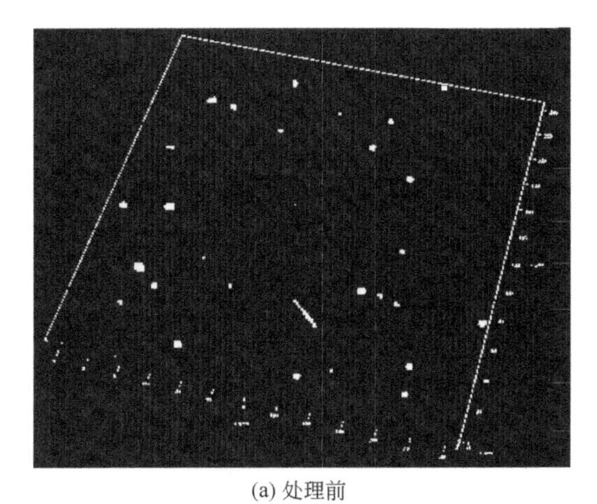

(a) 处理前

(b) 处理后

图 2-66　杀菌效果

新型无机高效絮凝剂结构呈细小的枝丫状结构，正是由于这种结构，牢牢地将许多纳米级的微小悬浮物、有机物胶体、细菌及藻类等胶着在一起，形成一个牢实紧密的整体。这样的絮体结构在搅拌的过程中能够因其悬浮物颗粒、胶体微粒、有机物、菌藻及絮凝水解产物的相互紧密包裹而不易被破坏，具有很强的稳定性。超

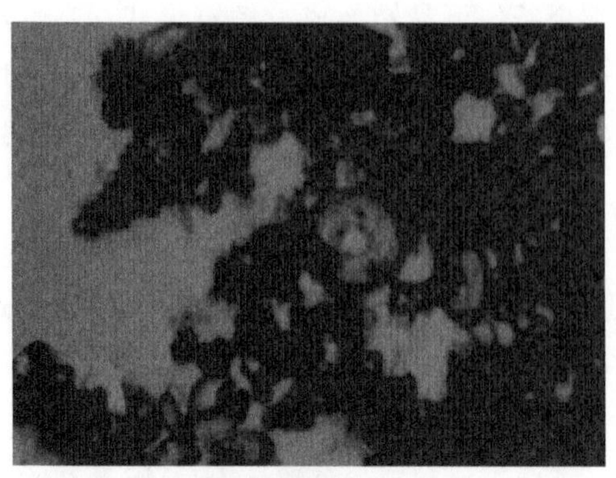

(a) 处理前

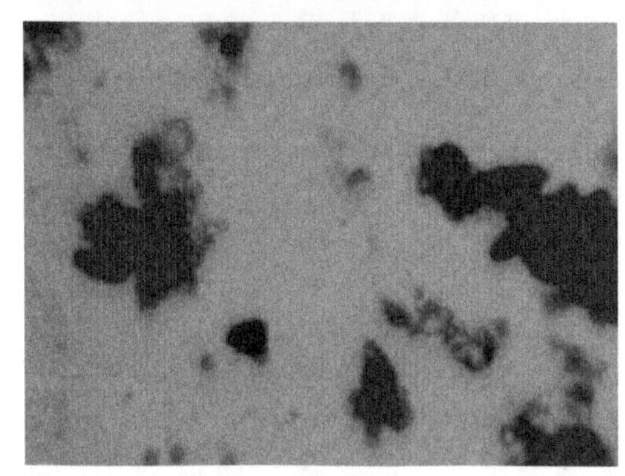

(b) 处理后

图 2-67 灭藻效果

导 HGMS 的引入带来了磁絮凝作用，在超导 HGMS 作用下微纳米级颗粒相互碰撞，水中的胶体粒子和小分子物质被活化，使其在强磁场作用下表面也带上电荷，带有异号电荷颗粒物有强烈的吸附作用，聚集在一起，使絮体不断变大，从而强化了化学絮凝的效果。在超导 HGMS-物化耦合作用下脱稳沉降，从而阻断生物黏泥生成条件，避免垢下腐蚀产生。

（3）主要技术创新点及经济指标

超导 HGMS-物化耦合技术通过磁絮凝、缔合及晶格畸变作用稳定水质，消除或避免复合垢的产生，达到除垢、阻垢及抑垢效果，提高浓缩倍数。

超导高强磁场-物化耦合技术脱除循环水中微纳米颗粒，杀灭菌藻等微生物，阻断生物黏泥生成条件，避免生物黏泥滋生，净化水质，节能 3%、节水 15%以上。

该成套技术科技成果水平为“国际领先水平”（中科评字〔2020〕第 34225 号），并获得 2019 年中国产学研合作创新奖。

发表论文 2 篇，授权澳大利亚专利（Innovation Patent）1 项（AU2020102218），申请美国发明专利 1 项（US16/920，643），授权中国发明专利 2 项（ZL201910642703.7；ZL201910644597.6）。

（4）工程应用及第三方评价

邯郸钢铁集团有限责任公司制氧厂循环水系统因卷入大量细泥，颗粒小，在水中以胶体形态存在，不能自然沉降，一部分悬浮在循环水水池中，一部分沉积于冷却器管内壁（水走管程）或外壁（水走壳程）。循环水中含有大量的成垢离子，因为浓缩倍数的提高而析出附着在设备表面，形成水垢；并且循环水系统易滋生菌藻，导致生物黏泥生成。通过超导 HGMS-物化耦合技术，实现了微纳米颗粒去除，阻垢抑垢、杀菌灭藻，避免尘泥卷入等因素导致的生物黏泥产生及相关结垢腐蚀现象的发生，提高净环水循环倍率，降低新水消耗，实现了制氧循环冷却水水质的深度净化，节水 15%、节能 3%以上。

参 考 文 献

[1] 陈良才，魏宏斌，李少林．等化法处理高硬度含氟地下水的研究 [J]. 中国给水排水，2007，23（13）：49-53.

[2] 张爱丽，周集体，童健．高硬度低碱度深井水药剂软化预处理方法比较 [J]. 工业水处理，2005，25（5）：74-76.

[3] Soleimani M，Kaghazchi T. Adsorption of gold ions from industrial wastewater using activated carbon derived from hard shell of apricot stones：An agricultural waste [J]. Bioresource Technology，2008，99（13）：5374-5383.

[4] 闰光明．纳滤膜处理中低压锅炉软化水可行性研究 [D]. 北京：北京工业大学，2000.

[5] Junior O K，Gurgel L V A，Gil L F. Removal of Ca(Ⅱ) and Mg(Ⅱ) from aqueous single metal solutions by mercerized cellulose and mercerized sugarance bagasse grafted with EDTA dianhydride（EDTAD）[J]. Carbohydrate，2010，79（1）：184-191.

[6] Seo S J，Jeon H，Lee J K，et al. Investigation on removal of hardness ions by capacitive deionization（CDI）for water softening applications [J]. Water Research，2010，44（7）：2267-2275.

[7] Comstock S E H，Boyer T H. Combined magnetic ion exchange and cation exchange for removal DOC and hardness [J]. Chemical Engineering Journal，2014，241：366-375.

[8] Solmaz Adamaref，Weizhu An，Maria Ophelia Jarligo. Natural clinoptilolite composite membranes on tubular stainless steel supports for water softening [J]. Water Science & Technology，2017，70（8）：1412-1418.

[9] Xia M，Ye C S，Pi K W. Ca removal and Mg recovery from flue gas desulfurization（FGD）wastewater by selective precipition [J]. Water Science & Technology，2017，76（10）：2842-2850.

[10] 周开君．国内外氧气顶吹转炉除尘废水处理概况 [J]. 环境工程，1986（6）：10-13.

[11] 赵斌，吴伟，吴巍，等．100t顶底复吹转炉冶炼过程矿相及硫磷变化规律解析 [J]. 上海金属，2018（3）：73-75.

[12] 王军．唐钢炼钢厂转炉除尘废水的处理 [D]. 沈阳：东北大学，2005.

[13] 牛乐乐，刘征建，张建良，等．铁矿粉矿物组成对烧结矿冶金性能的影响 [J]. 钢铁，2019，54（9）：27-32，38.

[14] 蒋大军，何木光，甘勤，等．高碱度条件下 FeO 对烧结矿性能的影响 [J]. 中国冶金，2008（11）：14-21.

[15] 刘东辉，吕庆，孙艳芹，等．铁矿粉基础特性对烧结矿性能的影响 [J]. 钢铁研究学报，2012（11）：32-37.

[16] 蒋大军．中钛型磁铁精矿对烧结性能影响的试验 [J]. 钢铁，2018（5）：19-21.

[17] 白凯凯，左海滨，刘燊辉，等．塞拉利昂高铝矿对烧结矿性能的影响 [J]. 烧结球团，2019（3）：1-5.

[18] 申勇，王永挺，张海民，等．烧结利用炼钢污泥技术的探讨 [J]. 烧结球团，2009，34 (2)：30-32.

[19] 杨广庆，杨文康，李小松，等．钒钛烧结矿与普通烧结矿还原过程中微观结构变化对比研究 [J]. 钢铁钒钛，2018 (2)：102-109.

[20] Lin M U，Xin J，Qiang-Jian G，et al. Effect of Hydrogen Addition on Low Temperature，Metallurgical Property of Sinter [J]. Journal of iron & steel research，2012，19 (4)：6-10.

[21] Kumar V，Sairam S D S S，Kumar S，et al. Prediction of Iron Ore Sinter Properties Using Statistical Technique [J]. Transactions of the Indian Institute of Metals，2016，70 (6)：1-10.

[22] Wu S L，Que Z G，Li K L. Strengthening granulation behavior of specularite concentrates based on matching of characteristics of iron ores in sintering process [J]. Journal of Iron & Steel Research，2018，25 (10)：1017-1025.

[23] Tanaka H，Harada T. Utilization of High VM Coal in the Reduction of Carbon Composite Iron Ore Agglomerates [J]. Tetsu-to-Hagane，2008，94 (2)：35-41.

[24] Yi M，Yu-Tao F，Chong-Da Q，et al. Effect of municipal solid waste incineration fly ash addition on property of iron ore sinter [J]. Journal of Iron & Steel Research，2017，29 (8)：610-615.

[25] Gao P，Han Y X，Li Y J，et al. Evaluation on deep reduction of iron ore based on digital image processing techniques [J]. Journal of Northeastern University，2012，33 (1)：133-136.

[26] 伍成波，尹国亮，程小利．改善低硅烧结矿低温还原粉化性能的研究 [J]. 钢铁，2010，45 (4)：16-19，55.

[27] 程小利．改善低硅烧结矿低温还原粉化性能的研究 [D]. 重庆：重庆大学，2009.

[28] 王筱留．钢铁冶金学（炼铁部分）[M]．北京：冶金工业出版社，2019.

[29] 黄希祜．钢铁冶金原理 [M]．北京：冶金工业出版社，2002.

[30] 马小刚，陈良玉，李杨．炉缸冷却壁对流换热系数计算及烘炉传热特性 [J]. 钢铁，2019，54 (5)：19-26.

[31] 项钟庸．高炉设计：炼铁工艺设计理论与实践 [M]. 北京：冶金工业出版社，2014.

[32] Anil K，Shiv N B，Rituraj C. Computational modeling of blast furnace cooling stave based on heat transfer analysis [J]. Mater. Phys. Mech，2012 (15)：46-65.

[33] 李峰光，张建良．基于 ANSYS“生死单元”技术的铜冷却壁挂渣能力计算模型 [J]. 工程科学学报，2016，(4)：546-554.

[34] Yang C，Nakayama A，Liu W. Heat transfer performance assessment for forced convection in a tube partially filled with a porous medium [J]. Int. J. Therm. Sci.，2012，54 (4)：98-108.

[35] Xie N Q，Cheng S S，Xie N Q，et al. Analysis of effect of gas temperature on cooling stave of blast furnace [J]. Journal of Iron and Steel Research International，2010，17 (1)：1-6.

[36] Yeh C P，Ho C K，Yang R J. Conjugate heat transfer analysis of copper staves and sensor bars in a blast furnace for various refractory lining thickness [J]. International Communications in Heat and Mass Transfer，2012，39 (1)：58-65.

[37] Shi L，Cao F，Zhang J. The study on hot test and thermal stress and distortion of cast copper staves with buried copper pipe [C]// International Conference on Mechanic Automation & Control Engineering. IEEE，2011.

[38] Wu T，Cheng S S. Model of forming-accretion on blast furnace copper stave and industrial application [J]. Journal of Iron and Steel Research International，2012，19 (7)：1-5.

[39] Jiao K，Zhang J，Liu Z，et al. Cooling efficiency and cooling intensity of cooling staves in blast furnace hearth [J]. Revue De Metallurgie-cahiers D Informations Techniques，2019，116 (4)：2-5.

[40] Zhang H，Jiao K X，Zhang J L，et al. A new method for evaluating cooling capacity of blast furnace cooling stave [J]. Ironmaking & Steelmaking，2019，46 (7)：671-681.

[41] 郭光胜，张建良，焦克新，等．冷却比表面积对高炉炉缸铸铁冷却壁传热的影响研究 [J]. 铸造，2016，65 (6)：542-548.

[42] 焦克新，张建良，左海滨，等．长寿高炉炉缸冷却系统的深入探讨 [J]. 中国冶金，2014 (4)：16-21.

[43] 张富民，程树森．现代高炉长寿技术 [M]. 北京：冶金工业出版社，2012.

[44] Jiao K X，Zhang J L，Liu Z J. Investigation features of water distribution among pipes in BF hearth [J]. Metallurgical Research & Technology，2019，116：121-126.

[45] 王经纶，徐迅，王俊，等．高炉冷却壁冷却水管设计探讨 [J]. 机电信息，2019，12 (9)：58-59.

[46] 刘奇，程树森，牛建平，等．高炉铜冷却壁水管热应力分析 [J]. 重庆大学学报，2015，38 (2)：17-24.

[47] Tong Y. J，Zhang Q，Cai J. J，et al. Water consumption and wastewater discharge in China's steel industry [J]. Ironmaking and Steelmaking，2018，45：868-877.

[48] Suvio P，Hoorn A，Szabo M. Water management for sustainable steel industry [J]. Ironmaking and Steelmaking，2012，39：263-269.

[49] 王海涛，王冠，张殿印．钢铁工业烟尘减排与回收利用技术指南 [M]. 北京：冶金工业出版社，2012.

[50] 贾玉华．影响转炉烟气净化的因素与治理对策 [J]. 钢铁研究，2002，6：15-17.

[51] 甘昊．影响转炉烟气净化的因素与治理对策 [J]. 资源节约与环保，2018，9：1.

[52] Wang A，Cai J，Li X. Affecting factors and improving measures for converter gas recovery [J]. Journal of Iron and Steel Research International，2007，14：22-26.

[53] 崔红．转炉烟气净化及煤气回收技术的应用研究 [D]. 西安：西安建筑科技大学，2007.

[54] 仝永娟，蔡九菊，王连勇．钢铁综合企业的水流模型及吨钢综合水耗分析 [J]. 钢铁，2016，51：82-86.

[55] Gao C K，Wang D，Dong H，et al. Optimization and evaluation of steel industry's water-use system [J]，Journal of Clean Production，2011，19：64-69.

[56] 王维兴．全国重点钢铁企业节水情况和节水思路 [J]. 金属世界，2011，2：44-47.

[57] 王维兴．钢铁企业用水、节水现状及工作思路 [J]. 世界金属导报，2018，45：11-17.

[58] 朱志文．钢铁工业节水的回顾与展望 [C]. 第二届全国冶金节水、污水处理技术研讨会，长沙，2005.

[59] 王绍文，王海东，孙玉亮．冶金工业废水处理技术及回用 [M]. 北京：化学工业出版社，2015.

[60] Lin W，Sun J，Zhou K，A modified mathematical model for end-point carbon prediction of BOF based on off-gas analysis [J]. Materials Science and Engineering，2019：12-15.

[61] 王新华．钢铁冶金——炼钢学 [M]. 北京：冶金工业出版社，2007.

[62] Zhou H，Zhang F M，Zhang D G，et al. Study on BOF gas dedusting technology at contemporary steel plant [J] . International Conference on Energy，Environment and Sustainable Development，2012：1402-1405.

[63] 程相利．钢铁生产流程用水分析 [D]. 北京：钢铁研究总院，2005.

[64] 张赵宁，孔宁，张杰．Fe-Si 合金钢氧化层的结构对酸洗行为的影响 [J]. 中国冶金，2018，28 (9)：28-32.

[65] 曹光明，何永全，刘小江，等．热轧低碳钢卷取后冷却过程中三次氧化铁皮结构转变行为 [J]. 中南大学学报（自然科学版），2014 (6)：1790-1796.

[66] 孙彬．热轧工艺参数和供氧差异对氧化铁皮结构和厚度的影响 [J]. 热加工工艺，2014 (15)：27-30.

[67] 叶东东，陈建钧，王忠建．不同应力状态下带钢的破鳞机理 [J]. 钢铁研究学报，2016，28 (1)：64-70.

[68] 张赵宁，张杰，孔宁．拉矫过程组合参数对带钢酸洗效率的影响 [J]. 机械工程学报，2019 (22)：25-29.

[69] 张繁，孙永军，王文刚，等．马钢冷轧废水处理工艺优化及效果 [J]. 冶金动力，2018，(6)：57-59.

[70] 张骏尧，王志伟，梅晓洁．厌氧动态膜生物反应器处理冷轧平整液废水 [J]. 环境工程学报，2017，11 (11)：5884-5891.

[71] 葛高峰．中钢住友越南合资公司冷轧废水处理工程实例 [J]. 工业水处理，2017，37 (2)：102-105.

[72] 叶东东．拉矫工艺对热轧氧化皮剥离及酸洗效率的影响 [D]. 上海：华东理工大学，2016.

[73] Deng G Y，Zhu Q，Tieu K. Evolution of microstructure，temperature and stress in a high speed steel work roll during hot rolling：experiment and modelling [J]. Mater Process Technology，2017；240：200.

[74] R Nakao，Y Matuo，F Mishima，et al. Development of magnetic separation system of magnetoliposomes [J]. Physica C：Superconductivity，2009，469：1840-1844.

第3章 焦化废水污染综合控制成套技术

3.1 高毒性脱硫废液解毒处理技术

3.1.1 技术简介

真空碳酸钾法是焦炉气脱硫的主要技术，该技术稳定、高效，但容易产生高毒性的脱硫废液，从而造成二次污染，因此处理高毒性的脱硫废液是焦化水污染控制的重要难题。通过研发高毒性脱硫废液解毒处理的脱硫脱氰药剂以及耦合分离设备，解决了真空碳酸钾脱硫工艺的环境污染、废液循环造成设备腐蚀等问题，并实现工程应用。

3.1.2 适用范围

钢铁、煤化工等行业真空碳酸钾脱硫废液处理，废液经处理后可并入焦化废水或其他废水统一深度处理。

3.1.3 技术就绪度评价等级

TRL-8。

3.1.4 技术指标及参数

(1) 基本原理

针对真空碳酸钾脱硫废液氰化物含量高、毒性高、难处理等问题，通过研制脱硫脱氰药剂，分别将硫离子和氰离子分别沉淀成硫化亚铁和亚铁氰化铁，再利用深度脱氰药剂，络合沉淀残余的氰离子，使脱硫废液中总氰化物浓度从3000～5500mg/L降低至50～200mg/L，硫化物浓度从1000～3000mg/L降低至10mg/L左右。

(2) 工艺流程

焦化废水处理工艺流程如图3-1所示。

通过加入开发的脱硫脱氰剂，废液中硫化物和氰化物通过沉淀反应分离，再经过氧化转化为溶度积更低的沉淀，然后通过脱氰混凝剂进一步实现氰化物深度脱除，解毒后废液满足生物处理要求，进入焦化废水处理系统。解毒后脱硫废液和焦化废水合并进入调节池后，进入生物处理系统，经过生物强化脱碳脱氮处理后大部分有机物和氨氮得到脱除，进入混凝沉淀系统，在研制的高效脱氰混凝剂作用下有机物和总氰得到脱除后，再经过过滤进入臭氧多相催化氧化系统，难降解有机物得到催化氧化并降解为小分子有机物后进入曝气生物滤池，小分子有机物和残留氨氮得到生物降解。出水进入集成膜处理系统，经过反渗透进行脱盐回用，通过适当浓水循环提高产水率，结合前序臭氧催化氧化降低膜污染。

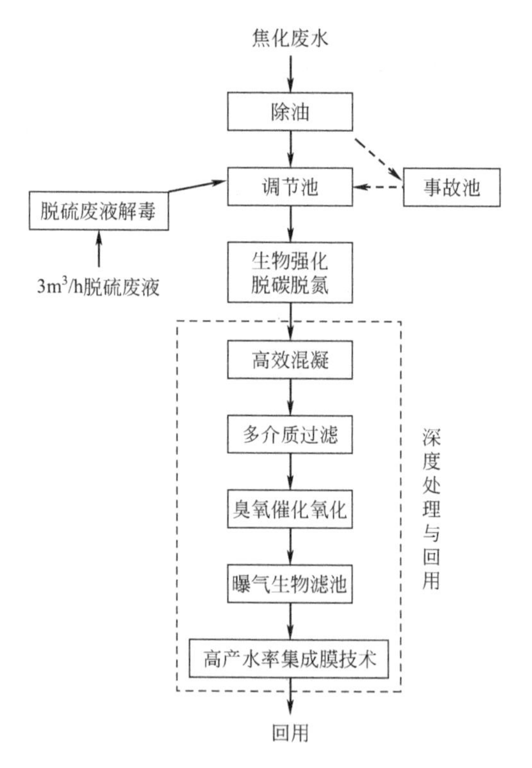

图 3-1 焦化废水处理工艺流程

(3) 主要技术创新点及经济指标

本技术通过新工艺、药剂和设备综合强化，解决了高浓度氰化物低成本去除和资源化的技术难题，突破了脱硫废液解毒预处理关键技术，实现高毒性脱硫废液的高效解毒，将脱硫废液中总氰化物含量从 3000～5500mg/L 降低至 50～200mg/L，硫化物从 1000～3000mg/L 降低至 10mg/L 左右，同时实现解毒废渣资源化，从根本上解决了困扰真空碳酸钾脱硫工艺的环境污染和废液循环造成设备腐蚀的老大难问题。

针对焦化废水中盐含量较高难以回用和膜处理污染严重等问题，开发臭氧多相催化氧化技术实现有机物的深度脱除，降低后续有机物膜污染；结合提高错流流速和优选抗污染性提高反渗透膜抗污染能力，开发了抗污染反渗透脱盐技术；针对反渗透浓水含盐量高，开发了针对反渗透浓水的臭氧催化氧化技术和多级逆流频繁倒极电渗析技术；通过优化集成形成以高产水率集成膜技术，建立高盐焦化废水深度处理与脱盐回用处理新工艺。

与传统湿式催化氧化技术相比，新技术投资可降低 60%以上，吨废液处理成本降低 40%以上。

该技术为自主研发，并获得 3 项发明专利授权（ZL 201410590054.8、ZL 201010191753.7、ZL 201010191744.8）。

（4）工程应用及第三方评价

应用单位：沈煤集团鞍山盛盟煤气化公司

实际应用案例介绍：本技术在沈煤集团鞍山盛盟煤气化公司进行了现场中试，并完成了工程技术示范。处理规模为 $50m^3/d$ 真空碳酸钾脱硫废液解毒预处理示范工程，处理之后出水并入 $2400m^3/d$ 焦化废水资源化处理示范工程。示范工程已经稳定运行 5 年多，交由第三方运营公司鞍山康盛环保科技有限公司运营，运行指标达到合同指标，膜系统淡水产率达到 80%，少量浓盐水暂存于盐湖用于检修时的湿法熄焦和冲渣，从而实现废水“零排放”。目前，脱硫废液预处理处理技术已经推广到鞍钢鲅鱼圈、邯钢和重钢等企业。

3.2 酚油协同萃取技术

3.2.1 技术简介

目前国内外针对焦化或煤加压气化废水处理，基本都是以二异丙醚（DIPE）或甲基异丁基酮（MIBK）为萃取剂，资源化回收水中高浓度酚，但对共存的多环、杂环类有毒、难生物降解有机物等去除率低，导致部分残留污染物穿透生化系统，甚至严重抑制微生物活性，引发生化系统崩溃。建立以有机官能团为基元的萃取剂计算机辅助设计方法和平台，成功研制出协同高效萃取极性和非极性毒性难降解有机污染物的新型商用多元复合萃取剂。结合实际废水的实验验证、油水分相过程界面调控及萃取剂环境友好性评估，设计制备出适合焦化和碎煤加压气化废水酚油协同萃取的多元复合萃取剂。相比现有萃取剂，新萃取剂几乎不溶于水且可被微生物降解，萃取尾水无需二次精馏处理。

3.2.2 适用范围

煤化工、钢铁等行业含高浓度酚油废水的预处理。

3.2.3 技术就绪度评价等级

TRL-7。

3.2.4 技术指标及参数

(1) 基本原理

开发出高效复合萃取剂协同强化同时脱除酚油技术。通过多溶剂混合萃取体系热力学基础研究，设计开发了一种高效协同萃取体系，可采用精馏法萃取同时脱除酚油。采用优选高效萃取体系萃取强化脱除酚油，获得较大的分配比，且萃取剂在水中溶解度低，损耗小，无需二次精馏处理，可降低萃取剂损耗和二次回收的运行成本，并且降低废水中油滴和有毒污染物的浓度，提高后续生化处理效率。

(2) 工艺流程

1) 酚油协同萃取剂设计及萃取效果

用优选高效萃取体系萃取强化脱除酚油，获得较大的分配比，且萃取剂在水中溶解度低，损耗小。

针对某企业煤气化含酚废水，采用优选的复合萃取剂，酚油的单级脱除率可达到95%以上，仅采用两级逆流萃取即可将酚和油脱除，且萃取剂损失小。

酚油分配系数及萃取剂在水中溶解度如表3-1所列。

表3-1 酚油分配系数及萃取剂在水中溶解度 (25℃)

溶剂	水中溶解度(质量分数)/%	分配比
乙酸乙酯	8.08	51.41
乙酸丁酯	1.2	59.22
正辛醇	0.059	32.83
甲苯	0.05	1.90
磺化煤油	—	0.31
石油醚	0.001～0.005	0.21
甲基异丁基酮	2.2	82.66
异丙醚	0.9	29.0
正己烷	0.00095	0.132
优选萃取剂	0.06	92.5

与传统脱酚萃取剂相比，新复合萃取剂可实现废水中单元酚、多元酚、杂环化合物和多环化合物的协同萃取，分配系数较传统萃取分别提高15%～20%、100%～120%、50%～60%、130%～150%；同时，萃取剂在实际废水中的溶解度不足传统萃取剂的1/30。

新复配萃取剂萃取效率如表3-2所列。

表3-2 新复配萃取剂萃取效率

编号	萃取剂	萃余液COD浓度/(mg/L)	酚油萃取率/%
1	复配萃取剂A	1298	95.18
2	复配萃取剂B	1585	95.47
3	复配萃取剂C	1450	87.19
4	甲基异丁基酮	50019	88.32

2）新型脱酚萃取剂优化模型建立

通过 NLP 模型实现混合萃取剂的优化设计，并辅以实验验证；之后根据普遍使用的焦化废水萃取脱酚除油的流程建立相应的操作优化模型。

甲基异丁基酮（MIBK）可以有效去除单元酚和多元酚，尤其是较高浓度的酚类，随着萃取流程的模拟和优化的完成，作为脱酚萃取剂已在工业实践中得到了广泛应用。然而，其巨大的水溶性（19g/L，25℃）和高昂的价格使得流程中必须加入能耗较高的提馏塔以回收 MIBK，这限制了其大规模应用。由于焦化废水所含酚油成分复杂，且目前关于稀释剂的筛选和萃取效果验证的系统研究仍然缺失，针对此问题引入额外试剂作为 MIBK 的稀释剂，在保证萃取效果的前提下减小其溶解损失，以优选出有效的焦化废水混合萃取剂。

一般的工业焦化废水脱酚除油的处理过程由以下 4 个单元组成：a. 萃取塔去除污水中所含的高浓度的酚类和焦油类物质；b. 碱洗塔去除萃取剂中的大部分酚类；c. 精馏塔去除萃取剂中含有的焦油类物质；d. 溶剂补充装置补充过程中损失的萃取剂。典型焦化废水萃取脱酚油过程如图 3-2 所示。

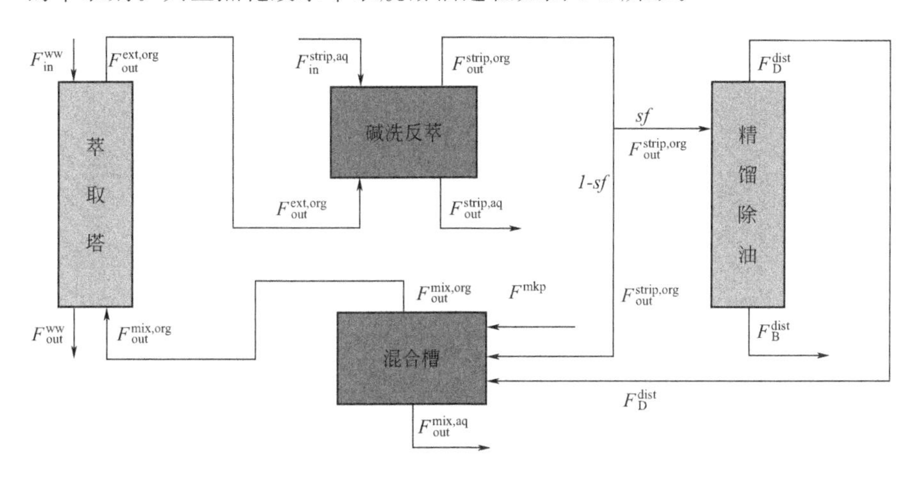

图 3-2　典型焦化废水萃取脱酚油过程

ww—废水；F—流量；in—进口；out—出口；ext,org—萃取相；mix,org—混合萃取剂；strip,aq—碱液；strip,org—反萃有机相；F_{D}^{dist}—塔顶馏出液；F_{B}^{dist}—塔釜产物；mkp—补充萃取剂

根据萃取操作要求，选择了苯、甲苯、乙苯、间二甲苯、均三甲苯、环己烷和正辛醇 7 种溶剂作为 MIBK 的备选稀释剂进行萃取实验，各配方实验结果中萃取剂在萃余相中的浓度和 MIBK 在混合萃取剂中摩尔分数如图 3-3 所示。

模型优化如图 3-4 所示，图中 d 为备选稀释剂，结果显示 MIBK/甲苯混合体系的萃取效果最好且溶剂损失最少（$m_{MIBK}=884$mg/L，$m_{Tot}=1408$mg/L）。此时 $x_{MIBK}=0.05$，较其他体系低，意味着 MIBK 的消耗较低。结果表明，在苯酚的萃取中甲苯较为适宜作为 MIBK 的稀释剂。实验验证结果显示，根据理想逆流萃取

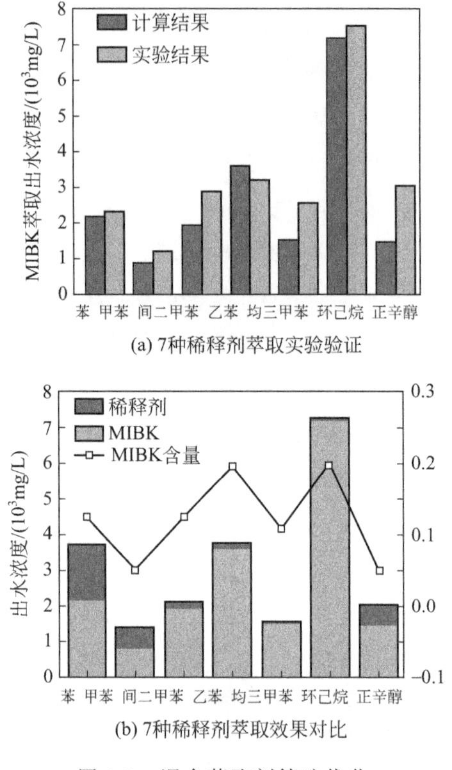

图 3-3 混合萃取剂筛选优化

塔假设建立的混合萃取剂评估和组分优化模型比较可靠，UNIFAC 对于苯系物与 MIBK 的混合系统的估算结果与实验较为吻合。图 3-4 中，aq 为水相；org 为有机相；k 为塔板编号；i 为污染物；out 为萃取相/萃余相；r 为活度系数；Σ的上限为污染物总数。

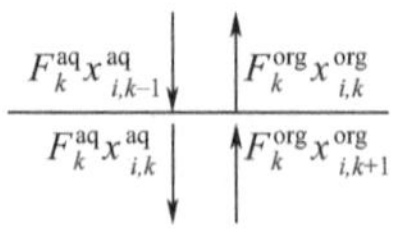

$$F_k^{aq}x_{i,k-1}^{aq}\downarrow \quad \uparrow F_k^{org}x_{i,k}^{org}$$

$$F_k^{aq}x_{i,k}^{aq}\downarrow \quad \uparrow F_k^{org}x_{i,k+1}^{org}$$

$$\min Z = m_{\mathrm{MIBK,out}}^{aq} + \sum_{i\in d} m_{i,\mathrm{out}}^{aq}$$

$$s.t.\quad m_{i,\mathrm{out}}^{aq} \leqslant m_{i,\mathrm{out,require}}^{aq}$$

$$F_k^{org} + F_k^{aq} = F_{k+1}^{org} + F_{k-1}^{aq}$$

$$F_k^{org}x_{i,k}^{org} + F_k^{aq}x_{i,k}^{aq} = F_{k+1}^{org}x_{i,k+1}^{org} + F_{k-1}^{aq}x_{i,k-1}^{aq}$$

$$\gamma_{i,k}^{org}x_{i,k}^{org} = \gamma_{i,k}^{aq}x_{i,k}^{aq}$$

$$\sum_{i=1}^{n} y_i x_{i,k}^{org} = \sum_{i=1}^{n} y_i x_{i,k}^{aq} = 1$$

图 3-4 模型优化

各单元操作费用对比显示如图 3-5 所示。除溶剂补充费用外，其他费用两者相当。而补充溶剂费用的巨大差异主要来自 MIBK 在萃余相中的巨大损失（单纯 MIBK

中为 17380.31mg/L，而混合溶剂中为 850.62mg/L）。单纯 MIBK 的巨大损失（185.15 元/t）意味着必须在塔底出水后增加提馏塔回收损失的 MIBK，这正是目前工业中采用的方法。而混合溶剂所消耗的溶剂费用仅为 11.15 元/t，比 MIBK 提馏塔的操作费用更低（为 15～30 元/t）。另外，单纯 MIBK 和混合溶剂相比分别为 0.91 和 0.85，表明二者的液体输送费用相当。因此，所设计的混合萃取剂相对于耦合提馏塔回收 MIBK 过程具有明显的经济优势。

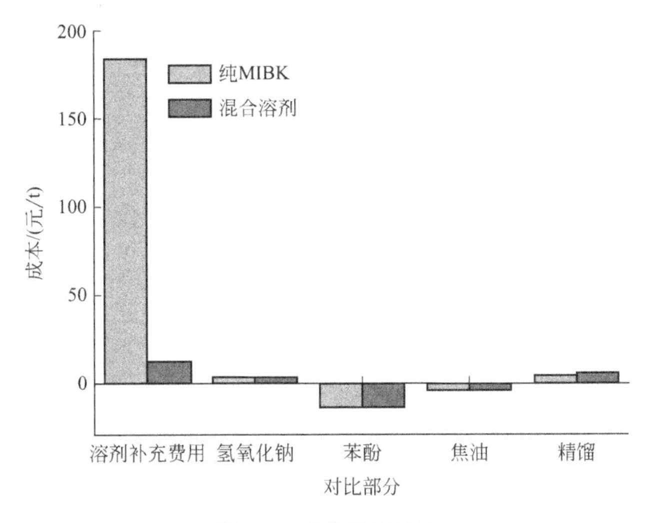

图 3-5　操作费用对比

3）酚油协同萃取剂回收流程模拟

萃取剂完成萃取后，有机相被打进溶剂回收塔中来分离萃取剂和酚油。为了确定回收塔的理论塔板数，现采用简捷算法模块 DSTWU 来进行计算，根据工程经验，初步设定塔顶轻组分的含量达到 0.9999，塔底重组分的含量达到 0.00001；根据模拟计算得到回流比为 0.83251015，塔板数为 54，进料位置为第 30 块塔板，塔顶产品采出率为 0.85889095。

将简捷法的计算结果作为严格法的初始输入值，采用 RadFrac 模块对回收塔进行模拟计算。在进行严格模拟计算之前需要对溶剂回收塔进行设计规定，即塔顶萃取剂中苯酚的质量浓度和塔底部粗酚产品中溶剂的流量。蒸馏塔中苯酚的浓度影响着溶剂精馏塔中的热负荷和萃取塔中的萃酚效果。一般来说，回收塔塔顶中苯酚浓度越高，说明溶剂回收塔中的热负荷越低，萃取塔中萃取苯酚的效率越低。苯酚在精馏塔塔顶的质量浓度和回收塔的热负荷之间的关系见图 3-6。由图 3-6 中可以看出溶剂回收塔的热负荷随着塔顶苯酚浓度的增加而降低，当塔顶苯酚浓度＜100 mg/L 时热负荷增加得非常快；当塔顶苯酚浓度＞100mg/L 时，随着苯酚浓度的增加，热负荷增加的幅度缓慢。因此，综合考虑热负荷和产品质量要求，塔顶苯酚的浓度应该保持在 100mg/L。

另外，塔底粗酚产品中溶剂流量的增加，意味着塔顶流量的减少和热负荷的降

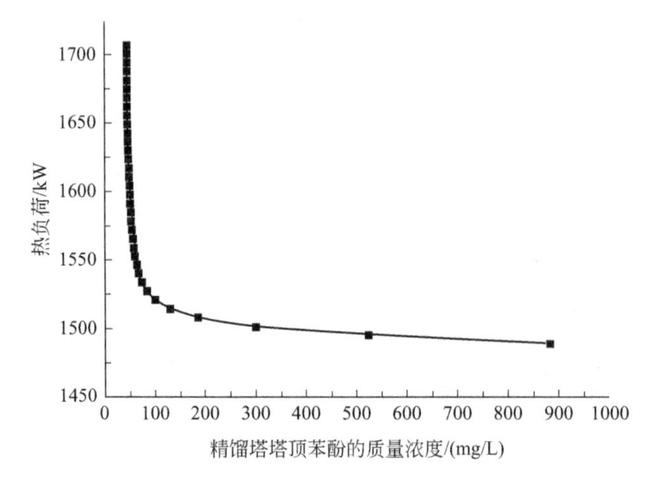

图 3-6 精馏塔塔顶苯酚的质量浓度和热负荷的关系

低。然而，随着塔底溶剂流量增加，产生更多的溶剂损失。图 3-7 显示出了溶剂精馏塔中塔底溶剂流量和热负荷的关系。从图 3-7 中可以看出，当塔底溶剂流量小于 2kg/h，热负荷增加非常迅速；当溶剂流量大于 2kg/h 时，热负荷逐渐下降；当溶剂流量大于 5kg/h，热负荷减少不明显。因此，对塔底产品质量的要求可以设定为 3-庚酮的质量流量小于 5kg/h。

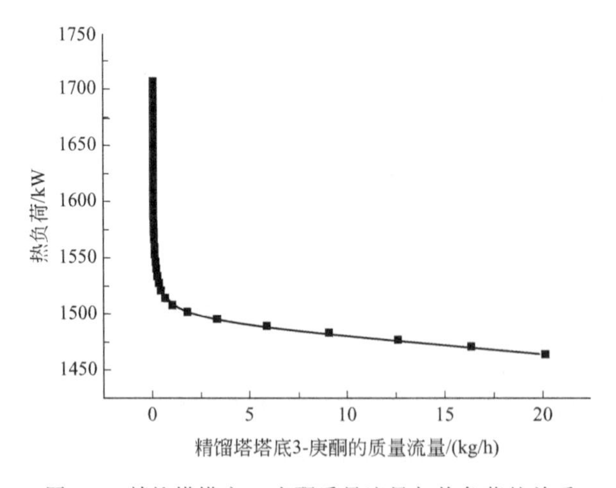

图 3-7 精馏塔塔底 3-庚酮质量流量与热负荷的关系

确定设计规定后，就需要根据设计规定对溶剂回收塔进行详细模拟计算。模拟前，先将 Design Spec 设定为塔底 3-庚酮的质量流量为 5kg/h，塔顶苯酚的质量浓度为 100mg/L，然后再对各个塔参数进行优化。

由图 3-8 可见，热负荷随着理论塔板数的增加逐渐降低，当 $N>60$ 时热负荷减少逐渐降低；当 $N>80$ 时热负荷减缓的趋势几乎不变。从图 3-9 可以看出分离所需要的回流比 R 很小，说明 3-庚酮比较容易分离。当 $N>60$，回流比减小的趋势变缓；当 $N>80$，塔板数增加引起的回流比减小量很小。综合考虑本书选定回收塔的理论塔板数为 60。

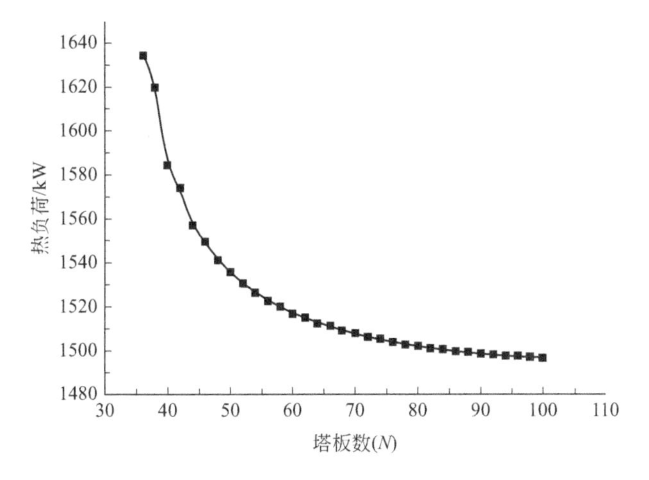

图 3-8 理论塔板数和热负荷的关系

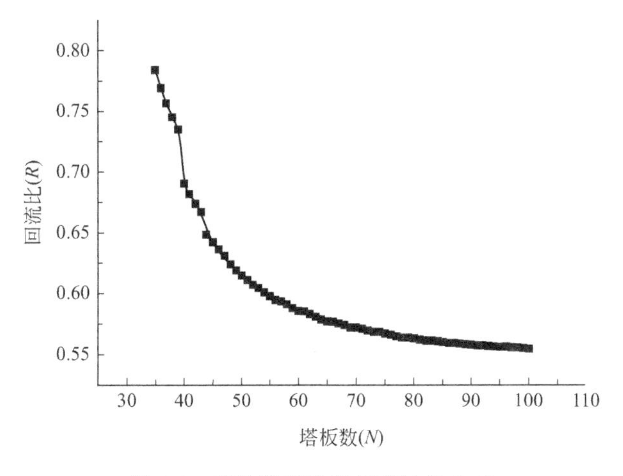

图 3-9 理论塔板数和回流比的关系

因为设计规定对溶剂塔参数有全局影响，所以模拟最佳回流比时，首先将设计规定去除。去除设计规定后，产品质量就不能保证，故在模拟最佳回流比时对回流比和塔顶塔底产品质量的关系进行研究，得到不同回流比时塔顶萃取剂中苯酚含量、塔底粗酚产品中萃取剂质量流量和热负荷。结果见图 3-10。从图 3-10 中看出随着回流比的增加塔顶萃取剂中苯酚的含量和塔底粗酚产品中萃取剂的质量流量都逐渐减少，当回流比大于 0.6 时减小的趋势几乎不变；而热负荷随着回流比的增加而逐渐增加，当回流比增加到 0.585166 时，产品质量达到设计规定要求，同时能耗较低。故选定最佳回流比为 0.585166。

得到不同产品采出率下的塔顶苯酚的含量、塔底粗酚产品中萃取剂的质量流量和热负荷。结果见图 3-11。

从图 3-11 中看出：当塔顶采出率小于 0.858 时塔顶苯酚含量随着塔顶采出率（D/F）的增加几乎不变，当 D/F 大于 0.854 时塔顶苯酚含量随着塔顶采出率的增加开始逐渐增加，塔底萃取剂质量流量逐渐减少。D/F 对热负荷的影响很小，

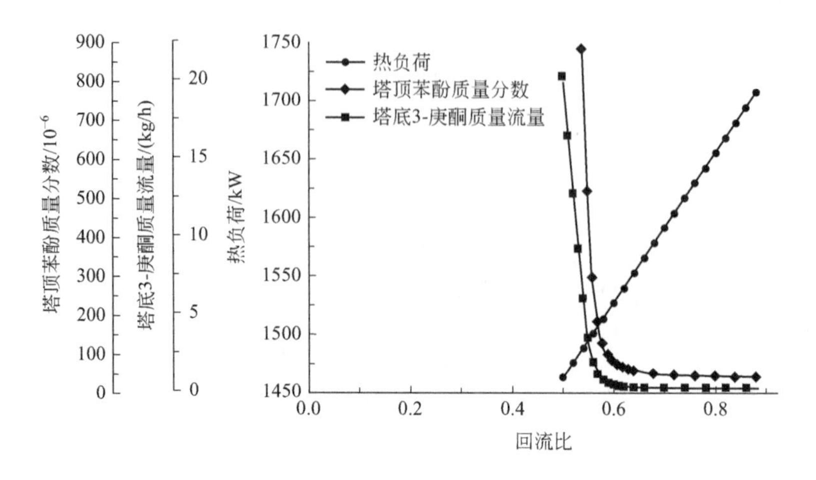

图 3-10　回流比分别和塔顶苯酚浓度、
塔底 3-庚酮质量流量、热负荷之间的关系

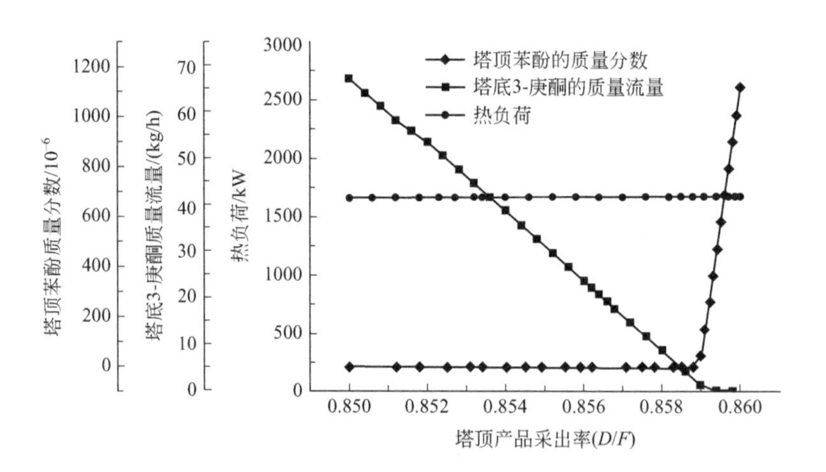

图 3-11　塔顶采出率分别和塔顶苯酚浓度、
塔底 3-庚酮质量流量、热负荷之间的关系

所以最终确定 $D/F=0.8583$。

在相同条件下，进料位置影响分离效果的好坏，它决定了精馏段和提馏段的长短，从而影响塔顶和塔底的组成。为了实现对萃取剂 3-庚酮最大限度的回收，并且产生很少的能耗，本书对进料位置和热负荷之间的关系做了分析，其结果如图 3-12 所示。当进料位置从塔顶开始下降时，塔的热负荷开始大幅度下降；当进料位置降到第 34 块板时，热负荷降低的幅度变缓；而进料位置继续下降到第 40 块板时热负荷基本上没什么变化。因此，物料从第 34 块板进入塔内。

经严格法模拟计算，得到溶剂回收单元进出口各物料的组成，其结果见表3-3。由表 3-3 可知，经精馏后原料中绝大部分的萃取剂和酚类实现分离。从塔顶分离萃取剂，酚类浓度约为 45mg/L，经冷凝进入原料混合槽中，循环使用。苯酚从塔底流出，作为副产物，3-庚酮的损失为 0.05kg/h。

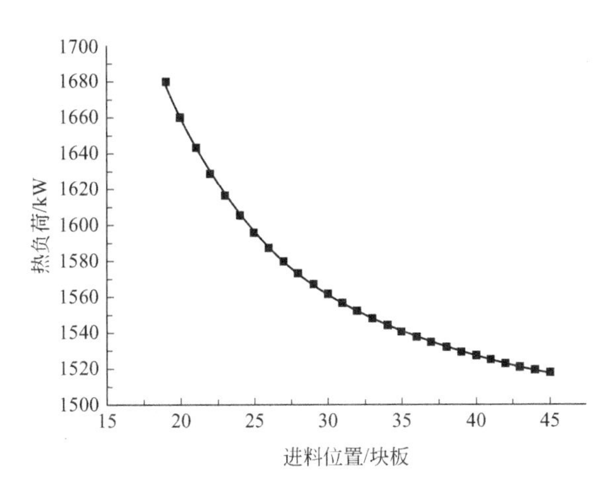

图 3-12　进料位置和热负荷的关系

表 3-3　溶剂回收单元进出口各物料组成

项目	有机相	溶剂	产品
温度/K	298.45	403.74	455.03
压力/kPa	101.3	101.325	101.325
质量流量/(kg/h)	6589.101	5721.28523	867.815774
3-庚酮/(mg/L)	5591.221	5591.17098	0.05002248
苯酚/(mg/L)	868.026	0.26024879	867.765751
水/(mg/L)	129.854	129.854	4.07×10^{-22}
3-庚酮(质量分数)	0.848556	0.97725786	5.76×10^{-5}
苯酚(质量分数)	0.131737	4.55×10^{-5}	0.99994236
水(质量分数)	0.019707	0.02269664	4.69×10^{-25}

4) 萃取脱酚过程的全流程模拟

在完成了萃取单元和溶剂回收单元模拟计算的基础上，对煤气化废水进行萃取精馏全流程的模拟计算，具体流程见图 3-13。

从溶剂回收塔回收的萃取剂（物流 SOLVENT）和添加的萃取剂（物流 ADD-SOL）经过原料混合器 B4 混合之后和煤气化废水（物流 WASTEWA ）一起进入萃取塔 B1 中进行萃取，萃取后上层有机相（物流 ORG-PHAS）进入溶剂回收塔 B2 中进行精馏，分离出萃取剂和苯酚，从塔顶采出的萃取剂经过原料预热器 B3 对萃取塔出来的上层有机相进行热交换，经过冷凝后返回原料混合器 B4 中进入到萃取塔中循环使用，塔底流出的苯酚（物流 PRODUET）经冷凝以后作为粗酚产品。萃取后的

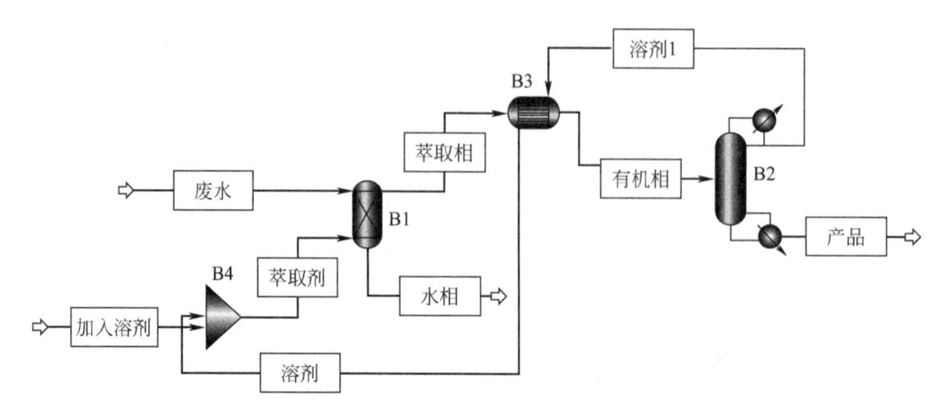

图 3-13 萃取脱酚流程模拟

B1—萃取塔；B2—溶剂回收塔；B3—原料预热器；B4—原料混合器

水相（物流 WAT-PHAS）直接进入生化处理。全流程模拟计算后，萃取精馏单元的操作参数见表 3-4，进出口物料见表 3-5。

表 3-4 萃取脱酚单元全流程模拟各单元的操作参数

单元	操作参数	数值
萃取塔 B1	理论塔板数	2
	压力/kPa	101.325
溶剂回收塔 B2	理论塔板数	60
	再沸器热负荷/kW	1648.31844
	回流比	0.58511
	进料位置	34
	再沸器温度/K	421.03
	采出率	0.868
原料预热器 B3	温度/K	323.15
	热负荷/kW	−145.70832
	压力/kPa	101.325
原料混合器 B4	温度/K	322.04
	压力/kPa	101.325

表 3-5 脱酚萃取全流程模拟的进出口物料组成

项目	物流 ADD-SOL	物流 WASTEWA	物流 WAT-PHAS	物流 PRODUCT
温度/K	298.15	298.15	298.45	455.03
压力/kPa	101.325	101.325	101.325	101.325
质量流量/(kg/h)	305	100000	99293.252	875.863751
3-庚酮	305	0	291.132	4.53423039
苯酚	0	885	16.974	871.329521
水	0	99115	98985.146	1.03×10^{-40}

续表

项目	物流 ADD-SOL	物流 WASTEWA	物流 WAT-PHAS	物流 PRODUCT
3-庚酮(质量分数)	1	0	0.002932	0.00517686
苯酚(质量分数)	0	0.00885	0.000171	0.99482313
水(质量分数)	0	0.99115	0.996897	1.18×10^{-43}

从表 3-5 中看出萃取脱酚流程模拟进出口物料，废水经过图 3-13 的全流程模拟后，在表 3-4 的工艺操作条件下，经过处理后废水中的苯酚浓度从 8850mg/L 降到 171mg/L。

5）连续性中试放大实验

针对高浓度酚氰废水在完成全组分分析和实验室小试基础上，使用自主研发的脱酚萃取剂 IPE-CF1 和萃取塔、高效蒸氨设备，如图 3-14 所示；开展了处理规模为 5～10L/h 的“萃取脱酚-蒸氨”连续性中试试验，如图 3-15 所示。

图 3-14　连续扩大试验的高效萃取设备

图 3-15　$1m^3/h$ 含酚废水萃取脱焦粉-酚油协同脱除中试试验

该技术处理废水能耗低、运行稳定，达到了预期目标，可以进行产业化放大。经过逆流萃取、碱再生和萃取剂净化，酚氰废水中95%以上总酚和50%以上的油得到高效脱除，同时获得纯度超过80%的粗酚（钠）。10轮连续循环运行结果表明，萃取剂化学性质稳定，单轮萃取剂损耗小于万分之三。

现场取样分析表明，经过“萃取脱酚-蒸氨”处理，废水中的总酚、COD、油含量和BOD/COD值可分别由6～8g/L、25～35g/L、200～400mg/L和0.18～0.25降低到200mg/L以下、2500mg/L以下、50mg/L以下和0.25～0.3，显著改善废水可生化性。

（3）主要技术创新点及经济指标

针对焦化废水中所含酚和油等污染物，分别采用萃取脱除焦粉和焦油及酚油协同萃取工艺完成废水中焦粉、焦油、酚的高效脱除和萃取剂回收。分别通过计算和实验结合的方法优选出萃取焦粉和焦油用复合萃取剂和酚油协同脱除用萃取剂，基于酚油协同萃取剂良好性能，开展了萃取剂优化模型设计及萃取剂回收流程设计研究，并开发了实验室用酚油协同脱除配套扩试设备；根据详细的实验室研究，结合设备设计与选型等完成了$1m^3/h$含酚废水酚油协同脱除实验，萃酚塔出口取样结果表明废水中的总酚、COD、油含量和BOD/COD值分别降低到200mg/L以下、2500mg/L以下、50mg/L以下和0.25～0.3，显著改善废水可生化性。

获得发明专利一项（ZL201410029326.7）。

（4）工程应用及第三方评价

应用于陕西乾元$5m^3/h$兰炭废水处理项目。

3.3 基于高效菌株生物强化的氮杂环类有机污染物靶向削减技术

3.3.1 技术简介

（1）焦化废水的成分与生物去除现状

焦炭作为传统煤化工的代表产品，在钢铁行业中扮演着不可或缺的角色。然而，煤炭焦化生产是一种高耗水、高污染的行业，会产生大量高负荷的焦化废水。炼焦过程中产生的焦化废水主要由除尘废水、剩余氨水和酚氰废水三部分组成。其中，除尘废水含悬浮物较多，经澄清或沉淀处理后可重复利用；剩余氨水主要由焦化原煤中的结合水和化合水在冷凝器中形成的冷凝水以及粗煤气在氨水喷淋降温时的冷却水组成，是焦化废水中水量最大的一类废水，含有高浓度的氨、焦油等物质。酚氰废水是指其含有高浓度的氨、酚、氰、硫化物及油类，是焦化工业最主要的废水；另外，还包括煤气终冷的直接冷却水、粗苯加工的直接蒸汽冷凝分离水、精苯加工过程的直接蒸汽冷凝分离水及焦油精制加工过程的直接蒸汽冷凝分离水、洗涤水，车间或设备清洗水等。此类废水与前述的剩余氨水一起称为酚氰废水，该废水不仅量大而且成分复杂。

焦化废水的有机组分主要含有苯酚、甲酚、二甲酚等酚类化合物及喹啉、吡啶、吲哚、咔唑等含氮杂环化合物两类，二者约占总有机物量的90%；剩余的有机物主要是萘、蒽、菲等多环芳香烃（PAHs）污染物。此外，焦化废水中还含有氨、氰、硫氰根等无机污染物和重金属。酚类属于易降解有机物，实际工程中10h即可将浓度高达500～1000mg/L的酚类完全降解[1]，吡咯和萘属于可降解有机物，而吡啶、吲哚、喹啉和咔唑等均属难降解有机物。此外，高环数的多环芳烃易在污泥中积聚且难以降解，因此剩余污泥的有效处置也是焦化废水处理过程中不可忽视的一个环节。焦化废水毒性主要来自于氰化物、硫化物、硫氰化物和氨氮等无机污染物。废水中大量无机还原性物质（如SCN^-）的存在，不仅贡献约30%的总化学需氧量（TCOD）[2]，更会对有机物降解与反硝化脱氮等过程产生严重抑制[3]。此外，由于氨、氰化物和硫氰化物等物质的存在，废水呈碱性，部分呈强碱性，给生化处理过程带来严重挑战。焦化废水中还含有铁离子、铜离子等，与硫氰根等产生复杂配位使焦化废水产生较大色度。

焦化废水水质成分复杂，其中存在的吡啶、吲哚和喹啉等难降含氮杂环化合物对人类可产生遗传毒性。吡啶和喹啉是两种典型的含氮杂环化合物，毒性研究表明喹啉及其衍生物对藻、蚤和细菌等生物具有遗传毒性和致突变活性，抑制废水生物处理过程中的微生物活性，致使生物处理的二级出水中COD和NH_4^+-N难以达到国家工业废水水质排放标准。吡啶对环境的危害也非常大，并能影响人体的肝、肾功能，麻痹中枢神经系统，甚至致癌。由于一般的含氮杂环化合物的化学性质稳定，因此废水中的含氮杂环化合物很难用传统的生物处理法去除。

(2) 生物降解过程内在原理

国内外处理焦化废水的思路为集成工艺，废水依次经过脱酚、蒸氨、脱氰、除油、生化处理、混凝沉淀和后续高级氧化。在焦化废水处理系统中，生物处理以其廉价、高效及无二次污染等优点成为焦化废水处理的核心工艺[4]。生物处理原理基于工程技术和系统生物多样性及功能的耦合作用。焦化废水处理系统的稳定性取决于优势微生物的活性与多样性群落结构间的内在联系。生物群落结构决定焦化废水的处理效率，工艺参数、水质和处理工艺等影响微生物的群落结构，通过调整工艺和水质使微生物群落处于最优的结构状态，使生物群落降解功能达到最大，从而使废水处理效率达到最大，反过来调整微生物群落结构可以对工艺进行优化和改造，使工艺功能发挥最大，使废水处理效率达到最优。

厌氧/缺氧/好氧（A/A/O）技术被广泛用于去除焦化废水中的污染物，包括各种有机组分、氨氮和无机物等。3个生物单元的功能和作用明确不同，在焦化废水处理过程中发挥各自特殊的功能：a. 厌氧段，难降解有机物在水解酸化条件下转化为更容易降解的小分子化合物；b. 缺氧段，以有机物为电子供体，NO_3^-和NO_2^-为电子受体发生反硝化作用；c. 好氧段，有机物进一步降解成小分子，生成

CO_2和H_2O，同时发生硝化作用。污染物的有效去除是依靠A/A/O系统中不同微生物的综合作用，各单元发生的主要生化反应如下。

① 厌氧：

$$C_6H_5OH + 4H_2O \longrightarrow 3.5CH_4 + 2.5CO_2$$

② 缺氧：

$$10NO_3^- + 2C_6H_5OH \longrightarrow 5N_2 + 12CO_2 + 4H_2O + 4OH^- + 6e^-$$

$$NO_3^- + 0.33C_6H_5OH \longrightarrow 0.166C_5H_7NO_2 + 1.167CO_2 + 0.5OH^- + 0.416N_2 + 0.167H_2O$$

$$5C + 4NO_3^- + 2H_2O \longrightarrow 2N_2 + 4OH^- + 5CO_2$$

③ 好氧：

$$C_6H_5OH + 7O_2 \longrightarrow 6CO_2 + 3H_2O$$

$$NH_4^+ + 1.5O_2 \longrightarrow NO_2^- + 2H^+ + H_2O$$

$$NO_2^- + 0.5O_2 \longrightarrow NO_3^-$$

$$NH_4^+ + 2O_2 \longrightarrow NO_3^- + 2H^+ + H_2O$$

(3) 生物处理工艺发展现状

传统生物处理工艺是在A/O工艺基础上衍生出来的，20世纪90年代已应用于各大钢铁厂[5]，在焦化废水实际处理中应用广泛。Zhao等[6]应用A/A/O工艺调整HRT去除焦化废水中的多环芳烃，可在1h内完成多环芳烃的去除，缺氧段去除率达到60%。Li等[7]通过调整A/O/O反应器中的碳氮比得到去除有机物和脱氮最佳条件，COD和NH_4^+-N去除率可达90%和99%。Zhu[8]采用AOHO工艺处理韶钢焦化废水，好氧段和缺氧段优势菌群差异明显，酚类去除率达到99%，硫化物去除率达到98%。焦化废水不同于市政污水，其中包含大量有毒物质，对传统活性污泥工艺冲击巨大，往往污泥较松散、处理效果不佳。传统工艺难以满足越来越严格的排放标准，给后续深度处理造成巨大压力，为改进生物段的处理效果，通常与其他处理方式组合，以得到更好的处理水质。缺氧-好氧（A/O）改进工艺（如A/A/O工艺）和缺氧-好氧-好氧（A/O/O）工艺已广泛应用于焦化废水处理。Zhao等[6]通过调整A/A/O工艺的HRT和混合液回流比R，找到了焦化废水中多环芳烃（PAHs）的最佳去除条件，最终出水中PAHs浓度降到4.1～4.5μg/L。Li等[7]调整A/O/O反应器工艺参数以强化NH_4^+-N的硝化作用，NH_4^+-N去除率达到99.7%，而出水中COD和NO_3^--N浓度难以达到排放标准。Ma等[9]应用序批式生物膜反应器（SBBR）处理煤气化废水，通过限制溶解氧（DO）含量来达到同步硝化反硝化的目的，而在低DO情况下NH_4^+-N的去除受到抑制，出水NH_4^+-N浓度并不能达到排放标准。由于序批式活性污泥法（SBR）工艺依赖自动化控制需要专门的排水设备，目前在国内焦化废水处理方面尚未大规模投入应用。传统A/A/O与A/O/O生物处理工艺往往存在出水TN、COD、挥发酚和氰等不达标，活性污泥耐冲击性差以及污泥产量大等问题。

(4) 生物处理强化技术

焦化废水含有酚类[10]、联苯、吡啶、吲哚和喹啉等难降解有机污染物[11]，传统工艺难以满足越来越严格的排放标准，会给后续深度处理造成巨大压力，学者提出生物改良工艺来弥补传统生物工艺的不足，如生物流化床、生物接触氧化法、生物滤池、生物燃料电池等。改良工艺对于焦化废水宏观污染物指标的去除有良好效果，而对于焦化废水中特征污染物，低浓度、高毒性的持久性有机污染物去除效果较差，因此选用生物强化技术来处理该类污染物。生物强化技术是指通过向生物处理系统中引入具有特定功能的微生物，提高有效微生物的浓度，增强对难降解有机物的降解能力，提高其降解速率，并改善原有生物处理体系对难降解有机物的去除效能的技术[12]。生物强化技术可在不改造原本工艺技术的情况下加强生化处理的效果，降低处理成本，避免了大规模工艺改进引起处理效果的波动[13]，是焦化废水提标改造的一条实用思路。

Bai 等[14]将吡啶和喹啉强化菌（*Paracoccus* sp. BW001，*Pseudomonas* sp. BW003）投加到沸石曝气生物滤池中处理焦化废水，表明生物强化加速了细菌群落结构的演替，增加了 NH_4^+-N 的去除率。将脱氮副球菌[15]投加到 MBR 反应器中，MBR 菌群结构的改变大大降低了吡啶的出水浓度。Liu 等[16]在 SBR 中投加吡啶降解菌 *Rhizobium* sp. NJUST18，进水吡啶浓度 4000mg/L，在 7.2h 完全降解，并促进了反应器启动过程。彭湃等[17]以焦化废水处理工艺中的厌氧池出水为实验对象，添加自行研发的环保菌剂，结果表明环保菌剂可以使中试系统出水 COD 平均去除率提高 18%；生化系统中污泥微生物的种类更加丰富。朱希坤等[18]向某焦化厂好氧池中投加自行研制的生物菌剂，COD、氰化物和 TN 的去除率分别提高了 16.1%、12.3%和 12.2%。投加的强化菌，污泥的菌落结构往往会发生演替，或成为系统内的优势菌，或因为竞争能力差而消失，但是系统整体的优势菌群都会朝着降解目标污染物的方向演替，使系统中菌群的生物多样性增加，污泥性能改善，达到强化生物降解作用的效果。所以，生物强化技术可以加快生物处理系统的启动，减少污泥产量。

针对难降解氮杂环类化合物，选用喹啉和吡啶作为目标污染物，在焦化废水污泥中富集驯化分离具有耐受/降解转化喹啉/吡啶能力的高效菌株，研究其降解特性；试制了 A/O/O 与 A/A/O 反应器，添加降解菌到反应器好氧池中，监测目标污染物的浓度，分析降解菌株在整体生物处理系统中的生物强化作用。同时，通过在 A 池中添加零价铁或甲醇作为生物强化物质，进一步探索二者对难降解有机物的去除率；通过高通量测序技术，分析污泥微生物群落结构和组成，研究生物强化前后污泥微生物群落的变化，诠释污泥中的优势菌功能，揭示生物强化作用的分子机制，探究微生物群落结构与生物处理系统运行性能的关系，并通过探究难降解有机物浓度和工艺参数之间的相互作用关系。

3.3.2 适用范围

本技术主要解决焦化废水生物处理过程中难降解有机污染物去除效果低下、稳定性差，进而加剧后续处理环节负担与成本的问题，适用于各钢铁、煤化企业水处理系统中生物处理环节。

3.3.3 技术就绪度评价等级

TRL-5。

3.3.4 技术指标及参数

（1）技术原理

通过调整微生物群落结构处于最优的结构状态，使生物群落功能达到最大，A/O/O与A/A/O工艺中三个生物单元（缺氧—厌氧—好氧）的功能和作用明确不同，在焦化、钢铁废水处理过程中发挥各自特殊的功能。废水生物处理过程主要污染物和难降解有机物迁移转化和生物群落与功能结构间的相互关系及其生物降解原理为生物处理焦化废水的反应机理、稳定运行、动态监控和优化控制等提供理论依据和技术指导，以达到提高废水处理效率和降低企业成本的目的。对于好氧池，添加分离的高效降解菌可以强化有机物的降解，提高出水水质。对于厌氧处理环节，铁投加技术在废水处理中已经有广泛的研究与应用，无论是作为絮凝剂还是作为生物处理过程中的一种辅助原料均取得了良好的处理效果。将铁投加到废水的生物处理单元的生物铁技术已经出现很长一段时间，但其传统方法一般是直接将二价铁盐投加到生物处理单元，通过刺激微生物体内的生物酶活性进而提高其处理效果。但此法仍有很大不足，由于二价铁盐还原性较弱，无法掩蔽反应器中的其他阴离子（如硫酸根离子），而这些阴离子在水体中如果浓度过高则会严重影响微生物自身的新陈代谢，特别是对厌氧微生物有明显的抑制作用。因此，投加零价铁的技术应运而生。零价铁具有很强的还原性，可有效降低干扰微生物代谢的有害阴离子浓度，同时它的离子形态具有絮凝功能，在碳存在的条件下可形成微电解作用。这使得零价铁技术不仅可起到二价铁的作用，还可进一步提高反应器性能。此外，微生物共代谢是在有其他碳源和能源存在的条件下，微生物酶活性增强、降解非生长基质的效率提高的现象，是指微生物从其他底物获取大部分或全部碳源和能源后将同一介质中有机化合物降解的过程，又称为协同代谢作用。微生物共代谢反应中产生的既能代谢生长基质又能代谢目标污染物的非专一性酶又称为关键酶，关键酶的产生是微生物共代谢反应发生的关键因素。通过共代谢作用提高对难降解物的利用，生长基质的选择对共代谢的影响是非常明显的。一般情况下，葡萄糖、甲醇、淀粉、乳酸盐、乙酸盐、丙酸盐等易降解物质常用来作为共代谢的生长基质。甲醇作为钢铁煤化工行业中煤制烯烃项目的中间产品，廉价易得，是钢铁废水共代谢处理过程中生长基质的不二选择。

（2）工艺流程

1）基于高效降解菌株的菌群调控及A/O/O工艺优化技术

对在焦化废水中富集驯化分离具有耐受/降解转化喹啉/吡啶能力的高效菌株KDPy1，并在实际焦化废水中进行生物强化（摇瓶实验），将喹啉（Q）和吡啶（P）加入好氧生物反应器（CW）的出水中，以研究在高浓度下增强目标污染物降解的可行性，并与接种二级沉淀池污泥（S）形成对比。结果表明，接种KDPy1显著降低了吡啶在实际焦化废水（CWW）中的效率（$P<0.01$），吡啶浓度在48h内迅速下降［图3-16(a)］。喹啉的降解比共存系统实验更有效[图3-16(b)]。适应期24h后，喹啉浓度迅速下降，60h内去除率达到78.5%。在接种KDPy1和未接种之间发现喹啉降解的统计学差异($P<0.05$)，证明KDPy1可以提高焦化废水中喹啉的去除率。接种后，与对照(无菌株KDPy1)相比，TOC显示出更稳定的下降趋势，如图3-16(c)所示($P<0.01$)，菌株KDPy1除去66.2%的TOC。在接种活性污泥的实验中，TOC的去除率也高于对照[图3-16(d)]($P<0.01$)，可能的原因是由于去除了喹啉。

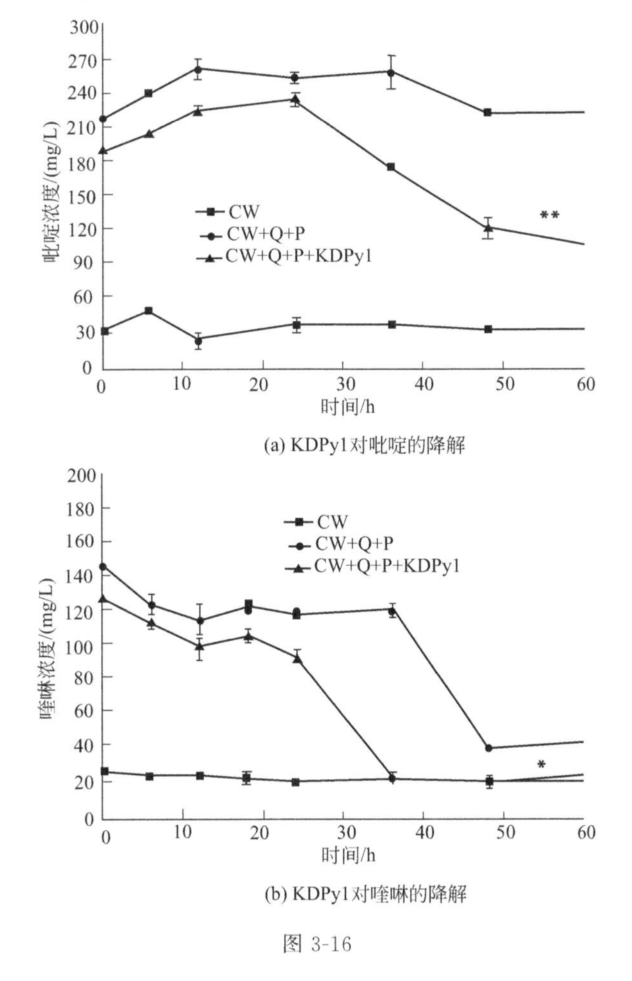

(a) KDPy1对吡啶的降解

(b) KDPy1对喹啉的降解

图3-16

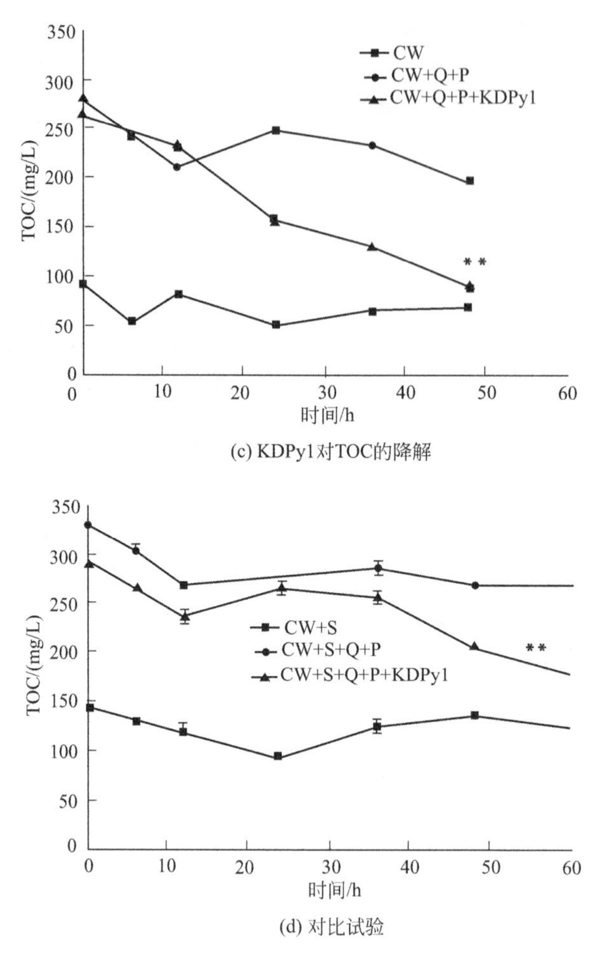

(c) KDPy1对TOC的降解

(d) 对比试验

图 3-16　实际焦化废水中 KDPy1 对吡啶、喹啉或 TOC 的降解

（* 表示 $P<0.05$ 水平上统计学差异显著；* * 表示 $P<0.01$ 统计学差异极显著，后同）

在未接种活性污泥的实验中，喹啉和吡啶的总浓度约为 183.54mg/L，喹啉和吡啶降解了的浓度转化为化学计量 TOC 约为 35.53mg/L。然而 TOC 的实际浓度下降了 184.71mg/L，这表明 KDPy1 不仅可以去除目标污染，而且还具有降解焦化废水中其他有机污染物的能力。结果表明菌株 KDPy1 能够与活性污泥中的微生物协同降解 TOC，并应用于焦化废水的生物强化过程。

反应器为 A/O/O 工艺分为对照组（C）和实验组（R）共两组，按厂区设计尺寸等比例缩小，反应器设计为溢流出水。为了减少各工段污泥损失，保持反应器污泥浓度，同时减少出水中悬浮物浓度，每个反应器后接一个沉淀池进行泥水分离。反应池上端进水，沉淀池溢流出水，出水进入下一个反应池，沉淀池下端开口将沉淀的污泥回流到前一个反应池。硝化液从最终出水回流到 A 池。设计改进反应器中每个池子的功能：A 池主要进行有机物去除和反硝化作用，O_1 池去除大部分有机物，O_2 池主要进行硝化作用。3 个沉淀池的污泥回流比分别为 $3x$、$5x$、$5x$，硝化液回流比为 $2x$。反应器在室温下运行，保持反应池内污泥浓度活性稳定，定期排泥。处理过程中不额外添加稀释水。A/O/O 反应器处理工艺流程如图 3-17 所示。

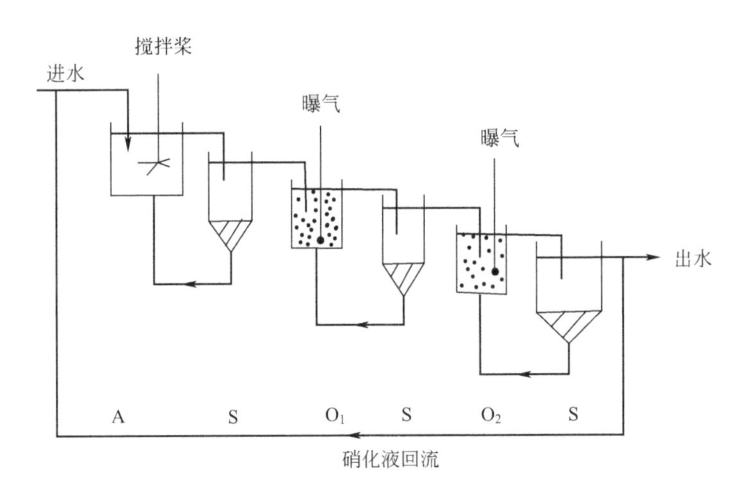

图 3-17 A/O/O 反应器处理工艺流程

A/O/O 工艺是在传统 A/O 工艺上进行改进，以便异养细菌和自养细菌能够各自发挥功能，从而达到强化脱氮的目的。为了减少污泥损失，保障污泥在各个反应池的停留时间，使每个反应器功能区分更加明显，避免自养菌和异养菌的竞争，保障自养菌有足够的污泥停留时间进行硝化作用，每个反应器后接一个沉淀池进行泥水分离。进行生物强化时，在 O_1 池里添加强化降解菌 *Rhodococcus* sp. KDPy1，监测加菌前后水质指标（COD、NH_4^+-N、NO_3^--N、喹啉、吡啶、SCN^-、TOC 等）变化。

反应器运行分为 3 个阶段：反应器初始阶段（1～27d）进水由原焦化厂调节池水稀释至 COD 浓度约为 400mg/L，反应器缺氧池泥采用原厂缺氧池污泥，反应器 O_1 池和 O_2 池污泥取自原厂 O_1 池污泥；提高负荷阶段（27～100d）逐步提高进水负荷；反应器强化阶段（100～112d）在实验组 O_1 池中接种 *Rhodococcus* sp. KDPy1 的总接种剂量（按干细胞重量计）等于 5%的 MLSS。运行期间通过添加 $NaHCO_3$ 调整碱度，定时采取各工段水样和污泥样本，测定水质和分析微生物群落结构。反应器内 COD 和 NH_4^+-N 浓度变化如图 3-18 所示。

两组实验室规模的 A/O/O 反应器共运行 112d，在此期间对实验组（R）和对照组水质指标进行监测，如图 3-19 所示。在启动阶段对活性污泥进行驯化，待系统出水水质稳定之后逐步提高进水负荷，COD 浓度从 600mg/L 提高到 840mg/L，NH_4^+-N 浓度从 35mg/L 逐渐提高到 93mg/L。两个反应器有明显有机物去除能力，出水 COD 浓度稳定在 200mg/L，主要在 A 阶段去除，去除率达到 67%。随进水负荷的提高，两反应器出水 NO_3^--N 浓度在初始阶段一直维持在较低水平（10mg/L 以下）。表明 A 阶段污泥有良好的有机物去除能力和反硝化能力，抗冲击负荷强。然而，随进水浓度的升高出水 NH_4^+-N 浓度波动较大，最高出水浓度达到 66mg/L，

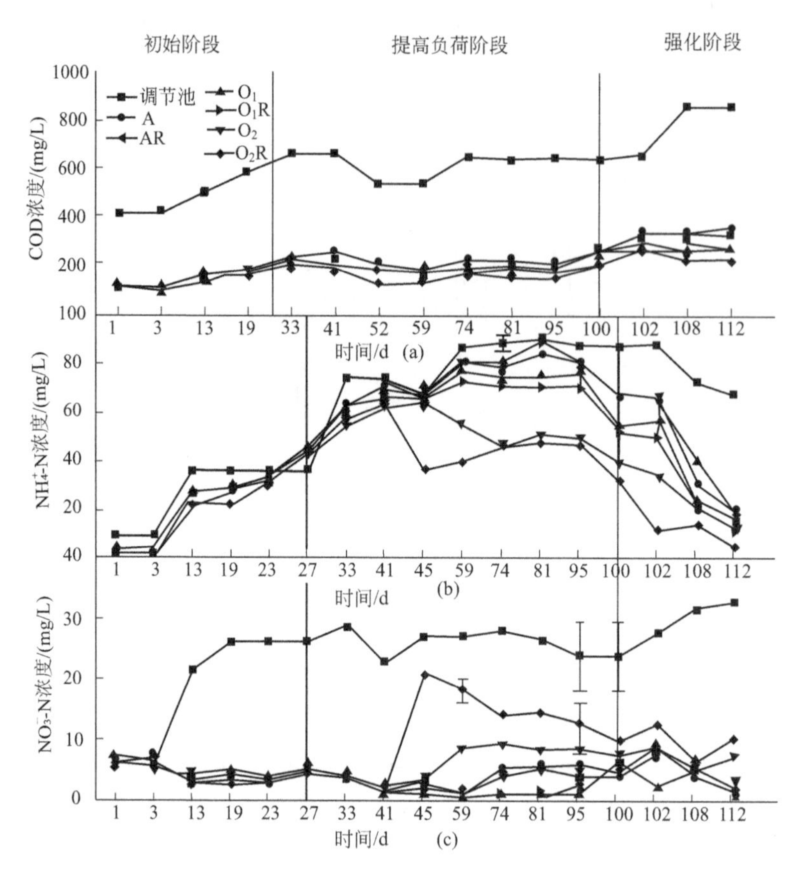

图 3-18 反应器内 COD 和 NH_4^+-N 浓度变化

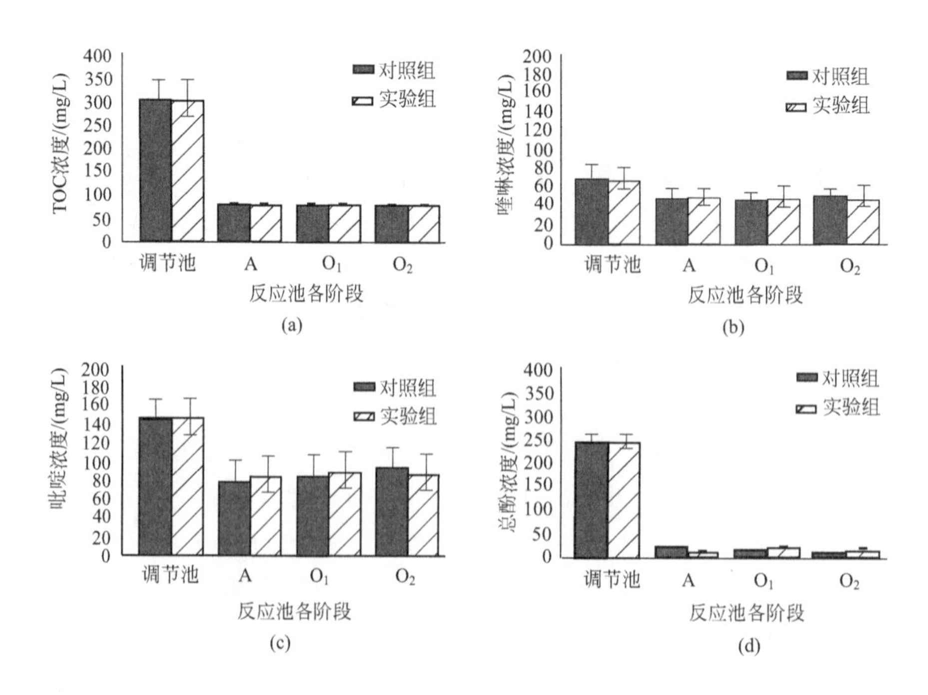

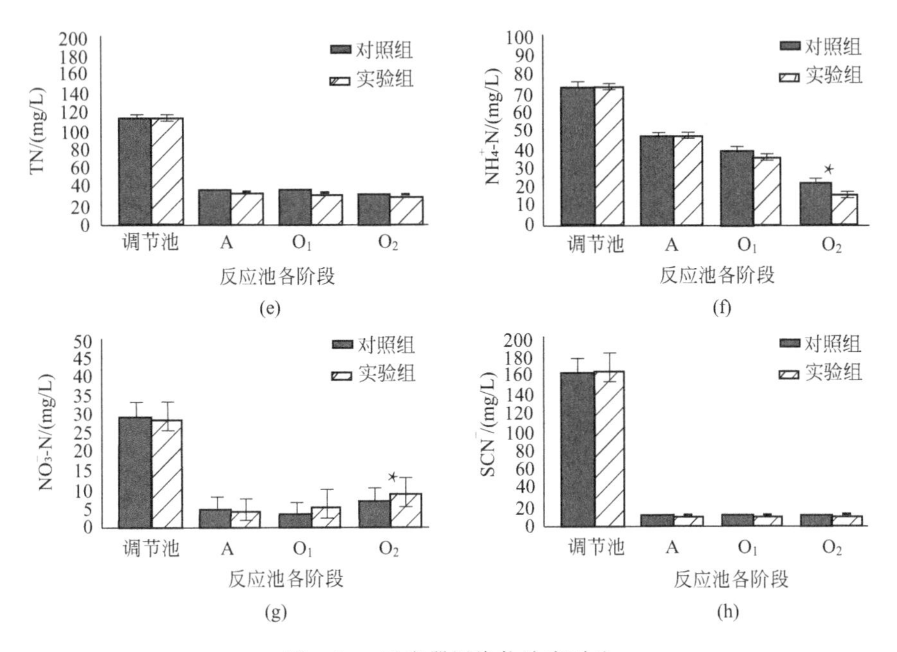

图 3-19　反应器污染物浓度对比

去除率只有 24.5%。这种现象可能是由于系统内缺乏氨氧化细菌（AOB）所致。

在实验组(R)O_1 阶段加入 *Rhodococcus* sp. KDPy1。试验发现：在添加强化菌 *Rhodococcus* sp. KDPy1 后，出水 COD 稳定，COD 去除率相比对照组(C)提高了 2.44%。NH_4^+-N 浓度相比 C 组显著降低[$P<0.05$，见图 3-18(b)]，出水 NH_4^+-N 浓度降到 5mg/L[图 3-18(b)]，去除率达到 92%，比 C 组提高了 8.75%，硝化能力显著提高($P<0.05$)，如图 3-19 实验组出水 TOC、喹啉、吡啶、总酚、TN、SCN 浓度均低于对照组(无显著性差异)，喹啉、吡啶和 TN 的去除率分别增加了 7.18%、6.55%、4.78%。结果表明添加 *Rhodococcus* sp. KDPy1 可以提高 NH_4^+-N 的去除效率，提高好氧段的硝化作用。因此，*Rhodococcus* sp. KDPy1 的添加对 AOO 系统有强化去除污染物的作用。

分别测定了原始污泥（1A、1O）、NH_4^+-N 浓度降低阶段（45A、45O_1、45O_2）、强化前（100A、100O_1、100O_2）、强化结束时（112A、112O_1、112O_2）的微生物群落结构。属水平上的相对丰度如图 3-20 所示，可以看出随驯化菌群多样性增加，非优势菌的相对丰度增加。优势菌为硫杆菌（*Thiobacillus*）、酸杆菌（*Aridibacter*）、黄色单胞菌（*Povalibacter*）、鞘脂菌属（*Sphingobium*）、丝孢菌属（*Hyphomicrobium*）、雉支原体（*Sphingopyxis*）、革兰氏杆菌（*Ignavibacterium*）、Gp4、莫氏杆菌（*Moheibacter*）、亚硝化单胞菌属（*Nitrosomonas*）相对丰度分别介于 3.07%～34.33%、1.95%～10.61%、2.03%～8.74%、0.19%～16.89%、0.13%～14.44%、0～6.09%、0.79%～4.97%、0.74%～4.31%、0～8.05%、0.23%～4.04%。相比原污泥，*Thiobacillus* 和 *Povalibacte* 的相对丰度降低；其余属的丰度升高，功能更趋于多样化且缺氧池和好氧池的微生物种类差异更明显。

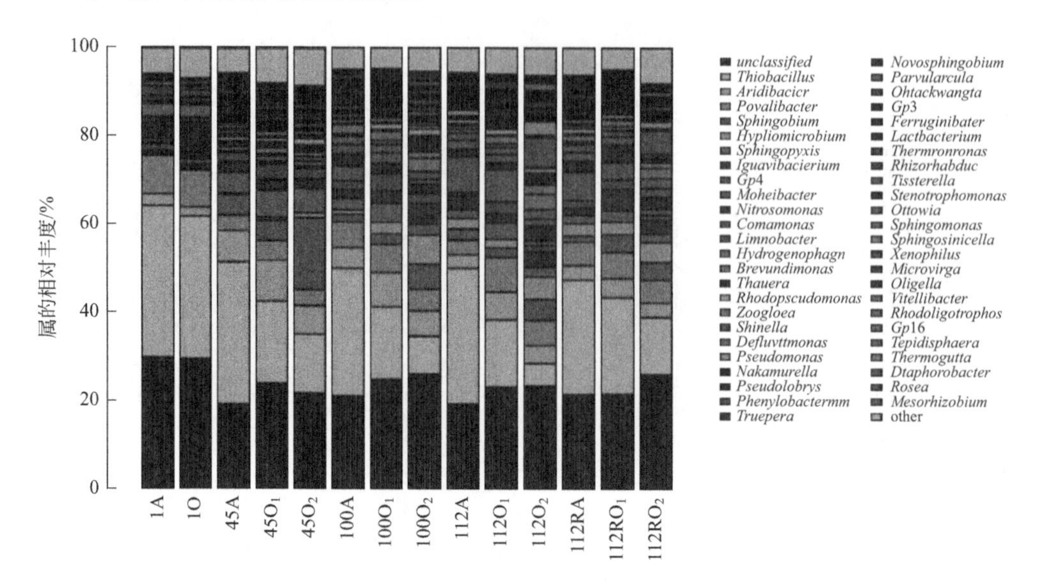

图 3-20 反应器属水平微生物相对丰度（见书后彩图）

从缺氧池到好氧池微生物群落结构变化更加明显，衍生出更多的功能菌群。通过添加强化降解菌 *Rhodococcus* sp. KDPy1 可以显著提高 NH_4^+-N 和 NO_3^--N 的去除效率，提高好氧段的硝化作用；且 R 组中有机物种类虽然较 C 组多，但更趋于低浓度且氮杂环类化合物浓度更低；微生物测序结果表明 R 组中含有更高丰度的功能菌，有利于降低有机物和 NH_4^+-N 浓度，因此通过添加 *Rhodococcus* sp. KDPy1 能够促进微生物群落结构演替出丰度更高的菌群，有利于 A/O/O 系统提高污染物的去除效率。

2）基于零价铁调控的厌氧生物处理强化技术

针对焦化废水厌氧处理阶段，在水体污染治理重大科技专项的支持下开展了零价铁强化厌氧生物处理钢铁废水的研究，采用实验室规模的间歇式厌氧生物反应器，探究了零价铁添加对 COD 厌氧去除的提升效果，并分析了零价铁对厌氧菌群结构的作用规律。如图 3-21 所示。

实验共进行 60d，采用逐步降低原水稀释比的方式逐步提高进水负荷。实验表明零价铁投加剂量在 2000mg/L 时对厌氧 COD 去除的提升效果最明显，出水 COD 浓度为 2045mg/L（进水 COD 浓度为 3895.5mg/L），COD 去除率达 46.62%，相比之下对照组出水 COD 浓度为 2957mg/L，COD 去除率仅为 22.81%。

在实验结束后对 2000mg/L 零价铁添加组和对照组的厌氧污泥进行了高通量测序，如图 3-22 所示。图中 R_0 为对照组，R_1 为实验组。测序结果表明在所有污泥样品中，Proteobacteria、Firmicutes、Chloroflexi 和 Bacteroidetes 是最广泛代表的门，占总序列的 85.9%～91.5%。Proteobacteria 是污泥中最主要的优势菌门，但其丰度在前 26d 从 72.3%急剧下降到 22.7%～38.5%，随后 30d 略有回升，最终分别占对照组和零价铁组厌氧总读数的 51.6%和 30.7%。相反，Firmicutes 在前 26d 显著增加，成为所有反应器中最主要的菌门；随后在培养的其余时间内下降，

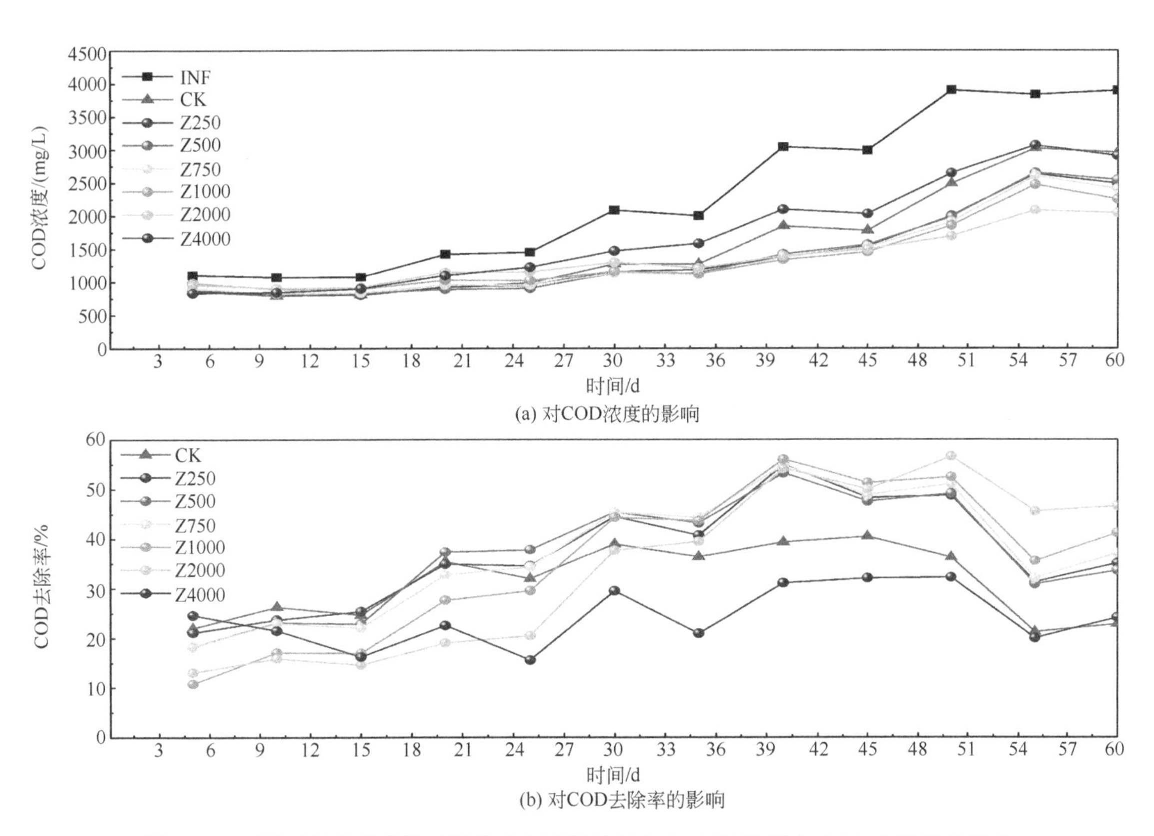

图 3-21　不同剂量的零价铁对钢铁废水厌氧处理出水 COD 浓度和 COD 去除率的影响

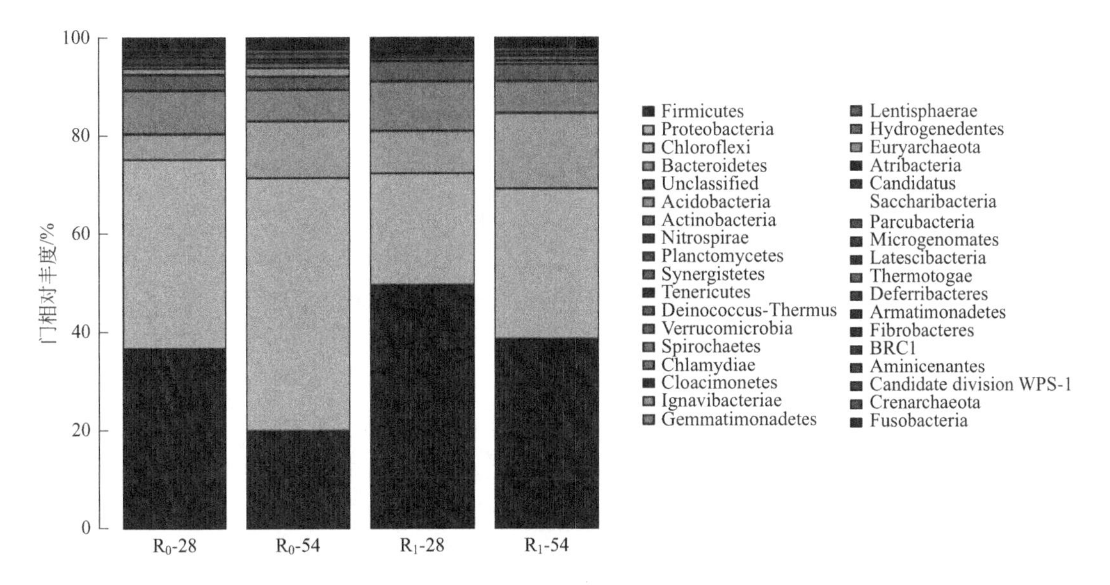

图 3-22　零价铁投加组合对照组厌氧菌群结构门水平对比（见书后彩图）

最后分别占对照组和零价铁组的总读数的 20.1%和 38.9%。Bacteroidetes 也有类似的趋势，最后占两反应器总读取数的 6.3%～6.9%。随着时间的推移，Chloroflexi 稳步上升，最终分别占对照组和零价铁组 11.6%、15.3%和 17.4%。

随着时间的推移，污泥群落变化显著，并且在不同阶段由不同的微生物群落所控制。Z1 区和 Z2 区分别代表了在第 26 天和第 56 天两反应器中优势的属。在 Z1 的成员中，大多数显示出对蛋白质衍生底物的偏好。例如，Z1 内的 *Tissierella* 在厌氧消化系统中利用蛋白质类物质；在厌氧消化系统中富集 *Sedimentibacter* 用于蛋白质衍生甘氨酸发酵；*Mariniphaga* 能够利用氨基酸如 L-天冬氨酸和 L-谷氨酸作为唯一的碳和能源。值得注意的是，反应器的进水钢铁废水中几乎不存在蛋白质衍生底物。因此，大量不适应原水的微生物成为凋亡细胞，裂解并释放蛋白底物，从而促进 Z1 成员的繁衍生长，并在实验的早期阶段造成显著的群落演替。关于 Z2 的组成部分，大多数在 3 个反应器中富集的化合物被报道参与了芳香族、多环污染物或杂环污染物的去除。例如，在多环芳烃污染的土壤中存在大量的 *Thermomonas*；*Sphingomonas* 能够降解多环芳烃，如萘、菲和䓛；*Novosphingonbum* 可以吸收一些芳香化合物，如苯酚、菲、苯胺和硝基苯，而 *Levinea* 被发现参与了 NHC 的厌氧降解。这些属在实验后期的大量存在为有效去除钢铁废水中的难降解有机污染物提供了保障。相比于对照组，零价铁添加之后 *Levilinea*、*Saccharofermentans*、*Thermomonas*、*Sedimentibacter* 和 *Bellilinea* 丰度明显提升。如上所述，*Levilinea* 属

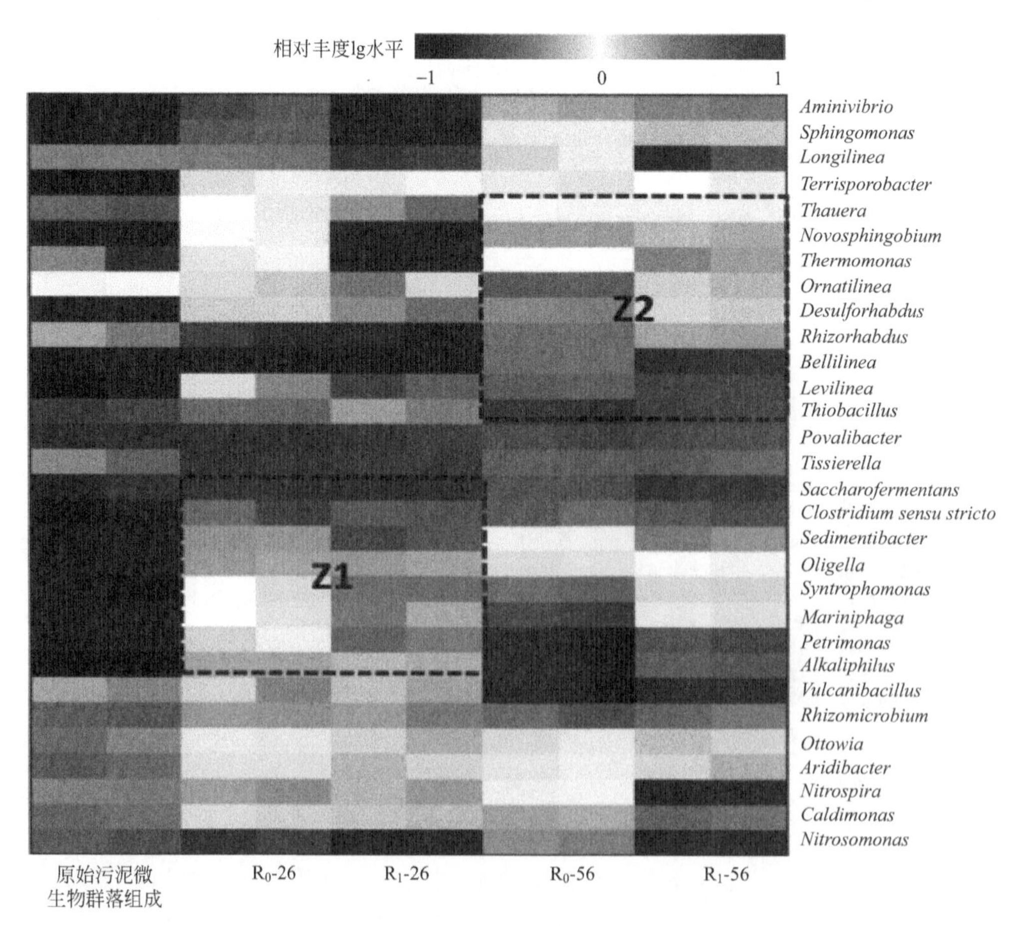

图 3-23 零价铁投加组合对照组厌氧菌群结构属水平对比（见书后彩图）

和 *Thermomonas* 属可能有助于增强反应器零价铁组中 NHC 和多环芳烃的去除。*Bellilinea* 菌是零价铁组中最丰富的一个属（占总读取数的 7.82%），远高于对照组（占 2.32%）。*Bellilinea* 菌参与了沉积物微生物燃料电池系统中芘和苯并 [a] 芘的降解，表明 *Bellilinea* 可能在多环芳烃去除中发挥作用，这有助于提高零价铁组中多环芳烃去除效果，如图 3-23 所示。

基于特定微生物类群与环境变量之间的成对 Spearman 相关系数进行网络分析，以确定影响群落聚集和稳定性的关键因素。强（$r>0.6$）和显著（$P<0.05$）的相关在图 3-24 中被分类和可视化。网络图共得到 117 个节点（113 个属，4 个环境变量）和 169 条边。其中连接最紧密的节点是氧化还原电位（ORP）因子，与 82 属有显著相关性，表明 ORP 可能是引起细菌群落演替和分化的最重要因子。

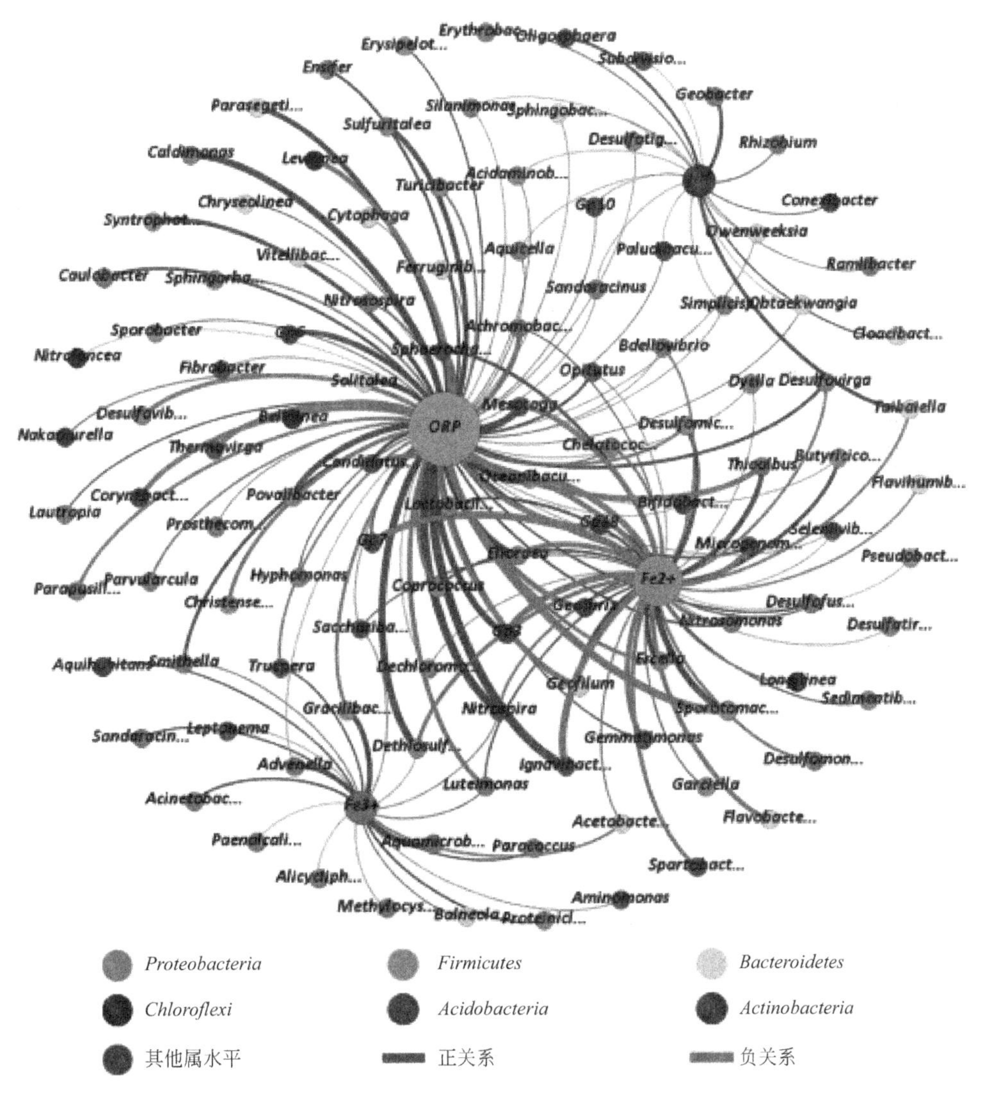

图 3-24　基于特定微生物类群与环境变量的配对 Spearman 相关系数的网络分析（见书后彩图）

ORP 能反映细胞内代谢所涉及的整体电子转移和氧化还原平衡，被认为是影响厌氧发酵过程的关键因素。另据报道，ORP 可能通过调节基因表达和酶合成而影响细胞的许多细胞功能，从而影响信号传感、转导和最终代谢谱。考虑到 ORP 随着时间的推移而降低，并且零价铁组的 ORP 显著低于对照组，推测 ORP 可能在改善处理性能方面发挥潜在作用。除 ORP 外，Fe(Ⅱ) 浓度是影响微生物功能和群落结构的另一个重要因素，与包括 Fe(Ⅲ) 还原菌（如 *Geothrix*）、Fe(Ⅱ) 氧化菌（如 *Dechloromonas*）和铁同化菌（如 *Bifidobacterium*）在内的 48 个属有显著相关性。

3）基于甲醇共代谢调控的好氧生物处理强化技术

针对焦化废水好氧处理阶段，在水体污染治理重大科技专项的资助下，开展了甲醇共代谢强化好氧生物处理钢铁废水的研究，采用实验室规模的 A/A/O 模拟反应器，探究了甲醇共代谢对 COD 及难降解有机物好氧去除的提升效果，并分析了好氧菌群的结构及功能演替模式。

采用两套小试规模的 A/A/O 工艺来验证甲醇添加对钢铁废水好氧处理性能的影响，如图 3-25 所示。系统运行到第 61 天后，原水的水质相对稳定，进水 COD

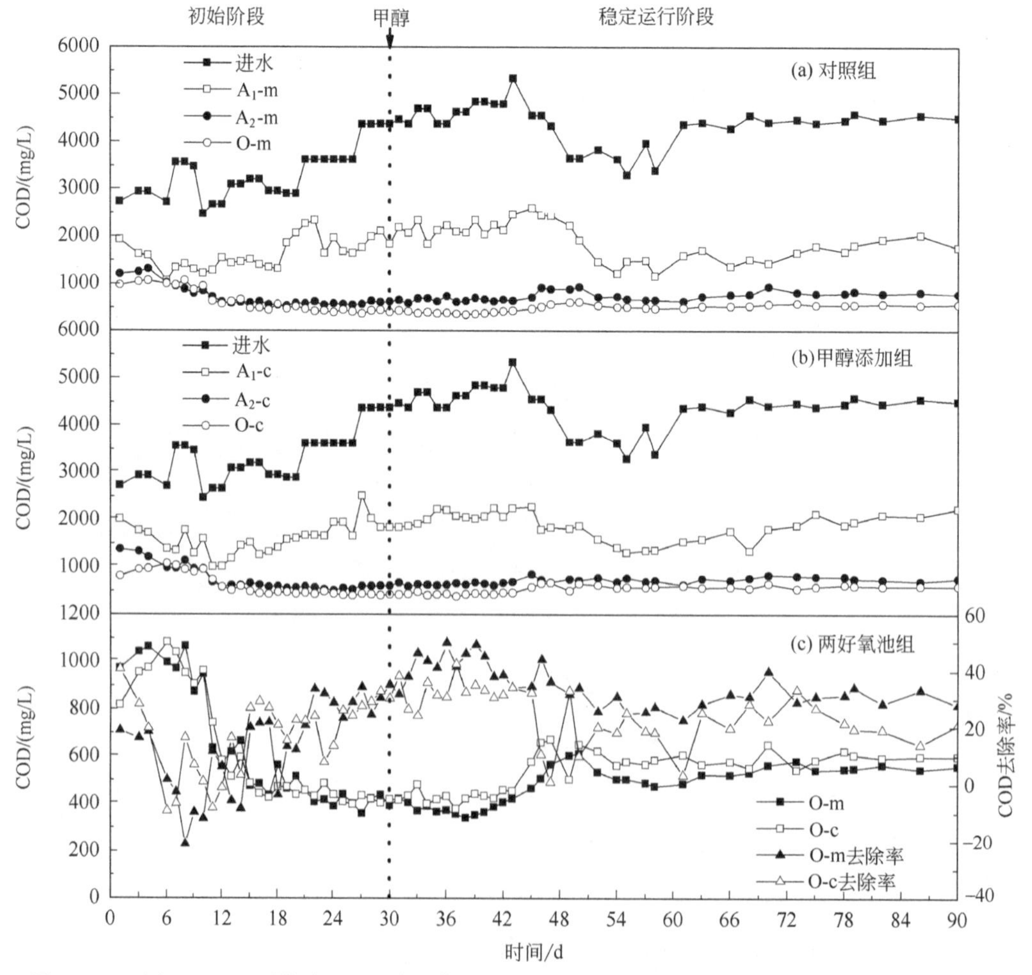

图 3-25 两套 A/A/O 系统中 COD 的变化以及两好氧池之间的比较（m 指实验组，c 指对照组）

维持在约 4500mg/L，实验进入稳定运行阶段。在此阶段，各段 COD 去除率保持稳定。添加甲醇组合对照组好氧池平均出水 COD 值为 448.8mg/L 和 510.7mg/L，去除率分别为 36%和 24.9%。此外，对照组好氧池的 COD 去除率波动较大，但在添加甲醇组中相对稳定。这些结果表明，好氧段甲醇的添加提高并稳定了处理效果。

在稳定运行阶段，在第 70 天、第 76 天、第 84 天和第 90 天从各池中收集出水样本测定酚类化合物的浓度 [图 3-26(a)]。两套系统的进水是相同的，总酚浓度约为 450mg/L。对照组和甲醇组厌氧池的去除率分别为 39%和 41.4%。缺氧出水中的总酚浓度远低于厌氧出水，但实际缺氧段的总酚去除率并不高，其总酚浓度的降低主要是由硝化液的稀释引起的。对照组和甲醇组缺氧池的总酚去除率分别为 23.2%和 15.6%。对照组和甲醇组好氧池的出水总酚浓度差异有统计学意义（$P<0.05$），平均值分别为 54.4mg/L 和 44.9mg/L，去除率分别为 43.9%和 54.0%。这表明甲醇的添加提高了好氧池对酚类化合物的去除能力。

在第 70 天、第 76 天、第 84 天和第 90 天从各工段收集出水样本，以测定 TN、NH_4^+-N 和 NO_3^--N 的浓度 [图 3-26(b)、(c)和(d)]。进水 TN、NH_4^+-N 和

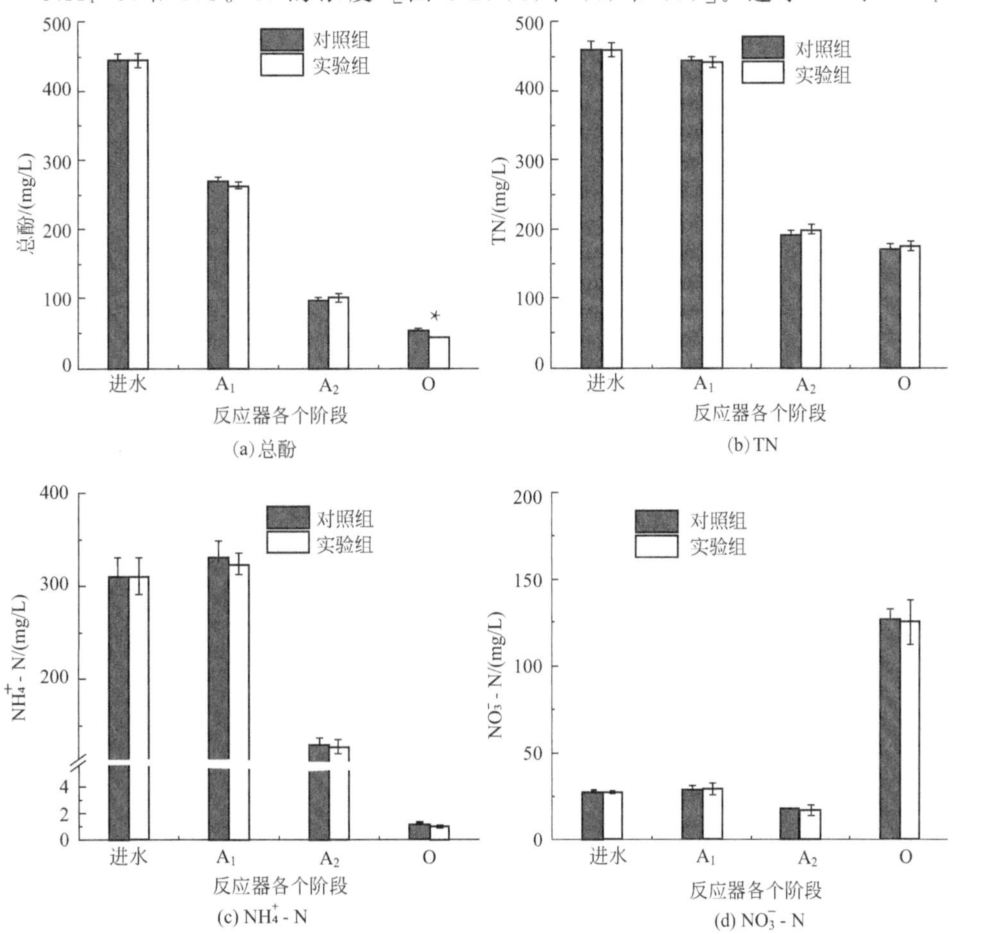

图 3-26　两套 A/A/O 系统中各处理工序出水总酚、TN、NH_4^+-N 和 NO_3^--N 的比较

NO_3^--N的浓度分别为457.2mg/L、300mg/L和27.5mg/L。在厌氧段中TN浓度有轻微的下降，可能是由微生物的同化引起的。此外，反硝化作用在缺氧罐中引起TN和NO_3^--N的浓度显著下降，而NH_4^+-N几乎完全被好氧池中的硝化细菌转化为NO_3^--N，与缺氧池相似，好氧微生物的同化作用使总氮略有下降。系统间TN、NH_4^+-N、NO_3^--N的浓度差异无统计学意义($P>0.05$)，表明甲醇的加入对A/A/O系统脱氮没有显著的影响。

两套A/A/O系统中好氧处理有机物的转化路径如图3-27所示。根据GC-MS分析确定的相对峰面积，计算了好氧出水中有机物的种类与含量。在对照组和甲醇组好氧出水中，分别检出10种和13种酚类化合物，分别占有机物总量的7.40%和6.48%。甲醇组好氧出水中最多的酚类是苯酚和3-甲基苯酚，而高分子量的酚类化合物（如2,4-二叔丁基苯酚、2,5-二甲基苯酚和5-甲基氨基-1,3-苯二醇）含量较低。相比之下，对照组好氧池出水中高分子量的酚类化合物含量较高。在甲醇存在下，2,4-二-叔丁基苯酚的含量明显降低，且仅在甲醇组中检测到3,5-二叔丁基-1,2-苯二醇。对于苯酚的好氧降解，第一步通常是苯酚羟化酶（HO）催化下苯酚转化为邻苯二酚，因此3,5-二叔丁基-1,2-苯二醇可能是2,4-二叔丁基苯酚代谢的降解中间体。同样，甲醇的加入也降低了好氧出水中多环芳烃的含量，对照组和甲醇组好氧出水中分别检出7种和4种多环芳烃，占有机物总量的1.70%和1.05%。甲醇组中蒽的含量明显降低，且蒽醌仅在甲醇组中检出。蒽的其中一种降解途径为在木质素分解酶的催化下转化为9,10-蒽醌，进而转化为邻苯二甲酸和CO_2。综合以上结果，甲醇的添加可以促进难降解酚类和多环芳烃的降解，并有利于其转化为中间产物。

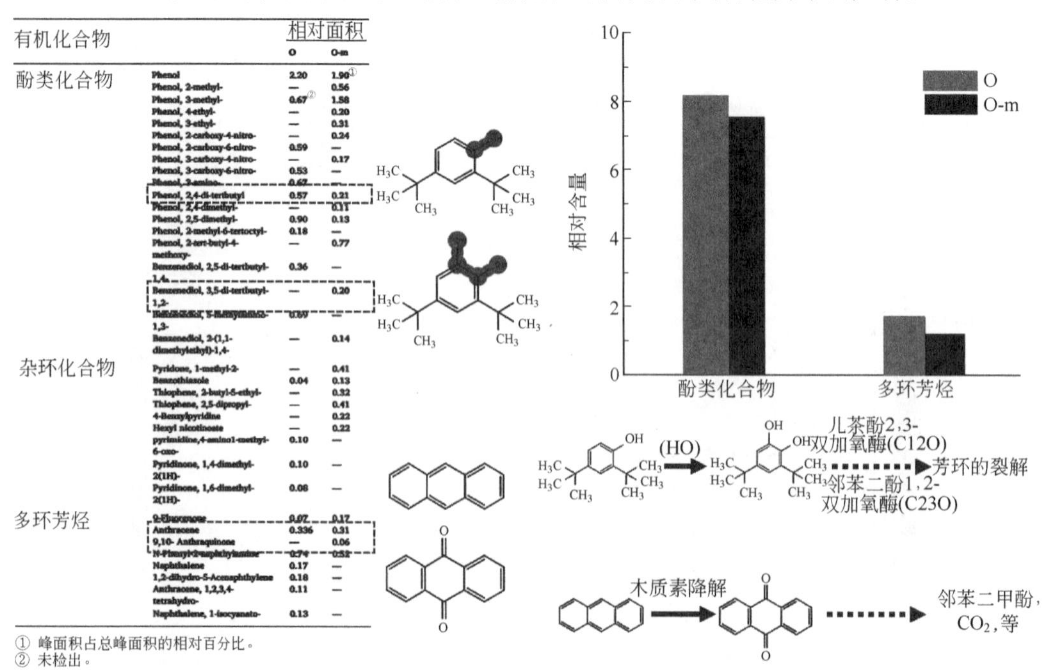

有机化合物		相对面积 O	相对面积 O-m
酚类化合物	Phenol	2.20	1.90[1]
	Phenol, 2-methyl-	—	0.56
	Phenol, 3-methyl-	0.67[2]	1.58
	Phenol, 4-ethyl-	—	0.20
	Phenol, 3-ethyl-	—	0.31
	Phenol, 2-carboxy-4-nitro-	—	0.24
	Phenol, 2-carboxy-6-nitro-	0.59	—
	Phenol, 3-carboxy-4-nitro-	—	0.17
	Phenol, 3-carboxy-6-nitro-	0.53	—
	Phenol, 2-amino-	0.67	—
	Phenol, 2,4-di-tertbutyl	0.57	0.21
	Phenol, 2,4-dimethyl-	—	0.11
	Phenol, 2,5-dimethyl-	0.90	0.13
	Phenol, 2-methyl-6-tertoctyl-	0.18	—
	Phenol, 2-tert-butyl-4-methoxy-	—	0.77
	Benzenediol, 2,5-di-tertbutyl-1,4-	0.36	—
	Benzenediol, 3,5-di-tertbutyl-1,2-	—	0.20
	Benzenediol, 5-methylamino-1,3-	0.69	—
	Benzenediol, 2-(1,1-dimethylethyl)-1,4-	—	0.14
杂环化合物	Pyridone, 1-methyl-2-	—	0.41
	Benzothiazole	0.04	0.13
	Thiophene, 2-butyl-5-ethyl-	—	0.32
	Thiophene, 2,5-dipropyl-	—	0.41
	4-Benzylpyridine	—	0.22
	Hexyl nicotinoate	—	0.22
	pyrimidine,4-amino1-methyl-6-oxo-	0.10	—
	Pyridinone, 1,4-dimethyl-2(1H)-	0.10	—
	Pyridinone, 1,6-dimethyl-2(1H)-	0.08	—
多环芳烃	9-Fluorenone	0.07	0.17
	Anthracene	0.336	0.31
	9,10- Anthraquinone	—	0.06
	N-Phenyl-2-naphthylamine	0.74	0.52
	Naphthalene	0.17	—
	1,2-dihydro-5-Acenaphthylene	0.18	—
	Anthracene, 1,2,3,4-tetrahydro-	0.11	—
	Naphthalene, 1-isocyanato-	0.13	—

① 峰面积占总峰面积的相对百分比。
② 未检出。

图3-27　两套A/A/O系统中好氧处理有机物的转化路径

两套A/A/O系统中各处理工序门水平菌群结构如图3-28所示。高通量测序结果表明两个系统Proteobacteria（22.95%～82.87%）和Bacteroidetes（4.22%～17.96%）是最广泛的代表菌门。这两个门在焦化废水、垃圾渗滤液和石化废水处理系统中广泛存在。厌氧池和缺氧池的优势菌为Chloroflexi（2.06%～27.51%）和Firmicutes（3.92%～23.40%）。好氧段的主要菌门为Acidobacteria（12.17%～15.36%）、Planctomycetes（5.82%～8.46%）和Nitrospirae（2.53%～7.27%）。与对照组好氧池相比，甲醇组中的Nitrospirae、Planctomycetes和Acidobacteria菌门比例较低。

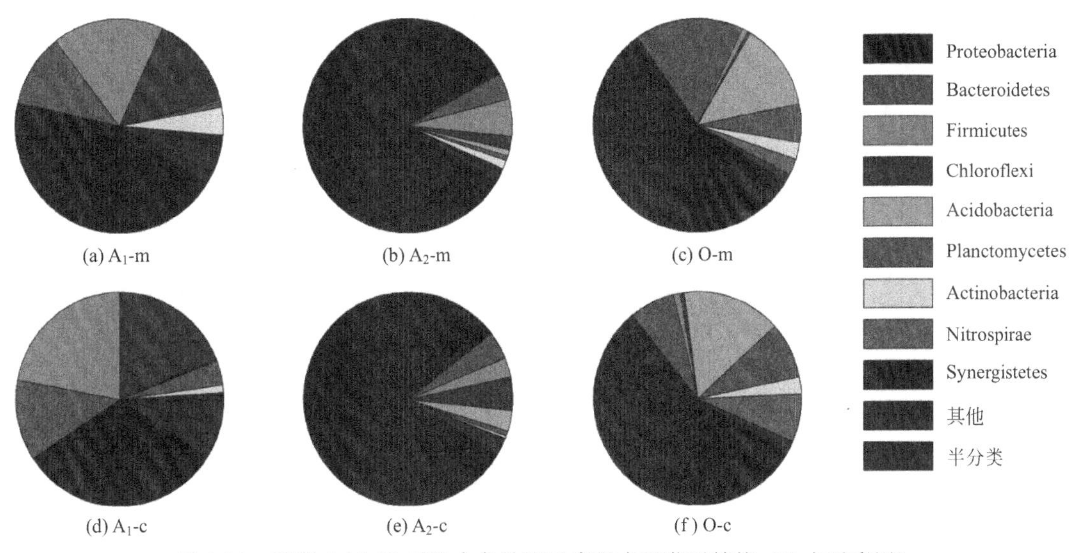

图3-28　两套A/A/O系统中各处理工序门水平菌群结构（见书后彩图）

在属水平上共检测到680个细菌属。8.24%～25.94%的总序列不能被分类，表明一些类群在反应器中仍然未知。A/A/O污泥样品的属间差异显著，6个处理池的共有菌属有16个，占总读数的4.85%～39.35%。厌氧池的优势属有*Levilinea*、*Acinetobacter*、*Alcaligenes*、*Tissierella*、*Desulfovibrio*和*Mariniphaga*。在缺氧池中优势菌属有*Thauera*、*Thiobacillus*、*Alicycliphilus*、*Lautropia*、*Paracoccus*和*Castellaniella*。好氧池中*Aridibacter*为最优势菌属，分别占对照组和甲醇组好氧池总序列的13.33%和12.05%。*Povaliberter*、*Nitrosomonas*、*Nitrospira*和*Tepidisphaera*是好氧池中的其他优势菌属。与门水平相似，在属水平上，随着甲醇的加入，好氧池的群落结构也呈现出明显的演替。在甲醇存在下，*Povalibera*、*Nitrosomonas*、*Nitrospira*和*Tepidisphaera*的相对丰度下降，而*Moheibera*、*Thermomonas*和*Hyphomicrobium*的相对丰度增加。两套A/A/O系统中各处理工序属水平菌群结构热如图3-29所示。

典型对应分析（CCA）用于识别细菌群落结构与污染物去除性能之间的可能相关性。根据CCA结果，污泥样品中检测到的细菌属大致可分为4组（图3-30）。Ⅰ组为厌氧菌，与COD和总酚的去除呈显著正相关。这些细菌的主要功能是硫酸

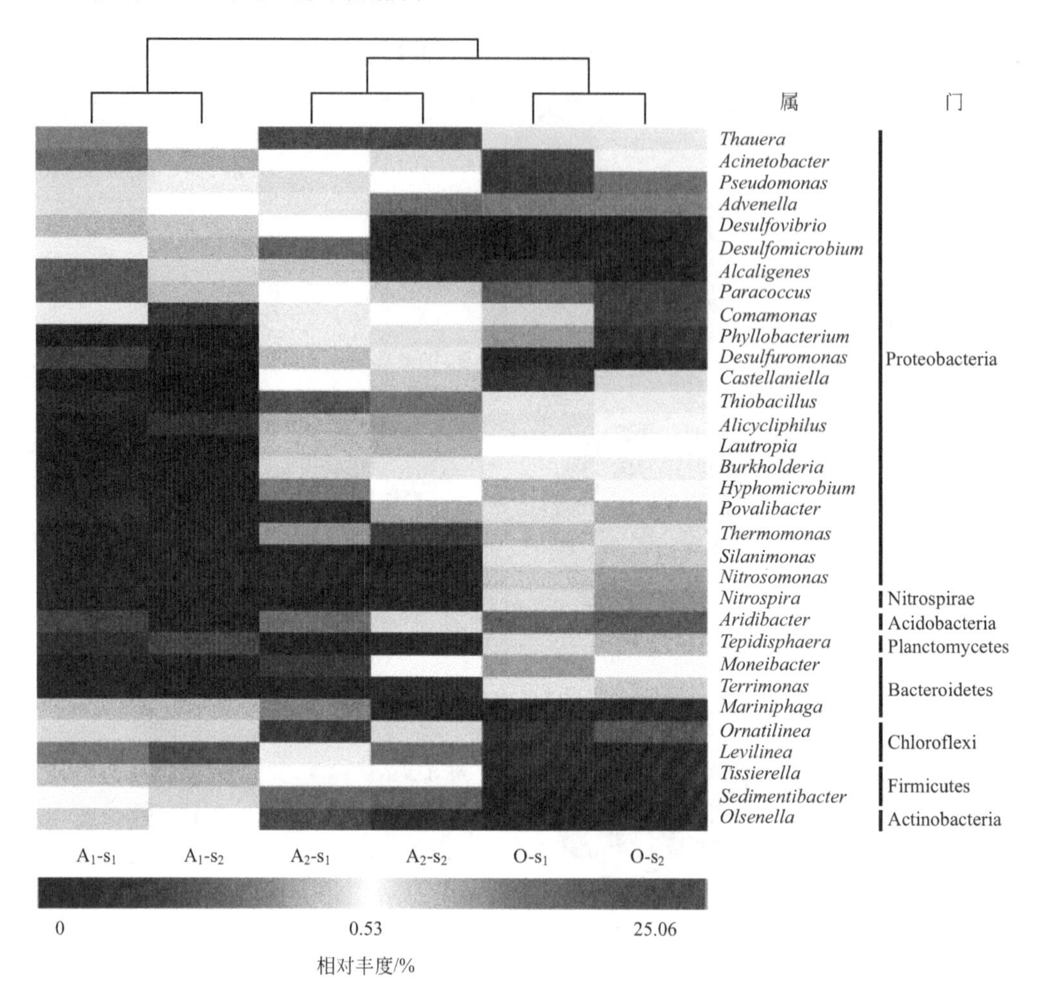

图 3-29　两套 A/A/O 系统中各处理工序属水平菌群结构热图（见书后彩图）

盐还原、厌氧氨氧化和有机物水解酸化。例如，*Levilinea* 是厌氧消化池中的优势菌属和主要产酸/产乙酰菌；*Tissierella* 参与污泥发酵过程中的酸化；*Olsenella* 是用于制氢的中温发酵罐中的优势菌属。*Desulfomicrobium*、*Desulfovibrio* 和 *Advenella* 是硫酸盐还原菌（SRB），能够利用有机物质，如醇类、脂肪酸、乳酸和一些芳香化合物作为电子供体和碳源，在厌氧条件下将硫酸盐还原为硫化氢。这些细菌的存在保证了厌氧池的 COD 高去除率。Ⅱ组与 COD 去除率相关性较差，与 TN 去除率呈正相关，说明其主要由缺氧池中占优势的反硝化细菌组成。*Thauera* 是一种兼性厌氧菌，可在好氧和反硝化条件下降解芳香烃底物。*Thiobacillus* 能够将反硝化作用与无机硫化合物氧化结合起来，而 *Lautropia* 是一种在南极海洋土壤中发现的硝酸盐还原菌。从焦油沉淀物样品中分离出 *Alicycliphilus*，并具有利用亚硝酸盐和硝酸盐作为电子受体降解复杂有机化合物的能力。反硝化细菌 *Comamonas* 能利用酚类和多环芳烃作为电子供体。Ⅲ、Ⅳ组与 NH_4^+-N、总酚的去除率呈显著正相关，尤其是 NH_4^+-N，说明它们是由好氧池中的细菌组成的。在 CCA 排序图中，Ⅲ组更接近于对照组好氧池，而Ⅳ组更接近于甲醇组好氧池，这反映了甲醇的加入促进了

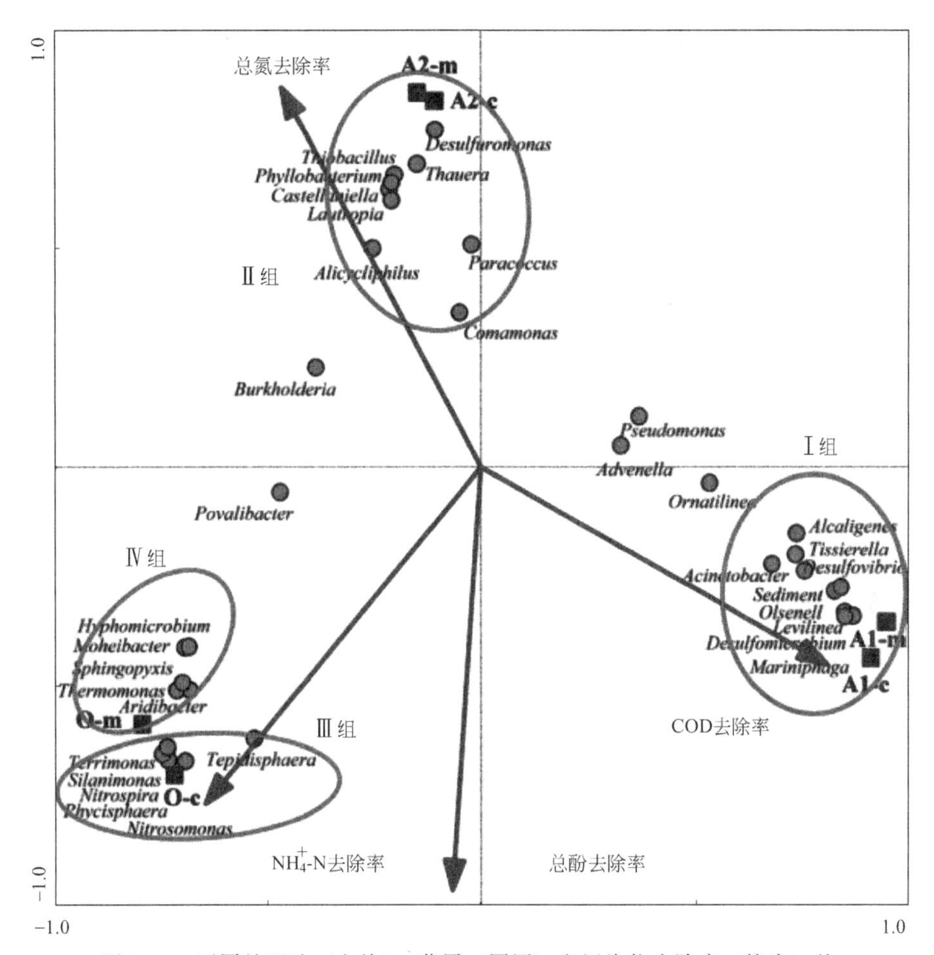

图3-30 不同处理池（方块）、菌属（圆圈）和污染物去除率（箭头）的典型对应分析排序图（见书后彩图）

Ⅲ组和Ⅳ组之间的差异。*Nitrosomonas* 和 *Nitrospira* 是公认的硝化细菌。具体来说，NH_3 被 *Nitrosomonas* 氧化为亚硝酸盐，然后再被 *Nitrospira* 进一步氧化为硝酸盐。*Aridibacter* 是氧罐中最具优势的成员。然而，该属的功能尚待报道。*Aridibacter* 隶属于 *Acidobacteria* GP4 菌科，可能与 *Acidobacteria* GP4 功能相似。*Acidobacteria* GP4 与土壤中的 NH_4^+-N 浓度呈负相关关系。此外，在 CCA 图中，*Aridibacter* 主要分布在硝化细菌周围（图 3-30）。根据以上信息推测，*Aridibacter* 属可能是一种硝化细菌并参与了 NH_4^+-N 的去除。Ⅲ组中的硝化菌均在甲醇组中以较低丰度检出，说明甲醇的存在对硝化菌的生长有轻微的抑制作用。另外，在Ⅳ组中鉴定出一些甲基营养细菌。*Hyphomicrobium* 是使用有限能源和碳源的专业甲基营养细菌。*Thermomonas* 能够减少硝酸盐和亚硝酸盐，并且与在乙酸盐或甲醇同化反硝化群落中占优势的细菌有密切的遗传关系。其他甲醇降解反硝化菌，例如 *Methyloversatilis* 和 Methylophilus 菌门的成员，以及甲醇同化细菌 *Methylobacillu*，几乎只存在于甲醇组中，虽然检出丰度较低。除了这些甲基营养型细菌外，之前从石化废水中分离出来的已知在好氧条件下降解多环芳烃的 *Sphingopyxis*，也在甲醇添加后丰度提高。除此之外，甲醇组中的酚类和多环芳烃降解物 Comamonas 和 Burkholderia 菌门比对照组中的含量更丰富。这些结果表明，甲醇可以促进酚类和多环芳烃降解菌的生长，从而加速酚类和多环芳烃的好氧降解。

为了从基因水平上解释甲醇对好氧活性污泥的影响，利用 PICRUSt 软件对功能基因的种类和丰度进行了预测，并基于 16Sr RNA 基因进行了统计分析。根据《京都基因与基因组百科全书》（KEGG）数据库预测功能基因的丰度。图 3-31 显示了两好氧池之间在 $P<0.05$ 时有统计学差异的功能基因。在第二个水平上，大多数明显变化的 KEGG 途径均被甲醇增加，两好氧池样品之间的最大差异是外源物质的生物降解和代谢（甲醇组高出 0.23%）。外源物质是外来化学物质，这一术语通常用于有害物质。在外源物质的生物降解和代谢中，甲醇组中的第三级分类甲苯降解、苯甲酸降解和多环芳烃降解明显多于对照组（$P<0.05$）。这些功能基因保证甲醇组好氧池的较高的污染物去除能力。此外，甲醇的加入丰富了与过氧化物酶体相关的功能基因。过氧化物酶体可以利用过氧化氢氧化酚、醛、酮等物质，并

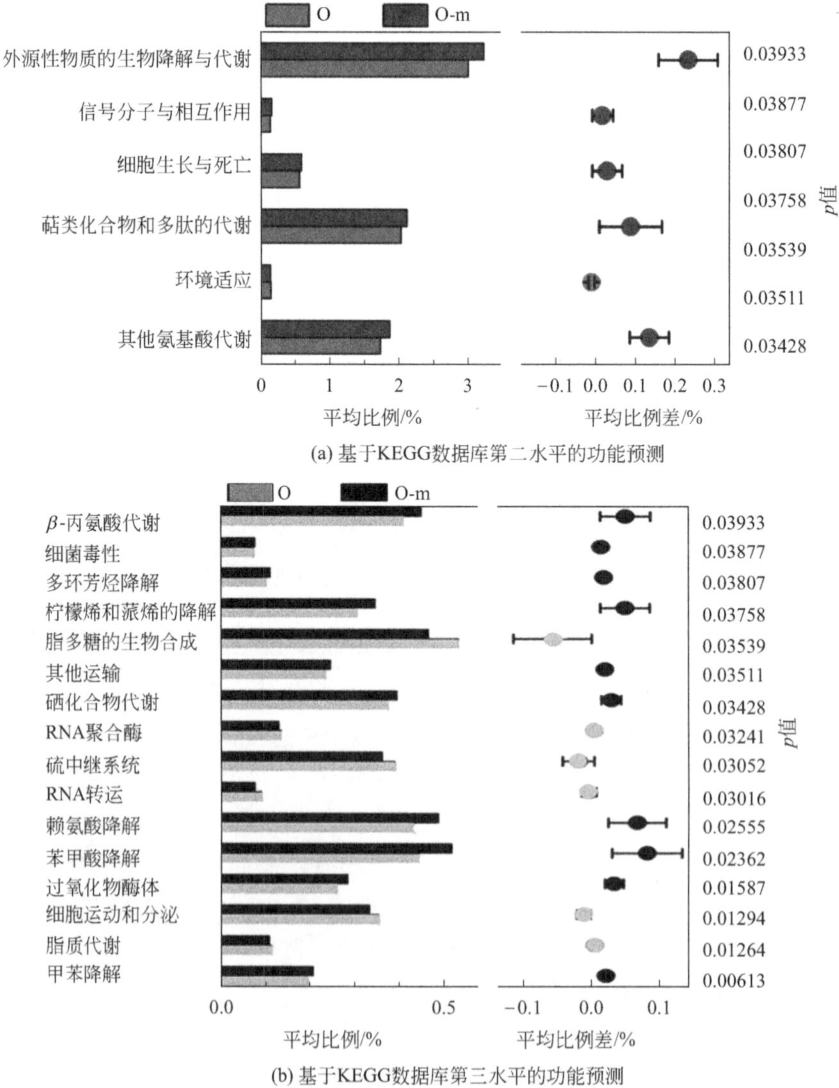

(a) 基于KEGG数据库第二水平的功能预测

(b) 基于KEGG数据库第三水平的功能预测

图 3-31　好氧污泥功能基因含量丰度的预测

使有毒物质失活。细菌是原核生物，因此细菌细胞中不存在过氧化物酶体。然而，这些基因可能与过氧化物酶体中的功能酶（如氧化酶、过氧化氢酶和过氧化物酶）有关。综上所述，甲醇的添加提高了好氧污泥对酚类等有毒物质的氧化能力。

（3）创新点

驯化、富集和分离具有较高的耐受力和降解转化能力的菌种，揭示难降解有机物的降解去除机理。采用零价铁将厌氧段 COD 去除率提升 9%～13%，采用甲醇共代谢将好氧段 COD 去除率平均提升 11.1%，并增强了各个环节难降解芳香性有机物的去除，为后续处理环节扫清了障碍。

3.4 高效脱氰脱碳混凝技术

3.4.1 技术简介

大型钢铁企业园区中焦化废水生化出水仍存在不同浓度的氰化物（0.5～20mg/L）和多种低浓度难降解有机污染物。2012 年国家颁布实施了《炼焦化学工业污染物排放标准》（GB 16171—2012），进一步提高了化学需氧量（COD）、氰化物等排放指标。因此，氰化物稳定达标是焦化废水处理领域的急迫需求。混凝沉淀工艺具有成本低、高效以及操作简单等特点而被广泛应用于焦化废水深度处理工艺中，但现有絮凝剂对氰化物和有机物去除能力有限，造成出水 COD 和氰化物难以满足新标准的要求。因此，针对钢铁行业焦化废水中低浓度氰化物等难以稳定达标排放的实际需求，研发聚合强化絮凝新技术与新生代药剂，实现高效脱氰脱碳，有效缓解后续深度处理工序的压力。同时进一步降低药剂成本，并实现焦化废水有机物、色度达标排放的前提下，氰化物浓度降至 0.2mg/L 以下，为大型钢铁园区焦化废水氰化物及有机污染防治提供技术支撑。

3.4.2 适用范围

焦化废水生化出水深度处理。

3.4.3 技术就绪度评价等级

TRL-8。

3.4.4 技术指标及参数

（1）基本原理

针对焦化废水中低浓度酚、氰等污染物，通过弱氧化剂将低浓度酚、氰污染物聚合耦联，进一步通过研发系列单位电荷密度/分子量的有机高分子环保药剂高效絮凝分离酚、氰等污染物，并通过复配优化及解决规模制备存在问题，使氰化物和酚等污染物选择性聚合耦联的能力大大提高，并通过提高药剂单位分子量的电荷密度，强化絮凝沉淀对废水中残余污染物的去除作用，实现总氰和COD协同去除与达标。

(2) 工艺流程

混凝沉淀工艺是工业废水深度处理的传统技术，广泛应用于我国钢铁企业焦化废水深度处理。新药剂可替换原有混凝工艺的混凝药剂，直接在混凝配药间操作即可，新药剂经过配药间通过泵打入混凝反应池（具体投加位置与投加量根据实际水质水量决定），经过弱氧化聚合耦联反应、凝聚、絮凝、吸附、卷扫等反应形成絮体，随后进入沉淀池进行沉淀分离（图3-32）。

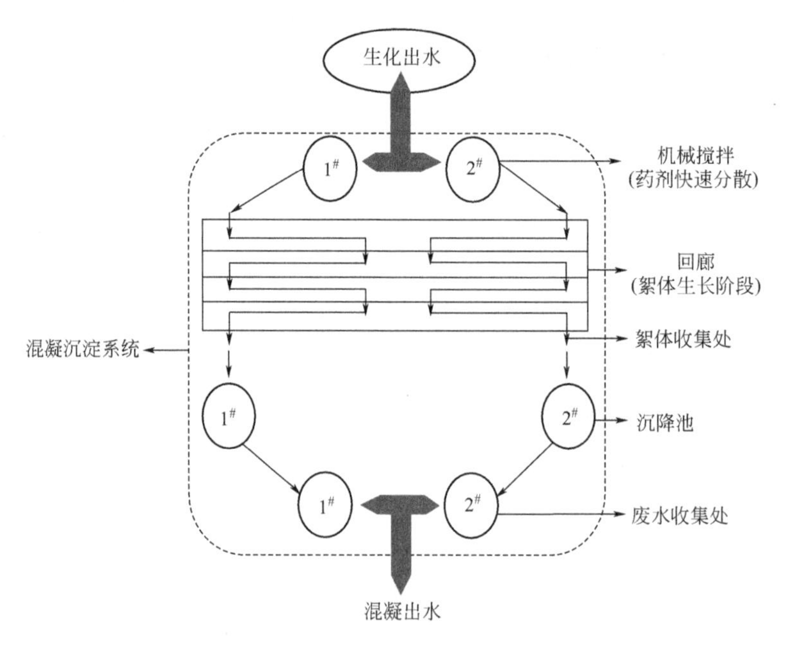

图3-32 焦化废水混凝沉淀工艺示意（1# 为企业原有混凝，2# 为新药剂系统）

(3) 主要技术创新点及经济指标

针对不同亲疏水/分子量特征的污染物结构，以单位电荷密度（SCD值）作为聚合强化絮凝去除不同极性污染物的新指标，并优化不同极性污染物与有机高分子的单位电荷密度（SCD值）构效关系，研发出强化脱氰技术与商用环保药剂，解决了极性有机物、氰化物、色度协同去除等问题。高效脱氰药剂NMR表征如图3-33所示（图中，a为—CH_3与N相连结构；b为N—CH_2—与N相连结构；c为—CH—结构；d为—CH_2—结构）。

根据鞍钢不同来源废水，基于SCD值的强化絮凝技术理论与模型优化指导药剂合成，将优化后的新一代药剂用于不同来源钢铁废水的混凝深度处理工艺，考察混凝效果与运行成本，取得较好的脱氰、脱色、COD去除效果，具体如图3-34所示。

将开发优化的药剂在鞍钢西大沟废水处理中试中进行验证，中试设备处理出水的流量为1m^3/h，在此条件下连续考察药剂对废水处理效果影响。经采用新一代

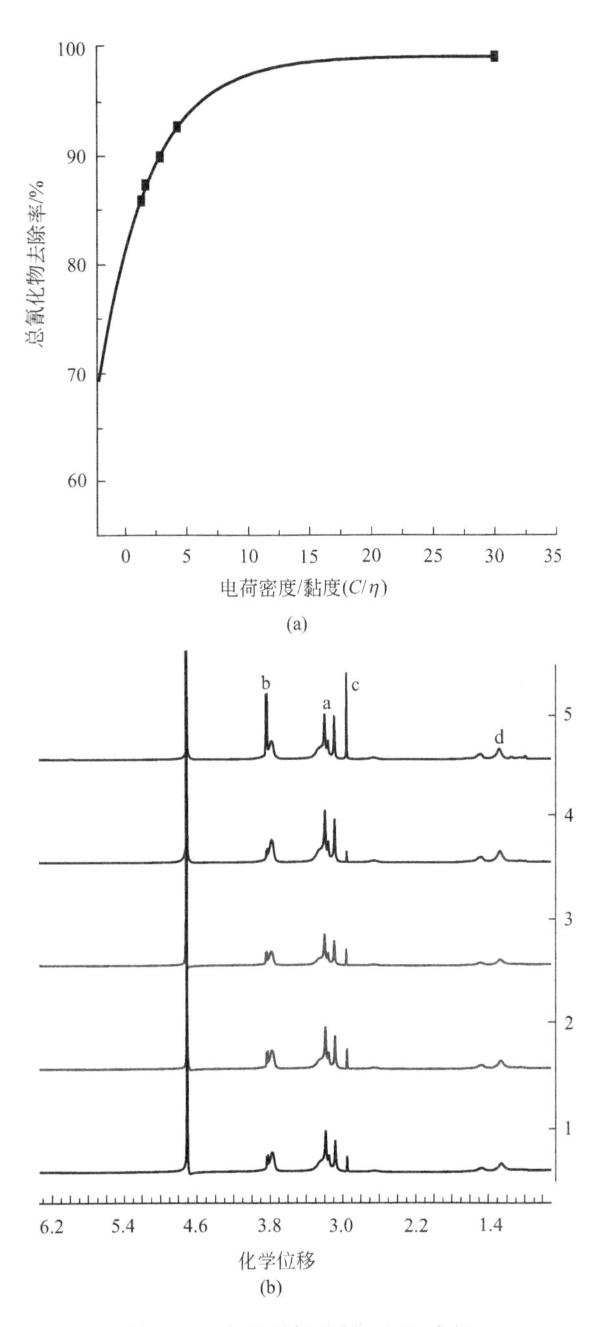

图 3-33　高效脱氰药剂 NMR 表征

药剂，达到较好的脱氰、脱色、去除 COD 效果，总氰平均去除率为 89%，出水总氰<0.2mg/L，可实现稳定达标；COD 平均去除率为 51%，较原混凝工艺提高 20%以上，出水 COD<40mg/L；色度去除率>60%，出水平均色度低于 30 度，试验现场与具体试验及结果如图 3-35、图 3-36 所示。

进一步将开发优化的药剂应用于鞍钢五期焦化废水深度处理混凝脱氰。将高效药剂与现场投加混凝聚合硫酸铁 PFS 混凝处理效果进行对比，投加量均为

(a) 高炉煤气洗涤水絮凝处理对比

(b) 某企业(一)焦化废水絮凝处理对比

(c) 某企业(二)焦化废水絮凝处理对比

图 3-34 混凝去除效果（见书后彩图）

图 3-35 鞍钢西大沟混凝现场中试试验（见书后彩图）

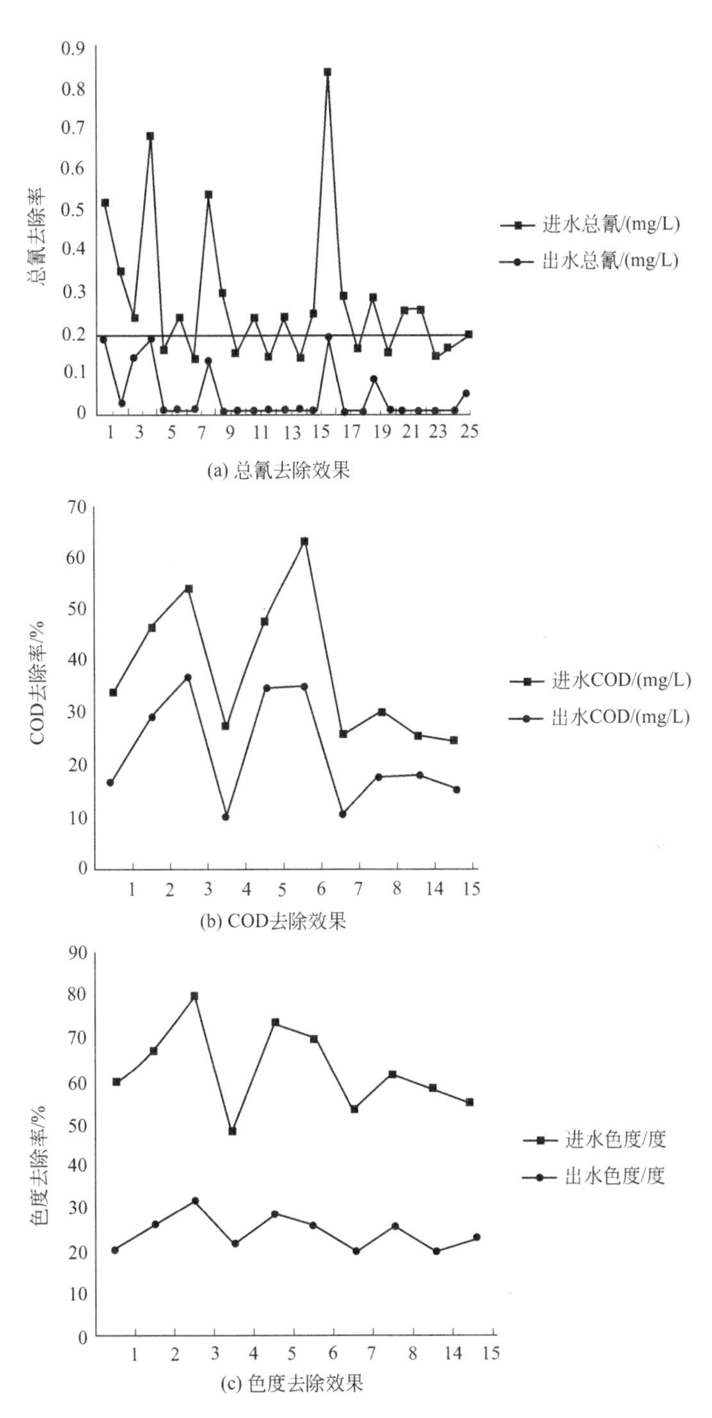

图 3-36 鞍钢西大沟混凝现场中试试验的去除效率

1L/m³，取混凝沉淀池进出水检测 COD 和总氰。现场检测混凝进水 COD、总氰和色度分别为 162mg/L、8.6mg/L、83.6 度，加药后连续运行 72h 后混凝出水平均 COD、总氰和色度分别为 83mg/L、0.15mg/L、22.3 度。实验结果如表3-6所列。

表 3-6 高效药剂 CSE-IPE 与 PFS 混凝效果对比

药剂	COD		总氰		色度	
	mg/L	去除率/%	mg/L	去除率/%	色度/度	去除率/%
CSE-IPE	83	50.8	0.15	98.3	22.3	73.4%
PFS	110	34.8	4.2	51.2	47.7	42.9%

由实验结果可知，在同样加药量条件下 CSE-IPE 新药剂的 COD 和总氰去除率均高于现场使用的混凝药剂 PFS，特别是总氰的去除率，CSE-IPE 总氰去除率远高于 PFS。经采用新一代药剂，达到了较好的脱氰、脱色、去除 COD 效果：总氰平均去除率 98.3%，出水总氰<0.2mg/L，可实现稳定达标；COD 平均去除率 50%，较原混凝工艺提高 16%；色度去除率 73.4%，较原混凝工艺提高 30.5%。

(4) 经济性评估

某化工厂焦化废水现有混凝沉淀加入药剂为聚合硫酸铁+聚丙烯酰胺，聚合硫酸铁加入量约为 2000mg/L，其药剂成本为 2.4 元/t。

国家《污水综合排放标准》中的一级标准：若总氰化物浓度控制在 0.5mg/L 以下，以投加量为 1500mg/L、处理成本为（脱氰剂，以 PFSC-104 成本计算，约 2300 元/t)：2300×1.5/1000=3.45(元/m^3)。

相对现有聚合硫酸铁+聚丙烯酰胺处理成本，吨水处理成本增加约 1 元。

《炼焦化学工业污染物排放标准》：若总氰化物浓度控制在 0.2mg/L 以下，以投加量为 2200mg/m^3 计算，处理成本为 2300×2.200/1000=5.06(元/m^3)。

相对现有聚合硫酸铁+聚丙烯酰胺处理成本，吨水处理成本增加 2.6 元。

当达到现有絮凝剂的混凝效果时，混凝脱氰的投加量以 750mg/m^3 计算，处理成本为：2300×0.75/1000=1.7(元/m^3)。

相对现有聚合硫酸铁+聚丙烯酰胺处理成本，吨水处理成本节约 0.7 元。

(5) 工程应用及第三方评价

优化制备脱氰剂过程，进一步扩大制备工艺应用于焦化废水，有效解决焦化废水脱氰药剂的规模制备需求。目前已建立药剂规模化基地，用以支撑钢铁行业废水处理关键药剂推广，药剂基地现场如图 3-37 所示。

应用单位：鞍钢集团、武钢集团、邯钢集团等。

实际应用案例介绍：高效脱氰脱碳絮凝药剂先后应用于鞍钢集团三期、五期焦化废水处理工程、鲅鱼圈焦化废水处理工程、朝阳钢厂、武钢-平煤联合焦化厂、长治市麟源煤业有限责任公司等十余项焦化废水深度处理工程，处理规模为 100～400m^3/h，目前均已实现稳定运行。采用高效脱氰脱碳絮凝剂，处理出水中总氰浓度从 2～5mg/L 降到 0.2mg/L，满足《炼焦化学工业污染物排放标准》要求。

图3-37　高效脱氰混凝药剂生产基地

3.5 非均相催化臭氧氧化技术

3.5.1 技术简介

焦化废水经生化处理和絮凝处理之后，仍含有一定浓度的难降解有机污染物，无法满足达标排放的要求，需要开发高效的有机物深度降解技术。均相芬顿氧化法具有较好的氧化能力，但需要消耗大量酸碱调节废水的pH值，增加了废水的盐度，并产生大量铁泥造成二次污染。通过开发长寿命的高效非均相催化剂，结合催化臭氧氧化塔，提高有机物氧化效率，提高深度处理出水的水质，同时大幅度降低臭氧使用量，从而降低处理成本。

3.5.2 适用范围

焦化废水生化出水和其他低浓度工业有机废水深度处理。

3.5.3 技术就绪度评价等级

TRL-8。

3.5.4 技术指标及参数

(1) 基本原理

催化臭氧氧化深度降解有机物的过程包括两种反应路径：一是臭氧分子直接氧

化有机物，但这种反应具有选择性，主要进攻含有不饱和 C═C 双键的有机污染物，有机物无法被深度氧化成二氧化碳和水；二是臭氧分子在催化剂表面催化分解，形成羟基自由基、超氧自由基、单线态氧等多种活性氧物种，与吸附在催化剂表面的有机物发生氧化反应；或活性氧物种迁移至催化剂界面附近的溶液中，与有机污染物发生氧化反应，初步氧化生成的中间产物进一步被羟基自由基氧化，深度降解生成二氧化碳和水，实现 COD 深度去除目的。

（2）工艺流程

催化臭氧氧化一般与生化、絮凝、曝气生物处理工艺组合，利用不同工序去除有机物的特点和成本优势，形成一套有效的有机物深度处理技术。主要流程如图3-38所示。

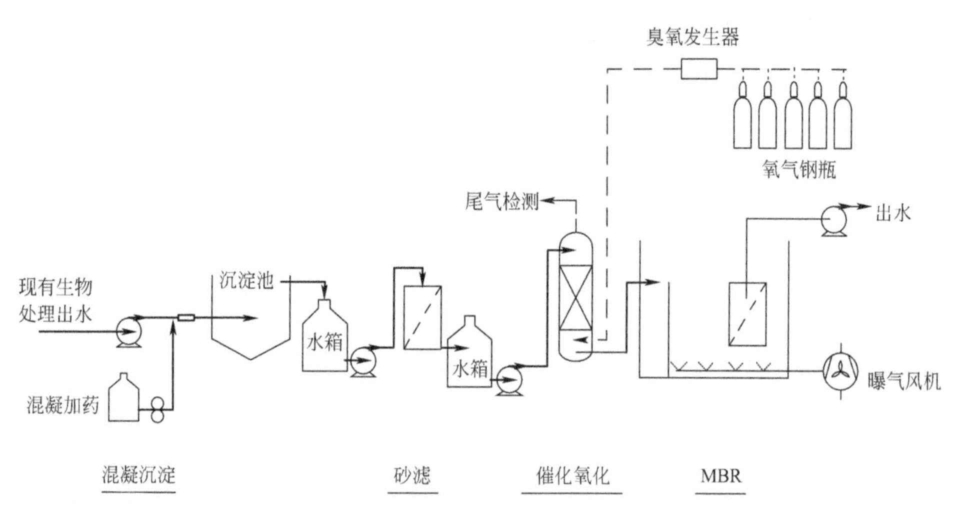

图 3-38　催化臭氧氧化与其他单元组合深度处理流程

絮凝脱氰是催化臭氧氧化的前处理单元，混凝过程会生成大量的絮体，如果直接进入催化臭氧氧化过程会附着在催化剂活性位表面而降低催化剂活性，并容易发生催化剂床层堵塞的现象，大大缩短稳定运行时间。增加砂滤作为催化臭氧氧化的预处理步骤，可以有效去除混凝沉淀之后残余在水体中的少量絮体和细颗粒悬浮物，提高臭氧氧化的效率。经过催化臭氧氧化处理后，大部分污染物被氧化分解为水和二氧化碳，还存有少量的难降解羧酸类中间产物。曝气生物滤池或 MBR 降解羧酸类有机物效率高，可作为催化臭氧氧化处理的后续环节，能进一步提高有机物去除效率。

臭氧多相催化氧化深度处理工艺包（PID）如图 3-39 所示。

（3）主要技术创新点及经济指标

技术创新点为开发出高效非均相催化臭氧氧化催化剂，在前期开发催化剂的基础上实现了催化剂的规模化制备，并且大规模制备的催化剂保持较高活性，稳定性高，可稳定使用 3 年以上。而常规的活性炭催化剂使用寿命不足 3 年，并且在操作

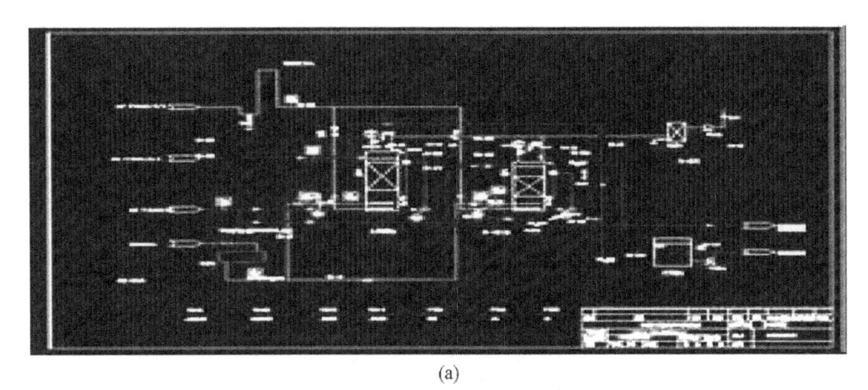

(a)

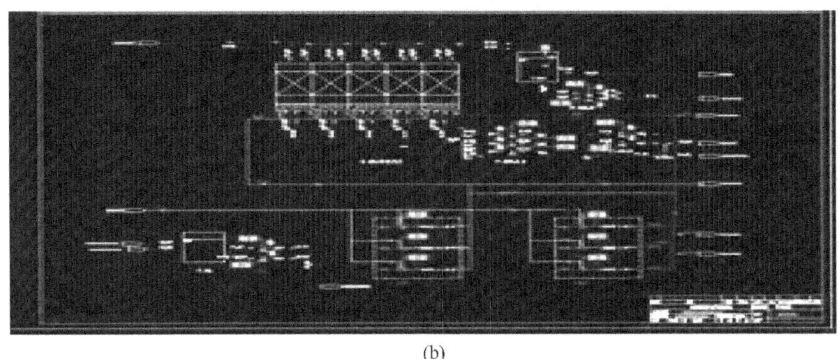

(b)

图 3-39　臭氧多相催化氧化深度处理工艺包（PID）（见书后彩图）

运行中容易发生爆炸，影响运行效果；锰砂催化剂在运行过程中易流失活性金属，造成活性下降及金属离子二次污染。另外，结合气液传质模拟，调整臭氧氧化塔设计参数，增强气液传质效率，提高废水处理效果。

焦化废水生物处理出水剩余有机物水溶性好，稳定性强，直接臭氧氧化难以奏效，臭氧利用率低，成本高。本项目通过长寿命的高效非均相催化剂开发，结合催化氧化反应设备研制，提高有机物氧化效率，提高深度处理水质，同时大幅度降低氧化剂（臭氧）使用量，从而降低处理成本。臭氧多相催化氧化技术能在中性条件下将难降解有机物选择性氧化分解，使处理后的废水 COD、色度、苯并芘等全部指标达到国家最新排放标准，处理成本低，有机物和色度去除率高，处理成本低于 Fenton 等氧化技术；同时不引进任何盐类，有利于废水回用；而且催化剂稳定性高，寿命长，系统自动化程度高，操作简单。

主要技术经济指标：由混凝沉淀池、砂滤池、催化氧化塔、MBR 组成的深度处理系统各工段的 COD 去除情况见图 3-40。可见砂滤出水均低于混凝出水，说明废水中一些悬浮物和胶体通过混凝和砂滤得到去除。催化臭氧化系统能大幅度降低砂滤出水的 COD，砂滤出水 COD 浓度在 150mg/L 以下时催化臭氧化出水 COD 浓度基本能维持在 80mg/L 以下；砂滤出水 COD 浓度在 100mg/L 以上时，臭氧效率均不低于 $1gCOD/gO_3$，COD 去除率较高。

焦化废水深度处理现场中试实验结果表明：在优化条件下，催化臭氧氧化系统

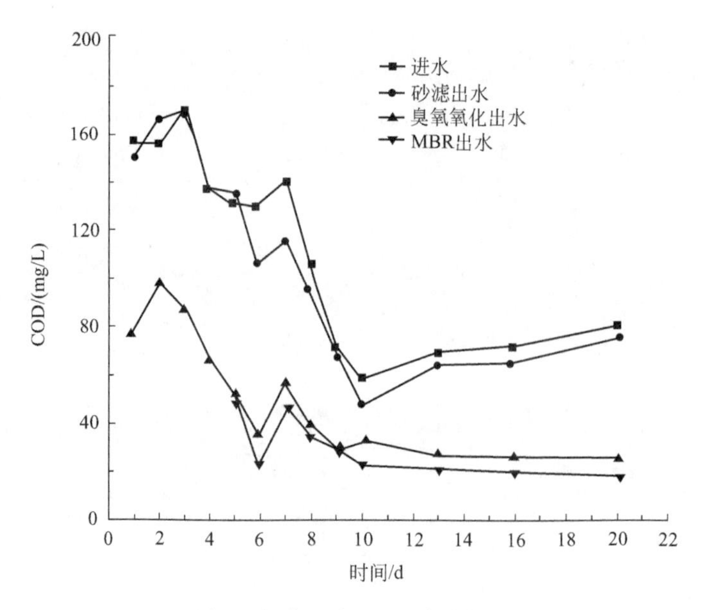

图 3-40　各工段 COD 去除情况

可稳定运行，且当催化臭氧氧化进水 COD 浓度在 100mg/L 以上时，臭氧效率不低于 1g COD/gO_3，吨水成本不高于 2 元。催化臭氧氧化能有效去除 COD，但对 NH_4^+-N 几乎无去除效果；膜生物反应器对 COD 的去除较低，但对 NH_4^+-N 去除较高。废水经处理后 pH 值由 7 升高至 8.5 左右。经该工艺处理后，出水满足《辽宁省污水综合排放一级标准》（DB 211627—2008）和《炼焦化学工业污染物排放标准》（GB 16171—2012）要求。因此催化臭氧氧化-MBR 是焦化废水深度处理的有效手段。

申请专利 3 项（ZL 201010191750.3，ZL 201510024822.8，ZL 201410194215.1）。

（4）工程应用及第三方评价

通过前期相关研究，开发了一系列非均相固载催化剂，建立了处理规模 $20m^3/d$ 的催化氧化实验装置，开展了催化剂活性和臭氧利用率评估试验。无催化剂时，单独臭氧氧化效率很低，反应 10min 后出水 COD＞100mg/L，臭氧利用率＜40%。采用开发的非均相催化剂，反应 10min 后出水 COD＜40mg/L，臭氧利用率＞100%，表明投加臭氧全部用于有机物降解，并且催化剂还有一定的吸附能力。采用 10min 反应停留时间时，臭氧利用效率＞85%；20min 反应停留时间时，臭氧利用效率＞96%。由于停留时间过长会增加催化剂用量和反应器体积，20～30min 是最佳反应停留时间。

在进水 COD＞100mg/L、臭氧投加量 60mg/L 时，有机物相对臭氧过量，臭氧利用效率超过 100%（因为催化剂可吸附有机物）；继续增加出水 COD 浓度，臭氧利用率不增加，因为臭氧已基本实现完全利用。当混凝出水低于 100mg/L 时，随着初始 COD 的降低，臭氧利用率降低，过量的臭氧随尾气排放或溶解在水中逐渐分解，实验结果见图 3-41。

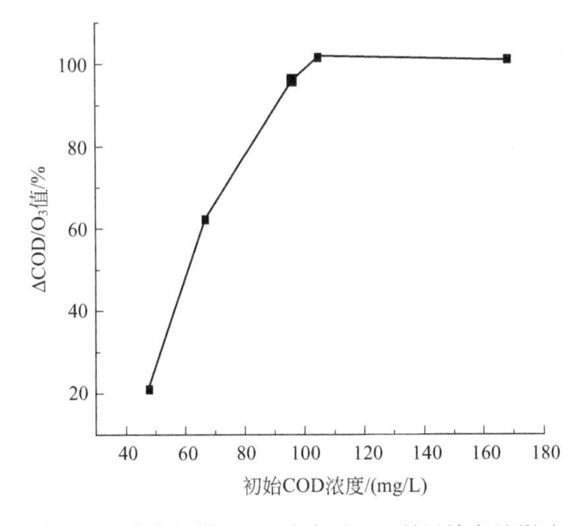

图 3-41 进水初始 COD 浓度对 O_3 利用效率的影响

进水 COD=145mg/L 时，出水 COD 浓度随臭氧投加量增加而逐渐下降，投加臭氧超过 120mg/L 时，出水 COD 可降至 50mg/L 以下；当出水 COD 达到 30mg/L 左右时基本稳定，继续增加臭氧对 COD 去除基本无作用。结果见图 3-42。

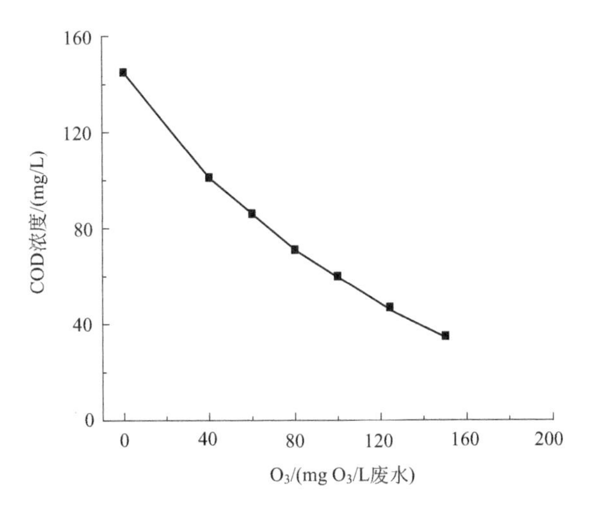

图 3-42 臭氧加入量对出水 COD 的影响

采用项目组开发的低成本混凝药剂、高效臭氧氧化催化剂处理钢铁行业废水，原水、混凝出水和催化氧化出水的颜色对比如图 3-43 所示。

该技术于 2017 年通过中国环境科学学会组织的科技成果鉴定（中环科鉴字〔2017〕第 05 号），张全兴院士等鉴定专家认为："该研究成果整体上达到国际先进水平，其中酚油协同解毒技术与药剂、高效脱氰技术与药剂、非均相催化臭氧氧化技术与催化剂及处理效果等达到国际领先水平。" 目前该技术已经应用于鞍钢集团三期、五期焦化废水处理工程，武钢-平煤焦化废水处理工程、攀钢焦化废水处理工程、邯钢东区、西区焦化废水处理工程、大唐阜新煤化工废水深度处理工程等，单套处理规模为 100～400m^3/h，累计处理规模超过 2000 万立方米/年，出水 COD、

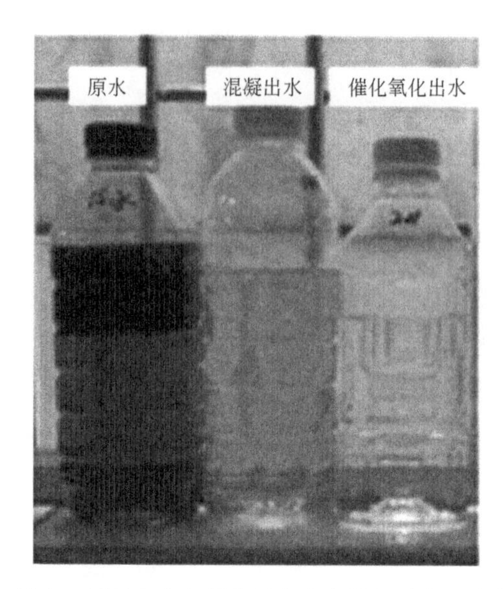

图 3-43 原水、混凝出水和催化氧化出水颜色对比（见书后彩图）

色度、苯并芘、多环芳烃等指标稳定满足《炼焦化学工业污染物排放标准》。

如图 3-44 所示为部分示范工程的催化臭氧氧化塔照片。

(a) 鞍钢-焦化三期

(b) 鞍钢-鲅鱼圈

(c) 沈煤集团

(d) 朝阳钢厂

(e) 武钢集团

(f) 鞍钢-焦化五期

(g) 邯钢集团

(h) 攀钢集团

图 3-44　部分示范工程的催化臭氧氧化塔照片

3.6 焦化废水闷渣调控技术

3.6.1 技术简介

钢渣是转炉炼钢的必然产物，占粗钢产量的 10%～15%。国内钢渣综合利用方面主要用于建筑材料、筑路材料、肥料和水处理材料等；国外钢渣利用的研究开展比较早，世界著名的几个产钢大国钢渣的主要利用途径是选铁、作为水泥原料、筑路材料、市政工程材料、肥料、土壤调节剂，一部分钢渣返高炉、烧结作熔剂等。日本钢渣大部分粉碎后磁选回收废钢，剩余尾渣几乎全部被用于水泥、道路工程、混凝土骨料和土建材料等方面[19]；JFE 钢铁公司开发出利用钢渣造人工礁，将钢渣粉碎回收部分废钢铁后，通过喷吹 CO_2 与尾渣中 CaO 反应形成 $CaCO_3$ 块状物且带孔。德国钢渣处理主要有热泼法堆存和其他特殊处理法，对于安定性好的钢渣采用超慢冷却，获取到 100～500mm 的粒度，满足水利工程所需的粗粒径[20]。美国的钢渣已达到排用平衡，37%用于路基工程，22%用于回填工程，22%用于沥青混凝土集料，剩余钢渣用于钢铁企业内部循环利用、生产水泥和改善土壤的肥料等[21]。

钢渣的性质决定了钢渣的利用途径，而钢渣的性质很大程度上又受到钢渣处理工艺的影响[22]。目前，国内外钢渣处理工艺主要有热泼法、浅盘法、风淬法、水淬法、滚筒法、粒化法、热闷法等。热泼法冷却时间短，处理量大，但反应不封闭，环境污染严重（见图 3-45），且处理后的钢渣稳定性差。浅盘法处理量大，但设备维护量大、易爆炸、环境污染严重。风泮法、水淬法、滚筒法、粒化法只适用于流动性好的液态渣。各钢铁企业一般都是根据自身炼钢设备、钢渣性能、现场条件和钢渣利用需求等实际情况选取不同的钢渣处理方法。加压蒸汽陈化是国外利用较多的处理方式[23]，国内钢渣处理生产线多数采用热闷法[24]，适用范围广，处理后的钢渣的稳定性好、粉化率高、渣铁分离充分，可以实现钢渣“零排放”，提高钢渣资源利用率[25]。

图 3-45　钢渣热泼处理现场环境污染严重

焦化废水回用于转炉钢渣热闷处理可以提高水资源利用率，实现焦化废水的“零排放”[26]，但回用过程中需要严格调控过程和工艺参数才能保证尾渣可利用和不产生二次污染。将焦化生化后出水进一步经过催化臭氧氧化深度处理后，通过管道直接输送到高炉冲渣和转炉钢渣热闷系统浓缩循环使用。焦化废水用于钢渣热闷过程时，有害离子会从焦化废水向钢渣中迁移和富集，从而影响了钢渣产品的技术性能。通过理论计算钢渣热闷补水中氯离子浓度不高于 750mg/L，通过试验得出转炉钢渣热闷循环水中的氯离子极限浓度为 6000mg/L 时，钢渣粉满足建材相关标准技术要求。焦化废水对钢渣热闷系统会产生结垢和腐蚀影响，通过试验得出，在钢渣热闷水系统中投加自主研发的复合缓蚀阻垢药剂 YJ-30X 和 YJ-40X，浓度分别为 20～50mg/L 和 10～30mg/L，可以有效地减缓焦化废水闷渣过程中对闷渣设备和供水水泵、管道等造成的腐蚀和结垢。

3.6.2　适用范围

钢铁企业焦化废水回用于钢渣闷渣水处理的调控。

3.6.3　技术就绪度评价等级

TRL-6。

3.6.4　技术指标及参数

(1) 基本原理

炼钢过程中添加的大量石灰，由于造渣时间较短，过量的 CaO、MgO 还未能完全熔化，以游离态包裹在钢渣中。钢渣处理过程是在密闭容器里利用钢渣余热，对热态钢渣进行打水产生过饱和水蒸气，促使钢渣中的游离 CaO 和水蒸气快速反应消解。

热闷过程中发生复杂的物理作用和化学作用，主要包括以下几种。

① 钢渣极冷破裂，高温钢渣遇到大量水产生急剧温降，熔渣快速冷却过程中各矿物发生剧烈的相变，产生应力使钢渣破裂。

② 气蒸作用。钢渣温和热闷打水反应产生大量温度在 105℃以上且具有一定压力的过饱和水蒸气，这种环境促进水蒸气在破裂钢渣缝隙内扩散、渗透。

③ 硅酸二钙晶型转变。钢渣在由 750℃冷却至 650℃过程中，硅酸二钙由 β-C_2S 转变为 γ-C_2S，体积膨胀 10%，钢渣继续碎裂。

④ 钢渣在过饱和水蒸气封闭条件下游离 CaO 与水反应生成 $Ca(OH)_2$，体积膨胀 98%。

钢渣热闷技术从 20 世纪 90 年代开始采用热泼、热落地冷却后开始喷水反应，但是热泼热落地环境污染大，占地面积大，处理时间长。从 2008 年开始全国大量推广的熔融钢渣池式热闷技术，1650℃钢渣直接翻倒在热闷池里，喷水使其表面固化后，盖上热闷盖间断喷水直到热闷结束。2015 年以后，中冶建筑研究总院在钢渣池式热闷的基础上开发钢渣有压热闷工艺是的新型钢渣稳定化处理技术，即钢渣辊压破碎-余热有压热闷技术（简称“有压热闷”，见图 3-46），其核心装备为钢渣

(a) 卧式有压热闷

(b) 立式有压热闷

图 3-46　钢渣余热有压热闷工艺

辊压破碎装置和有压热闷罐[27]。该技术实现了钢渣热闷过程的装备化、自动化、高效化，同时解决钢渣热闷过程中无组织气体和粉尘排放问题[28]。钢渣滚压破碎-余热有压热闷工作压力为0.2～0.4MPa，钢渣余热有压热闷蒸汽温度120℃，热闷时间也缩短至2h左右。

钢渣采用热闷处理后尾渣可用于道路骨料、回填、制成建材制品及生产钢渣粉用于水泥和混凝土。钢筋锈蚀是影响混凝土结构耐久性和安全性的重要因素。其中，氯离子侵蚀作用引起的钢筋锈蚀是导致钢筋混凝土结构性能劣化的最普遍、最严重的原因。三氧化硫含量会影响水泥的体积安定性，因此《用于水泥和混凝土中的钢渣粉》（GB/T 20491—2017）产品标准中明确规定了钢渣粉的氯离子含量需≤0.06％，三氧化硫含量需≤4.0％。

钢渣热闷过程中，由于钢渣中游离氧化钙消解生成$Ca(OH)_2$，使得循环水水中碱度和总硬度极高，极易在设备、管道表面产生结垢[29]。焦化废水中带入的氯离子在钢渣冲渣过程中不断蒸发浓缩，使得循环水中氯离子浓度不断升高，加速了设备的垢下腐蚀。在钢渣热闷循环水中，通过研究耐高温高碱的复合缓蚀阻垢剂，可以防止钢渣热闷设备结垢和腐蚀。阻垢机理是在水垢形成的过程中，破坏水垢形成饱和溶液生成晶核。晶核成长，形成晶体，颗粒物沉降作用。

阻垢剂干扰晶体生长主要是以下几种作用。

① 螯合增容作用，阻垢剂与水中Ca^{2+}、Mg^{2+}、Sr^{2+}、Ba^{2+}等高价金属离子络合成稳定的水溶性螯合物，使水中游离态Ca^{2+}、Mg^{2+}的浓度相应降低，这样就好像使$CaCO_3$等物质的溶解度增大了，本来会析出溶液的$CaCO_3$等物质实际上没有形成沉淀。

② 晶格畸变作用，阻垢剂分子由于吸附在位于晶体活性生长点的晶格点阵上，使晶体不能按照晶格排列正常生长，使晶体发生畸变，使晶体的内部应力增大导致晶体破裂，从而防止微晶沉积成垢，达到阻垢目的。

③ 吸附和分散作用，阻垢分散剂属于阴离子有机化合物，可因物理化学吸附作用而吸附于胶体颗粒及微晶粒子上，在颗粒表面形成新的双电层，改变颗粒表面原来的电荷状况。于是，因同性电荷相排斥而使它们稳定地分散在水体中。

蚀剂的作用机理概括起来可以分为两种，即电化学机理和物理化学机理。电化学机理又分为阳极抑制性缓蚀剂和阴极抑制性缓蚀剂，其中阳极型缓蚀阻垢剂一种具有强氧化性，可以使金属钝化；另一种是具有阴极去极化性的钝化剂，在阴极被还原，加大阴极电流，使得体系的氧化还原电位向正方移动，超过钝化电位，使得腐蚀电流达到很低的值。阴极性缓蚀剂，增大酸性溶液中氢析出的过电位，使腐蚀电位向负移动。物理化学机理主要是利用缓蚀剂的静电引力和范德瓦尔斯力的物理吸附和基于金属与极性基的电子共有的化学吸附，在金属表面形成氧化膜或者沉淀膜。

缓蚀阻垢剂用于钢渣热闷过程水泵叶轮前后对比如图3-47所示。

(a) 水泵在加药前叶轮结垢情况　(b) 水泵加药运行1个月后叶轮情况

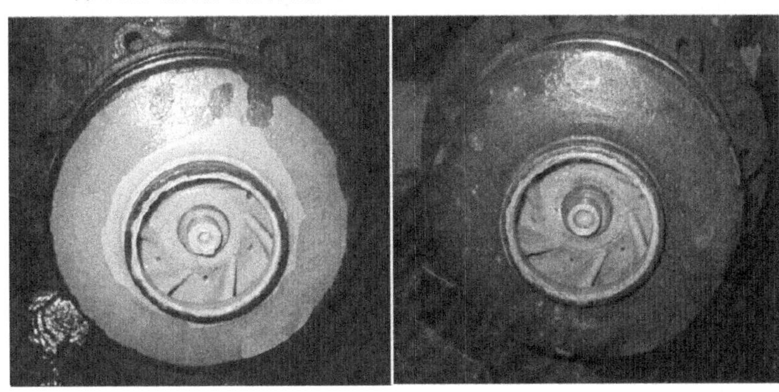

(c) 水泵加药运行3个月后叶轮情况　(d) 水泵加药运行6个月后叶轮情况

图 3-47　缓蚀阻垢剂用于钢渣热闷过程水泵叶轮前后对比

(2) 工艺流程

焦化废水闷渣调控技术工艺，需要同时满足如下要求：

① 焦化废水必须经过深度处理达到热闷进水要求；

② 钢渣热闷工艺应采取有压热闷处理工艺，并设置粉尘气体集成处理系统，使得粉尘和 VOCs 等达到国家标准后排放；

③ 钢渣热闷循环水系统需设置缓蚀阻垢剂投加系统，确保水处理系统和钢渣热闷设备的腐蚀和结垢在安全范围内；

④ 结合循环水水质，综合调控补水的水温和氯离子含量，保证钢渣中氯离子浓度满足建材要求。

焦化尾水用于钢渣热闷调控技术工艺流程如图 3-48 所示。

具体来说，焦化生化出水经臭氧催化氧化深度处理后，水质指标需达到如下要求：COD≤80mg/L，NH_4^+-N≤10mg/L，总氰化物≤0.2mg/L，通过管道输送到钢渣热闷处理系统。焦化废水通过与熔融钢渣接触迅速气化蒸发，钢渣迅速冷却发生相变而产生碎裂。在热闷罐中 105～120℃发生饱和蒸汽的渗透和游离 CaO 的消解作用，使得钢渣进一步破碎和稳定。部分饱和蒸汽冷凝后回流进入热闷回水井，通过渣浆泵送至热闷沉淀池去除悬浮物。沉淀池出水回流至吸水井进一步循环使

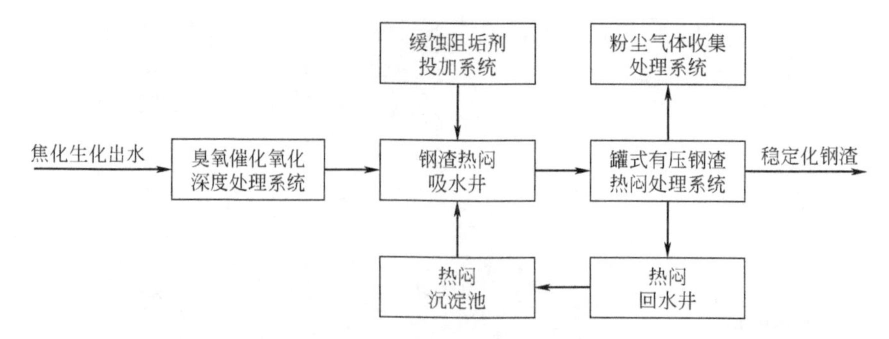

图 3-48 焦化尾水用于钢渣热闷调控技术工艺流程

用。钢渣热闷过程中产生的粉尘和蒸汽，通过集气罩收集通过湿式电除尘处理。焦化废水回用于钢渣热闷系统必须投加缓蚀阻垢剂，以减缓设备和管道的腐蚀与结垢。

(3) 主要技术创新点及经济指标

① 将钢铁企业难以回用的焦化污水经过处理后在钢渣热闷区域实现有效消纳。通过钢渣热闷处理工艺的革新，实现钢渣热闷区域工作环境的改善，避免了热闷过程中消纳焦化尾水产生的二次污染。钢渣热闷循环水中氯离子极限浓度为 6000mg/L，保证钢渣处理后尾渣可以安全利用。

② 为钢铁企业钢渣热闷消纳污水提出了依据，钢渣热闷补水水质要求 COD≤80mg/L，NH_3-N≤10mg/L，总氰化物≤0.2mg/L，Cl^-≤750mg/L。

③ 钢渣热闷水系统中投加自主研发的 YJ-30X 和 YJ-40X 复合缓蚀阻垢药剂，投加浓度分别为 20～50mg/L 和 10～30mg/L，可以保证钢渣热闷设备、水处理系统管网、水泵及喷头不会产生腐蚀和结垢。

④ 通过本技术研究，形成《钢渣热闷工艺用水技术规范》，目前已经形成征求意见稿。

(4) 工程应用及第三方评价

焦化废水用于转炉闷渣处理试验研究。

1) 试验准备

本试验所用的钢渣为邯钢西区炼钢车间钢渣，钢渣处理工艺为热泼。邯钢钢渣化学成分见表 3-7。

表 3-7 邯钢钢渣化学成分表 单位：%

样品名称	分析项目								
	SiO_2	Fe_2O_3	Al_2O_3	CaO	MgO	FeO	f-CaO	SO_3	Cl^-
邯郸钢渣	13.60	7.33	3.41	39.17	9.88	18.06	1.30	0.05	0.029

2) 实验过程

本试验模拟钢渣热闷实际生产情况，按照钢渣热闷是渣水比为 1∶1.2 进行试验。

将邯钢钢渣烘干后，破碎成5mm以下的颗粒。取400g装入特制坩埚中，放入高温马弗炉内，升温至1400℃，恒温0.5h。将盛有熔融钢渣的坩埚从马弗炉中快速取出，放在干燥的简易热闷装置中，用铁锤敲碎坩埚，将配制好的水样倾倒在钢渣上。30min后，待钢渣冷却收集热闷装置中的钢渣样品和剩余的水样。钢渣样品测定氯离子含量、三氧化硫含量、部分磨成一定细度测活性。收集到的水样测其中的氯离子含量、三氧化硫含量。

3）试验结果

钢渣热闷试验结果记录如表3-8所列，焦化废水热闷试验中冲渣水与钢渣中Cl^-的对应关系如图3-49所示。

表3-8 钢渣热闷试验结果记录

试验编号	水样编号	浓缩后水中氯离子含量/%	浓缩后硫酸盐含量/%	冲渣后渣中氯离子含量/%	冲渣后渣中三氧化硫离子含量/%	冲渣后水中氯离子含量/%
R-1	JH-0	0.08189	0.074	0.030	0.20	0.1301
R-2	JH-1	0.2982	0.2694	0.043	0.24	0.4835
R-3	JH-2	0.4588	0.4145	0.050	0.28	0.8171
R-4	JH-3	0.5500	0.4517	0.053	0.29	1.0529
R-5	JH-4	0.6500	0.5873	0.060	0.32	1.3329
R-6	JH-5	0.8001	0.7254	0.073	0.36	1.7654
R-7	JH-6	0.9522	0.8605	0.091	0.45	2.6871
R-8	ZY-0	0.1021	0.126	0.026	0.19	0.2595
R-9	ZY-4	0.3000	0.3706	0.038	0.26	0.5353
R-10	ZY-1	0.5000	0.617	0.054	0.35	1.0387
R-11	ZY-2	0.6500	0.802	0.060	0.37	1.4605
R-12	ZY-3	0.7500	0.9258	0.079	0.39	1.6856
R-13	HY-0	0.02484	0.051	0.017	0.17	0.0319
R-14	HY-1	0.6500	1.3345	0.062	0.54	1.3613

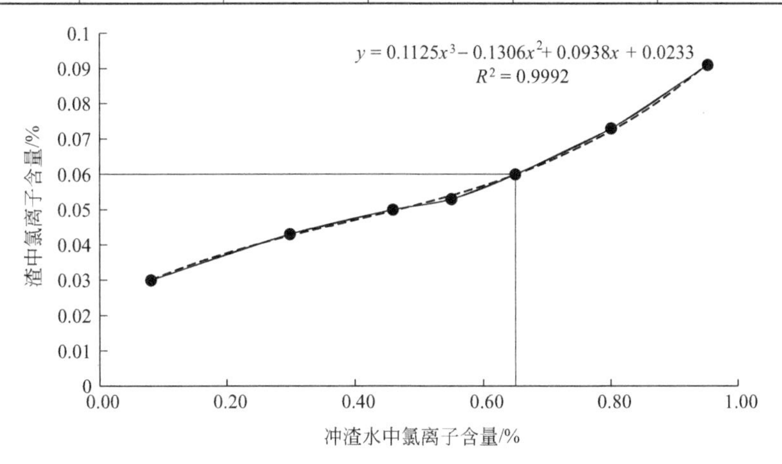

图3-49 焦化废水热闷试验中冲渣水与钢渣中氯离子的对应关系

由图3-49及表3-8可知，钢渣热闷试验中，热闷用水中的氯离子含量越高，热闷后钢渣中残留的氯离子含量越高，焦化废水中氯离子含量达到0.65%时，钢渣中的氯离子含量均达到临界值0.06%。即要使邯钢钢渣中氯离子含量不超过0.06%，冲渣水中氯离子含量必须<0.65%。

通过用浓盐水重复上述试验，发现浓盐水中的氯离子含量达到0.62%时钢渣中的氯离子含量均达到临界值0.06%。经过多种水样和多次实验，发现冲渣水中的氯离子对渣中氯离子含量影响基本一致，多次的实验结论得出。当冲渣水中的氯离子浓度不超过0.6%，即6000mg/L时，钢渣中的氯离子浓度是合格的。

焦化废水深度处理回用于闷渣过程，该技术要在邯钢进行示范应用，目前正在安装调试阶段，安装调试结束后需要通过现场工业应用试验，进一步验证实验室结论。

3.7 焦化废水回用过程对水、土壤及大气的二次污染防控技术

3.7.1 技术简介

本技术以土壤吸附实验为基础，使用AERMOD扩散模型、Hydrus-1D软件及Visual Modflow软件对大气、土壤及地下水污染情况进行模拟，有效预测污染情况发生时及后续对环境的影响[30-34]。

针对焦化废水的回用与消纳问题，采取监测、分析及水质水量调配等手段，研究焦化废水水质对回用用途的影响，研究废水在高炉冲渣等回用过程中，若发生渗漏等情况，水中杂质（氯离子、氰化物、有机物如苯酚）对地下水、土壤、大气可能造成的影响，并采取相应的防控措施，避免废水在回用过程中对生产环境产生二次污染[35-37]。对于焦化废水回用过程产生的二次污染研究，首先实地考察焦化废水的出水水质特征，分析各污染物浓度水平，并对回用地的位置、水源等外环境进行系统的分析[38-41]，然后取样小试，分别实地验证废水回用后土壤、地下水产生的变化，并对结果提出预防控制措施[42-45]。

3.7.2 适用范围

模拟预测焦化废水回用于冲渣闷渣时对外环境造成的影响，针对钢厂内部焦化废水高效无害的回用问题，分别取邯郸某钢铁厂东区西区两个部分的焦化厂出水，对其进行水质分析，筛选目标污染物；并根据该厂的资料如场地位置地图、水文地质资料、土壤类型资料、生产历史、生产工艺、地下储罐及管线埋藏资料等资料和现场勘查，在了解场地布局及生产的基础上，结合场地实际情况进行土壤样品的采集；设置土壤柱对有机污染物的吸附实验，研究焦化废水对大气、土壤及

地下水的危害。建立迁移转化模型，探究焦化废水回用对外部环境造成的二次污染。

3.7.3　技术就绪度评价等级

TRL-3。

3.7.4　技术指标及参数

（1）基本原理

通过对焦化废水出水回用过程研究、土壤吸附实验研究掌握焦化废水中污染物在土壤、地下水中的吸附/解吸和迁移的特征及规律，以及在大气中的污染，可以认识到在这三相流体系内具有焦化废水特征的流体存在状态、运移方式，也可以认识到这种流体在多孔介质中所发生的吸附和降解等作用，对进一步认识焦化废水污染物在地下水、土壤中的运移具有重要的理论意义。掌握焦化废水污染物进入环境的途径、在环境中的迁移及污染的范围和程度等，为焦化废水回用提供了可靠的依据，具有较高的应用价值。

焦化废水是一种典型的产量大、覆盖面广、污染物含量复杂、毒性高、难降解的工业废水，其来源是煤的干馏裂解过程、煤气冷却及净化、副产品的回收和精炼过程，如图3-50所示。焦化废水不仅含有高浓度的无机污染物如硫氰化物、氰化物、氟化物、氨氮等，还含有多环芳烃、挥发酚、杂环有机物和吡啶、喹啉等有机污染物。根据检出限的不同，焦化废水中可被检测出的化合物高达数百种，因此焦化废水被认为是一种典型的高浓度有机废水，可对环境造成巨大的危害。

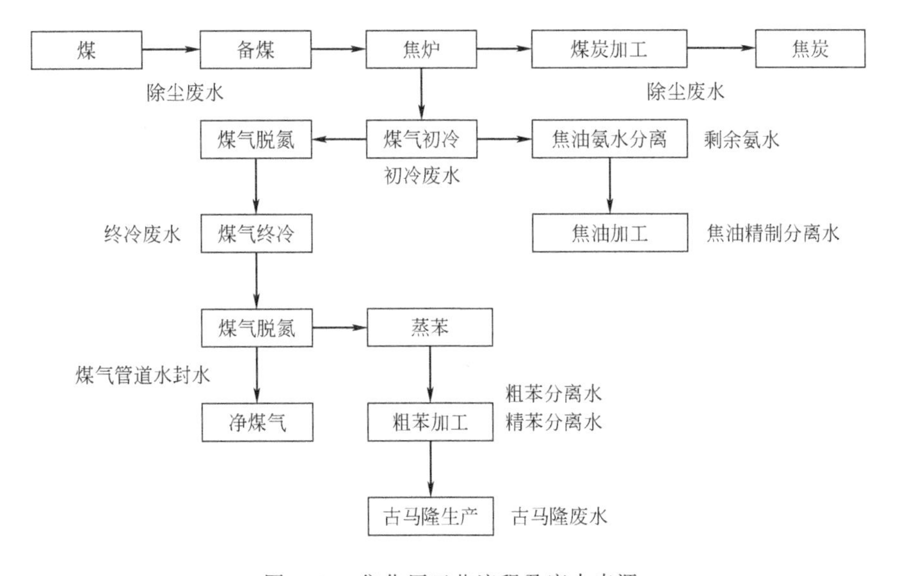

图3-50　焦化厂工艺流程及废水来源

1）大气部分

本次大气影响预测工作预测模式采用《环境影响评价技术导则　大气环境》（HJ 2.3—2018）推荐的AERMOD模式进行大气环境影响预测。

AERMOD模式是美国国家环保署与美国气象学会联合开发的新扩散模型，主要包括AERMOD（AERMIC扩散模型）、AERMAP（AERMOD地形预处理）和AERMET（AERMOD气象预处理）三个模块。

AERMOD是一个稳态烟羽扩散模式，可基于大气边界层数据特征模拟点源、面源、体源等排放出的污染物在短期（小时平均、日平均）、长期（年平均）的浓度分布，适用于农村或城市地区、简单或复杂地形。AERMOD考虑了建筑物尾流的影响，即烟羽下洗。模式使用每小时连续预处理气象数据模拟≥1h平均时间的浓度分布。AERMOD包括两个预处理模式，即AERMET气象预处理和AERMAP地形预处理模式。

预测参数包括地面气象参数、高空气象参数，以及模型中相关参数等。

① 地面气象参数。地面气象资料使用国家基本站邯郸市气象站2015年一年的气象数据，主要包括风速、风向、总云量、低云量和干球温度等。距离项目中心7km，站点与评价范围地理特征基本一致，预测可直接采用该站常规地面观测资料。

② 高空气象参数。项目周围50km范围内无高空气象探测站点，高空数据是采用中尺度气象模式MM5模拟生成，MM5模拟探空资料点坐标为北纬36.70°、东经114.48°，距项目中心距离为7km，符合导则要求。

本次预测用MM5模拟采用两层嵌套，第一层网格中心为北纬40.5°、东经115.0°，格点为35×49，分辨率为81km×81km；第二层网格格点为49×52，分辨率为27km×27km，模拟层数31层，以河北为中心，涵盖周边地区及渤海地区。该模式采用的原始数据有地形高度、土地利用、陆地-水体标志、植被组成等数据，数据源主要为美国的USGS数据。原始气象数据采用美国国家环境预报中心的NCEP/NCAR的再分析数据。MM5模拟数据处理为HJ 2.2—2018中AERMOD模式的气象预处理程序AERMET可用的OQA格式的文件，文件包括2015年全年逐日8时、20时两次高空气象模拟数据。主要包含的项目有时间、探空数据层数、气压、高度、干球温度、露点温度、风速、风向。

③ 模式中相关参数

Ⅰ. 化学转化。在计算1h平均浓度时不考虑SO_2的转化；在计算日平均或更长时间平均浓度时考虑化学转化，SO_2转化取半衰期为4h。

Ⅱ. 近地表参数。AERMET模型所需近地面参数（中午地面反照率、白天波文率及地面粗糙度）按一年四季不同，根据评价区域特点参考模型推荐参数进行设置，本区域近地表参数见表3-9。

表 3-9　近地表参数

季节	中午地面反照率	白天波文率	地面粗糙度
春	0.6	1.5	0.01
夏	0.14	0.3	0.03
秋	0.2	0.5	0.2
冬	0.18	0.7	0.05

预测时段：变更前、变更后。

预测因子：本次大气环境影响评价因子选取 SO_2、NO_2、PM_{10}、B[a]P。

预测范围：以厂址为中心，边长为 8km×6km 的矩形区域。

网格点设置：网格间距选取 500m。

计算点：计算点分为预测范围内的网格点和区域内有代表性的敏感点两类。敏感点具体情况见表 3-10。

表 3-10　环境空气敏感点情况一览表　单位：m

序号	名称	X	Y
1	西大屯	4887.13	2490.76
2	下庄村	2769.42	836.12
3	霍北村东	1306.79	3620.2
4	酒务楼	3396.26	3721.85
5	彭家寨村	4857.57	3905.57
6	王朗村	6833.56	3856.57
7	孟仵村	7324.52	2712.41
8	庞村	6577	1526.4
9	复兴区	4940.7	5096.12
10	赵苑公园	7416.3	5375.4

④ 预测内容。根据邯郸市污染物特征和大气导则的要求，结合该区域的污染气象特征，采用以下方式对项目变更前后进行大气环境影响预测，内容如下：a. 在全年逐日气象条件下，预测工程排放的主要污染物 SO_2、NO_2、PM_{10}、B[a]P 对环境空气敏感点、网格点处的地面质量浓度和评价范围内的日均最大地面浓度；b. 在全年气象条件下，预测工程排放的主要污染物 SO_2、NO_2、PM_{10}、B[a]P 对环境空气敏感点的年均浓度。

⑤ 预测模式以及有关参数的选取。采用大气导则推荐模式清单中的 AERMOD 模式进行预测，污染源周围没有高大的建筑物，因此不考虑建筑物下洗。

2）土壤部分

为研究焦化废水在回用过程中可能对土壤产生的污染，探究特征污染物氯离子、氨氮以及苯酚在土壤中的迁移规律，设计实验室土柱淋滤小试装置，其中包括土柱饱水实验、氯离子弥散试验以及氨氮和苯酚的淋滤实验通过对特征污染物穿透曲线的绘制及分析，得到土壤样品的特征参数，分析污染物迁移规律。更好地掌握特征污染物的迁移过程，不仅为研究污染物迁移转化模拟提供更加可靠的依据，也对二次污染的防治具有重要意义。

① 迁移实验设计。为探究污染物在包气带中的一维运动，本次迁移实验选用高 50cm、内径 5cm 的土柱进行室内迁移实验。土柱装填步骤如下：a. 事先将土柱清洗干净，用超纯水润洗，晾晒干净；b. 柱子的底部与顶部均装填 2cm 的石英砂用以防止水流的冲击，装填的柱子土样一和土样二高 30cm，同时为了保证装填的均匀，每隔 2cm 压实一次；c. 石英砂与土壤之间放置纱布，以避免两者混合；d. 在进行淋滤试验前，先进行土柱饱水过程；e. 将土柱装填完成后，在马氏瓶中放入超纯水，将马氏瓶和土柱用导管相连，放开止水夹，使水分从土柱下方缓缓上升，进行土柱的饱水工作；f. 土样一每隔 1min、土样二每隔 5min 记录湿润峰上升高度。

② 测定指标及其方法。pH 值，测定采用玻璃电极法；有机物浓度，测定采用 GC/MS；体积，测定采用量筒；总氮，测定采用碱性过硫酸钾消解紫外分光光度法。

③ 实验模拟原理。当只考虑溶质在包气带内一维垂向运动，可以选用在半无限长砂柱中连续注入一定示踪剂浓度的运移模型，在该模型情况下假设满足以下条件：a. 渗流区域为一半无限长的直线，可以将其设想为一维的砂柱，且地下水流动和示踪剂弥散可以视为一维；b. 地下水流动是均匀且稳定的，达西流速为一常数；c. 流体是不可压缩的均质流体，温度不变，多孔介质均质；d. 在整个考虑的渗流区域中不存在源汇项；e. 初始时刻，砂柱中含有示踪剂浓度为 0；f. 从初始时刻，开始在柱端连续注入含示踪剂浓度一定的溶液则得到式(3-1)～式(3-5) 的对流弥散模型。

$$\frac{\partial c}{\partial t}=D_L\frac{\partial^2 c}{\partial x^2}-V\frac{\partial c}{\partial x}\qquad 0<x<\infty,t>0 \tag{3-1}$$

其中，

$$C(x,0)=0\qquad 0<x<\infty \tag{3-2}$$

$$C(0,t)=C_0\qquad t>0 \tag{3-3}$$

$$C(\infty,t)=0\qquad t>0 \tag{3-4}$$

对上式进行拉普拉斯（Laplace）变换，得：

$$D_L=\frac{1}{8}\left[\frac{x-Vt_{0.16}}{\sqrt{t_{0.16}}}-\frac{x-Vt_{0.84}}{\sqrt{t_{0.84}}}\right]^2 \tag{3-5}$$

$$V=x/t_{0.5}$$

式中　C——示踪剂浓度，[ML^{-3}]；

D_L——纵向弥散系数，[L^2T^{-1}]；

x——自示踪剂入口算起到监测点距离，[L]；

V——实际平均流速，[LT^{-1}]；

$t_{0.16}$和$t_{0.84}$——流出溶液中示踪剂浓度为初始浓C_0的16%和84%时的时间，[T]。

则相应的弥散度为：$\alpha=D/V$。

④ 实验步骤：a. 在进行氯化钠淋滤试验前，先用超纯水进行淋滤，去除土柱本底值；b. 使用超纯水淋滤时注意马氏瓶中液面要高于出水口，以便于溶液流出，并且在淋滤初期调节阀门使土柱下段取样口的流量与上部溶液淋滤的流量相同即保持上端溶液水位不变；c. 在超纯水淋滤结束后，配置 lg/L 的氯化钠溶液，放置于马氏瓶中进行氯化钠弥散试验；d. 土样一每隔 60min 取一次样，土样二每隔 24h 取一次样，用电导率仪测量其电导率，后期取样时间可适当延长；e. 根据标准曲线作出氯化钠穿透曲线。

⑤ 土壤模拟部分。HYDRUS-1D 是一个土壤包气带模拟软件，可以在一维可变饱和介质和多孔隙介质中模拟水流，溶质运移和热运移的模型。该模型可视界面良好，还包括用于相关参数反演的 Marquardt-Levenberg 型参数优化算法。它用 Richards 方程模拟变饱和流动，用 Fickian 方程模拟热和溶质的对流-弥散方程。对于溶质的运移，HYDRUS-1D 考虑了液相的平流弥散和气相的扩散效应。

目前，国内外均有很多 HYDRUS-1D 软件在污染物运移与水流模拟中应用的实例，John Leju 等对土壤中的除草剂运移方式进行调研，利用 HYDRUS-1D 对除草剂阿特拉津的穿透曲线（BTCs）进行了校正，确定了阿特拉津的吸附和降解参数。结果表明，HYDRUS-1D 具有良好的综合性能，应用所建立的非平衡溶质运移模型（双孔隙率模型，在流动区有两个吸附点）有效地描述了 HYDRUS-1D 在模拟除草剂阿特拉津和保守示踪剂溴化物在土柱中的运移过程中的应用；刘明遥等在研究土壤中石油烃的迁移转化规律实验中，结合已有资料与室内土柱实验数据，使用该软件进行模拟与预测，证明模拟结果与野外监测数据拟合较为贴切，可为土壤及地下水的污染提出预防措施。

3）地下水部分

对地下水流模型的数值模拟及污染物运移方式一般采用软件模拟的方法，一方面可以较为全面地对调查区域进行分析；另一方面也可对未来可能发生的污染情况进行预测，可以进行更好的风险管控。加拿大 Waterloo 水文地质公司开发研制了基于集成环境的，以软件无缝整合为主要特点的三维地下水流和溶质运移模拟的标准可视化专业软件系统，即 Visual MODFLOW 软件系统。Visual MODFLOW 是在 MODFLOW 的基础上进行的可视化集成。MODFLOW（Modular Three-dimensional Finite-difference Ground-water）是美国地质联邦调查所（USGS）Mc-donald 和 Harbaugh 开发的一套专门用于模拟孔隙介质中地下水流动的三维有限差分数学模型。自 MODFLOW 问世以来，在科研、生产、工业、环境保护、城乡发展规划、水资源利用等许多行业和部门得到了广泛的应用。MODFLOW 由一个主程序和一系列高度独立的子程序包（Modules）组成。这些子程序模块根据所描述的对象被分别组合成一系列的程序包（Package），每一个程序包可以用来模拟水文地质系统中的一种特定的水文地质特征。MODFLOW 可以模拟潜水、承压水和承压-无压水等具有不同水动力特征的地下水运动；可模拟稳定运动，也可模拟非稳定运动；可处理三维、拟三维问题及多种类型的边界条件，并可模拟多种因素对系统内部的影响。

地下水中溶质运移的数学模型可表示为：

$$\theta \frac{\partial c}{\partial t}=\frac{\partial}{\partial x_i}\left(\theta D_{ij}\frac{\partial c}{\partial x_i}\right)-\frac{\partial}{\partial x_i}(\theta V_i c)-WC_s \tag{3-6}$$

式中 θ——介质孔隙度，无量纲；

c——组分的浓度，mg/L；

t——时间，d；

x_i——空间位置坐标，m；

D_{ij}——水动力弥散系数张量，m^2/d；

V_i——地下水渗流速度张量，m/d；

W——水流的源和汇，m^3/d；

C_s——组分的浓度，mg/L。

（2）工艺流程

首先对焦化废水进行分析，筛选得目标污染物如氨氮、氰化物、苯酚、多环芳烃等；模拟焦化废水用于高炉冲渣闷渣过程，收集实验过程中产生的气体污染物种类与浓度，判断是否产生二次污染；对于浓缩液进行分析，筛选目标污染物进行土壤吸附实验，计算最大吸附量并使用 HYDRUS-1D 软件进行一维模拟，判断实测与模拟拟合程度，可以用来对不同情况下的污染方式进行模拟；对土壤淋出液进行分析，调查邯郸当地水文地质资料，运用 Visual MODFLOW 软件对地下水污染情况进行模拟预测，提出二次污染防控措施。

工艺流程如图 3-51 所示。

（3）主要技术创新点及经济指标

1）大气部分

各关心点 SO_2、NO_2、PM_{10}、B[a]P 的年均最大地面平均质量浓度贡献值分别变化了 $-0.0005\sim-0.004mg/m^3$、$-0.001\sim-0.015mg/m^3$、$-0.016\sim-0.004mg/m^3$、$0\sim-0.00000003mg/m^3$。

SO_2、NO_2、PM_{10}、B[a]P 在各敏感点的年均最大地面平均质量浓度贡献值范围分别为 $0.002\sim0.006mg/m^3$、$0.003\sim0.018mg/m^3$、$0.005\sim0.039mg/m^3$、$0.00000001\sim0.00000003mg/m^3$，分别占相应标准限值的 2.67%～9.62%、8.69%～45.69%、7.21%～55.13%、1%～3%。通过计算大气环境防护距离和卫生防护距离，冲渣未出现超标点，不需设置大气环境防护距离。

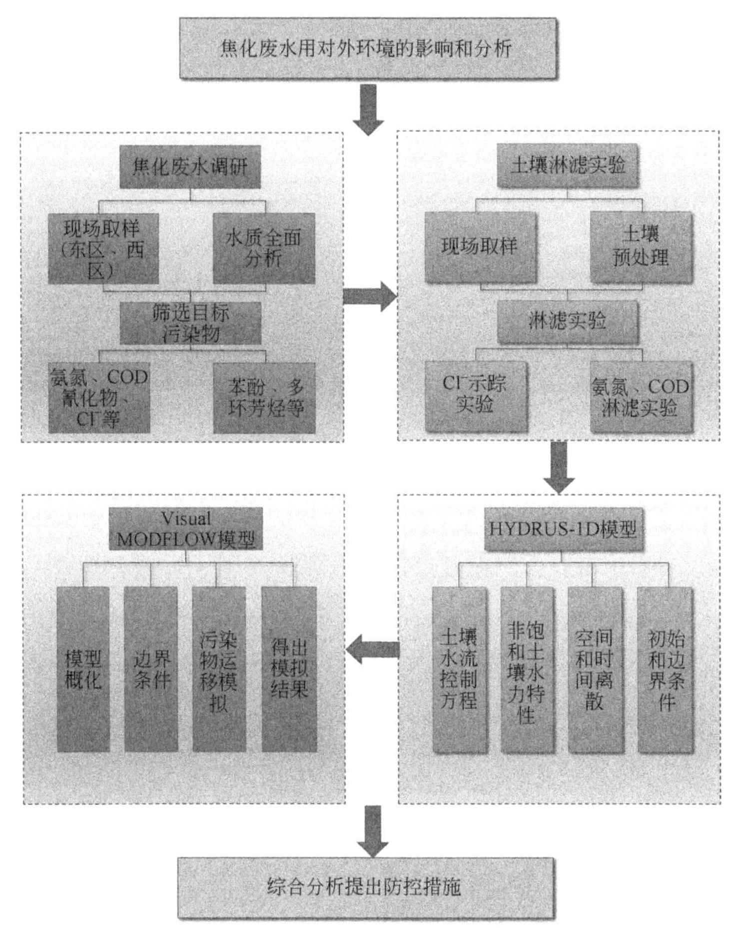

图 3-51　工艺流程

2）土壤部分

对邯郸本地土壤及焦化废水进行全面分析，选取焦化废水特征污染物如氨氮、苯酚、氯离子进行土壤吸附实验，吸附达到饱和时计算吸附时间为 1300h，计算水力参数，使用 HYDRUS-1D 软件进行模拟与反演，确定实验准确性及建立模拟模型（见图 3-52）。经过正演、反演的参数调整后可以得到拟合结果良好，拟合度在 0.85 以上，最终拟合度为 0.883；结果表明深度处理后的焦化废水在回用中或发生渗漏时对于土壤的本身污染程度较小，此次模拟可以较为准确地代表邯钢本地的污水渗漏模拟，但场内表层土壤污染可能会随水流向下迁移污染下层土壤。

3）地下水部分

通过利用 Visual MODFLOW 软件对地下水污染情况进行模拟，结果显示当企业非正常工况事故情景泄漏情况，泄漏后 100d 挥发酚的影响范围是 200977m^2，超标范围为 200977m^2，污染晕最大迁移距离为 698m，未迁移出厂区范围；泄漏后 1000d，挥发酚的影响范围是 736429m^2，超标范围为 736429m^2，污染晕最大迁移

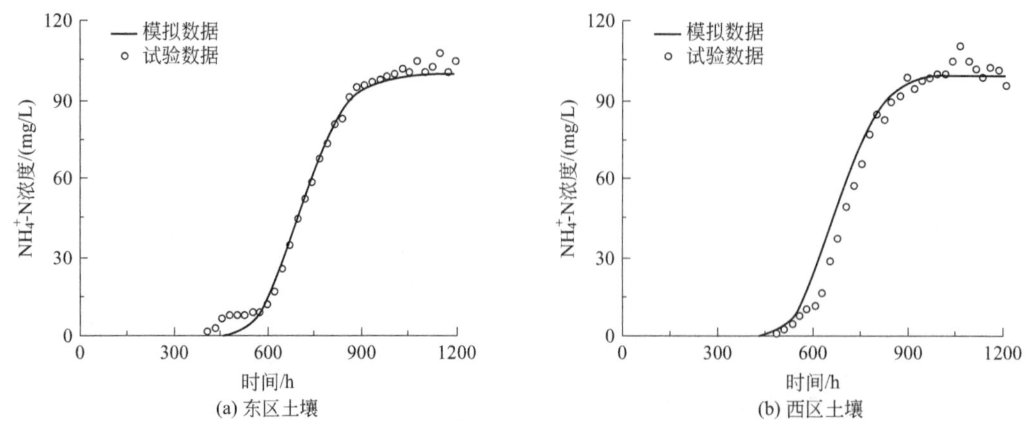

图 3-52　HYDRUS-1D 软件模拟调参前后 NH_4^+-N 穿透曲线与实测值对比

距离为 2999m，未迁移出厂区范围；泄漏后 3000d，挥发酚的影响范围是 $0m^2$，超标范围为 $0m^2$，污染晕最大迁移距离为 0m，未对下游敏感点产生影响。

目前，《钢铁工业发展循环经济环境保护导则》规定：钢铁企业对新水和循环水采用高效、安全可靠的先进水处理技术；供水量理论上按照分级、分质供水原则，采用清污分流、循环供水、串级供水等技术，提高水的重复利用率。采用先进工艺对循环水系统的排污水及其他外排废水进行有效处理并回用，使工业废水资源化，实现工业废水“零排放”。

为响应国家绿色循环经济的号召，国内焦化厂已经寻求并试图对焦化废水进行再利用。主要的循环利用途径包括高炉冲渣、煤场除尘、湿法熄焦和烧结混合水，也有部分制造企业将反渗透技术应用于焦化废水的深度处理，将处理后的水作为工业补给水。表 3-11 提供了有关焦化废水回用的一些基本信息。

表 3-11　焦化废水回用概况

回用工艺	水质要求	是否造成二次污染	存在问题	应用范围
湿法熄焦	生化出水	较大	污染操作环境，严重腐蚀设备	应用较广，但逐步将被淘汰
高炉冲渣	生化出水	较大	污染操作环境，腐蚀设备及管道，会富集污染物	部分钢厂
煤场抑尘	生化出水	小	水消耗量较小	较为广泛
烧结混料	生化出水	小	污染操作环境，腐蚀设备，造成喷头堵塞	部分钢厂
工业给水	循环水质	无	成本高	仅调试，未见使用

3.8 焦化废水生物处理尾水电吸附深度脱盐处理技术

3.8.1 技术简介

电吸附技术是利用带电电极表面吸附水中离子及带电粒子的现象，使水中溶解盐类及其他带电物质在电极的表面富集浓缩而实现水的净化/淡化的一种新型水处理技术。

3.8.2 适用范围

适用于焦化、冶金行业生化处理的尾水，进水 TDS＜10000mg/L。

3.8.3 技术就绪度评价等级

TRL-4。

3.8.4 技术指标及参数

(1) 基本原理

在电化学体系中，当溶液通过两通电的电极间时，如果两电极间施加低于溶液的分解电压的电压时，带正电荷的正极相吸引溶液中的负离子，而负极吸引正离子，形成双电层，而电极的作用仅仅是提供电子或从界面层中移走电子，界面电荷的大小依赖于所加电势。这样形成的双电层具有电容的特性，可以充电或放电，充电时电极一侧的充电电荷由电极上的电子或正电荷提供，而溶液一侧的充电电荷由溶液中的阳离子或阴离子提供，电子通过外电源从正极传入负极，而溶液中正负离子分开分别到达电极表面；放电时反之。

双电层结构相当于一个电容器，其所带的电荷大小由双电层的电容和施加的电压决定。所以在不发生法拉第反应的条件下，对电极施加电压可以把溶液中的离子吸附到电极周围，而去掉电压会把吸附到电极周围的离子施放到溶液中。电吸附正是利用这个原理，通过在电极两侧施加电压强制水中的离子吸附到电极的附近，从而降低溶液中的离子浓度。

(2) 工艺流程

电吸附中试工艺流程如图 3-53 所示。原水既作为排污进水又作为再生进水；由于试验原水是生化二沉池出水经过混凝沉淀＋纤维球过滤＋活性炭过滤的，同时为研究部分水质指标的平均处理效果，工作出水和排污出水设置了单独的收集装置。

(3) 主要技术创新点及经济指标

制作电吸附模块的炭电极的炭材料为自主研发的新型中孔炭材料，新型中孔炭材料的比表面积为 300～1500m^2/g，平均孔径为 5～20nm。

采用电吸附除盐模块对山焦集团公司焦化厂二生化排水进行了除盐的中试研究，结果表明：电吸附技术除盐率接近 60%，产水率高于 70%；经处理后的 Cl^-、SO_4^{2-}、Ca^{2+}、苯酚、NH_4^+-N 等均可达国家再生水作为循环冷却补充水的标准，优于目前该企业正在使用的总排回水水质；去除率高、周期短、效率快，处理成本较低，投资估算表明优于超滤反渗透方案。

以山焦集团公司焦化厂的焦化废水作为研究对象初步考察了电吸附装置对于有

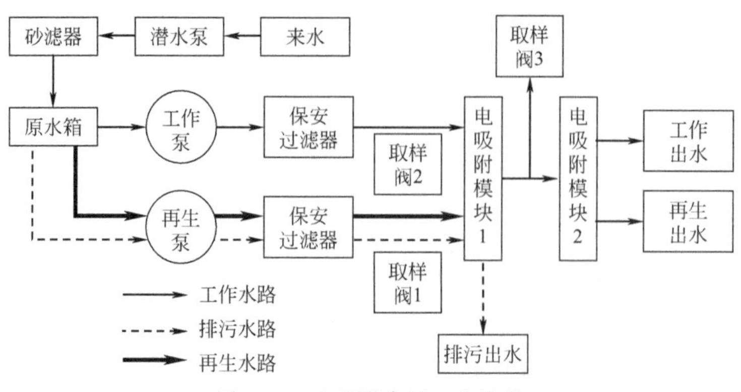

图 3-53 电吸附中试工艺流程

机污染物的去除性能，结果表明：电吸附中试装置对于有机物去除效果良好，COD_{Cr}的去除率最高可达 61.2%，同时焦化废水在经过电吸附处理后并没有发生降解，而是被电场富集后浓缩。在工作电压 1.2V 时，无论无机盐离子还是有机污染物去除率均为最高。串联模块越多吸附效果越好。

本技术为自主研发，申请了“一种用于电吸附除盐的中孔炭电极的制备方法”的专利，并获得发明专利授权。

（4）工程应用及第三方评价

应用单位：山焦集团公司焦化厂。

3.9 高浓度化产废水催化聚合关键技术

3.9.1 技术简介

目前针对高浓度有机废水，一般是采用生化法降解处理，或增加氧化法预处理工艺提高废水可生化性，但采用化学氧化法作为生化法的预处理工艺，处理成本较高。针对钢铁行业化产废水含高浓度的杂环、多环等难降解有机物、处理难度高的问题，研发了化产废水催化聚合制备腐殖酸的资源化处理新技术，大幅度降低焦化废水中的有机物浓度，提高出水可生化性和有机污染物的整体降解效率。

3.9.2 适用范围

含有高浓度杂环、多环等难降解有机物的高浓度化产废水处理。

3.9.3 技术就绪度评价等级

TRL-5。

3.9.4 技术指标及参数

（1）基本原理

针对化产废水含有高浓度的杂环、多环难降解有机物，难以降解有机物浓度高和有机负荷高等问题，研究腐殖酸人工合成反应路线，研制廉价的高效催化剂将水溶性难降解芳香有机物和部分氨氮在相对温和条件下聚合反应合成可产品化的固体高分子腐殖酸产品，开发了化产废水催化聚合腐殖酸资源化新技术。

（2）工艺流程

工艺流程如图3-54所示。

图3-54　高浓度化产废水催化聚合关键技术工艺流程

（3）主要技术创新点及经济指标

将废水COD浓度从5000～10000mg/L一步降低到1000mg/L，BOD/COD值从原来的0.15提高到0.3，缩短了废水处理流程，并降低后续处理难度。研发的催化聚合技术适合将高浓度有机物废水聚合成腐殖酸，既大幅度降低了废水中的有机物浓度，提高可生化性，同时也能资源化回收腐殖酸产品。与催化湿式氧化技术相比，反应温度接近，但不是在氧化气氛下反应，因此设备腐蚀较轻，在酸性反应条件下碳钢设备做正常衬胶就能满足条件。总体投资比催化湿式氧化工艺要低得多，同时能回收腐殖酸，具有更好的技术经济性。

3.10 焦化废水达标处理工艺包

3.10.1 技术简介

焦化废水达标处理关键技术包括梯级生物强化降解技术、混凝脱色脱氰技术和非均相催化臭氧氧化技术。

3.10.2 适用范围

焦化废水的达标处理。

3.10.3 技术指标及参数

（1）基本原理

1）梯级生物强化降解技术

高温焦化废水经过预处理除油、沉砂后，进入调节池进行水质水量调节。经过泵提升至点对点布水器进行布水，均匀流入厌氧池，反应器采用上流式污泥床反应器；废水在厌氧反应器发生厌氧水解反应，部分难降解有机物水解为容易降解有机物，提高可生化性。

厌氧出水经过出水堰均匀出水至厌氧出水井，与回流的硝化液进行混合。经过泵提升至穿孔布水管进行布水，进入缺氧反应器；缺氧反应器采用上向流生物膜反应器，利用废水中的有机物作为电子供体，回流液中的硝态氮作为电子受体，在反硝化菌的作用下发生反硝化反应，硝态氮转变为氮气而得到脱氮。出水自流进入好氧反应器。

废水进入好氧段后，首先在异养菌作用下利用氧气将废水中BOD氧化分解，去除有机物等污染物；然后在（亚）硝化细菌作用下，将氨氮氧化为硝态氮。一部分上清液作为硝化液回流到缺氧反应器，经前置反硝化去除（亚）硝态氮，出水经二沉池分离后去混凝处理。

2）混凝脱色脱氰技术

向废水中投加一种专用的无机-有机复合高分子结构的絮凝药剂以及高效吸附材料，水中无机聚合物组分由于离子作用使废水中胶体有机物颗粒扩散层厚度减小，压缩双电层以及电性中和作用使胶体颗粒间斥力减小而脱稳相互聚集；高效吸附材料组分由于其发达的中孔结构，可吸附废水中较多的大分子有机物和有色物质；有机高分子组分通过架桥作用，可连接胶体颗粒、吸附后的吸附材料等形成“胶粒-高分子-吸附材料”的絮状体，所产生的絮状体在沉淀的过程中能够以卷扫、网捕形式进一步使水中的胶体微粒随其一起下沉。通过以上压缩双电层、电性中和、吸附以及卷扫网捕等多过程的强化作用，实现了废水中色度、有机物和总氰化物的高效去除。

3）非均相催化臭氧氧化技术

非均相催化臭氧氧化，一方面通过臭氧分子直接氧化含有不饱和双键的有机污染物；另一方面臭氧在专有催化剂作用下产生的具有强氧化性的羟基自由基（·OH)、超氧自由基、单线态氧等多种活性氧自由基，氧化分解有机污染物。由于·OH的氧化能力极强，且氧化反应无选择性，可快速氧化分解绝大多数有机化合物，包括一些高稳定性、难降解的有机物，最大程度生成二氧化碳和水，实现COD深度去除的目的。

（2）工艺流程

示范工程处理工艺流程如图3-55所示，混凝沉淀池出水进入反硝化生物滤池，污水平行由下向上经滤料层流动。由于在前述生化过程中污水中能被微生物利用的有机碳源已被消耗殆尽，为保证反硝化反应的顺利进行，达到进一步的脱氮目的，需在反硝化生物滤池池进水渠处增加有机碳源。生物滤池内高活性的微生物在陶粒滤料表面和内部微孔中生长繁殖，形成生物膜，有效地吸收水中有机物作为其新陈代谢的营养物质，在缺氧环境下进行反硝化过程，将污水中的硝态氮还原为N_2而脱除，从而降低水中总氮含量。

反硝化生物滤池的出水由泵输送到多介质过滤器进行过滤。多介质过滤单元能够对废水中的悬浮物质进行有效去除，一方面可以为后续的催化氧化处理达到保安的作用；另一方面避免悬浮物质黏附在催化剂的表面影响臭氧与催化剂的接触，从而降低催化臭氧氧化的效率，多介质过滤处理出水由泵输送到两级催化氧化系统进

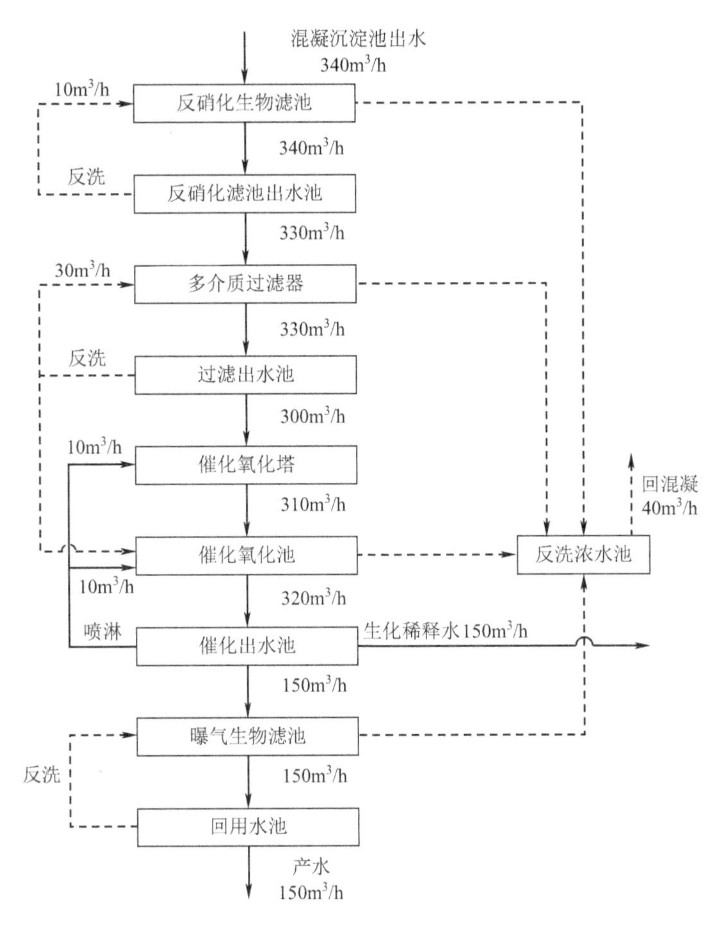

图 3-55 示范工程处理工艺流程

行有效处理。废水首先进入催化氧化塔中，催化氧化塔出水再进入催化氧化池，臭氧在两种不同的高效催化剂的协同作用下氧化、分解水中的难降解有机物。在两级催化臭氧氧化作用下，废水中无法生物降解的有机物部分被氧化剂氧化为二氧化碳和水得到矿化，部分被转化为小分子、易生物降解的有机物。催化氧化池出水一部分进行回流，作为生化系统的稀释水和好氧消泡水使用，其余部分进入到后续的曝气生物滤池，对水中有机物进一步脱除，使废水得到净化。

(3) 主要技术创新点及经济指标

进水水质一般为 pH7～9，COD_{Cr}≤4500mg/L，NH_3-N≤300mg/L，挥发酚500～800mg/L，氰化物≤15mg/L，硫化物≤30mg/L，石油类≤50mg/L，SS≤100mg/L。

经过梯级强化生物降解、混凝脱色脱氰、非均相催化臭氧氧化处理后，出水COD≤50mg/L，NH_3-N≤2mg/L，TN≤20mg/L，石油类≤1mg/L，总氰≤0.2 mg/L，多环芳烃≤0.05mg/L，达到《炼焦化学工业污染物排放标准》(GB 16171—2012) 要求。

(4) 工程应用及第三方评价

1) 技术设计参数

① 梯级强化生物降解：缺氧池水力停留时间一般为28～32h（以蒸氨废水计，下同），好氧池停留时间一般为40～80h，二沉池表面水力负荷一般为1～1.5$m^3/(m^2 \cdot h)$（活性污泥法）或1.5～2$m^3/(m^2 \cdot h)$（生物膜法），沉淀时间一般为2～4h（活性污泥法）或1.5～4h（生物膜法）。

② 混凝脱色脱氰：混凝沉淀系统包括混合反应池和混凝沉淀池。反应设备采取折流式反应池，混合设备采取搅拌混合，将废水与混凝剂进行混合。反应的主要目的是中和脱稳后的废水中的悬浮物形成较大的絮凝体，反应池出水通过管道流入混凝沉淀池进行泥水分离。

废水与混凝剂混合时间一般为0.5～2min，反应时间一般为5～20min。混凝沉淀池水力停留时间一般不小于2h，表面水力负荷一般为1.0～1.5$m^3/(m^2 \cdot h)$。

非均相催化臭氧氧化技术：非均相催化臭氧氧化反应器包括一级催化臭氧氧化塔和二级催化臭氧氧化池，反应器总停留时间30～60min，臭氧投加量$m_{O_3}:m_{COD}=(1.5～2):1$。

2) 废水来源

废水来源分为有压蒸氨废水和无压生产及生活废水两部分。其中，蒸氨废水100m^3/h，脱硫废液处理后15m^3/h，煤气水封水20m^3/h，雨水收集池15m^3/h。

3) 处理规模

废水处理站生化部分设计水量为150m^3/h，深度处理出水回用为稀释水量为120～150m^3/h，深度处理系统反洗水为40m^3/h，深度处理部分设计水量为320m^3/h。

4) 处理进水指标

污水处理站原水水质指标详见表3-12。

表3-12 酚氰污水处理站蒸氨废水水质指标表

序号	名称	单位	进水指标
1	pH值		8～9
2	COD_{Cr}	mg/L	3500～4500
3	挥发酚	mg/L	400
4	NH_3-N	mg/L	≤300
5	氰化物	mg/L	≤100

5) 处理目标

为满足国家相关法律法规要求，需要对现有污水处理系统进行升级改造，要求改造后出水无色无味，目前出水指标及改造后出水要求指标见表 3-13。

表 3-13　酚氰污水处理站目前出水水质指标及改造后出水指标

序号	名称	单位	目前出水指标	改造后要求指标
1	pH 值		6～8	6～9
2	COD_{Cr}	mg/L	150	50
3	BOD_5	mg/L		20
4	SS	mg/L		20
5	挥发酚	mg/L	0.3	0.1
6	TN	mg/L		15
7	NH_3-N	mg/L	25	5.0
8	氰化物	mg/L	0.2	0.2
9	硫化物	mg/L	0.2	0.5
10	TP	mg/L		1.0
11	石油类	mg/L	2.0	1.0
12	多环芳烃	mg/L		0.05
13	苯并芘	μg/L		0.03
14	苯	mg/L		0.1
15	基准排水量	m^3/t 焦	0.8	不增加工业新水

6）示范工程图片

部分示范工程如图 3-56～图 3-58 所示。

图 3-56　示范工程催化臭氧氧化塔

图 3-57 示范工程曝气生物滤池

图 3-58 示范工程多介质过滤

参 考 文 献

[1] 易欣怡，韦朝海，吴超飞，等．O/H/O 生物工艺中焦化废水含氮化合物的识别与转化［J］．环境科学学报，2014，34（9）：2190-2198.

[2] Zhu Xiaobiao，Liu Rui，Liu Cong，et al. Bioaugmentation with isolated strains for the removal of toxic and refractory organics from coking wastewater in a membrane bioreactor［J］．Biodegradation，2015，26（6）：465-474.

[3] 朱顺妮，樊丽，倪晋仁．两株喹啉降解菌代谢途径的分析［J］．中国环境科学，2008（5）：456-460.

[4] Yuxiu Zhang，Yiming Zhang，Jie Xiong，et al. The enhancement of pyridine degradation by Rhodococcus KDPy1 in coking wastewater［J］．FEMS Microbiology Letters，2018（1）：1.

[5] 高鹏，徐璐，辛宁，等．焦化废水污染控制技术研究进展［J］．环境工程技术学报，2016，6(4)：357-362.

[6] Zhao Wentao，Sui Qian，Huang Xia. Removal and fate of polycyclic aromatic hydrocarbons in a hybrid anaerobic-anoxic-oxic process for highly toxic coke wastewater treatment［J］．Science of the Total Environment，2018，635：716-724.

[7] Li Haibo，Cao Hongbin，Li Yuping，et al. Innovative biological process for treatment of coking

wastewater [J]. Environmental Engineering Science, 2010, 27 (4): 313-322.

[8] Zhu Shuang, Wu Haizhen, Wei Chaohai, et al. Contrasting microbial community composition and function perspective in sections of a full-scale coking wastewater treatment system [J]. Applied Microbiology and Biotechnology, 2016, 100 (4): 2033.

[9] Ma Weiwei, Han Yuxing, Ma Wencheng, et al. Enhanced nitrogen removal from coal gasification wastewater by simultaneous nitrification and denitrification (SND) in an oxygen-limited aeration sequencing batch biofilm reactor [J]. Bioresource Technology, 2017, 244 (1): 84-91.

[10] Xu Weichao, Zhao He, Cao Hongbin, et al. New insights of enhanced anaerobic degradation of refractory pollutants in coking wastewater: Role of zero-valent iron in metagenomic functions [J]. Bioresource Technology, 2020, 300: 122667.

[11] 任源，韦朝海，吴超飞，等．焦化废水水质组成及其环境学与生物学特性分析 [J]．环境科学学报，2007 (7): 1094-1100.

[12] Burmistrz P, Burmistrz M. Distribution of polycyclic aromatic hydrocarbons in coke plant wastewater [J]. Water Science And Technology, 2013, 68 (11): 2414-2420.

[13] 李湘溪，吴超飞，吴海珍，等．焦化废水处理过程中盐分变化及其影响因素 [J]．化工进展，2016，35 (11): 3690-3700.

[14] Bai Yaohui, Sun Qinghua, Sun Renhua, et al. Bioaugmentation and adsorption treatment of coking wastewater containing pyridine and quinoline using zeolite-biological aerated filters [J]. Environmental Science & Technology, 2011, 45 (5): 1940-1948.

[15] Wen Donghui, Zhang Jing, Xiong Ruilin, et al. Bioaugmentation with a pyridine-degrading bacterium in a membrane bioreactor treating pharmaceutical wastewater [J]. Journal of Environmental Sciences, 2013, 25 (11): 2265-2271.

[16] Liu Xiaodong, Chen Yan, Zhang Xin, et al. Aerobic granulation strategy for bioaugmentation of a sequencing batch reactor (SBR) treating high strength pyridine wastewater [J]. Journal of Hazardous Materials, 2015, 295: 153-160.

[17] 彭湃，朱希坤，李小明，等．环保菌剂应用于焦化废水处理中试 [J]．环境工程，2016，34 (6): 41-45.

[18] 朱希坤，杨德玉，彭湃，等．生物强化技术处理焦化废水的工程应用 [J]．工业水处理，2016，36 (9): 28-31.

[19] 杜传明．转炉钢渣资源利用的新方法 [J]．山东冶金，2012，34 (2): 51-53.

[20] 赵青林，周明凯，魏茂．德国冶金渣及其综合利用情况 [J]．硅酸盐通报，2006 (6): 165-171.

[21] Wu S. Utilization of steel slag as aggregates for stone mastic asphalt (SMA) mixtures [J]. Building & Environment, 2007, 42 (7): 2580-2585.

[22] 黄毅，徐国平，杨巍．不同处理工艺的钢渣理化性质和应用途径对比分析 [J]．矿产综合利用，2014，(6): 62-66.

[23] 赵福才，习晓峰，巨建涛，等．国内外钢渣处理工艺及资源化技术研究 [C]．2014 年全国冶金能源环保生产技术会，武汉，2014.

[24] 田广银，张凌燕．钢渣热焖技术分析与应用实践 [J]．环境工程，2016，34 (12): 126-128.

[25] 安连志．钢渣热闷工艺的设计与应用 [J]．金属世界，2015 (1): 59-61.

[26] 黄导，陈丽云，张临峰，等．推进节能环保技术管理升级促进钢铁工业绿色转型 [J]．钢铁，2015，50 (12): 1-10.

[27] Wang B, et al. Effect of raw material mixture ratio on leaching and self-disintegrating behavior of calcium

aluminate slag [J]. Journal of Northeastern University, 2008, 29 (11): 1593-1596.

[28] 郝以党，朱桂林，孙树杉. 钢渣稳定化处理及高价值资源化技术及应用 [J]. 中国废钢铁，2014 (3): 28-32.

[29] 高康乐，钱雷，王海东，等. 转炉钢渣热闷循环水水质稳定技术研究 [J]. 环境工程，2011，29 (4): 42-45.

[30] 栾兆坤，范彬，贾建军，等. 水回用技术发展及其趋势 [J]. 化工技术经济，2003: 2131-3946.

[31] 黄源凯，韦朝海，吴超飞，等. 焦化废水污染指标的相关性分析 [J]. 环境化学，2015，34 (9): 1661-1670.

[32] 田陆峰. 焦化废水处理技术的研究 [J]. 洁净煤技术，2013，19 (4): 91-95，104.

[33] 祖斌. Visual Modflow 在水文地质模型构建及地下水模拟中的应用 [J]. 绿色科技，2018 (16): 233-234.

[34] Kikyl G M. Complete physico-chemical treatment for coke plant effluents [J]. Water Research, 2002, 36 (5): 1127-1134.

[35] 王佩，蒋鹏，张华，等. 焦化厂土壤和地下水中 PAHs 分布特征及其污染过程 [J]. 环境科学研究，2015，28 (05): 752-759.

[36] 魏恒，肖洪浪. 地下水溶质迁移模拟研究进展 [J]. 冰川冻土，2013，35 (6): 1582-1589.

[37] 国家环境保护总局. 水和废水监测分析方法 [M]. 4 版. 北京：中国环境科学出版社，2002.

[38] 孔令东，姜成春，郝天文. 焦化废水中有机污染物的 GC-MS 法测定 [J]. 给水排水，1994，4: 48-50.

[39] 王喜龙，徐福留，王学军，等. 天津污灌区苯并 [a] 芘的分布和迁移通量模型 [J]. 环境科学学报，2003 (1): 88-93.

[40] Leju J, Ladu C, Zhang D R. Modeling atrazine transport in soil columns with HYDRUS-1D [J]. Water Science and Water Engineering, 2011, 4 (3): 258-269.

[41] 刘明遥. 石油烃在包气带中迁移转化规律与数值模拟研究 [D]. 吉林：吉林大学，2014.

[42] 陆强. 上海某典型行业土壤和地下水中氯代烃的迁移转化规律及毒性效应研究 [D]. 上海：华东理工大学，2016.

[43] 韦朝海，贺明和. 焦化废水污染特征及其控制过程与策略分析 [J]. 环境科学学报，2007，27 (7): 1083-1092.

[44] 石柳. A/A/O 工艺对焦化废水的处理效果研究 [J]. 资源节约与环保，2017 (11): 48-49.

[45] 蒋慕贤，葛宇翔，郭赟. 焦化场地典型污染物分布特征研究进展 [J]. 环境与发展，2016，28 (6): 50-54.

第4章 综合废水处理与水回用成套技术

4.1 纳米陶瓷无机膜-电絮凝耦合处理酸洗废液技术

4.1.1 技术简介

酸洗是轧钢过程中的一道重要工序。通过酸洗，清除钢材表面的氧化铁皮，可提高钢材表面结构的质量。当酸浓度降低到一定水平，酸液中的金属离子达到一定浓度后酸洗效果下降，排出的废水称为酸洗废水。目前全国每年大约要排出的酸洗废水多达几百万立方米，它正随着钢材产量和质量的提高而增加[1]。轧钢酸洗废水酸性强、浓度高、废水量大、含有大量重金属离子，若处理不当则会对环境产生严重污染，如腐蚀下水管道、水工构筑物、影响水生作物生长和繁殖，尤其是废水中存在的大量的重金属离子，对水生物和人类健康会造成不可估量的影响[2,3]。当前，酸洗废水已被越来越多的国家所重视，我国已经将 pH≤2 的酸洗废水列入《国家危险废物名录》，美国、欧盟等国家和地区将其列入了《资源保护与再生法案》，以加强对废水的管理和监控[4]。现阶段我国酸洗废水处理主要是采用中和法进行处理[5]，一般采用石灰、烧碱等对酸洗废水等进行酸碱中和处理，降低废水的 pH 值，同时添加重金属捕捉剂，沉淀重金属离子，后续通过固液分离实现废水和泥渣的分离，废水可达标排放[6]。在此过程中消耗了大量的碱性药剂如烧碱、石灰等，许多可以回收利用的物质如 Fe^{3+} 等都被处理掉，且产生大量酸洗污泥；污泥含有大量重金属，脱水干燥困难，处理难度大，属于危险固体废弃物，占用了大量的土地面积，易形成二次污染。

对此，开发了纳米导电陶瓷无机膜-电絮凝耦合处理酸洗废液关键技术，在实现酸洗废液无害化处理的同时将电絮凝副产物进行资源化利用，制备成聚铁类高分子混凝剂。首先以商品化的无机陶瓷超滤膜为基底，通过对其表面进行导电修饰处理，使其在耐酸碱腐蚀的基础上具备良好的导电性能，可作电化学极板使用，并以该膜材料为反应器核心研发出一套电絮凝-陶瓷膜分离耦合反应装置。基于上述开发材料，以铁为阳极，纳米导电陶瓷无机膜为阴极，构建电絮凝耦合导电陶瓷膜超滤处理废水/废液系统，通过电絮凝作用去除水中的重金属、有机物等，同时酸洗

废水中的 H^+ 被电絮凝过程中所产生的 OH^- 进行中和，升高水体 pH 值。后续经纳米导电陶瓷膜超滤进一步提高出水水质，同时在电场作用下污染物也能够被进一步去除，有效延缓膜污染，提高膜的使用寿命。经纳米导电陶瓷无机膜-电絮凝耦合处理后的酸洗废水出水 pH 值稳定在 6 以上，对铬、镍等重金属离子去除率在 90%以上。

电絮凝过程中所产生的絮体残渣通过酸浸法将其中的铁元素浸出，进行聚铁类混凝剂的制备，所制备出的混凝剂产品可用于工业废水一级处理，实现了废物资源化利用。基于上述所开发的纳米导电陶瓷无机膜-电絮凝耦合处理酸洗废液关键技术可作为中和法的替代技术，所产出的相关成果也可以作为类似废水处理工程设计的技术参考和理论依据，从而产生长远的社会效益、经济效益。

4.1.2 适用范围

轧钢酸洗废水。

4.1.3 技术就绪度评价等级

TRL-3。

4.1.4 技术指标及参数

(1) 基本原理

针对传统石灰中和法处理酸洗废液产生钙泥二次污染的问题，开发了纳米导电陶瓷无机膜-电絮凝耦合处理酸洗废液关键技术，将电絮凝与膜分离技术充分耦合，实现了酸洗废水的无害化处理与资源化利用。对传统陶瓷分离膜进行导电涂层修饰，使其在膜分离的基础上兼具电絮凝阴极作用，通过构建电絮凝耦合导电陶瓷膜超滤处理系统，实现轧钢酸洗废水的高效、无害化处理。同时对电絮凝过程中所产生的絮体残渣进行混凝剂制备，实现废物资源化利用。

该技术主要原理如下。

1) 轧钢酸洗废水的高效无害化处理

轧钢酸洗废水经预处理后，接连电絮凝-陶瓷膜分离耦合反应装置进行处理。以具有良好导电性能的纳米导电陶瓷无机膜为阴极，铁为阳极，在电絮凝作用下实现酸洗废水 pH 值的升高与有机物、重金属离子等污染物的去除。经过电化学性能测试发现，所制备的纳米导电陶瓷无机膜其析氢性能与耐腐蚀性能要优于普通的不锈钢阴极，因此在轧钢酸洗废水的电絮凝处理过程中，酸洗废水中的大量氢离子会在纳米导电陶瓷无机膜阴极附近通过电子转移作用而被还原成氢气，析出水面；此外在电絮凝过程中所产生的 OH^- 也会对 H^+ 起到中和作用。因此，酸洗废水中的 pH 值升高主要是由于析氢作用及 OH^- 的中和作用。

电絮凝对有机物、重金属离子等污染物的去除是多种作用机制协同的过程[7]。

铁阳极在电流作用下溶出Fe^{2+}，并在废水中溶解氧的作用下被氧化为Fe^{3+}，随后经水解、聚合等反应生成$Fe(OH)^{2+}$、$Fe(OH)_2^+$、$Fe(H_2O)_5(OH)^{2+}$、$Fe(H_2O)_4(OH)^{2+}$、$Fe_2(H_2O)_6(OH)_4^{4+}$等单体和聚合物，最终形成$Fe(OH)_2$、$Fe(OH)_3$及FeOOH等絮体沉淀。这些铁絮体表面具有丰富的羟基，可通过吸附、络合、网捕、絮团、卷扫等方式包覆酸洗废水中的有机物和重金属离子，最终在重力和气浮作用下经沉淀或上浮去除[8,9]。酸洗废水中的大量氯离子在电解过程中可生成具有较强氧化性的活性氯，如氯气和次氯酸等，这些活性氯可将酸洗废水中的有机物快速氧化分解。同时阴阳极板上的电氧化还原反应，可通过改变污染物的价态来实现酸洗废水中的有机物及重金属离子的去除，如吸附在阳极表面活性位点上的有机物通过直接氧化作用而被氧化为二氧化碳和水，Cr^{6+}在阴极附近被还原为Cr^{3+}，随后通过絮体吸附及共沉淀作用去除[10]。

电絮凝出水再经纳米导电陶瓷无机膜超滤（见图4-1），使其出水水质得到进一步提升，同时在电场作用下污染物也能够被进一步去除，提高纳米导电陶瓷无机膜的抗污性能，延缓了膜污染，提高了膜的使用寿命[11-13]。

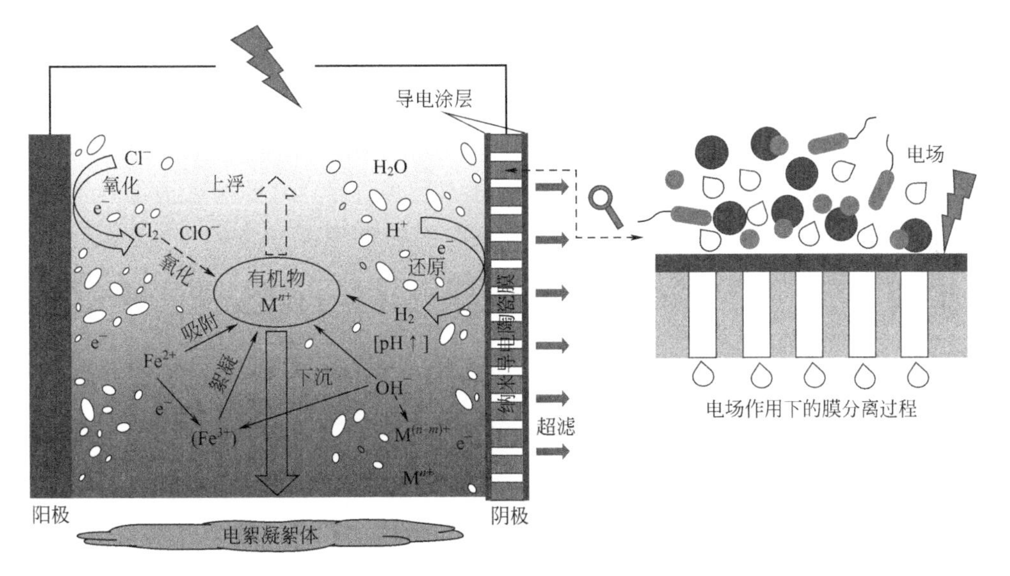

图4-1 纳米导电陶瓷无机膜-电絮凝耦合处理酸洗废液原理示意

2）电絮凝过程中所产生的絮体残渣资源化利用

中和法处理中所产生的酸洗污泥易皂化，污泥含水率高，浓缩困难，而电絮凝过程中所产生的絮体结构紧实、产量少且含水率低，不易发生皂化问题，其内丰富的铁资源易于提取。通过采用酸性废液将铁离子从电絮凝残渣中提取出来，用于制备铁系混凝剂，实现废弃物的资源化，达到“以废治废”的目的，并为日后酸洗污泥的综合利用处理提供理论依据和数据支持[14]。

混凝剂主要分为有机高分子混凝剂、传统无机混凝剂以及无机高分子混凝剂，其中铁系无机高分子混凝剂在水解及聚合过程中产生了多种不同带电的络合物交联体和胶质氢氧化物的低、高聚合体，因而可中和微粒及悬浮物表面的电荷，降低胶体的 Zeta 电位，从而破坏胶团的稳定性，在较强的吸附架桥、黏结和沉降能力下最终达到性能优越的无机高分子混凝剂。表 4-1 所列为无机高分子混凝剂的品种，与聚铝混凝剂相比，聚铁混凝剂品种较少，制备工艺流程、相关的产品标准都不够完善，难以满足人们对水日益增长的健康需求。因此，进一步研究聚合铁絮凝剂的制备及其应用是十分必要的。

表 4-1　无机高分子混凝剂的品种

阳离子型	阴离子型	无机复合型	无机有机复合型
聚合氯化铝 PAC	活化硅酸 AS	聚合氯化铝铁 PAFC	聚合铝-聚丙烯酰胺
聚合氯化铁 PFC		聚合硫酸铝铁 PAFS	聚合铝-阳离子有机高分子
聚合硫酸铝 PAS	聚合硅酸 PS	聚合硅酸铁 PFSi	聚合铁-聚丙烯酰胺
聚合硫酸铁 PFS		聚合磷酸铝铁 PAFP	聚合铁-甲壳素

聚合氯化铁（PFC）也是近年来发展起来的一种新型无机高分子混凝剂，与传统的絮凝剂如三氯化铁、硫酸铝和碱式氧化铝相比其具有较好的絮凝效果，尤其是在对低温水的处理上优越性较明显，但聚合氯化铁的稳定性较差，在聚合氯化铁浓度较高时溶液易产生沉淀，难以长时间保存[15]。对此技术在进行聚铁混凝剂制备时，在 Fe(Ⅲ）水解过程中引入 PO_4^{3-} 以提高混凝剂的稳定性。

Fe(Ⅲ）水解聚合过程十分复杂，Fe(Ⅲ）的形态及分布规律也难以详细探究，大致规律如下：Fe(Ⅲ）在溶液中迅速形成单体；单体之间发生聚合反应形成单聚体或者二聚体，这些形态定向聚合形成低聚物；低聚物多方向相互连接形成多聚态进而形成大型高分子聚合物；这些大型高分子聚合物熟化一定时间后生成沉淀物。Fe(Ⅲ）水解-聚合反应的形态转化过程如图 4-2 所示。聚合氯化铁是氯化铁溶液水解-络合-聚合-沉淀过程的中间产物，属于热力学介稳体系。制备聚合氯化铁时，发现在 Fe(Ⅲ）水解过程中引入 PO_4^{3-} 可以提高混凝剂的稳定性。

$$Fe(OH)^{2+} \rightleftharpoons \left[Fe\begin{matrix}OH\\OH\end{matrix}Fe\right]^{4+}$$

$$\overset{OH^-}{\rightleftharpoons}\left[Fe\begin{matrix}OH\\OH\end{matrix}Fe\begin{matrix}OH\\OH\end{matrix}Fe\begin{matrix}OH\\OH\end{matrix}\right]^{6+}$$

$$\rightleftharpoons\left[>Fe\begin{matrix}OH\\OH\end{matrix}Fe\begin{matrix}OH\\OH\end{matrix}>\right]^{n+}_{n/2}$$

$$\rightleftharpoons\left[>Fe\begin{matrix}OH\\O\end{matrix}Fe\begin{matrix}OH\\O\end{matrix}\right]_{n/2}+nH^+$$

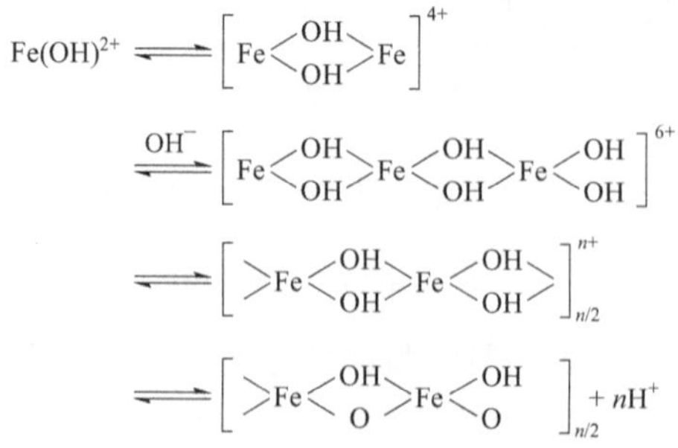

图 4-2　Fe(Ⅲ）水解-聚合反应的形态转化

（2）工艺流程

技术工艺流程包括可作为电化学极板的纳米导电陶瓷无机膜材料的制备、纳米导电陶瓷无机膜-电絮凝耦合处理酸洗废水及电絮凝残渣制备混凝剂资源化利用三部分。

本技术涉及的纳米导电陶瓷无机膜-电絮凝耦合处理酸洗废液的关键在于使无

机陶瓷膜表面材料具备良好的导电性和适当的析氢电位，以作为电絮凝阴极，因此纳米导电陶瓷无机膜的制备尤为重要。

选取商品化的 Al_2O_3 中空平板陶瓷膜，以锑掺杂二氧化锡为目标导电膜层材料，以材料的涂层附着力、方块电阻和纯水通量为判断依据，分别探究以凝胶涂覆法、浸渍水解法、喷雾热解法制备导电陶瓷膜材料的最佳制备工艺条件，并通过对照、比较、总结得出最优的制备方法与制备条件。经过工艺比选，确定导电陶瓷膜材料的最佳制备方法为喷雾热解法。

图 4-3 展示了 CM-100 型陶瓷膜（普通陶瓷无机膜）的断面 EDS 元素分布，Al 元素与 O 元素的断面分布疏密程度清晰地显示出了该膜材料分离层与支撑层的划分情况，上层元素分布的密集区域为膜分离层，下层元素的相对稀疏区域为膜支撑层。

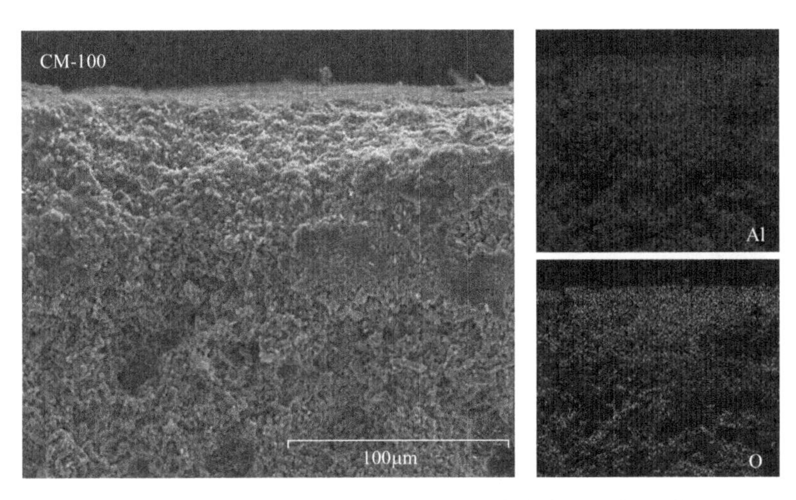

图 4-3　CM-100 型陶瓷膜的断面 EDS 元素分布（见书后彩图）

图 4-4 展示了 CCM-100 型陶瓷膜（纳米导电陶瓷无机膜）的断面 EDS 元素分布，从图中可以清晰地观察到导电陶瓷膜的断面顶层清晰地显现出喷雾热解制备导电膜层的痕迹，该区域膜层的致密度不仅远超下方支撑层，还显著超过了基底膜材料的膜分离层，而且该致密层还完全覆盖了基底膜材料的分离层，表明这一膜层是在基底膜分离层的基础上形成的，导电膜层很可能是前驱体微粒直接依附于基底膜材料的颗粒，于颗粒表面蔓延生长形成的；该膜层的厚度分布较为均匀，经测量膜层厚度基本分布在 33～40μm 之间，略厚于基底膜分离层。从图 4-4 中可以观察到 Sn-Sb-O 导电膜层的分布区域，该膜层分布十分均匀，膜层厚度没有明显的起伏变化，导电膜层区域几乎没有铝元素分布，表明该制备方法下的导电涂层较为致密，可以均匀生长在原陶瓷膜表面，不会出现裸露情况，在实际使用中可具有稳定的导电性能，电极表面电场分布均匀，满足电絮凝阴极的要求。

将所制备的具有良好导电性能的纳米导电陶瓷无机膜作为电絮凝阴极，酸洗废水经预处理后，接连电絮凝-陶瓷膜分离耦合反应装置进行酸洗废水无害化处理。

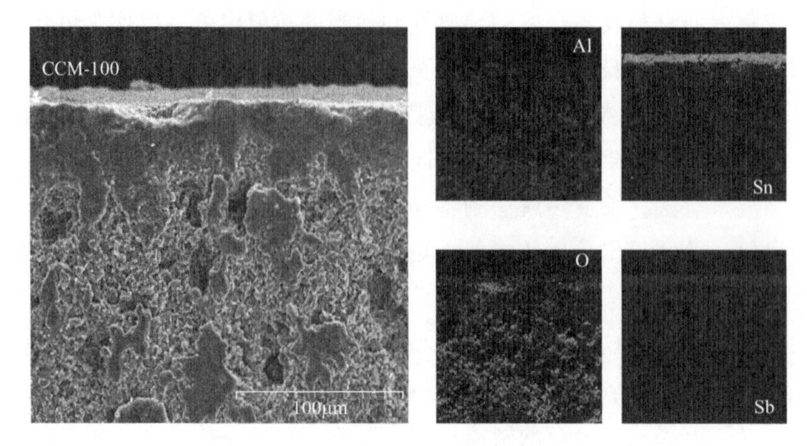

图 4-4 CCM-100 型陶瓷膜的断面 EDS 元素分布（见书后彩图）

此过程中所产生的电絮凝则进行收集，用于混凝剂的制备。

纳米导电陶瓷无机膜-电絮凝耦合处理酸洗废液工艺流程如图 4-5 所示。

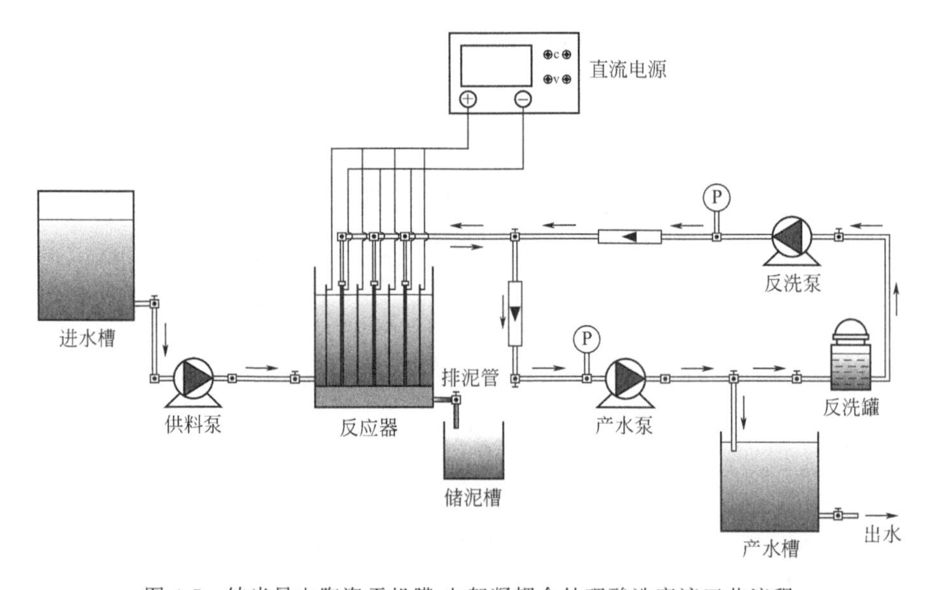

图 4-5 纳米导电陶瓷无机膜-电絮凝耦合处理酸洗废液工艺流程

如图 4-5 所示，主要设备包括平板陶瓷膜封装组件、压力系统、反洗系统、主反应器。经预处理后的酸洗废水经供料泵输送，进入纳米导电陶瓷无机膜-电絮凝耦合反应器，在电絮凝及纳米导电陶瓷膜超滤双重耦合作用下实现酸洗废水无害化处理，出水经调节式隔膜泵抽送至产水槽。电絮凝过程中所产生的絮体残渣排至储泥槽进行储存，待进一步资源化利用。此外，还设置反冲洗系统用以对纳米导电陶瓷无机膜进行清洁。经纳米导电陶瓷无机膜-电絮凝耦合处理后的酸洗废水出水 pH 值稳定在 6 以上，对铬、镍等重金属离子去除率在 90%以上。

电絮凝残渣进行混凝剂制备工艺流程如图 4-6 所示。采用酸洗废水对电絮凝过程中所产生的絮体残渣进行初次酸浸实验，剩余残渣再用 7%盐酸进行浸取，随后向浸出液中加入适量氧化剂和稳定剂，搅拌反应，熟化一段时间后可得聚铁混凝剂。

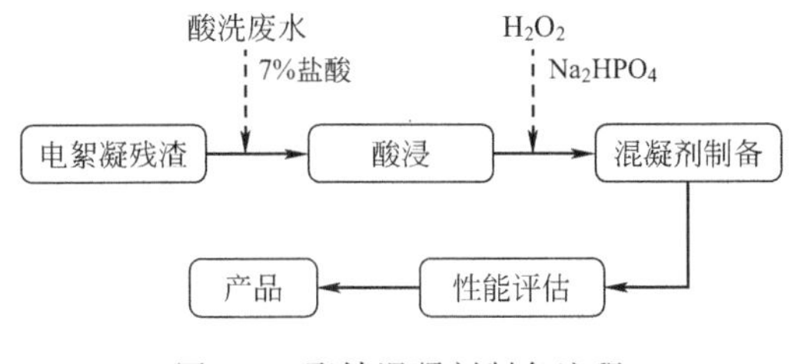

图 4-6　聚铁混凝剂制备流程

参照聚合硫酸铁液体制备标准《水处理剂　聚合硫酸铁》(GB/T 14591—2016) 中有害物质种类及限值，对本产品进行检测，结果如表 4-2 所列，其中一类产品可用于生活饮用水，合格类产品可用于工业废水。由此可以看出自制混凝剂有害物质含量均满足合格品标准，因此该产品可用于工业废水处理。

表 4-2　有害物质含量　单位：%

元素	As	Ni	Cr	Pb	Cd	Hg	Zn
质量分数	0.000041	0.000023	0.000062	0.00012	—	0.000012	0.00015
一类品质量分数限值	0.0001	—	0.0005	0.0002	0.00005	0.000001	—
合格品质量分数限制	0.0005	0.005	0.0025	0.001	0.00025	0.00005	0.005

(3) 主要技术创新点及经济指标

所开发的纳米导电陶瓷无机膜-电絮凝耦合处理酸洗废液关键技术实现了酸洗废水的高效、无害化处理与资源化利用。经纳米导电陶瓷无机膜-电絮凝耦合处理后的酸洗废水出水 pH 值稳定在 6 以上，对铬、镍等重金属离子去除率在 90%以上。所制备的混凝剂产品性能分析表明，其盐基度均值为 17%左右，产品稳定性较好，有害物质含量均满足聚合硫酸铁液体制备标准 GB/T 14591—2016 中合格品标准，可用于工业废水一级处理。

1) 同类技术分析

酸洗废水处理工艺主要有中和法、直接焙烧法、蒸发浓缩法、膜分离法、离子交换法等，工业上应用较多的是中和法（见表 4-3)。钢材盐酸酸洗废水 pH 值较低，具有较大的腐蚀性和危害性，所以采用碱中和可以有效提高废水的 pH 值，在中和的过程中也使大量的金属离子以沉淀的形式从溶液中析出，便于废水的后续处理。酸、碱废水中和以及投药中和是常用的酸洗废水的处理方法，酸、碱废水中和法中和后不会产生更难以处理的废水的工况。投药中和是在酸洗废水中添加碱性药剂使酸性废水的 pH 值达到国家排放标准后排放。典型药剂有碳酸钠、氢氧化钠、石灰石和石灰，其中石灰石和石灰应用最普遍[16]。

该方法可以处理不同性质、不同浓度的酸洗废水，缺点是消耗大量的碱性药剂，产生大量的石灰渣等固体废弃物，灰渣体积大，难处理，形成二次污染。总体来说中和法优点是简便易行，操作简单；缺点是管理烦琐，投药量大，不容易控制，废水处理量受到制约，另外酸洗废水中剩余的酸和酸洗产生的亚铁盐未能得到利用，投药中和处理后还会引起二次污染。

表 4-3 酸洗废水处理技术分析

技术名称	技术简介	技术优缺点
中和法	采用碱中和提高废水的 pH 值	技术适用范围广泛，但污泥易皂化，同时产生大量的石灰渣等固体废弃物，灰渣体积大，难处理，形成二次污染
直接焙烧法	在高温、水蒸气充分、氧气适量的条件下在焙烧炉中直接将 $FeCl_2$ 转化为盐酸和 Fe_2O_3，反应生成的 HCl 被水吸收后再生酸	适合盐酸酸洗废水的处理，不适用于硫酸酸洗废水；运营成本较高，需要消耗大量的水和能源，焙烧过程还会产生 HCl 废气和 Fe_2O_3 粉尘、设备安装复杂，占地大，管理维护程序较烦琐，不适合中小型企业
蒸发浓缩法	利用盐酸受热挥发，经过冷凝回流收集，处理后的残留液根据其性质进行相应的处理，主要有常压蒸发法和负压蒸发法两类	在一定程度上削减废水量；易腐蚀管道、堵塞管道、造成二次污染，且该法能耗较高
膜分离法	利用膜的离子选择性将铁盐和酸分离，同时回收酸和铁盐。处理过程无相变，有很高的环保效益和经济效益，主要包括扩散渗析法、电渗析法、反渗透法、纳滤法等	能够较好地分开酸和亚铁盐；膜污染、能耗高、浓度和温度极化等限制了技术推广
离子交换法	利用某些离子交换树脂可从废酸溶液中吸收有机酸，排除无机酸和金属盐的功能来实现不同酸及盐之间的分离	可处理含量大的中低酸的酸洗废水，同时回收纯金属盐和酸；对过程控制要求严格，产生的再生酸浓度低；离子交换树脂的再生性和树脂污染等问题阻碍了该方法的进一步发展

2）纳米导电陶瓷无机膜-电絮凝耦合处理酸洗废液关键技术创新点

经与上述同类技术进行分析比较，纳米导电陶瓷无机膜-电絮凝耦合处理酸洗废液关键技术有着无可比拟的技术优势。电絮凝法是当前一种颇具竞争力的绿色废水处理方法，具有产泥量少、占地面积小、成本低等优点，对废水中的重金属、有机物、氟化物、油类等污染物具有良好的去除效果[17,18]；而膜分离作为一种新兴的分离技术，具有高效、节能、环保、易于操控、便于与其他工艺联用等优势。本技术实现了电絮凝与膜分离技术的有机结合，耦合系统的构建实现了不同污染物去除机制的高度融合。

经过导电涂层修饰后的纳米导电陶瓷无机膜在耐化学腐蚀性、机械强度高的基础上具备良好的导电性能，可作为电絮凝阴极使用，实现了膜分离与电化学作用的耦合，在污染物催化降解、缓解浓差极化、降低膜污染累积速率、辅助增强膜清洗功效等方面具有普通膜分离技术无法比拟的天然优势，解决了膜分离过程中存在的选择性不足和膜污染等问题，提高了膜的抗污性能。

以铁为阳极，纳米导电陶瓷无机膜为阴极，构建电絮凝复合导电陶瓷膜超滤废水/废液处理系统，在电絮凝过程中实现了酸洗废水 pH 值的升高与有机物、重金属等污染物的高效去除，此过程中所产生的电絮凝絮体结构紧实，含水率低，不易发生皂化问题。此后在电场辅助下进行的导电陶瓷膜超滤，使得酸洗废水出水水质得到进一步提升，同时增强了导电陶瓷膜阴极的静电排斥作用与 Donnan 效应，抑制了污染物向膜表面的迁移，而且能够减弱累积在膜表面的污染物与膜的结合力，同时污染物在电场作用下也得到进一步去除，有效地延缓了膜污染（见图 4-7），提高了无机陶瓷膜的使用寿命。

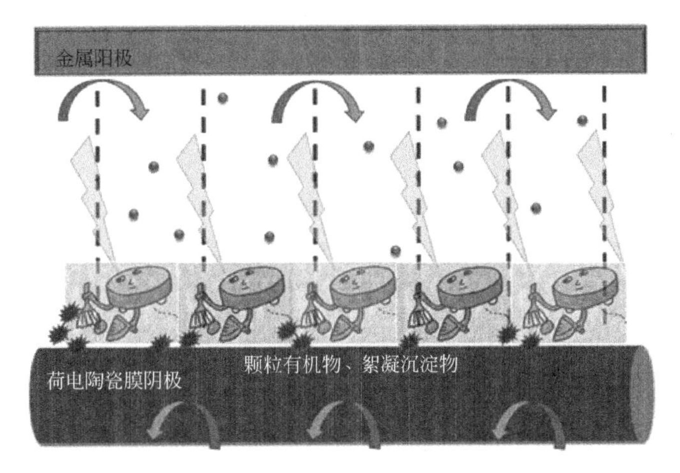

图 4-7　电场作用下膜污染延缓示意

电絮凝过程中所产生的絮体残渣富含大量的铁资源，用其制备混凝剂，实现废物的资源化利用并达到了“以废治废”的目的，为企业创造了一定经济效益与环境效益，为日后水厂工业废水一级处理的应用提供理论依据。在酸浸过程中，采用酸洗废水对电絮凝残渣进行了初次浸取，达到了“以废治废”的目的，使得资源利用率达到了最大化，所制备出的产品稳定性较好，可用于工业废水一级处理。

纳米导电陶瓷无机膜-电絮凝耦合处理将酸洗废水的高效、无害化处理与资源化处理有机地结合起来，解决了钢铁酸洗废液难处理、处理成本高的难题，同时还能带来显著的经济效益，具有广阔的应用前景。

4.2 新型化学破乳剂

4.2.1　技术简介

对于钢铁企业废水治理而言，乳化液的处理是重点和难点之一，而破乳是其中非常关键的环节。尽管有各种乳液破乳方法，基于破乳剂的化学破乳法一直是较为方便高效的，而新型破乳剂的研发就有着非常重要的意义。使用聚赖氨酸衍生物作为新型破乳剂，可降低破乳成本、保护环境；且其应用广泛，适用于多种废水的破乳处理[19,20]。

4.2.2　适用范围

多种废水的破乳处理。

4.2.3 技术就绪度评价等级

TRL-4。

4.2.4 技术指标及参数

（1）基本原理

钢铁行业的乳化液有其重要的特点。例如，冷轧厂乳化液一般为水包油型乳液，含油质量分数可以达到8%左右，并且其中有机物浓度很高。对于此类乳化液的高效破乳是亟待解决的重要问题[21-23]。原油乳状液中的水分、无机盐和有机物对原油的开采、运输、储存和精炼过程有很大影响，而油田污水也以多种乳状液的形式存在，与原油开采相关的破乳更存在着重大需求[24-26]。

破乳剂的种类很多，包括离子型表面活性剂、非离子聚醚型破乳剂、聚酰胺类破乳剂等[27,28]。其中，聚酰胺类破乳剂逐渐显示出较大的优势，受到人们越来越广泛的重视。然而，应该看到，尽管化学破乳剂的研究和开发已经取得了相当大的进展，现有的化学破乳剂依然存在着很多问题，主要表现为破乳效率不高、适用范围不广、使用条件限制较大以及环保特性不好等。特别是对于轧钢废水的乳化液，亟须开发更为合适的化学破乳剂。因此，有必要寻找一种来自天然产物的低成本破乳剂来应对现有破乳剂的不足，以解决或减轻上述一个或多个问题[29-32]。

聚赖氨酸（ε-PL）是一种由很多L-赖氨酸组成的同型单体聚合物，通过微生物发酵来制备，是具有聚酰胺结构的天然产物。聚赖氨酸已经被广泛开发用于防腐、杀菌、药物载体以及高吸水性聚合物等方面[33-36]。近年来，聚赖氨酸各种衍生物的合成引起了人们广泛的研究兴趣。2015年，Dai等[37]用聚赖氨酸和溴代烷烃反应得到部分烷基取代的聚赖氨酸衍生物（ε-PL-R）。但是并未有研究涉及将此类聚赖氨酸衍生物运用于破乳剂。

事实上，部分烷基取代改善了聚赖氨酸的两亲性，而聚赖氨酸衍生物所富含的阳离子使得其同时具备聚酰胺化合物和阳离子表面活性剂的特点。聚赖氨酸的天然产物特性、广泛的来源、低廉的价格以及结构修饰的简便使得其衍生物有可能成为非常高效、环保并且用途广泛的破乳剂。

鉴于此，笔者及其团队开发了聚赖氨酸衍生物作为新型破乳剂，进而能够获得新的高效、无污染的破乳剂，可降低破乳成本、保护环境；且其应用广泛，适用于多种废水的破乳处理。

此类作为破乳剂的聚赖氨酸衍生物的主要特征在于聚赖氨酸中部分氨基为烷基取代，烷基为十二烷、庚烷或辛烷。这些聚赖氨酸衍生物作为破乳剂用于对轧钢废水、焦化废水、原油乳液以及煤化工废水进行破乳。无论是聚赖氨酸衍生物还是其降解产物都源自天然产物，对环境无害。该破乳剂具有广泛的适用性，既可以用于钢铁冶金企业又可以用于石油企业的废水处理；该破乳剂通过低成本的原料和简单的合成方法即可大批量制备，成本低廉[38-41]。

（2）工艺流程

破乳剂的发展越来越多样化，但是在使用破乳剂的同时也要考虑到破乳剂对环境的影响。破乳剂是否能够彻底降解，对环境的破坏能够达到最少，同时也要考虑破乳剂的破乳效果。对乳化油的破乳需要很大的破乳剂量，而且对稠油破乳性能不好。嵌段聚醚的改性产物一直是很多乳化油的破乳剂，但是其合成方法较复杂，且降解也比较困难。新型破乳剂的设计灵感来源于聚酰胺类破乳剂，希望通过采用天然产物合成的聚赖氨酸进行烷基取代一步合成的想法得到大分子聚合物的破乳剂分子。

新型化学破乳剂的合成是基于取代反应的合成机理，依据文献方法并加以改进。聚赖氨酸中部分氨基为烷基取代，烷基可以是十二烷、庚烷或辛烷。在此对聚赖氨酸衍生物破乳剂（ε-PL-C_{12}）合成进行说明。取 0.5g 聚赖氨酸 ε-PL 于 250mL 圆底烧瓶中，加入 10mL 二甲基亚砜（DMSO），然后逐滴加入 4mL 1mol/L NaOH 溶液，50℃搅拌 2h；滴加一定量的二氧六环和 0.96g 十二烷基溴，加热搅拌 24h，最后纯化产物，透析袋透析 3d，旋蒸除去大部分水，用真空干燥箱干燥得到的产物是黄色的颗粒状固体，记作 ε-PL-C_{12}。得到产物的质量为 0.487g，产率为 33.4%。具体反应式如图 4-8 所示。

OH—[—C(=O)—CH(NH₂)—(CH₂)₄—NH—]ₙ—H + $C_{12}H_{25}Br$ $\xrightarrow[\triangle]{NaOH/DMSO}$

OH—[—C(=O)—CH($NHC_{12}H_{25}$)—(CH₂)₄—NH—]ₓ—[—C(=O)—CH(NH_2)—(CH₂)₄—NH—]$_{n-x}$—H

图 4-8　聚赖氨酸烷基大分子（ε-PL-C_{12}）的合成

烷基链也可以是奇数，例如庚烷链（—C_7H_{15}），合成方法和步骤与上述图 4-8 过程类似。取 0.5g 聚赖氨酸 ε-PL 于 250mL 圆底烧瓶中，加入 10mL 二甲基亚砜（DMSO），然后逐滴加入 4mL 1mol/L NaOH 溶液，50℃搅拌 2h；滴加二氧六环（溶剂）和 0.96g 溴代庚烷，加热搅拌 24h，最后纯化产物，透析袋透析 3d，除水，得到产物如图 4-9 所示，记为 ε-PL-C_7。得到产物的质量为 0.541g，产率为 37.1%。具体反应式如图 4-9 所示。

聚赖氨酸衍生物破乳剂分子的结构如图 4-9 所示。从图中可以看出合成的破乳剂分子有很多的支链，这一结构是对聚赖氨酸氨基端的改性，具有和聚酰胺类似的多个官能团。在水中—NH_2 上质子化形成阳离子基团，使聚赖氨酸成为阳离子多聚物载体。阳离子多聚物载体比较稳定，结构灵活，易调整其分子量和多聚物形状。因此，新型破乳剂同时具备聚酰胺类破乳剂和阳离子破乳剂的特点。笔者采用核磁共振谱以及红外分析等方法对新型破乳剂的结构和组成进行了表征，证实了其结构特点。测试前样品均做干燥处理。而在红外谱图中，两种破乳剂分子的官能团

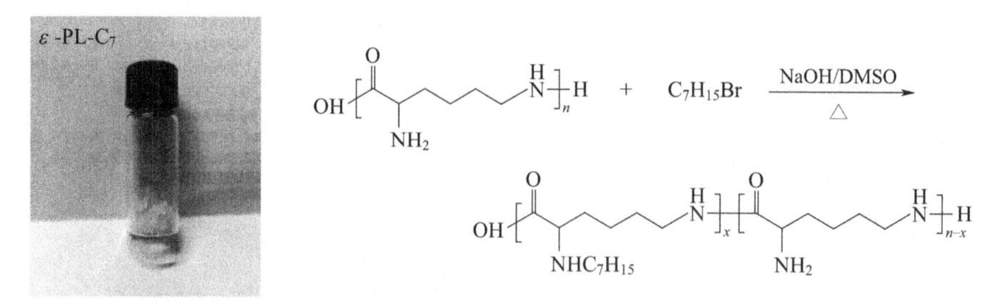

图 4-9 聚赖氨酸烷基大分子（ε-PL-C_7）的合成

的位置是一样的，以下以 ε-PL-C_{12} 的测试结果为例，如图 4-10 所示。结果红外谱图中的分析可以得出的 3300cm^{-1} 左右处的峰是 C—H 拉伸振动，在 2900～3000cm^{-1} 范围内的宽吸收带归因于 N—H 拉伸，表明存在 N-烷基取代。

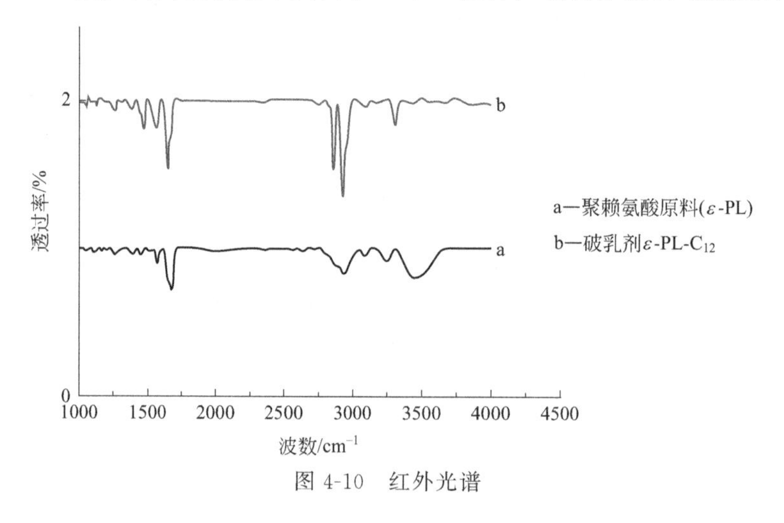

图 4-10 红外光谱

核磁共振氢谱对于确定有机化合物分子结构是一种重要的手段。在核磁共振一维氢谱中，不同位置的氢会产生不同的化学位移，显示出不同的特征峰，这些特征峰表示了分子中不同化学环境下的氢原子；通过对特征峰的强度比，反映了在不同化学环境下氢原子的数目比。相邻化学环境的氢在核磁共振图谱会显示产生耦合，特征峰有时候还会发生裂分。通过化学位移，特征峰的积分面积和耦合常数等信息，可以推测出氢原子在碳骨架上的位置，这样就可以确定化合物的分子结构。

本实验测得的核磁共振氢谱采用 Bruker，DPX 400MHz 超导核磁共振波谱仪进行测试，测试温度设置为 293K。测得核磁数据如图 4-11 所示。图 4-11(a) 是 ε-PL 的核磁图，峰值约为 1.42×10^{-6} 和 1.72×10^{-6}，对应于 N-烷基的亚甲基氢和相邻碳上的氢；图 4-11(b) 是 ε-PL-C_{12} 的核磁图，在 0.82×10^{-6} 处的峰值归因于甲基质子 {—NH[CH_2—$(CH_2)_{10}$—CH_3]} 和 $(1.1\sim2.0)\times10^{-6}$ 与 N-烷基的亚甲基氢 {—NH[CH_2—$(CH_2)_{10}$—CH_3]}。具体峰值配比如图 4-11 所示标注，结合以上数据可以判断出 ε-PL-C_{12} 的合成。

笔者对新型化学破乳剂的破乳性能进行了研究，使用的样品包括邯钢焦化废水、煤化工含油污水以及邯钢轧钢废水。

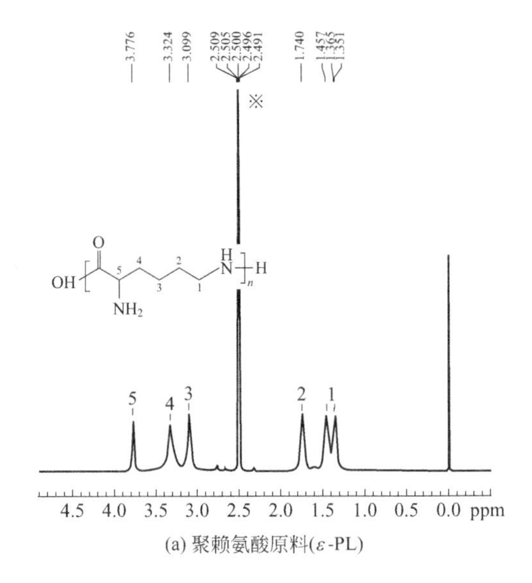

(a) 聚赖氨酸原料(ε-PL)

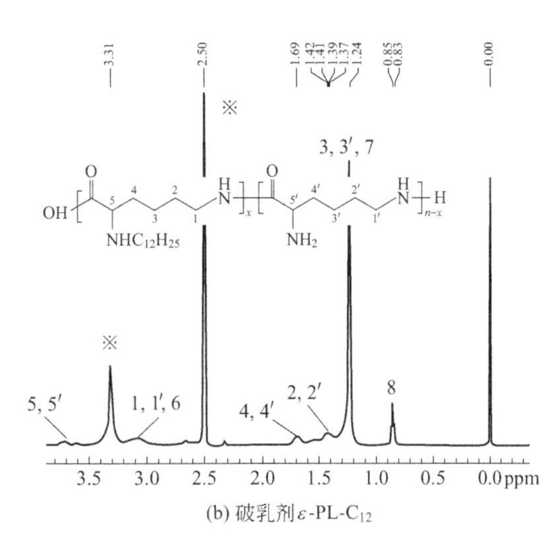

(b) 破乳剂ε-PL-C_{12}

图4-11　核磁共振氢谱（1ppm＝10^{-6}）

笔者采用第一个废水样品是邯钢工业轧钢炼钢过程中的焦化废水。破乳率的测定采用了文献记载中油田污水中含油量测定方法。

笔者首先研究了破乳剂浓度对破乳率的影响。配置浓度为1000mg/L破乳剂溶剂。用天平秤取50mg破乳剂（ε-PL∶$C_{12}H_{25}Br$＝1∶30，ε-PL-C_{12}）加入一个50mL的容量瓶，在容量瓶中加入50mL蒸馏水，超声溶解。探究破乳剂浓度对邯钢焦化污水的破乳性能。取10支10mL离心管，加入5mL邯钢焦化废水。分别加入破乳剂，加入的量为0.1mL、0.2mL、0.3mL、0.4mL、0.5mL、0.6mL、0.7mL、0.8mL、0.9mL、1.0mL，控制破乳的时间为1h、破乳的温度50℃时，观察到邯钢焦化废水破乳效果，实验结果如图4-12所示。

由图4-12(a）和图4-12(b）可以看出来加入破乳剂后有黑色沉淀产生，而未加破乳剂的污水没有产生沉淀。从图4-12(c）可以看出，随着破乳剂的浓度增加破乳性能逐渐提升。这可能的原因是随着破乳剂的浓度增加，油水界面膜强度也增加，加速了油水界面的分离。该破乳剂在破乳温度50℃、用量为150mg/L的条件下对邯钢焦化废水破乳率能够达到81.7%，证明具有很好的应用前景。

针对邯钢焦化污水，我们研究了破乳温度对破乳率的影响。具体实验如下：准备8支10mL离心管，用量筒各量取焦化废水5mL，标号1～8，采用的加热方式是水浴加热，加热温度分别为20℃、30℃、40℃、50℃、60℃、70℃、80℃、90℃。加入破乳剂的量为0.5mL（100mg/mL）、控制破乳时间为30min时观察破乳效果，最终的实验结果如图4-13所示。

由图4-13(a）和图4-13(b）可以看出来加入破乳剂后有黑色沉淀产生，而未加破乳剂的废油没有产生沉淀。从图4-13(c）可以看出，随着破乳温度的升高，破乳性能逐渐提高。这可能的原因是随着破乳温度的增加，增加了油水界面膜，破乳剂分子向油水界面上扩散更加容易，从而加速油水污渍的沉降。

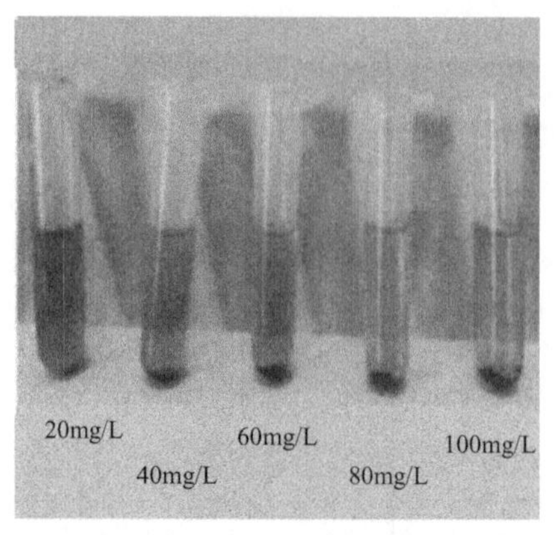

(a) 破乳剂浓度从20mg/L到100mg/L的破乳效果

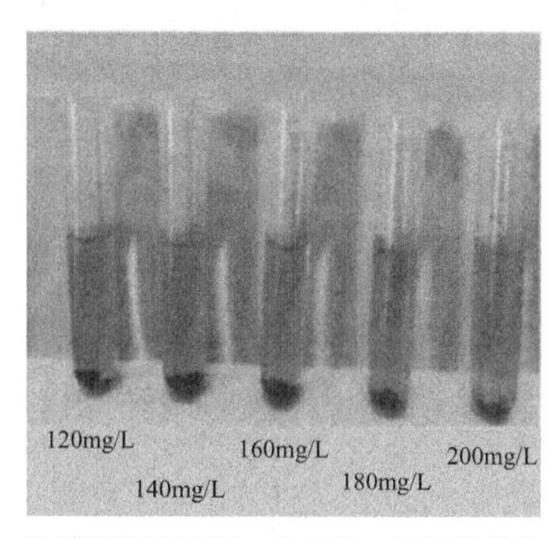

(b) 破乳剂浓度从120mg/L到200mg/L的破乳效果

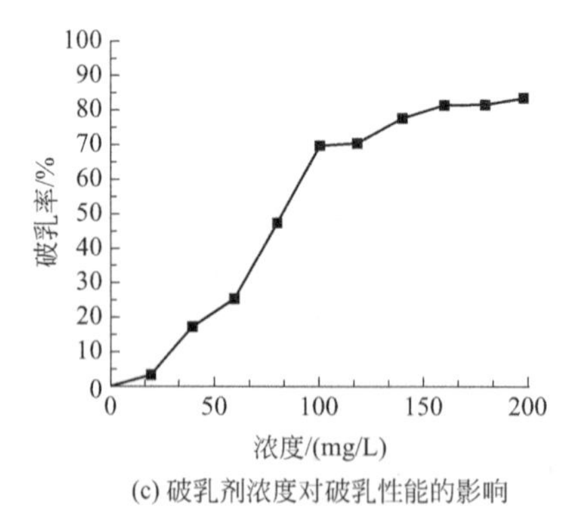

(c) 破乳剂浓度对破乳性能的影响

图 4-12　焦化废水中破乳剂浓度对破乳性能的影响（见书后彩图）

笔者还选择了煤化工的含油废水来探究破乳剂的性质。取 500mL 煤化工废水样品于烧杯中，加入磁子以 2000r/min 的转速搅拌乳化 1h，然后再以 1000r/min 的转速低速搅拌、乳化 30min，以消除泡沫，减少浮油。将煤化工乳化液静置于室温下等待 30min，将下层液体倒入烧杯中，即得 O/W 型模拟乳液。这样得到的乳化液污水相比未处理过的含油污水成分均一，在接下来的测试数据方面更能反映客观规律，具有真实性。但是这样的样品预处理得到的乳化油的成分不能长时间保持相对均一，因此尽量在破乳实验开始的 2h 内制备。

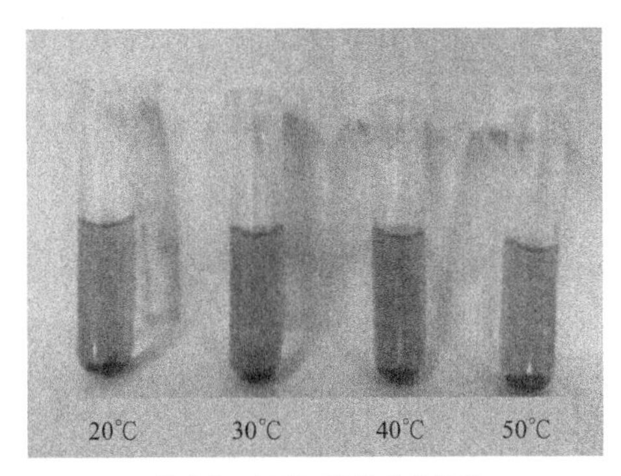

(a) 温度从20°C到50°C的破乳效果

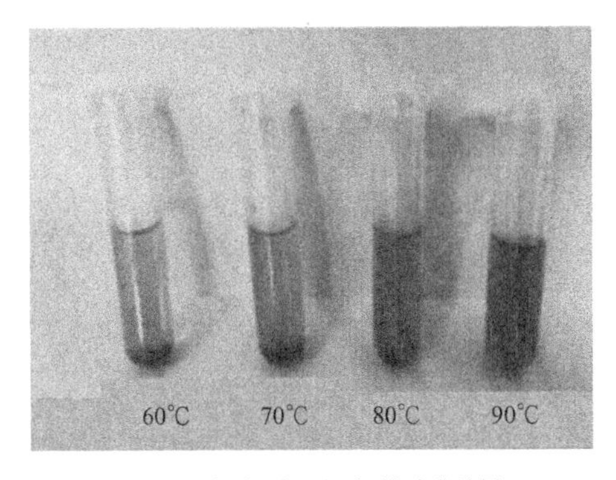

(b) 温度从60°C到90°C的破乳效果

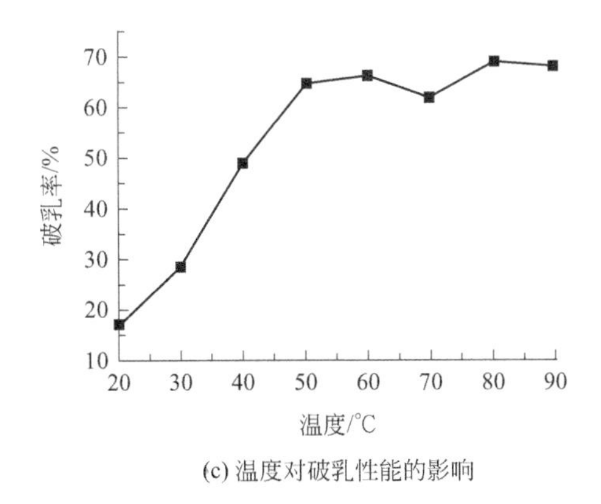

(c) 温度对破乳性能的影响

图 4-13　焦化废水中温度对破乳性能的影响（见书后彩图）

针对煤化工的含油废水，笔者研究了破乳剂浓度对破乳率的影响，具体实验流程如下：配置浓度为 10g/L 的破乳剂。准备 6 个分液漏斗，各量取原油乳液样品 5mL，控制其他条件不变，破乳温度设定值是 50℃，破乳时间设定为 30min。破乳剂的加入量分别为 50μL、100μL、200μL、300μL、400μL、500μL，摇床水浴加热 30min；然后加入萃取剂四氯化碳 25mL，再摇床萃取 20min，静置 10min；最后通过测油含量研究油水分离的情况。破乳率与破乳剂浓度关系如图 4-14 所示，测量数据如表 4-4 所列。

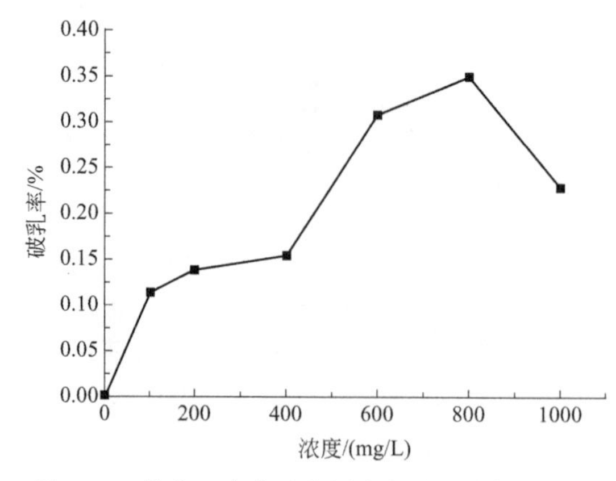

图 4-14 煤化工水中破乳剂浓度对破乳率的关系

表 4-4 测量数据

破乳剂浓度/(g/L)	样品	破乳剂加入量/μL	破乳剂浓度/(mg/L)	破乳率/%
10	0	0	0	0
	1	50	100	11.37
	2	100	200	13.89
	3	200	400	15.35
	4	300	600	30.37
	5	400	800	34.97
	6	500	1000	22.87

由图 4-14 可知，聚赖氨酸破乳剂对煤化工含油废水的破乳性能一般。可能的原因是煤化工工业过程复杂，整体煤化工油的颜色较深，产生的乳化液的油浓度较大，油的品质较稠。

笔者进一步探究了破乳剂对煤化工含油污水的 COD 影响。取 4 组相同体积的废水于试管中，标号 1～4；再准备一组纯水样品作为空白样品。1～4 号试管中加入不同浓度的破乳剂，浓度分别为 0mg/L、100mg/L、200mg/L、300mg/L，严格按照测 COD 的步骤测量 COD 含量。首先打开后方开关键，按下电热键，点击确定，使 COD 仪加热到 165℃。用量筒量取待测样品 2.5mL 于消解管中，再加入 D-试剂和 C-试剂，震荡消解管中的液体保证充分消解，大约消解 10min。消解管逐渐冷却至室温，加入 2.5mL 蒸馏水，静置 10min，然后打开 COD 槽，首先测量空白样品，然后依次测样（从 COD 值小的样品开始测），得到数据如表 4-5 所列；通过计算得到破乳剂浓度和 COD 的关系如图 4-15 所示。实验证明，合成的破乳剂对废水中的 COD 含量值也有所影响。加入破乳剂，能够降低污水的 COD 值，而且增加破乳剂浓度，也会有效降低 COD 的值。

表 4-5 破乳剂对煤化工含油污水的 COD 影响

加入破乳剂的浓度/(mg/L)	需氧量/(mg/L)
0	304.0
100	252.8
200	243.9
300	222.7

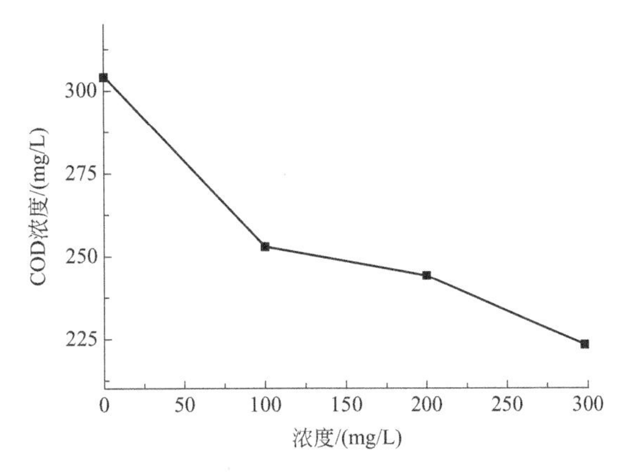

图 4-15　破乳剂浓度对煤化工的含油废水 COD 影响的关系

此外，使用邯钢提供的轧钢废水样品进行了初步的破乳（图 4-16）和 COD 实验（图 4-17），证明基于聚赖氨酸衍生物的破乳剂具有很好的破乳效能，在 120mg/L 的浓度条件下破乳率超过 70%。

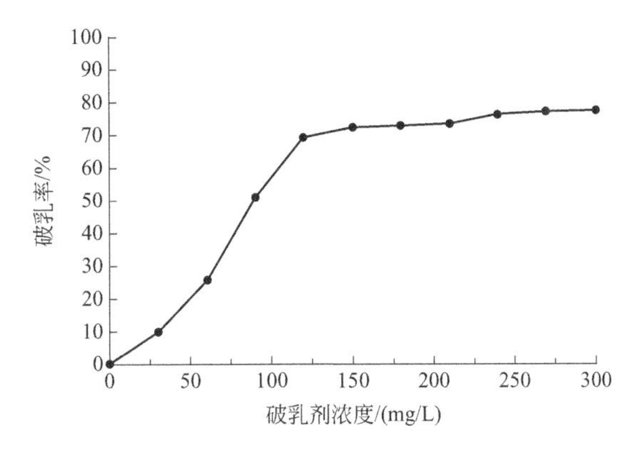

图 4-16　破乳剂浓度对邯钢轧钢废水破乳率的影响（实验温度 50℃）

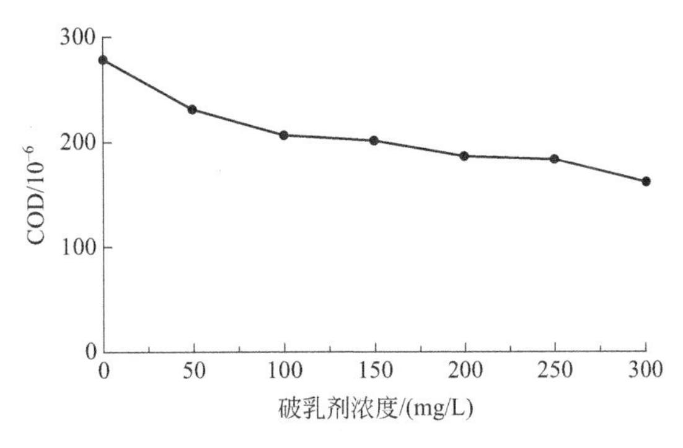

图 4-17　破乳剂浓度对邯钢轧钢废水 COD 的影响

(3) 技术创新点及经济指标

聚赖氨酸是天然产物，具有简单环保、来源广泛的特点。

新型破乳剂的特点在于：

① 聚赖氨酸的部分烷基取代改善了其两亲性，因而可以成为高效破乳剂；

② 分子所富含的阳离子使得其同时具备聚酰胺化合物和阳离子表面活性剂的特点；

③ 分子带有大量同手性中心，而分子手性则有利于破乳过程中的相分离、聚集和絮凝；

④ 聚赖氨酸衍生物在高温环境中可以稳定存在，进一步拓展了破乳剂的适用范围。

新型破乳剂对焦化废水和轧钢废水都有很好的破乳效果。对于轧钢废水而言，在120mg/L的浓度条件下破乳率超过70%，比市售产品效果至少高一个数量级。新型破乳剂还具有比较广泛的适用性，其对于煤化工含油污水也有一定破乳效果。

获得国家专利一项（201910360749X），发表SCI论文7篇。

4.3 综合废水深度处理与回用技术

4.3.1 低浓度有机物深度臭氧氧化技术

4.3.1.1 技术简介

随着钢铁行业综合废水排放标准提高，对COD和TN排放提出更高要求。需要开发一种低成本深度降解有机物的技术，满足行业和各地的最高排放要求。臭氧氧化技术操作简单，无二次污染，但氧化降解有机物时有一定的选择性。氧化锰材料催化分解臭氧气体的活性较高，可作为非均相催化臭氧氧化的活性组分。通过将氧化锰与其他金属复合形成复合氧化物，可进一步提高催化活性，降低催化剂和臭氧的用量，处理出水满足《辽宁省污水综合排放一级标准》（DB 21/1627—2008）。

4.3.1.2 适用范围

钢铁园区综合废水、化工园区综合废水深度处理。

4.3.1.3 技术就绪度评价等级

TRL-8。

4.3.1.4 技术指标及参数

（1）基本原理

钢铁综合废水产生量大，是园区水污染管控的重要环节。氧化锰可以高效催化分解臭氧气体产生活性氧，但直接使用时存在活性金属流失的问题。深度去除其他工序排入的低浓度难降解有机物，可实现综合废水达标排放，或在园区内大比例回用。

（2）工艺流程

首先以氯化铁盐作为前驱体，加入氨水沉淀，并加入柠檬酸钠作为稳定剂制备磁性 Fe_3O_4 的胶体溶液，在室温下保存；将一定量 $MnSO_4 \cdot H_2O$ 加入甘油/水混合溶液，再加入 Fe_3O_4 纳米颗粒，然后加入 NH_4HCO_3、甘油、水的混合溶液，形成 $Fe_3O_4/MnCO_3$ 复合物；然后在高温下焙烧 5h 得到 Fe_3O_4/MnO_2 复合材料。在同样条件下，不加 Fe_3O_4 纳米颗粒制备了 MnO_2 材料作为对比。催化剂制备的具体流程如图 4-18 所示。

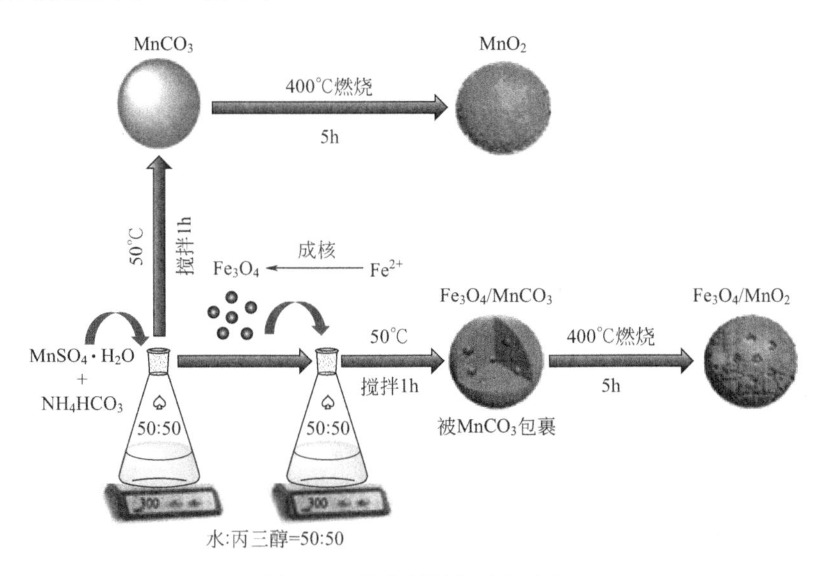

图 4-18　催化剂制备过程示意

采用 X 射线衍射分析各种催化剂的晶型和焙烧温度影响，结果如图 4-19 所示。

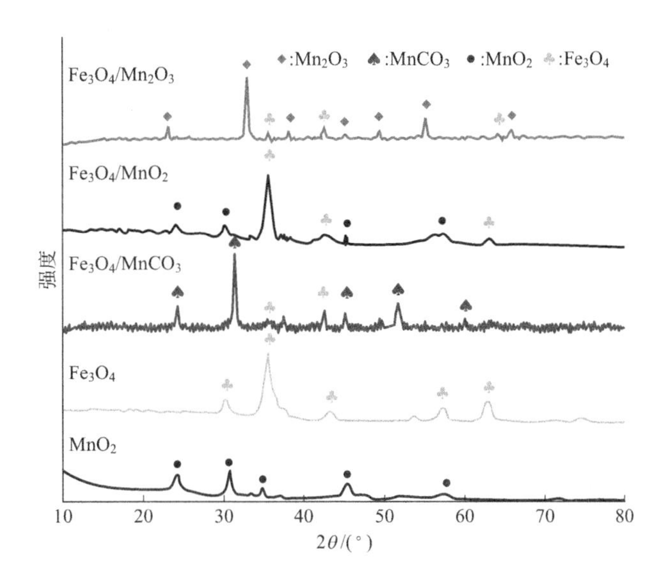

图 4-19　Fe_3O_4、MnO_2、$Fe_3O_4/MnCO_3$、Fe_3O_4/MnO_2 和 Fe_3O_4/Mn_2O_3 材料的 XRD 图

所有的出峰都被归结为 γ-MnO_2 或 Fe_3O_4 的特征峰，其中，24.1°、31.4°、36.4°、42.7°和56.5°出峰是 γ 相的 MnO_2 特征峰，30.1°、35.6°、42.6°、57.2°和63.0°出峰是 Fe_3O_4 的特征峰。初步合成的 $Fe_3O_4/MnCO_3$ 材料显示出很弱的 Fe_3O_4 衍射出峰，但在24.3°、31.4°、41.5°、51.7°和60.1°显示出较强的衍射出峰（$MnCO_3$ 特征峰），表明 $MnCO_3$ 很好地包覆了 Fe_3O_4 核。经过焙烧后得到 Fe_3O_4/MnO_2，在XRD图谱中展示了两种组分的特征峰。XRD结果表明，经过600℃焙烧 $Fe_3O_4/MnCO_3$ 则得到 Fe_3O_4/Mn_2O_3 材料。

Fe_3O_4/MnO_2 复合材料和单组分材料的形貌采用透射电镜（TEM）表征，如图4-20所示。MnO_2 和 Fe_3O_4 都是纳米球的形状，平均粒径分别为0.5～2μm（MnO_2）和8～15nm（Fe_3O_4）。图4-20(c)、(d) 是 Fe_3O_4/MnO_2 在不同放大倍数下的TEM图，可看出也是保持纳米球形状，并且表面有多孔结构，可能是高温焙烧过程产生的。高温焙烧没有显著改变颗粒大小，平均粒径保持为0.5～1.5μm。

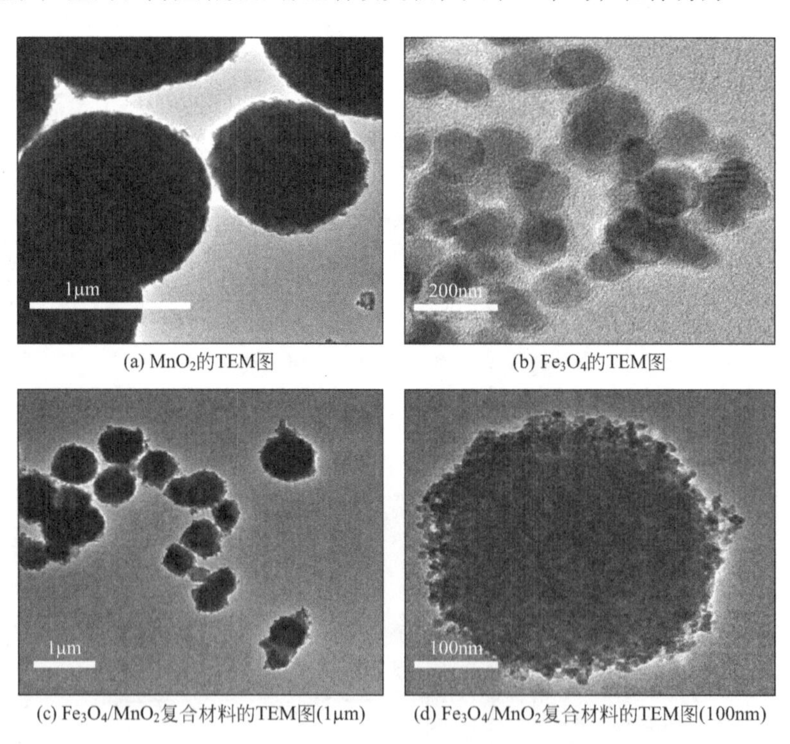

(a) MnO_2的TEM图　(b) Fe_3O_4的TEM图

(c) Fe_3O_4/MnO_2复合材料的TEM图(1μm)　(d) Fe_3O_4/MnO_2复合材料的TEM图(100nm)

图4-20　MnO_2、Fe_3O_4 和 Fe_3O_4/MnO_2 复合材料的TEM图

进一步采用扫描电镜（SEM）分析 Fe_3O_4/MnO_2 复合材料的形貌和表面元素组成（图4-21）。Fe_3O_4/MnO_2 粒径非常均一并且具有微球形状，并且 MnO_2 表面可看到细小颗粒，即 Fe_3O_4 纳米颗粒。用不同灰度标示3种金属的分散，可看到 Fe_3O_4 和 MnO_2 都是非常均一的单个颗粒。能量色散X射线谱图中［图4-21(d)］，6.5keV处出峰为Fe和Mn出峰交叠，内插图中表示的是复合材料中不同元素的质量比和摩尔比，可看出Mn、Fe和O的摩尔比分别为24.0%、7.3%和68.7%，表明暴露在表面的 Fe_3O_4 较少。

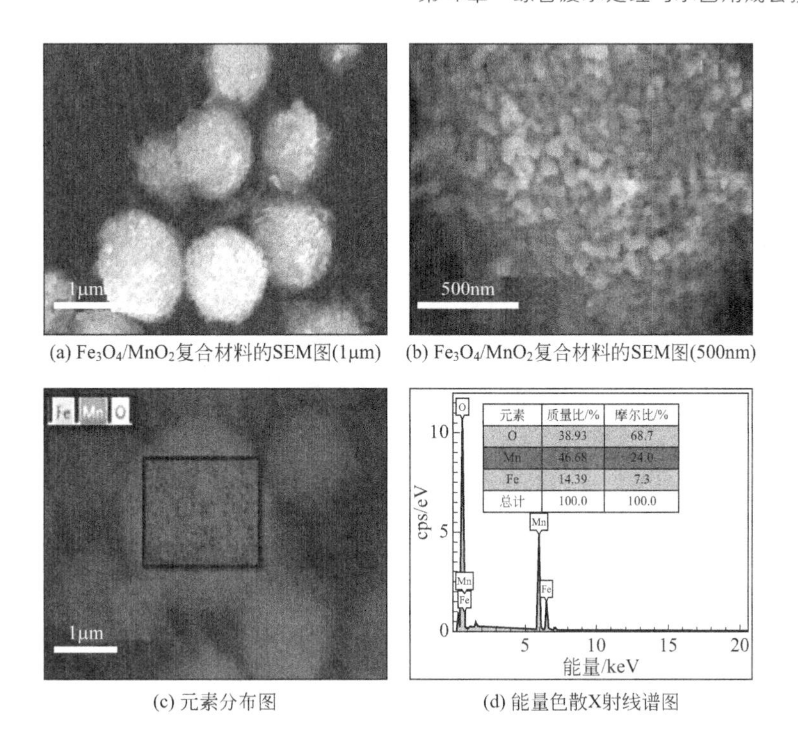

(a) Fe_3O_4/MnO_2复合材料的SEM图(1μm) (b) Fe_3O_4/MnO_2复合材料的SEM图(500nm)

(c) 元素分布图 (d) 能量色散X射线谱图

图 4-21 Fe_3O_4/MnO_2 复合材料的 SEM 图、元素分布和能量色散 X 射线谱图

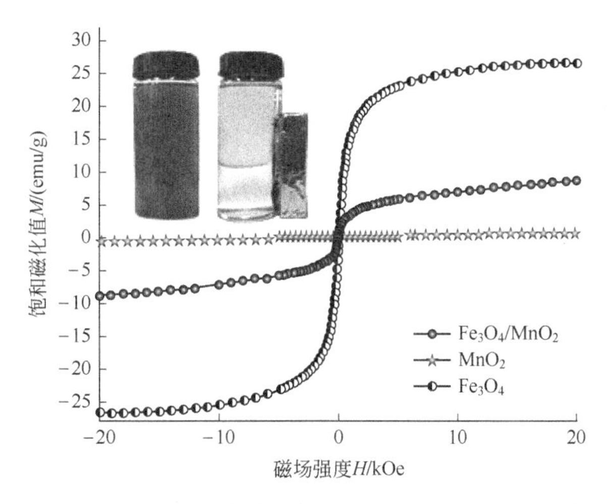

图 4-22 Fe_3O_4/MnO_2 复合材料、Fe_3O_4 和 MnO_2 的磁滞回线

三种材料的磁性质采用室温震动样品磁强计测试，如图 4-22 所示。Fe_3O_4/MnO_2 复合材料、MnO_2 和 Fe_3O_4 的饱和磁化值分别为 8.6emu/g、0.9emu/g 和 26.5emu/g，复合材料的磁性明显低于 Fe_3O_4，主要是表面包裹一层无磁性的 MnO_2 材料；这个结论也与 XRD 一致。复合材料在实际应用时依然可以通过外加磁场从溶液中彻底分离。

图 4-23 所示为 3 种材料的吸脱附曲线和对应的孔分布情况，三者均显示了典型的吸脱附曲线，表明都有介孔结构；MnO_2 的平均孔径最大，约为 17nm；Fe_3O_4 有非常尖的孔径分布，平均孔径为 5nm；Fe_3O_4/MnO_2 孔略大，平均孔径

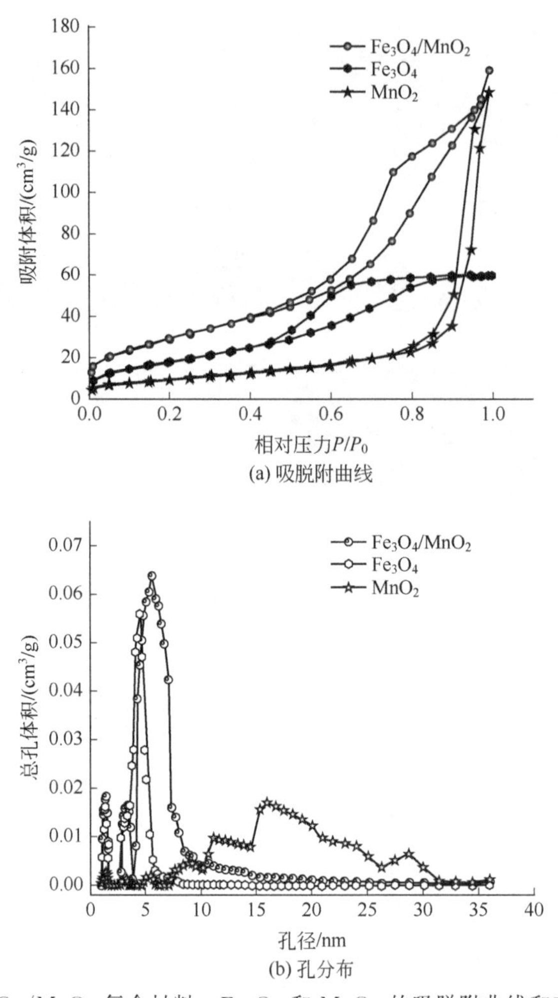

图 4-23 Fe_3O_4/MnO_2 复合材料、Fe_3O_4 和 MnO_2 的吸脱附曲线和对应的孔分布

为 7nm，并且孔体积显然比 Fe_3O_4 大，与 MnO_2 接近。通过物理吸附/脱附曲线计算得到各种材料的 BET 比表面积。MnO_2 颗粒最大，因此比表面积最小，约为 35.1m²/g。Fe_3O_4 颗粒较小，比表面积增大至 66.4m²/g。尽管 Fe_3O_4/MnO_2 颗粒尺寸与 MnO_2 接近，但是比表面积达到 103.2m²/g，因为其具有丰富的孔结构。

在不同的 pH 值条件下评价了 Fe_3O_4/MnO_2 催化臭氧氧化活性，如图 4-24 所示。催化剂用量为 0.2g/L，处理对象为 1mmol/L 对甲酚和 1mmol/L 对氯酚混合溶液，通过 HCl 或 NaOH 调节起始溶液 pH 值。O_3 易与溶液中的 OH^- 反应产生 ·OH，因此碱性条件下比中性和酸性条件下更易分解。对甲酚降解顺序为 pH=9>pH=11>pH=7>pH=5，对氯酚也展现了类似的降解顺序。因为碱性条件下 O_3 易分解产生 ·OH，因此有机物在碱性条件下降解更快。处理对氯酚和对甲酚混合溶液的最佳 pH 值为 9。更高 pH 值时酚混合物降解略下降，研究者认为这可能是因为降解过程溶液中产生 CO_3^{2-} 抑制了 ·OH。TOC 降解结果也展示了类似的趋势。pH=5 条件下 TOC 降解效率最低，而碱性条件下降解效果更好。pH=9 和

pH=11时降解效果接近，但pH=11需要消耗更多碱调节pH值，因此pH=9是更适宜的处理条件。

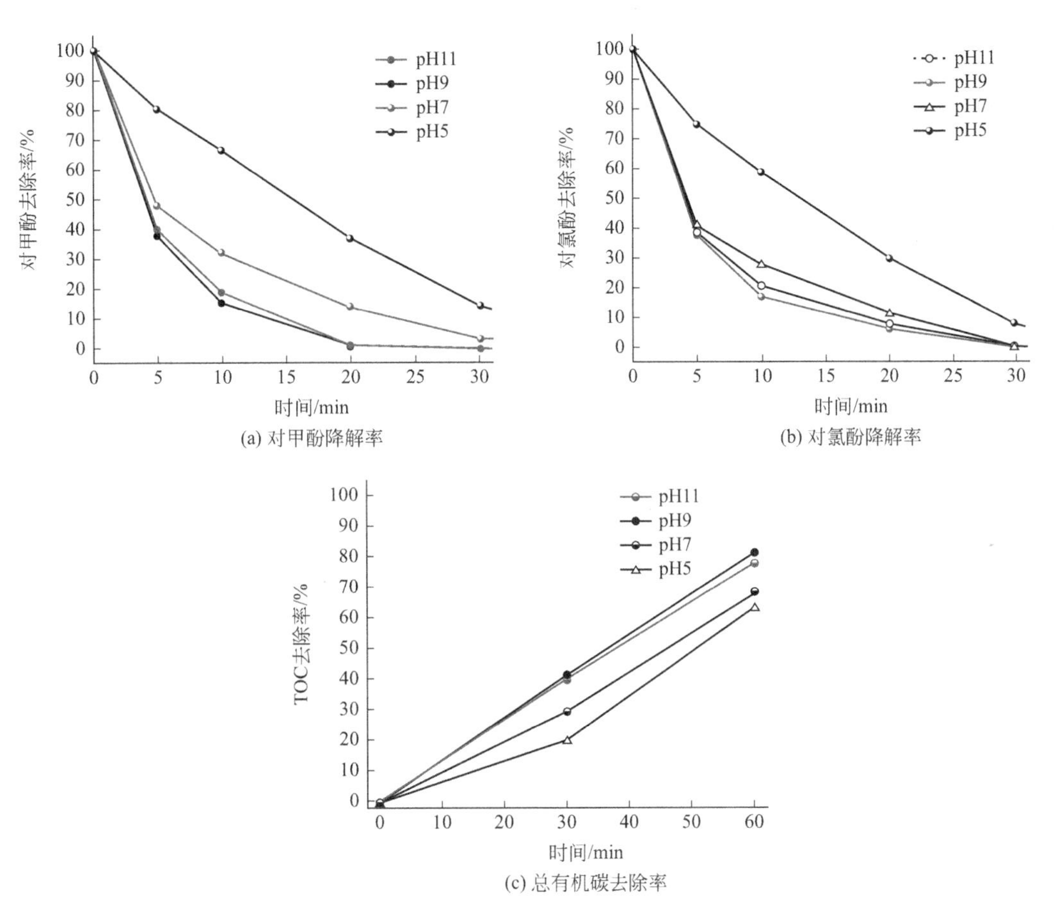

图4-24　不同pH值下Fe_3O_4/MnO_2催化臭氧氧化降解对甲酚、对氯酚混合溶液和混合溶液TOC去除

金属溶出会导致催化剂失活及二次污染，研究不同pH值对催化臭氧氧化体系中金属溶出行为非常重要。本项目通过电感耦合等离子体发射光谱分析了各种催化剂及反应条件下金属Mn和Fe溶出情况，如表4-6所列。

表4-6　Fe_3O_4/MnO_2在不同pH值条件下Mn和Fe金属溶出

催化剂	Fe/(mg/L)	Mn/(mg/L)	起始pH值	结束pH值
Fe_3O_4/MnO_2	0.60	17.7	5	2～3
	0.15	1.00	7	3～4
	0	0	9	4～5
	0	0	11	6～7
Fe_3O_4/Mn_2O_3	0.1	3.4	9	6～7
$Fe_3O_4/MnCO_3$	0	24.3	9	6～7
Fe_3O_4	0	0	9	4～5
MnO_2	0	0	9	4～5

TOC降解结果表明，酚混合污染物并没有被彻底矿化。而羧酸类物质通常会在有机物氧化过程产生，并且不易被（催化）臭氧氧化，因此反应结束后溶液酸性变强，如表4-6所列，反应结束后溶液pH值均降低。在起始呈酸性的溶液中Mn和Fe都会溶出，特别是起始pH=5的溶液中Mn溶出非常严重，Fe和Mn的溶出浓度分别为0.6mg/L和17.7mg/L。当起始pH值提高到7时金属溶出情况明显降低，而在起始溶液pH值为9或11的情况下金属溶出浓度甚至检测不到。这表明起始溶液pH值对金属溶出非常重要，而在实际废水处理中，废水pH一般是中性条件，因为金属溶出不显著。而对于其他复合组成的催化剂，Fe_3O_4/Mn_2O_3 和 $Fe_3O_4/MnCO_3$ 均会发生明显的金属溶出现象，Mn溶出浓度分别为3.4mg/L和24.3mg/L。对于单组分催化剂而言，Fe_3O_4 和 MnO_2 也都非常稳定，在pH=9条件下无金属离子溶出。

在pH=9的条件下，研究了3种复合材料以及两种单组分材料催化降解对甲酚、对氯酚混合溶液（见图4-25）。反应20min时，Fe_3O_4/Mn_2O_3、Fe_3O_4/MnO_2、$Fe_3O_4/MnCO_3$、Fe_3O_4 和 MnO_2 催化降解对甲酚去除率分别为64.2%、99.5%、73.1%、75.8%和89.4%，相比之下臭氧氧化去除率仅为47.8%。对氯酚降解速率略慢，20min时相应去除率分别为56.6%、93.9%、59.8%、66.9%和79.1%，而对氯酚臭氧氧化去除率为40.3%。在所有反应体系中，对甲酚均比

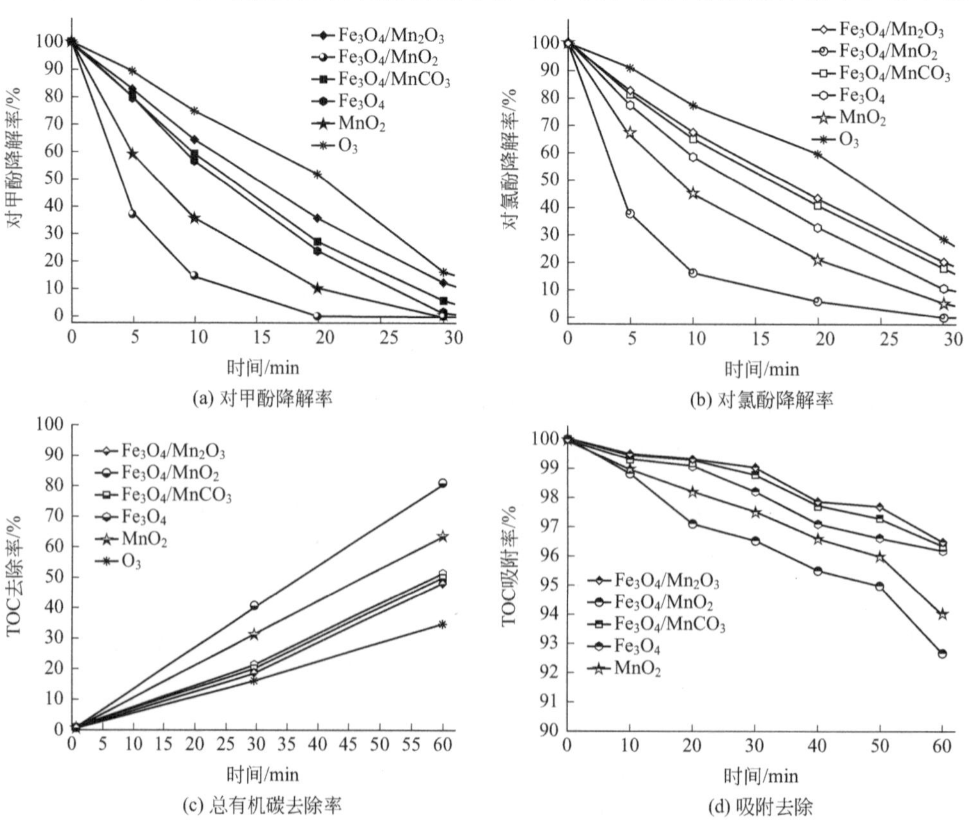

图4-25 不同材料在pH=9条件下催化臭氧氧化处理混合酚

对氯酚更容易去除，这与光催化反应体系中结论相反，可能是由于不同的活性氧化物质及反应体系。在光催化体系中主要是超氧自由基氧化，而在臭氧氧化中会存在臭氧、羟基自由基以及其他的氧化物种。

在臭氧氧化和 MnO_2、Fe_3O_4、$Fe_3O_4/MnCO_3$、Fe_3O_4/MnO_2 和 Fe_3O_4/Mn_2O_3 催化臭氧氧化体系中，TOC 去除率分别为 36.6%、63.7%、51.1%、49.5%、80.6%和 48.3%，臭氧氧化效率明显更低。几种催化剂的活性关系为 $Fe_3O_4/MnO_2 > MnO_2 > Fe_3O_4 > Fe_3O_4/MnCO_3 > Fe_3O_4/Mn_2O_3$。可看出 Fe_3O_4 与 MnO_2 复合显示了更高的活性，而与 $MnCO_3$ 和 Mn_2O_3 复合时未看出活性提高。尽管 Fe_3O_4 比表面积更大，但活性不如 MnO_2。

采用反应前 20min 的结果拟合反应动力学，看出来对甲酚和对氯酚在 Fe_3O_4/MnO_2 催化臭氧氧化反应的最高反应速率常数为 $0.28min^{-1}$ 和 $0.14min^{-1}$，而在 MnO_2 和 Fe_3O_4 催化降解对甲酚的反应速率常数为 $0.11min^{-1}$ 和 $0.073min^{-1}$，催化降解对氯酚的反应速率常数为 $0.078min^{-1}$ 和 $0.056min^{-1}$。从反应速率常数对比来看，Fe_3O_4 与 MnO_2 显示了正面的促进效应。

为了表征催化剂的稳定性，Fe_3O_4/MnO_2 催化剂在每轮反应结束后，磁分离然后水洗烘干，用于下一轮反应。溶液 pH=9，催化剂用量为 0.2g/L，处理对象为 1mmol/L 对甲酚和 1mmol/L 对氯酚混合溶液。在 6 轮反应中酚类混合物的 TOC 去除率分别为 80.6%、76.3%、75.0%、73.8%、73.1%、70.1%(见图4-26)。在每轮反应中催化剂质量也有所降低，并且催化剂活性下降与质量下降成比例，均在反应 6 轮后下降 10%左右。这表明催化剂在 pH=9 时非常稳定，有机物降解效率下降主要是因为催化剂少量流失。

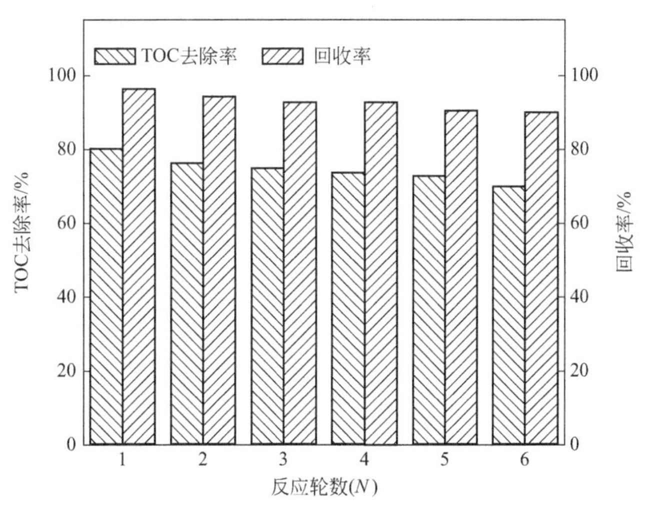

图 4-26　Fe_3O_4/MnO_2 催化稳定性表征

臭氧气体在催化剂表面分解主要包括两步，即臭氧分子在表面吸附及吸附物脱附。本项目采用全反射-傅里叶变换红外光谱来分析催化剂表面吸脱附情况，并用氘代水来区分催化剂表面的羟基。$2262cm^{-1}$ 和 $1155cm^{-1}$ 两个位置出峰为氘代水与催化剂表面氢键作用，Fe_3O_4 上只有 2262cm^{-1}出峰，并且出峰强度较弱。Fe_3O_4/MnO_2 出现两个峰，并且出峰较强，通入臭氧气体后两个出峰强度均迅速下降，5min 后出峰几乎消失，并且随时间延长不再出现。这表明表面吸附的氘代水被臭氧取代，表面臭氧分子会与水分子在催化剂表面竞争吸附；然后臭氧分子与催化剂表面羟基反应转化成活性自由基并迁移至溶液中。

全反射-傅里叶变换红外光谱分析不同材料催化臭氧氧化及不同时间 Fe_3O_4/MnO_2 催化臭氧氧化如图 4-27 所示。

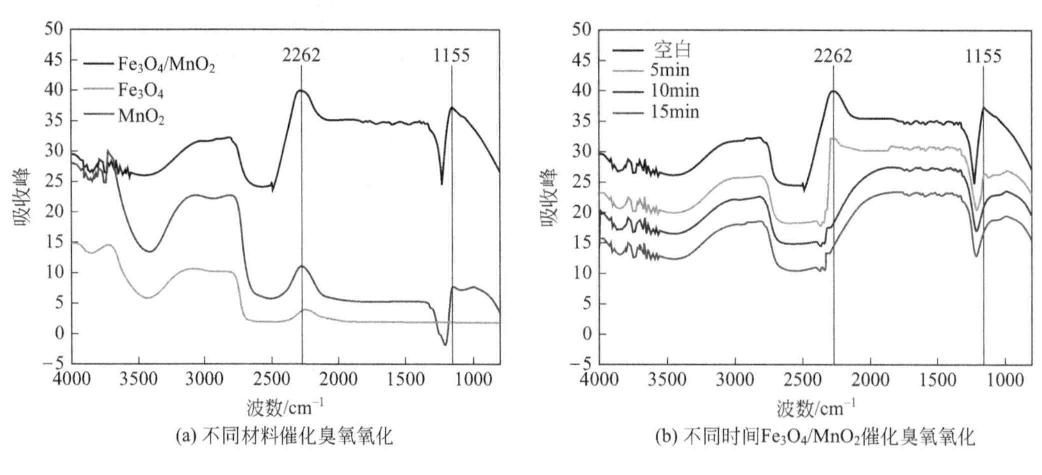

(a) 不同材料催化臭氧氧化　(b) 不同时间Fe_3O_4/MnO_2催化臭氧氧化

图 4-27　全反射-傅里叶变换红外光谱分析不同材料催化臭氧氧化及不同时间 Fe_3O_4/MnO_2 催化臭氧氧化

分别在空气和通臭氧条件下分析 Fe_3O_4/MnO_2、Fe_3O_4 和 MnO_2 电极的循环伏安行为，如图 4-28 所示，电流强度顺序为 $Fe_3O_4/MnO_2>MnO_2>Fe_3O_4$。通入臭氧后，三个电极上均出现还原峰，表明臭氧在 3 种材料表面分解，均发生了还原反应。比较 $E^\circ(O_3/O_2)=2.07V$ 和 $E^\circ(Mn^{4+}/Mn^{3+})=0.95V$，表面臭氧分子可以氧化 Mn^{3+} 至 Mn^{4+}，而根据 $E^\circ(Fe^{+3}/Fe^{+2})=0.77V$ 看出，复合材料中 Fe^{2+} 可将 Mn^{4+}还原至 Mn^{3+}。因此表面 Mn^{3+} 高效再生有利于臭氧分解并高效氧化有机物。

为了研究催化过程的活性自由基，分别加入不同自由基抑制剂研究对污染物降解效果的影响（见图 4-29）。催化剂用量为 0.2g/L，臭氧投加量为 2.5mg/min，处理对象为浓度各为 1mmol/L 的对甲酚和对氯酚混合溶液。加入 5mmol/L 叔丁醇（*t*-BA），30min 时对甲酚去除率降低 31.2%，对氯酚去除率降低 28.3%，提高叔丁醇浓度时抑制效果更明显，加入 10mmol/L 叔丁醇时对甲酚和对氯酚去除率分别降低 66.5%和 55.3%，但进一步提高 *t*-BA 浓度则无影响。这表明羟基自由基（·OH）对酚类去除有重要作用。同样加入 5mmol/L 对苯醌（*p*-BQ）作为超氧自由基抑制剂，发现对酚降解无影响。而加入 5mmol/L 叠氮化钠（NaN_3），对甲酚和对氯酚去除率分别降低 18.2%和 2%，表明单线态氧对甲酚降解影响更大，而

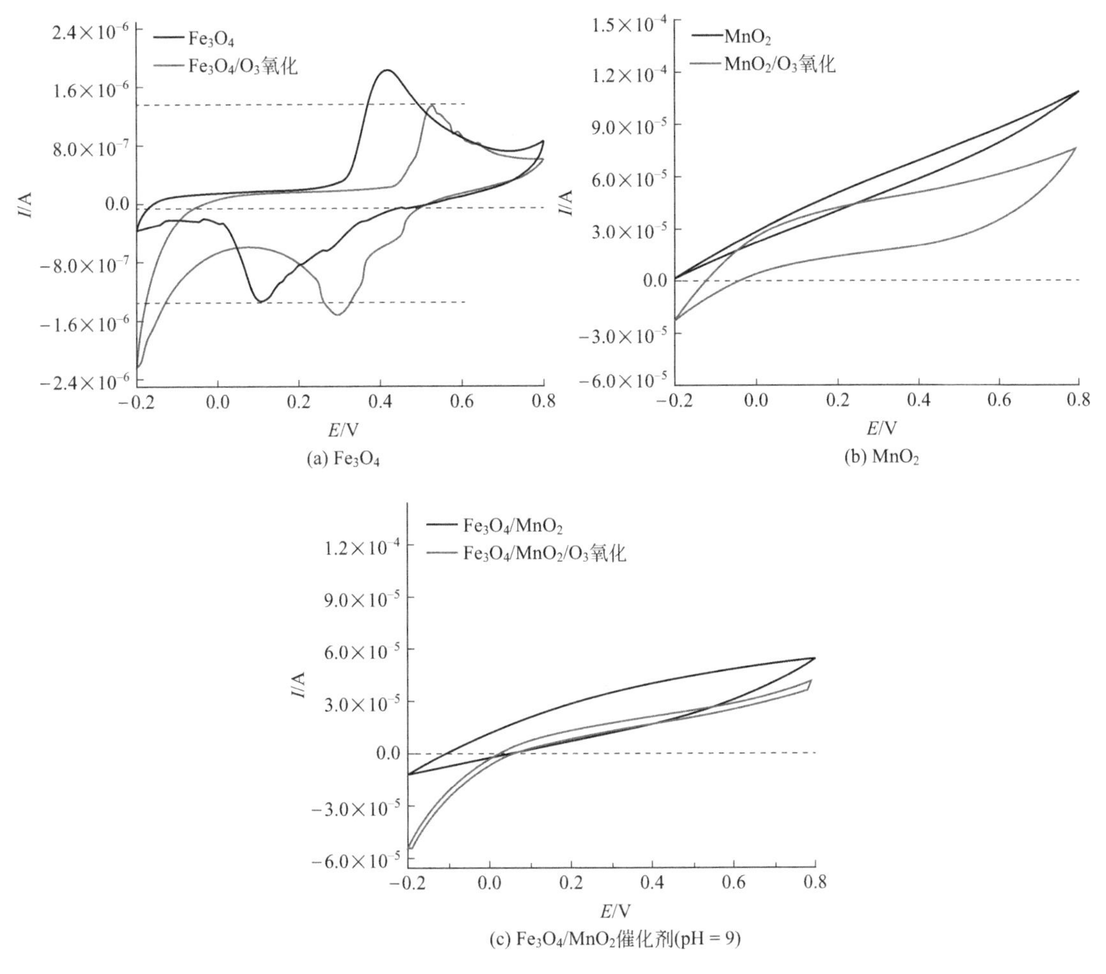

(a) Fe_3O_4　(b) MnO_2

(c) Fe_3O_4/MnO_2催化剂(pH = 9)

图 4-28　环伏安法扫描

进一步增大叠氮化钠浓度无变化。

采用电子自旋共振谱分析了过程中自由基产生情况。图 4-29(c) 表明加入 Fe_3O_4/MnO_2 催化剂情况下，pH=9 溶液中产生·OH，但在 pH=11 的溶液中信号减弱。因为 OH^- 有利于 O_3 分解，但高 pH 值条件下也易发生·OH 湮灭，导致有效浓度降低，这也与不同 pH 值条件下污染物降解结果一致。在中性和弱酸性条件下·OH 信号极弱，几乎可忽略。pH=9 条件下臭氧氧化也出现很弱的·OH 信号，首先是酚类容易被臭氧氧化，因此臭氧分子在分解成·OH 之前被酚类污染物消耗；除了·OH，单线态氧和臭氧分子也会进攻氧化酚类污染物。

图 4-30 所示为催化臭氧降解酚类污染物的中间产物分析，所有中间产物都通过 NIST98 数据库核对确认。反应 5min 后，对氯酚和对甲酚出峰强度大大降低，出现了对苯二酚、黏康酸、对苯醌、苹果酸、羟基氢醌和氯代马来酸。随着反应时间延长，出现更多的有机产物。30min 后酚类污染物被彻底去除，出现一个非常强的对苯醌峰。对苯二酚、黏康酸、羟基氢醌、氯苯二酚、氯代马来酸出峰都消失，

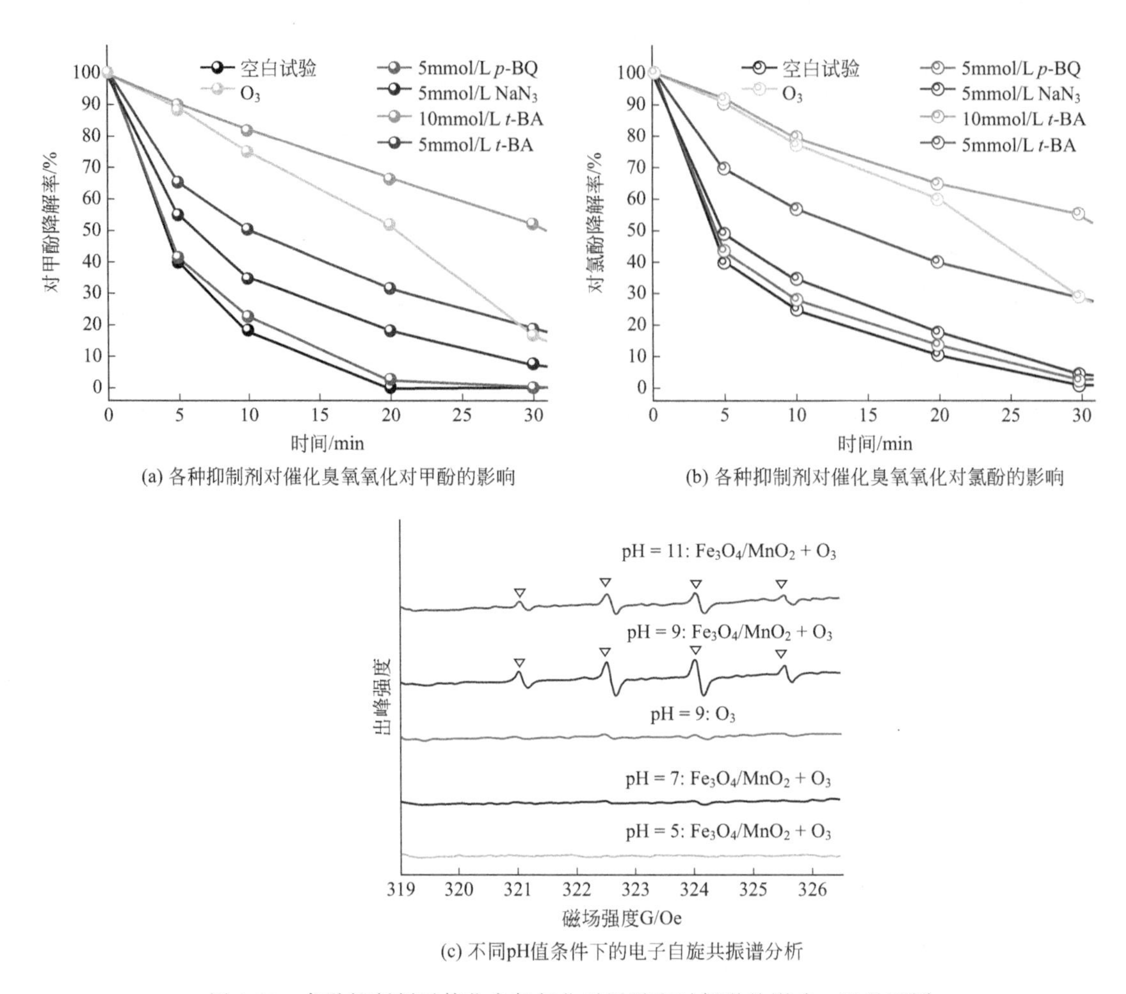

(a) 各种抑制剂对催化臭氧氧化对甲酚的影响

(b) 各种抑制剂对催化臭氧氧化对氯酚的影响

(c) 不同pH值条件下的电子自旋共振谱分析

图 4-29 各种抑制剂对催化臭氧氧化对甲酚和对氯酚的影响，以及不同pH值条件下的电子自旋共振谱分析

出现马来酸、草酸和甲酸出峰。从 5min 到 30min，黏康酸的出峰强度持续增加。反应结束后，只出现较弱的甲酸和草酸出峰，因为不易被氧化并且浓度较低。此表征结果与 TOC 去除效果一致。

基于以上分析，提出酚类污染物的降解路径图，如图 4-31 所示。

(3) 主要技术创新点及经济指标

催化臭氧氧化技术成本较高，之前在国内外处理钢铁综合废水的极少。本技术开发了一种高效金属复合催化剂，可降低催化剂成本，并减少臭氧的使用量，形成低成本、适用于钢铁综合废水深度处理的单元技术，催化处理成本低，催化活性高，稳定运行时间久。出水水质可稳定满足辽宁省地方排放标准。

(4) 工程应用及第三方评价

本技术在鞍钢西大沟现场完成中试实验，出水 COD＜30mg/L，色度也明显下降(图 4-32)。经过优化后建成鞍钢西大沟综合废水处理示范工程，规模 2000m^3/h，出水 COD＜30mg/L，NH_3-N＜5mg/L，苯并芘＜0.03μg/L，多环芳烃＜0.05mg/L，

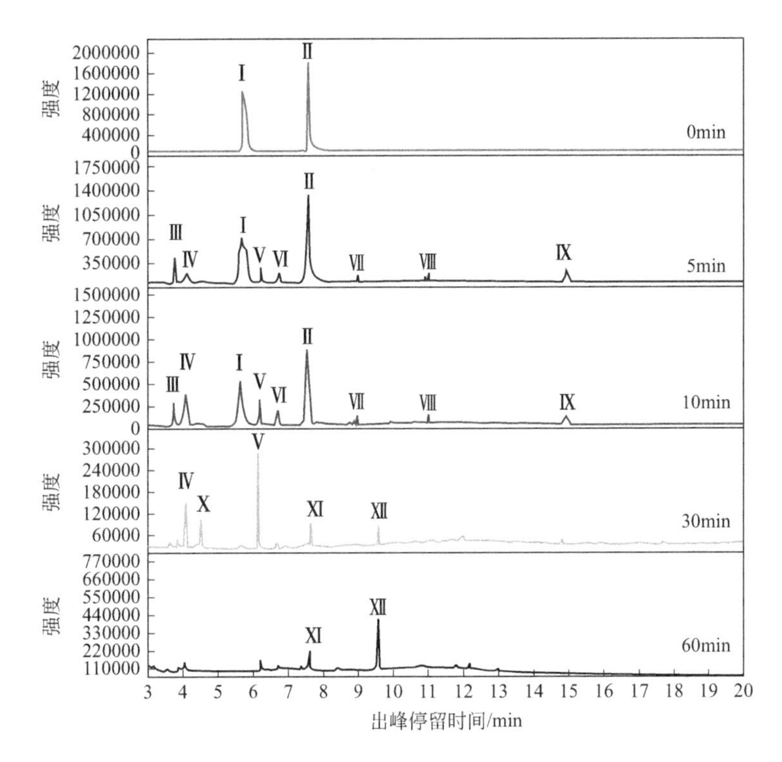

图 4-30　Fe_3O_4/MnO_2 催化臭氧氧化对甲酚/对氯酚混合物的中间产物分析

Ⅰ—对甲酚；Ⅱ—对氯酚；Ⅲ—对苯二酚；Ⅳ—黏康酸；Ⅴ—对苯醌；Ⅵ—苹果酸；Ⅶ—羟基氢醌；Ⅷ—氯代马来酸；Ⅸ—氯苯二酚；Ⅹ—马来酸；Ⅺ—草酸；Ⅻ—甲酸

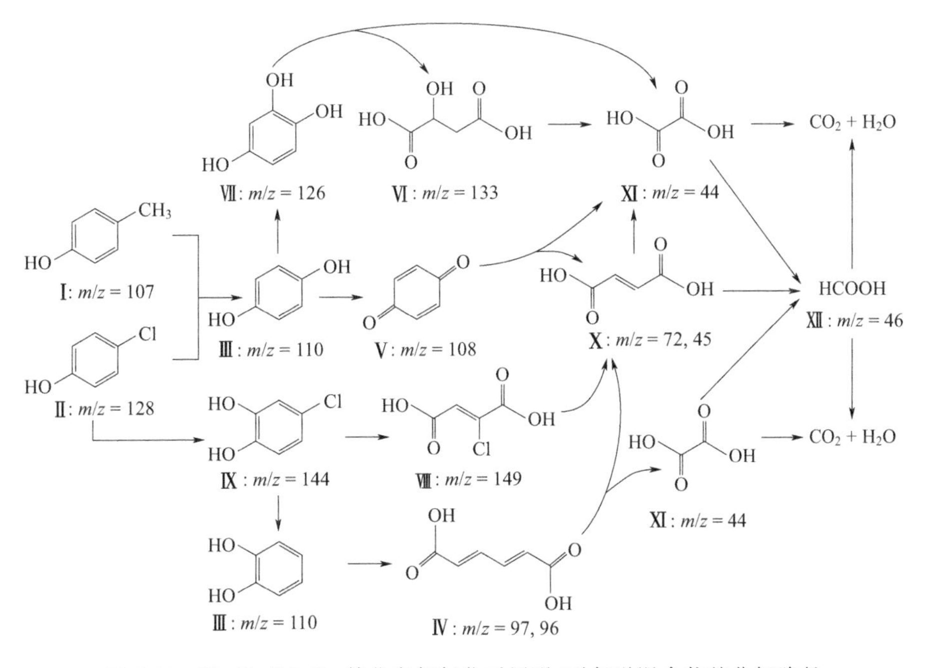

图 4-31　Fe_3O_4/MnO_2 催化臭氧氧化对甲酚/对氯酚混合物的分解路径

(a) (b) (c) (d)

图 4-32 中试实验（见书后彩图）

满足辽宁省地方排放标准和行业排放标准，处理出水可回用于鞍钢集团，回用率达到 86.7%，大大降低了新水消耗，取得了良好的经济效益。

4.3.2 以多流向强化澄清工艺为核心的钢铁企业综合污水处理与回用技术

4.3.2.1 技术简介

钢铁企业是工业用水大户，属于高耗水行业，约占全国工业总用水量的 20%，水资源利用水平已成为制约钢铁企业生存和发展的重要因素，因此通过开发城市中水和废水资源综合利用技术，提高钢铁企业水资源利用效率，从而解决企业与城市争夺地下水及地表水新水资源、废水利用率低和用水工艺落后的问题，最终优化水资源配置，降低企业水资源成本，实现钢铁企业循环经济与可持续性发展[42,43]。

大型钢铁联合企业综合废水主要来源于生产过程用水，其中 70% 为循环冷却水，在水量上以净环浊环等循环冷却水系统的排污水为主，还包含少量经过处理的焦化废水、冷轧废水、其他废水及厂内生活污水。其中净环水和浊环水在循环过程中都发生溶解性固体的浓缩并且伴随悬浮物的升高，浊环水系统在循环过程中还带有少量的油类物质。此外，由于循环冷却水处理过程中投加了缓蚀阻垢剂，排污水中含氮磷等污染物。焦化废水、冷轧废水及厂内生活污水中含有一部分 COD 及少量的油类物质，因此，全厂综合废水污染物以硬度、碱度、悬浮物、油类、COD 为主，还含有少量的氮磷，具有用水量大、色度高、硬度及悬浮物含量高等特点[44]。

孙秀君等[45]针对某钢厂综合污水水质特点，采用“隔油＋高密度沉淀池＋V

形滤池”进行预处理，再经过“超滤＋反渗透”处理工艺进行深度处理，该工艺对碱度和浊度具有较好的处理效果，处理后的出水可以达到钢厂回用水质标准，但对于盐度和 pH 的处理效果较差。在北方缺水地区，岳丽芳等[46]针对唐山某钢厂生产发展用水需求，将全厂达标外排放的综合废水进行深度处理，根据综合废水水质特点及厂区不同用户对回用水水质的要求，综合废水处理站采用高密度澄清池、V 形滤池预处理工艺，去除悬浮物、油类、暂时硬度和碱度，将产水全部回用于厂区内不同需水用户，包括循环冷却水系统补水及锅炉给水，以实现全厂综合废水的“零排放”。高密度沉淀池-V 形滤池将全厂综合废水或者外部引入的污水进行处理后，一部分又回用于循环冷却水系统作为补充水，其处理效果决定所在企业循环冷却水的水质，进而对循环冷却水系统的运行状况产生影响。因此，研究高密度沉淀池-V 形滤池产水回用作为钢厂循环冷却水补充水过程中出现的问题，对于更好地利用再生水，充分发挥废水再生回用工程的作用，从而达到节水的目的是非常必要的，高密度沉淀池-V 形滤池-双膜法工艺已成为钢铁企业综合废水处理及回用最重要的工艺流程之一[47]。

以多流向强化澄清器为核心的综合污水处理工艺，是以多流向强化澄清池和 V 形滤池为处理核心，以反渗透膜法脱盐进行深度处理并辅以回用水含盐量控制的技术，最终回用于工业循环冷却水系统作为补充水。多流向强化澄清器集加药混合、反应、澄清、沉淀、污泥浓缩于一体，采用了浓缩污泥回流循环和高效斜管沉淀技术，使药剂的投加量较传统工艺低 25%，有效节约处理成本，并能有效抗击来水的冲击负荷，池内排出的污泥无需进浓缩池或加药，可降低污泥处理费用。设备强化了活性污泥的内外循环，并集成了具有污泥浓缩作用的刮泥机，可以大大提高排泥浓度，排出污泥可直接去脱水设备脱水，不需要设二次浓缩池。

4.3.2.2　适用范围

钢铁企业综合污水处理与回用（不含焦化废水）。

4.3.2.3　技术就绪度评价等级

TRL-7。

4.3.2.4　技术指标及参数

（1）基本原理

多流向强化澄清器集加药混合、反应、澄清、沉淀、污泥浓缩于一体，采用了浓缩污泥回流循环和高效斜管沉淀技术，使药剂的投加量较传统工艺低 25%，有效节约处理成本，并能有效抗击来水的冲击负荷，池内排出的污泥无需进浓缩池或加药，可降低污泥处理费用。其工艺原理如图 4-33 所示。

采用了大回流量的内循环反应机构，加长了内循环反应过程，增加了药剂与污

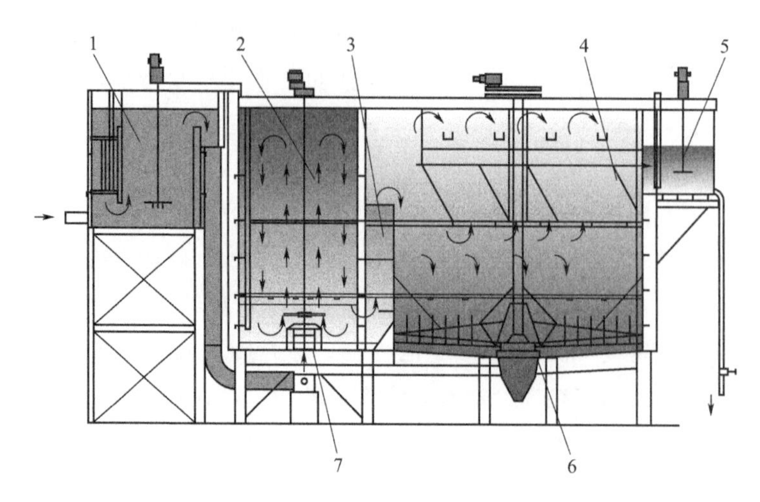

图 4-33 多流向强化澄清器工艺原理

1—混合反应区；2—絮凝反应区；3—推流过渡区；4—斜管分离区；
5—后混凝区；6—污泥浓缩区；7—污泥外循环

水的接触反应时间，使反应更加充分，节省药剂使用量，但不增加占地面积；泵送活性污泥外循环，加强污泥循环，提高反应生成污泥的浓度，能适应来水水量、水质变化大的情况，可以提高处理负荷能力；刮泥机兼有污泥浓缩的作用，可以提高沉淀污泥的固体含量（出泥无需再次浓缩），减少占地面积节省污泥浓缩池的投资。

1）自动化兼有污泥浓缩功能的集泥系统

在工业污水处理过程中处理系统的排泥及污泥回流运行效果好坏将影响到整个污水处理出水水质，并最终影响到整个系统的正常、稳定运行。对于集混凝反应、澄清、污泥浓缩、污泥回流及排放为一体的多流向强化澄清工艺，刮泥机是污泥浓缩、排泥的关键设备之一。

多流向强化澄清工艺中产生的污泥以无机物为主，经浓缩后的污泥浓度为5%～10%，高于普通浓缩池的排泥浓度。对于钢铁冶金企业一些生产工序中悬浮物及水温变化幅度较大的废水处理过程中产生的污泥，亦以铁氧化物等无机污染物为主，其排泥浓度甚至可高达30%～40%。因此，对刮泥机的过载保护提出了更高的要求。刮泥机目前运行中的过扭矩保护方式主要有两种：一种是采用销钉或弹簧限位进行过扭矩保护，不仅效率低，而且不够准确；另一种是在驱动支架和变速机壳体上安装一个弹性体过扭矩保护装置（见图 4-34）。当刮泥机工作时，行走钢轮对变速机产生一个反作用力，控制弹性体的压缩量。当刮泥机受到超常荷载作用时，弹性体变形超过了开关位置，该装置则控制开关切断电源，起到保护作用。但此种方法也同样效率较低且不够精确。

鉴于以上，笔者课题组重点研究了中心传动刮泥机运行中刮泥机受载与污泥量的关系，并以此为基础，在设备运行更稳定、更高效的原则下设计了刮泥机运行和

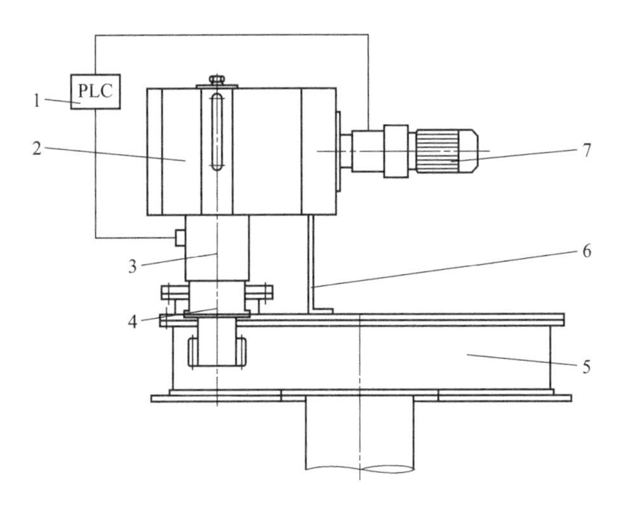

图 4-34　过扭矩保护装置示意

1—可编程控制器（PLC）；2—变速器；3—扭矩测量装置；4—齿轮轴；
5—回转支承；6—支撑架；7—电机

过载保护的自动控制系统。

刮泥机的运行过程是电机驱动减速器，之后减速器输出动力经过回转支承克服刮泥机系统综合阻力的过程。刮泥机在运行过程控制的设计关键就是对刮泥机运行中所受阻力的研究，科研项目对刮泥机运行过程中所受到的阻力构成和刮泥机运行过程中所受到的阻力变化曲线及规律进行了研究。根据受力分析的原理研究，项目研究人员设计了刮泥机过扭矩保护系统。本系统利用可编程控制器和扭矩测量传感装置，实现了刮泥机过载保护的自动化控制，大大提高了运行效率和过载防护的准确性。

2）自动排泥系统

控制好排泥在污水处理工艺中是非常重要的环节，对于多流向强化澄清工艺排泥系统亦是关键环节之一。排泥控制不当，将严重影响澄清池的出水水质，并最终影响到整个系统的正常稳定运行。依据经验由工人定时定点开闭排泥泵来进行排泥操作不能及时针对泥量的变化做出相应反应，而且可能会浪费电能。自动排泥系统有效改进了由工人根据经验定时手动排泥的不确定性，提高了系统的自动化程度。该系统示意如图 4-35 所示。

项目组研究人员在现有污水处理沉淀池上加以改进，使用可编程控制器和扭矩传感器，以及标定浓度取样管，利用污泥浓度与刮泥机扭矩的大小的关系来决定刮泥机的开停；用刮泥阻力扭矩反映出可靠的污泥浓度值，通过可编程控制器 PLC 控制排泥泵的开停，达到准确控制排出污泥的浓度、保证处理效果、节约能源的目的。

本系统进一步实现了自动排泥系统的完全自动化控制，不仅提高了澄清池的处理效率，而且大大提高了排泥系统的运行效率和刮泥机过载防护的准确性，通过可

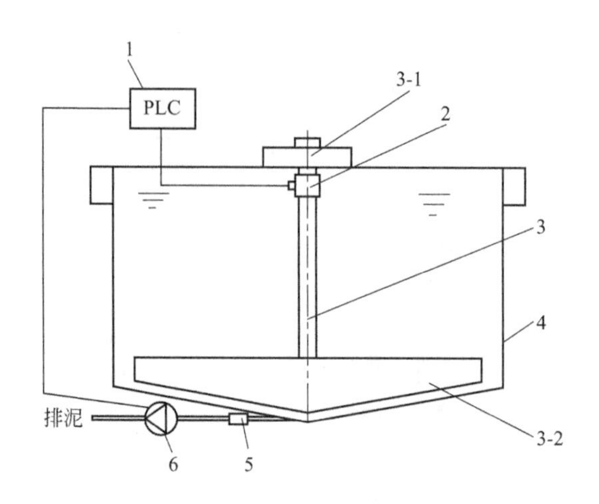

图 4-35 自动排泥系统示意

1—可编程控制器（PLC）；2—扭矩传感器；3—刮泥机主轴（3-1 为驱动装置，3-2 为刮臂）；4—澄清池体；5—标定浓度取样管；6—排泥泵

编程控制器确定了污泥沉淀量和刮泥机阻力的正比系数 K_1，实现用 PLC 编程控制排泥泵的开启；使排泥系统的可靠性和自动化程度显著提高，可实现自动化排泥和安全稳定运行。

3）污泥回流系统

污泥回流能够促进澄清作用，主要体现为：污泥中的矾花颗粒是一种吸附剂，能够吸附水中的悬浮物和反应生成的沉淀物，使其与水分离；同时，反应生成的沉淀物又起着结晶核心作用，促使沉聚物逐渐长大，加速沉降分离。因此，适当的污泥回流可以提高富集在污泥中的混凝剂、絮凝剂等药剂的利用效率，降低它们的投加量，同时可以增加水中颗粒物的浓度，便于颗粒聚集、沉降，从而改善污泥沉降效果。不同污泥回流比对出水水质的影响较明显，在一定范围内的污泥回流可以增强絮凝作用，使 SS 的去除率较高，出水清澈。当污泥回流超过一定值时，不仅电耗量增加，而且出水 SS 的含量亦随之增加。因此，污泥回流比对于多流向澄清工艺的高效稳定运行有很大的影响，确定并且使其维持在适宜的污泥回流比下运行是非常必要的。

污泥回流系统示意如图 4-36 所示。

污泥回流系统与排放系统的工作原理相似，主要通过将沉淀量和刮泥阻力之间的参数关系转化为数学模型，通过监测澄清池出水浊度及泥水界面层高度，在保证澄清池出水浊度处于最佳范围的情况下，计算开始污泥回流量的最佳泥水界面高度值和结束回流时最合理的泥水界面高度值，并在 PLC 可编程控制器中实现该功能。通过参数设定及工程量变换控制污泥回流泵的运行频率及开启时间，从而达到自动化控制。

4）智能加药系统

加药系统的作用是通过在多流向强化澄清池中的不同位置分别投加不同种类的药剂，去除水中 SS、COD、硬度、金属离子等污染物质，达到澄清水的目的。但

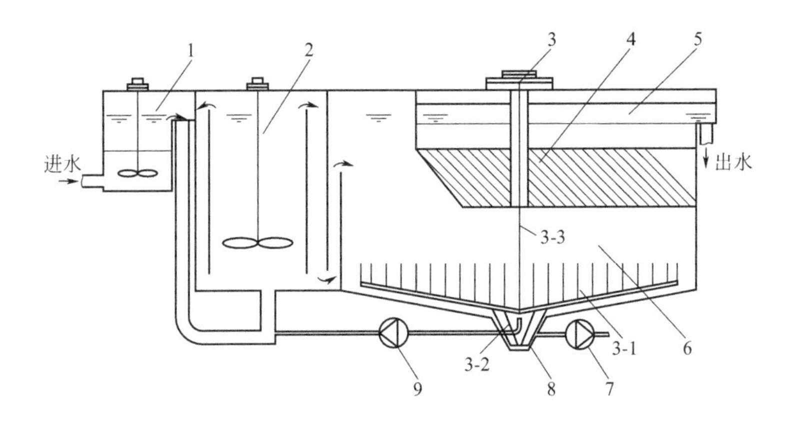

图 4-36 污泥回流系统示意

1—混合池；2—絮凝反应池；3—刮泥浓缩一体机（3-1 为大刮臂，3-2 为小刮臂，3-3 为主轴）；4—斜管；5—集水槽；6—污泥界面仪；7—排泥泵；8—泥斗；9—污泥回流泵

由于处理原水水质不同，所采用的药剂亦有不同。为使处理后出水水质最佳，本科研项目在加药系统上重点研究了药剂投加量与投加点对出水水质的影响。通过以原水水质和出水水质 pH 值、浊度、流量等在线监测指标为控制参数，控制加药量，使出水效果达到最好。

对于多流向强化澄清工艺中的混凝反应阶段，其混凝效果取决于混凝剂投加量、原水水质（特别是 pH 值、浊度）、水流速度梯度等因素。不同 pH 值，混凝剂将生成不同的水解产物，并形成不同形态的化合物。这些不同形态的化合物对混凝的效果是不一样的，因此调节、控制 pH 值，就能达到调节出能产生最佳混凝效果的混凝剂水解产物形态，保证对水中污染物质的去除效率。

本项目在混凝实验加药量的基础上，通过加装仪表，对各加药处加药效果通过以 pH 值或浊度作为控制参数进行监控，并确定控制参数变化曲线，由于 pH 值（浊度）控制具有纯滞后、非线性等特性，因此采用 PID 负反馈控制系统，并结合参数变化曲线，利用 PLC 可编程控制器进行模块化设计。具体设计内容包括采样滤波、工程量变换、PID 主程序建立、参数调整等。在参数调整过程中，不仅要满足控制系统的静态精度要求，还要满足该系统的动态性能指标，即超调量和调整过程时间尽可能小。以 pH 值参数为例，经过分析引起系统扰动的因素主要有 4 个：a. 进水 pH 值的变化；b. 加药浓度的变化；c. 加药流量的变化；d. pH 值设定值的变化。结合实际情况，首先在保证加药浓度不变的条件下，通过在线监测澄清池的进、出水 pH 值；然后根据进水 pH 值的变化对加药流量进行粗调，经过粗调时间后再根据出水 pH 值对加药流量进行细调，从而满足系统的静态精度及动态性能指标。系统调整对象为加药泵的运行频率及运行时间。通过设定该 PID 负反馈系统的各个参数，以达到准确控制加药量的变化，从而达到维持系统 pH 值（浊度）稳定的效果。

5）多流向池体优化设计

为使设备化的多流向强化澄清器的结构形式更加符合水力反应、絮凝沉淀等过程，设计采用了 ANSYS 的结构及 Fluent 流体模拟计算软件，对设备本体的结构强度、设备内部流态进行非结构化的网格模型设计（见图 4-37）。整套设备的设计都采用了 BIM 建筑信息模型的概念设计，使机械设备、工艺管道、电气仪表等专业均具有可视化、协调性、模拟性及优化性等特点，不仅可以适应各种项目，及时做出恰当的设计调整，而且可以提高设备结构的设计质量，加快设计进程。如图 4-38 所示。

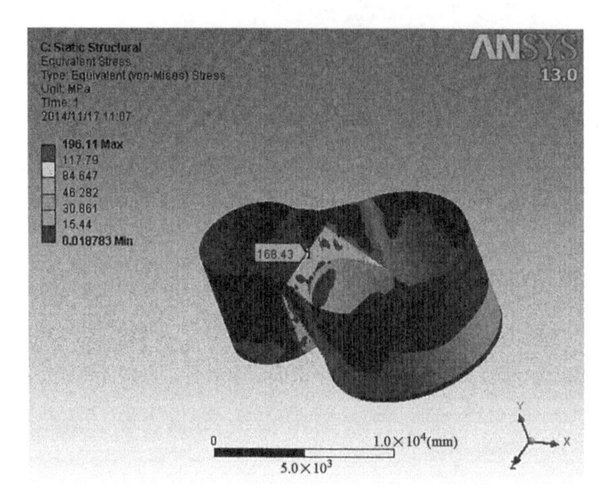

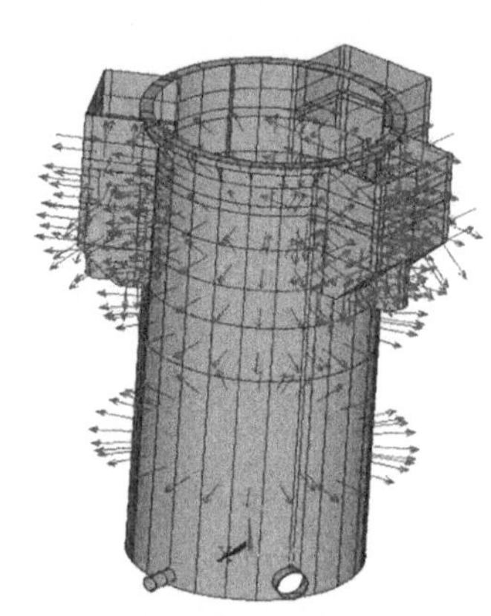

图 4-37　多流向钢结构设备荷载及应力分析模拟图（见书后彩图）

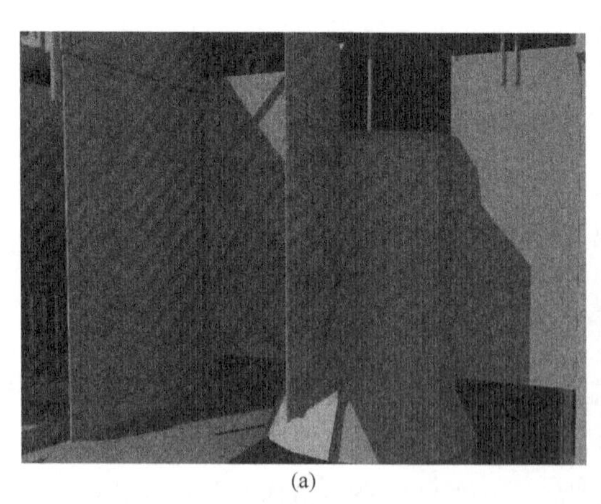
(a)

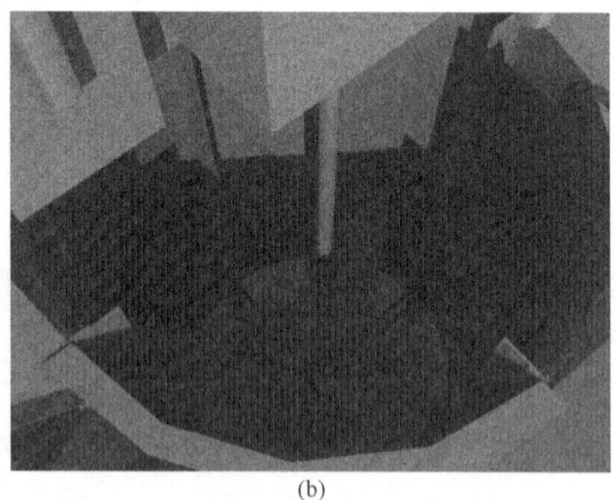
(b)

图 4-38　多流向设备设计图

（2）工艺流程

钢铁企业综合污水经过粗、细格栅到调节池，然后经提升泵站到多流向强化澄清器和 V 形滤池，产水经过自清洗过滤器到超滤反渗透深度处理系统。配合循环水含盐量控制技术，出水直接回用或者与其他水种勾兑回用。工艺流程如图 4-39 所示。

（3）主要技术创新点及经济指标

1）创新点

① 发明了智能加药系统：对各加药通过以 pH 值或 ORP 作为控制参数进行监

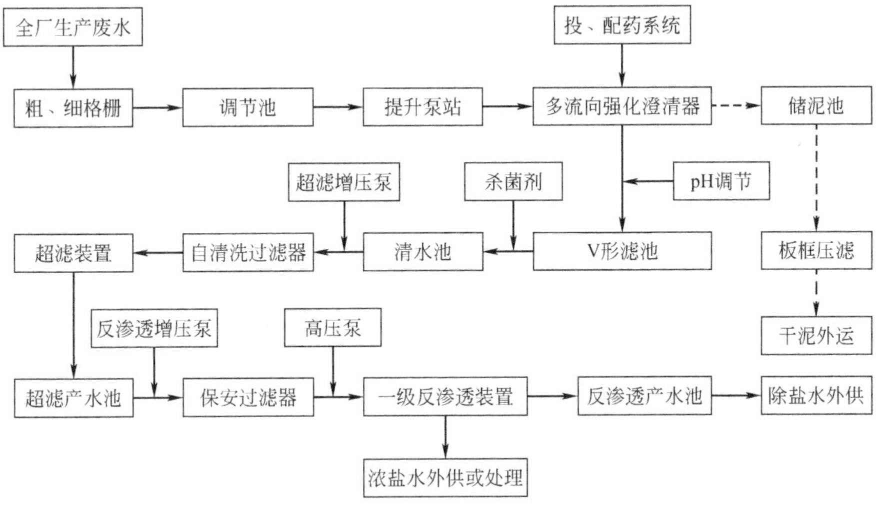

图 4-39 工艺流程

控，并确定控制参数变化曲线，因此采用 PID 负反馈控制系统，并结合参数变化曲线，利用 PLC 可编程控制器进行模块化设计。

② 发明了刮泥机自动控制与过载保护装置：发明的刮泥机过扭矩保护系统，利用可编程控制器和扭矩测量传感装置，实现了刮泥机过载保护的自动化控制，大大提高了运行效率和过载防护的准确性。

③ 发明了自动排泥系统：自动排泥系统包括刮泥机、澄清池体、排泥泵、标定浓度取样管、可编程控制器和扭矩传感器。排泥系统进一步实现了自动排泥系统的完全自动化控制，不仅提高了澄清池的处理效率，而且大大提高了排泥系统的运行效率和刮泥机过载防护的准确性，通过可编程控制器确定了污泥沉淀量和刮泥机阻力的正比系数 $K1$，实现用 PLC 编程控制排泥泵的开启。使排泥系统的可靠性和自动化程度显著提高，可实现自动化排泥和安全稳定运行。

④ 一体化系列化的示范设备设计：为将研究成果更好、更快地推向实际工程，为产业化创造良好条件，项目组在研究的基础上对多流向强化澄清器进一步优化、完善，根据实际工程的常用规模分别进行了系列化设计，处理规模分别为 $200m^3/h$、$350m^3/h$、$500m^3/h$、$600m^3/h$，系列化后设备的各种灵活组合可分别满足不同处理水量的工程需求。

2）主要技术经济指标

该工艺处理技术可达到国际先进水平，主体工艺占地面积仅为常规工艺的 1/2 左右；关键设备已国产化；自控系统自主开发，工程投资仅为国外同类设备的 1/3。

相关技术指标已达到：

① 以多流向强化澄清与 V 形滤池工艺成套的技术占地面积大大减小，主体工艺占地面积仅为常规工艺的 50%～60%。其中多流向强化澄清器沉淀区表面负荷

稳定达到 10～15m³/(m²·h)；V 形滤池滤速达到 8～12m/h；外运污泥含水率<60%。

② 经处理后，工业企业外排综合污水污染物的去除率达到 SS>90%，COD>70%，石油类 66%；回用水水质达到 SS<5mg/L，COD<30mg/L，油<2mg/L。处理后的水回用于生产系统，大幅降低了钢铁企业的吨钢取新水量。

(4) 工程应用及第三方评价

应用单位：营口京华钢铁有限公司

1) 应用现状

本工程主要处理营口京华钢铁有限公司厂区外排生产废水，处理出水作为全厂生产系统补充水进行回用，达到节能减排、保护环境的目的（见图 4-40)。扩建污水处理场设施处理规模为 $3.5\times10^4m^3/d$，主要水处理工艺流程为废水先经过高效澄清池、V 形滤池为主体的预处理工艺，处理出水进入超滤、反渗透为主体的深度处理工艺，深度处理出水用于全厂生产系统补充水。

图 4-40　营口京华钢铁有限公司综合污水处理与回用工程项目现场

2) 运行效果

该示范工程生产废水设计水质详见表 4-7。

表 4-7　生产废水水质

序号	项目	单位	进水指标	备注
1	pH 值		7～9	
2	悬浮物	mg/L	200	
3	总硬度	mg/L	1000	以 $CaCO_3$ 计
4	钙硬度	mg/L	450	以 $CaCO_3$ 计
5	碱度	mg/L	400	以 $CaCO_3$ 计
6	油类	mg/L	<8	非溶解性占 80%
7	电导率	μS/cm	3750	
8	氯离子	mg/L	600	
9	硫酸根离子	mg/L	200	
10	总溶解固体	mg/L	2500	
11	COD_{Cr}	mg/L	≤80	非溶解性占 80%

生产废水经过高效澄清池、V 形滤池为主体的预处理工艺处理后需满足表 4-8 出水水质要求。

表 4-8　预处理出水水质

序号	项目	单位	指标	备注
1	pH 值		6.5～9	
2	SS	mg/L	≤5	
3	浊度	NTU	≤5	
4	油	mg/L	≤2	
5	电导率	μS/cm	≤3750	
6	COD_{Cr}	mg/L	≤45	

经超滤、反渗透工艺处理后的水需满足表 4-9 出水水质要求。

表 4-9　反渗透产水水质

序号	项目	单位	指标	备注
1	pH 值		6～9	
2	电导率	μS/cm	≤160	
3	SS	mg/L	检不出	
4	总硬度	mg/L	≤39	以 $CaCO_3$ 计
5	总碱度	mg/L	≤20	以 $CaCO_3$ 计
6	氯离子	mg/L	≤45	
7	溶解性总固体	mg/L	≤106	

项目运行稳定后，经过第三方检测结果显示：进水悬浮物 47.25mg/L，COD 58.18mg/L，石油类 3.19mg/L，进水电导率 2731.08μS/cm；预处理出水悬浮物 4.17mg/L，COD 30.34mg/L，油类 0.51mg/L；反渗透产水电导率 63.96μS/cm。

3）应用前景分析

通过项目实施，每年减少新水用量 $8.95\times10^6 m^3$，同时每年减少外排污水 $1.086\times10^7 m^3$，每年减少 SS 排放量 1235t、COD 排放量 473t、石油类排放量 102.2t。不仅经济效益可观，而且大大改善了企业周围的水环境质量，提高了企业形象。通过以示范工程的建设，以点带面，尽快推进在钢铁行业乃至其他领域的水处理资源化利用，不仅可大幅降低工业企业污、废水排放对环境的影响，而且可显著减少工业企业对我国水资源的取用量，促进了我国工业企业可持续发展战略的落实，取得了巨大的经济效益、环境效益和社会效益。

4.4 高盐废水处理及回用关键技术

4.4.1 高盐有机废水臭氧高级氧化降解-多膜组合脱盐技术

4.4.1.1 技术简介

高盐有机废水是一种典型难处理有机废水，同时含有各种无机盐和各种有机物，处理难度极大。一般来源于工业生产过程，或者废水经膜脱盐处理的浓水，是实现生产企业或园区水资源高效回用的关键因素之一。本技术通过多相催化臭氧氧化技术实现有机物的深度脱除，并降低后续有机物对膜处理过程的表面污染，并开发了抗污染的压力与电驱动膜组合脱盐技术，实现废水脱盐回用。

4.4.1.2 适用范围

焦化废水的深度处理后回用，也适用于其他含盐有机废水深度处理回用。

4.4.1.3 技术就绪度评价等级

TRL-8。

4.4.1.4 技术指标及参数

(1) 基本原理

针对焦化废水中盐含量较高难以回用，传统超滤-反渗透双膜法产水率低、膜污染严重等问题，开发臭氧多相催化氧化技术实现有机物的深度脱除降低后续有机物膜污染，结合提高错流流速和优选抗污染性提高反渗透膜抗污染能力，开发了抗污染反渗透脱盐技术；针对反渗透浓水含盐量高的问题，开发了针对反渗透浓水的催化臭氧氧化技术和多级逆流频繁倒极电渗析技术，通过开发多级逆流工艺和膜低渗透改性技术提高浓缩倍率和产水率，开发频繁倒极工艺和通过表面改性提高膜抗污染能力，突破了焦化废水反渗透浓水的电渗析脱盐技术；通过优化集成形成以高产水率集成膜技术，建立高盐焦化废水深度处理与脱盐回用处理新工艺。

(2) 工艺流程

以钢铁企业的焦化废水深度处理与脱盐回用为例。焦化废水经絮凝、催化臭氧氧化、膜生物反应器处理后，废水中有机物浓度较低，再依次经过超滤、纳滤和频繁倒极电渗析深度脱盐，得到高产率的淡水回用，产生的浓水经过催化臭氧氧化处理后，重新进入膜脱盐过程循环处理。对某企业的焦化尾水进行水质分析，结果表明含有大量的可溶性无机离子，主要是氯化物和硫酸盐等钠盐化合物，还含有一定的有机物、Ca^{2+}、Mg^{2+}和Fe等少量其他重金属杂质，这种废水需要进行去除有机物、硬度、F^{-}、硅等杂质后和浊度、色度等，再进行脱盐处理才能满足中水回用要求。

1）焦化尾水软化处理实验

考察了pH值、Na_2CO_3 添加量对焦化尾水中 Ca^{2+}、Mg^{2+} 去除效果的影响（见表4-10、表4-11、图4-41），结果表明，随着pH值升高，废水中 Ca^{2+}、Mg^{2+} 的去除率随之增大，当pH＝12时两种离子的去除率达到最大值；而继续增加pH值对两种离子的去除率没有显著影响。因此，经过优选后软化工艺的pH值控制在12左右。

表4-10　焦化尾水pH值对 Ca^{2+}、Mg^{2+} 去除的影响

实验号	Ca^{2+}/(mg/L)	Mg^{2+}/(mg/L)	Ca^{2+} 去除率/%	Mg^{2+} 去除率/%
原水	40.65	9.22		
pH＝7.75	5.39	7.47	86.7	18.9
pH＝8	5.65	7.47	86.15	18.9
pH＝9	5.43	7.31	86.6	20.7
pH＝10	5.10	7.11	87.4	22.8
pH＝11	4.85	4.98	88.1	45.9
pH＝12	0.92	0.09	97.7	99.0
pH＝13	3.45	0.09	91.5	99.0

表4-11　焦化尾水 Na_2CO_3 加入量对 Ca^{2+}、Mg^{2+} 去除率的影响

单位/10^{-6}	Ca^{2+}/(mg/L)	Mg^{2+}/(mg/L)	Ca^{2+} 去除率/%	Mg^{2+} 去除率/%
原水	11.25	0.07		
$n(Ca^{2+}):n(CO_3^{2-})=1:2$	0.96	0.04	91.5	42.8
$n(Ca^{2+}):n(CO_3^{2-})=1:4$	0.70	0.03	93.7	57.1
$n(Ca^{2+}):n(CO_3^{2-})=1:8$	0.56	0.03	95.0	57.1
$n(Ca^{2+}):n(CO_3^{2-})=1:16$	0.48	0.05	95.7	28.5
$n(Ca^{2+}):n(CO_3^{2-})=1:20$	0.48	0.05	95.7	28.5

其次，考察了 Na_2CO_3 添加量对焦化尾水中 Ca^{2+}、Mg^{2+} 去除效果的影响，结果表明，随着 Na_2CO_3 添加量的增加，Ca^{2+} 的去除效果也随之增加，当 Na_2CO_3 的添加量是废水中 Ca^{2+} 浓度的8倍时去除率最大；但 Mg^{2+} 的去除效果随 Na_2CO_3 添加量的增加反而明显下降。因此，确定中试软化条件为先调节pH值为12去除大部分 Ca^{2+}、Mg^{2+}，再添加 Na_2CO_3 进一步去除 Ca^{2+}。为了促进沉淀过程再加入少量的PAM。由于加碱使废水呈碱性，因此废水在进入下一个处理单元时需要中和调节为中性。

高级氧化处理：在300mL的水中加入2g Na_2SO_4，1g活性炭颗粒（20～50目），电导率为13.06mS/cm，pH＝8.05，恒电压条件进行。采用石墨电极和钛涂钌电极，在电压5～11V、电流0.25～1.1A的条件下进行电催化氧化处理。实验

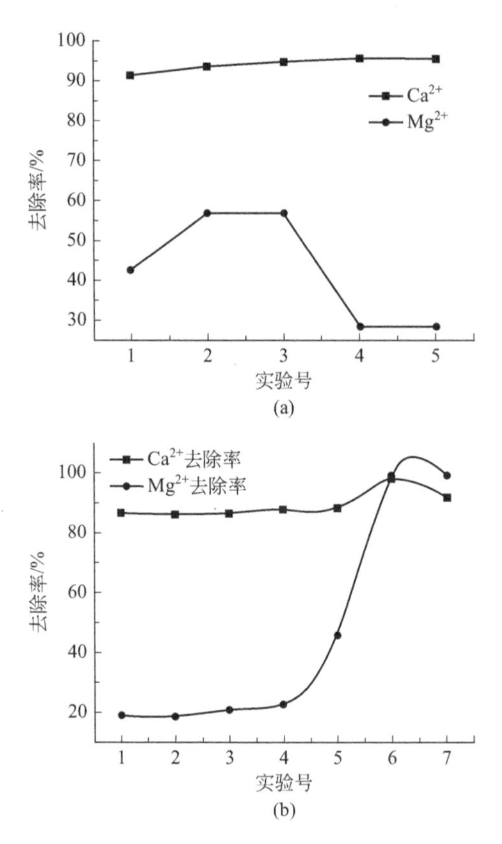

图 4-41　pH 值和碳酸钠加入量对 Ca^{2+}、Mg^{2+} 去除率的影响

结果表明，电催化氧化法对焦化尾水有一定的脱色效果，但 COD 去除率较低、电流效率也较低，而且设备投资成本较高，因此不建议采用电催化氧化法。

进一步在臭氧浓度 30mg/L、流量 0.6L/min 的条件下处理 25min，当原水 COD=75.25mg/L 时 COD 去除率约为 24%；进一步延长反应时间，COD 去除率可达到 40%左右。而且催化臭氧氧化法处理焦化尾水具有较好的脱色效果，还将通过其他方式进一步优化。处理效果如图 4-42 所示。

(a) 原水

(b) 处理后

图 4-42　焦化尾水的催化臭氧氧化处理（见书后彩图）

进一步开发了纳微气泡-耦合强化催化臭氧氧化法处理焦化尾水，可以明显提高 COD 的去除率，而且脱色效果更显著（见图 4-43）。因此，采用纳微气泡-耦合强化催化臭氧氧化法，可作为高盐有机废水处理的有效预处理技术单元。

(a)　(b)

(c)

图 4-43　纳微气泡-耦合强化催化臭氧氧化法处理焦化尾水（见书后彩图）

在完成前期实验研究期间，进行中试设备的安装和系统集成；并在实验室研究基础上，对焦化尾水资源化回用与近零排放集成工艺进行优化，获得的优化工艺路线如图 4-44 所示。

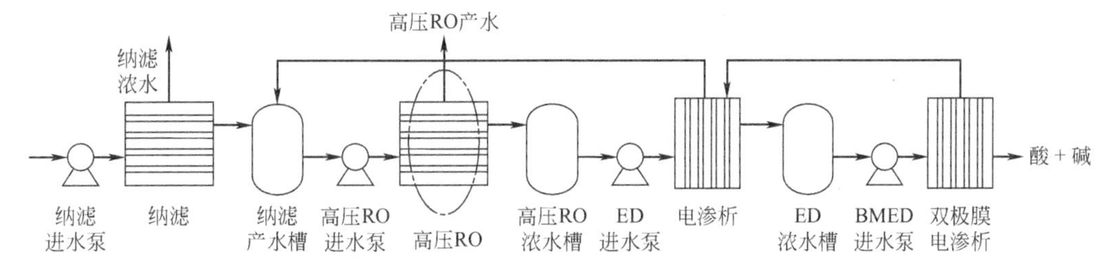

图 4-44　焦化尾水资源化回用与近“零排放”工艺流程

根据单元优化实验，确定软化单元中将溶液的 pH 值调节至 10.5～11.2，其中 NaOH 加药量 100～200mg/L，Na_2CO_3 加药量 50～100mg/L，PAM 加药量 1～2mg/L，在这一条件下去除进水硬度。考虑酸碱性对后续实验的影响及需求，将经过碱性条件沉淀后的水样调酸处理，盐酸加药量 100～200mg/L，调节 pH 值至 8～9 范围内，软化后液进入下一个处理单元。软化单元主要目的是除硬度，根据连续实验的结果可以看出，经过化学软化处理后水中平均硬度为 34.5mg/L，平均硬度去除率约为70%，最好的去除效果可以实现软化出水硬度为3mg/L，去除率达到97.8%。软化单元去除以钙镁为主的硬度，主要为后续工艺单元的处理提供保障，尤其是大大减少了Ca^{2+}、Mg^{2+}沉淀对膜的污染。

软化单元对进水中COD的去除效果不明显。由于在软化过程中投加一定量的PAM，PAM作为一种有机絮凝剂，在投加量上需要严格控制，一旦过量会造成水样中COD含量增高，增加后续工艺的处理负荷。经过软化处理后，废水pH在中性偏碱性的范围内浮动。电导率有所上升，从原水中约5.5mS/cm增加到6.5～7.0mS/cm，主要是投加的化学药剂增加了其总盐度。

中试连续运行中软化单元的水质参数变化如图4-45所列。

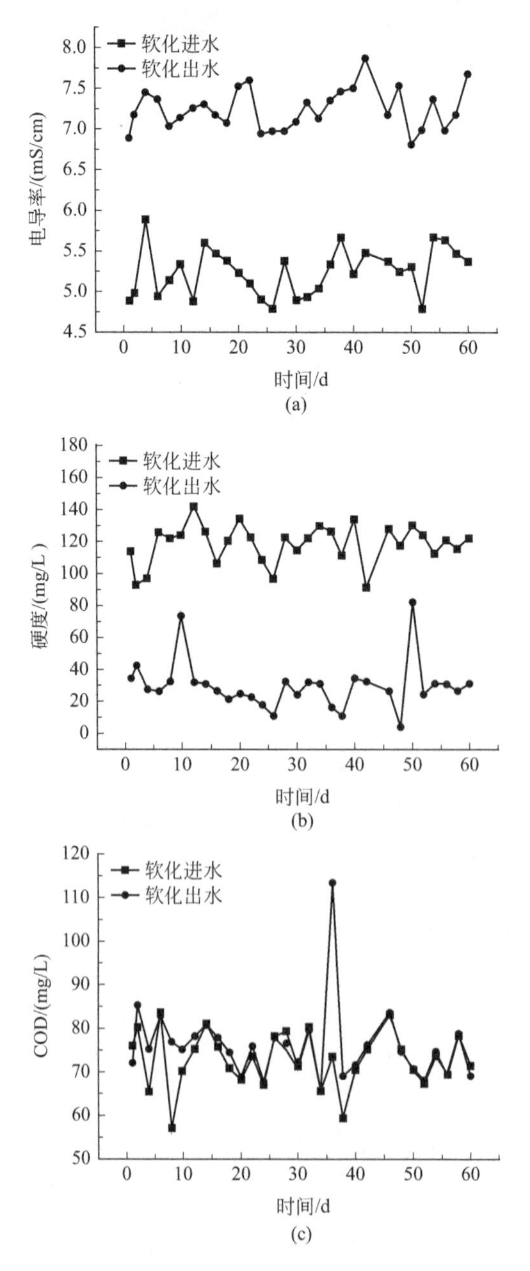

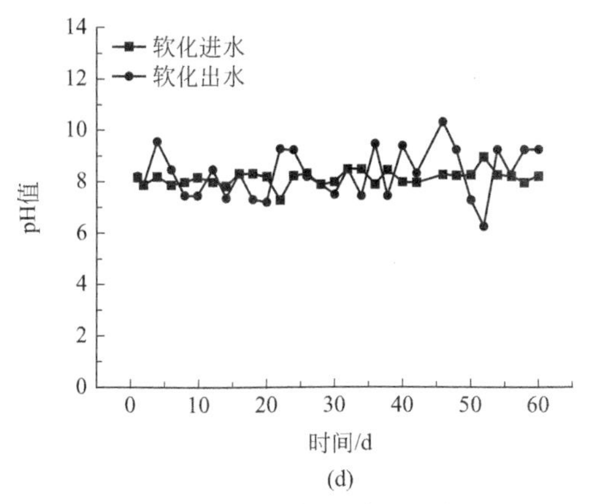

(d)

图 4-45　中试连续运行中软化单元的水质参数变化

2）砂滤＋活性炭过滤＋超滤＋反渗透单元

经过除杂软化单元处理后的出水，采用石英砂和活性炭对废水中的悬浮物和COD等进行吸附、过滤去除，再进入超滤和反渗透单元，超滤进一步去除废水中的悬浮物和胶体，保证反渗透单元的稳定运行。砂滤＋活性炭过滤＋超滤＋反渗透单元效果如图 4-46 所示，上述工艺单元中试设备如图 4-47 所示。反渗透进水量 $2m^3/h$，淡水产量 $1.4\sim1.6m^3/h$，浓水产量 $0.6\sim0.8m^3/h$，反渗透淡水电导率＜200μS/cm，COD＜10mg/L，可以回用于生产环节，浓盐水进入后续工艺进一步处理。

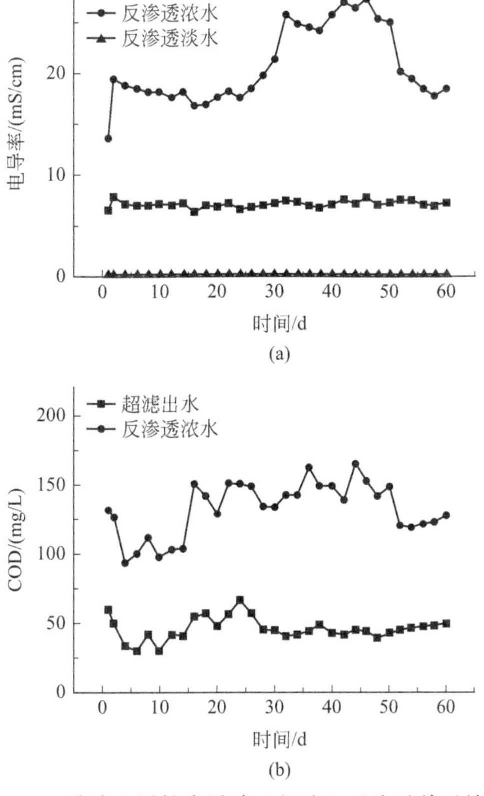

图 4-46　砂滤＋活性炭过滤＋超滤＋反渗透单元效果

图 4-47 砂滤＋活性炭过滤＋超滤＋反渗透单元中试设备

3）臭氧氧化

臭氧氧化单元采用氧气作为气源，经过臭氧发生器制备一定浓度的臭氧，臭氧发生器采用增浓技术，使得出口的臭氧气体浓度达到 200mg/L 以上。进气方式是采用纳微气泡泵投加臭氧和将臭氧通入催化臭氧氧化塔相结合，通过纳微气泡提高臭氧分散性和利用率。催化臭氧氧化塔高 4m（见图 4-48），填充一定量的固相催化剂。气液混合流量 2.5～3.2m^3/h，回流流量 2.0～3.2m^3/h，出水流量 0.5～1.5m^3/h。

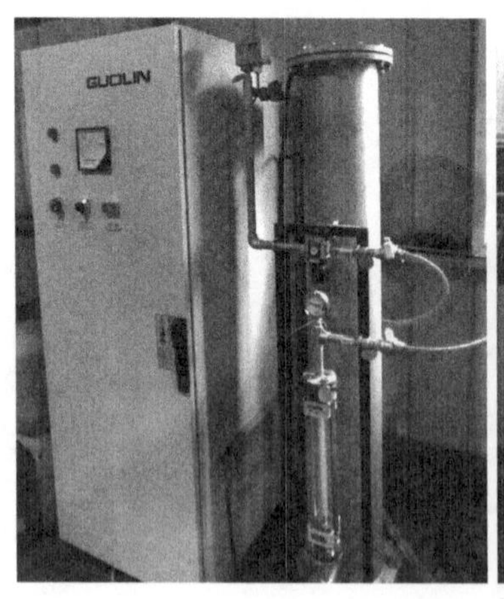

图 4-48 臭氧催化塔及气液混合泵

臭氧氧化单元进水是反渗透浓水，平均进水 COD 浓度为 100～150mg/L，经过催化臭氧氧化处理平均出水 COD 浓度为 55mg/L，平均 COD 去除率＞50％。臭氧处理后水样的 pH 值稳定在 8～9 之间，无大幅度的变化。实验水质参数变化如图 4-49 所示。

4）纳滤实验

纳滤中试装置（见图 4-50）进水量 2m^3/h，淡水产量 1.4～1.6m^3/h，浓水产量 0.6～0.8m^3/h。纳滤淡水产水主要以 NaCl 为主，浓水为 Na_2SO_4 和 NaCl 混合

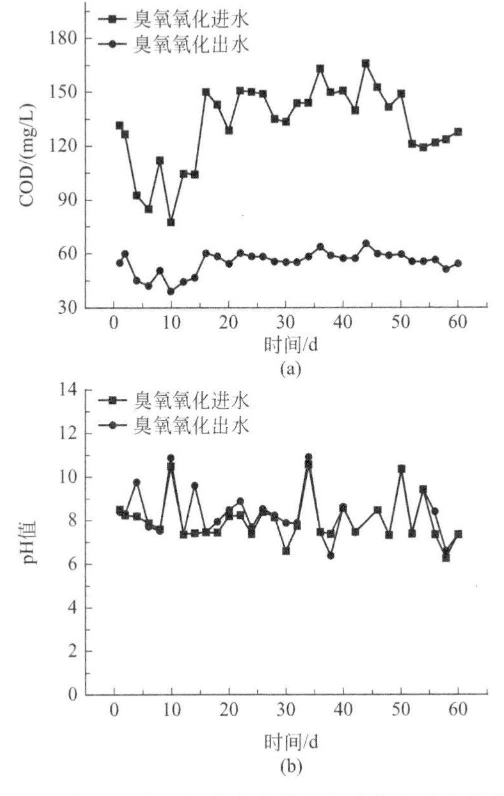

图 4-49　中试连续运行中臭氧催化实验的水质参数变化

图 4-50　纳滤中试设备

溶液。由图 4-51 可知：纳滤淡水电导率 10～20mS/cm，平均为 14.8mS/cm；COD 浓度为 5～25mg/L，平均为 9.5mg/L；纳滤浓水电导率 17～30mS/cm，平均为 25.0mS/cm；COD 为 130～220mg/L，平均为 164.0mg/L；说明有机物主要存在于纳滤浓水中。

5）电渗析实验与双极膜酸碱再生

在电压 89.3V、电流 64.7A、淡水流量 2.8m^3/h、浓水流量 3.0m^3/h、极水流

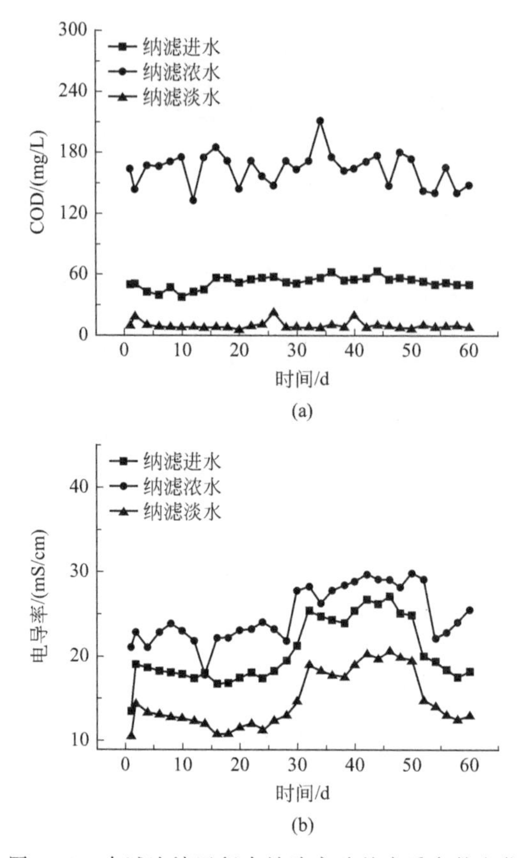

图 4-51 中试连续运行中纳滤实验的水质参数变化

量 1.8m^3/h 的条件下开展实验。随着脱盐的进行，淡水盐度越来越小，电流有下降的趋势，当淡水的电导率<1000μS/cm 时更换淡水，脱盐后的淡水作为反渗透进水，进而产生更多可利用反渗透纯水。电渗析淡水为纳滤的产水，在电导率降低到一定值时定时更换，不断进行脱盐，电渗析的浓水持续浓缩，浓缩到一定的盐度，进行下一步双极膜电渗析实验。中试连续运行中电渗析（ED）单元的水质参数变化如图 4-52 所示。

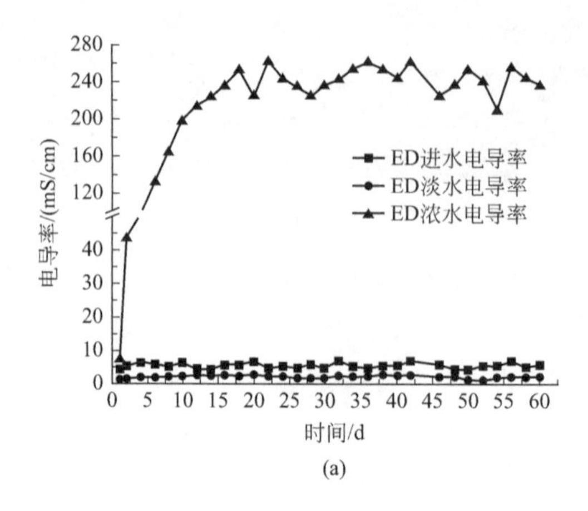

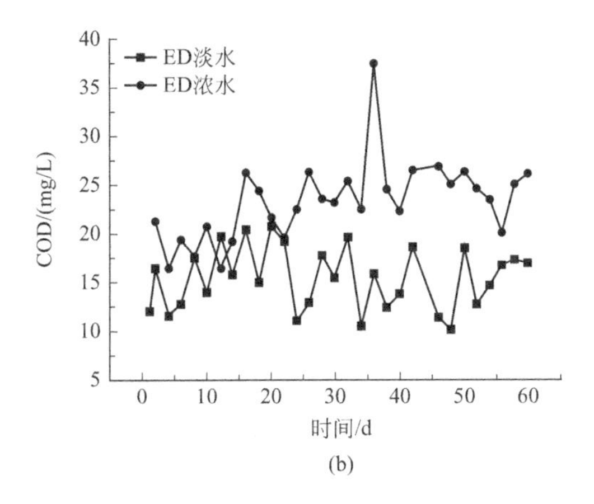

(b)

图4-52　中试连续运行中电渗析单元的水质参数变化

在连续运行中，电渗析的淡水电导率为1033μS/cm，浓水电导率在连续增长接近100000μS/cm。电渗析淡水的平均COD值为9.65mg/L（≤10mg/L），浓水的COD测试不太稳定；随着电渗析浓水的浓缩，浓水中的离子浓度逐渐升高，一些还原性离子（如Cl^-）进入浓水中，影响COD的准确测定值。建议测试浓水TOC，从而判定浓水中有机物的真实含量，并对膜污染等膜性能变化做准确的估量。电渗析中试设备如图4-53所示。

图4-53　电渗析中试设备

根据取样分析结果，目前电渗析单元产生的浓水含盐量已大于100g/L。进一步采用双极膜电渗析小试设备进行酸碱再生实验。膜堆组成为9组，施加电压为70V，总电流约为1.5A。经过30min连续运行，产生的酸浓度约为6.0×10^4mg/L，碱浓度约为7.0×10^4mg/L。双极膜电渗析再生的酸和碱，经过循环浓缩后可以接近6%～8%，甚至浓度更高。

6）连续运行中取样测试

连续运行中试各工艺出水阴离子含量如表4-12所列。

表 4-12 连续运行中试各工艺出水阴离子含量

水样	阴离子				
测试指标	F^-/(mg/L)	Cl^-/(mg/L)	NO_2^-/(mg/L)	NO_3^-/(mg/L)	SO_4^{2-}/(mg/L)
原水	46.02	794.78	0.46	63.24	1723.22
软化后液	42.59	1391.88	0.02	63.24	1505.02
超滤进水	43.62	1146.25	1.26	65.65	1602.88
RO 淡水	0.723	45.501	0.034	11.339	0.789
臭氧进水(RO 浓水)	124.28	3262.12	1.96	182.02	4259.68
臭氧出水	118.62	3406.96	0.42	161.6	4541.88
树脂出水	114.82	3591.02	0.94	150.18	4716.86
纳滤浓水	134.825	2986.33	0.45	91.925	11718.4
电渗析淡水	37.624	323.57	0.062	6.498	72.556
电渗析浓水	48.9	38121.7	6.2	1543.4	670.7
纳滤淡水	104.7	4118.46	0.48	1886.28	28.78

连续运行中阴离子色谱分析，原水中 F^- 含量为 47mg/L，应引起重视，F^- 含量较高时将对后续工艺中设备造成一定程度的腐蚀。因此建议在前端软化或其他工艺中考虑除去 F^-。电渗析浓水中 Cl^- 含量高，会对 COD 的测试造成误差，建议测试 TOC 数值。连续运行中所取水样的色度变化明显，如图 4-54 所示。表明优化后臭氧氧化 COD 去除率和脱色效果明显提高。

(a) 原水　(b) 软化后液　(c) 超滤进水　(d) RO 淡水　(e) 臭氧进水(RO浓水)

(f) 臭氧出水　(g) 树脂出水　(h) 纳滤浓水　(i) 电渗析淡水　(j) 电渗析浓水　(k) 纳滤淡水

图 4-54 水样色度变化（见书后彩图）

总结：

① 通过设计化学沉淀剂、选择性吸附与精密过滤耦合，可实现焦化尾水中多种杂质离子的协同深度脱除，其出水 F^-＜10mg/L、总硬度＜30mg/L、重金属总浓度＜1mg/L、Si＜10mg/L；其中重金属去除率大于 90%，同时废水中 COD 含量下降 30%～50%。

② 臭氧氧化出水采用特种膜进行高效分盐，可回收焦化尾水中 80%以上氯化钠，系统产水的 COD＜20mg/L。

③ 焦化尾水资源化回用与近“零排放”技术产生少量外排浓水（＜10%），可满足冲渣等浊循环回用要求。

④ 倒极电渗析产生的浓水 TDS＞12%，采用双极膜电渗析进行酸碱再生，通过膜材料优化组合与膜堆结构优化，使高盐废水双极膜电渗析系统的运行稳定性显著提高，可实现焦化尾水中 80%以上的氯化钠转化为浓度约为 6%～8%的盐酸和氢氧化钠，解决了传统蒸发结晶产生大量固体杂盐的问题。

7）技术经济指标

集成技术的主要经济指标如下。

① 产品得率：90%以上水以淡水形式回收，可以用于循环水补充水或者工艺过程；80%以上氯化钠被制备成 6%～8%的稀盐酸和氢氧化钠，可回用于生产线。

② 二次污染：基本没有二次污染物产生，脱盐残留的浓盐水（占尾水量＜10%）可用于冲渣等浊循环回用要求。

③ 稳定性：已连续运行 2 个月，膜清洗周期延长较传统工艺提高 200%。

④ 成本：直接处理成本 10～15 元/m^3尾水，扣除淡水、酸和碱的收益后约为 5 元/m^3尾水。

（3）主要技术创新点及经济指标

集成膜过程用于焦化废水深度处理与回用过程，淡水产率达到 85%以上，连续运行 8 个月无明显膜污染，膜通量维持不变，结合膜清洗工艺可实现集成膜过程的长期稳定运行，产水率 80%以上，系统运行稳定。

研发的关键技术解决了焦化废水回用率低和高盐有机物处理难度高、产生大量固体杂盐的难题。目前已完成中试实验，并于 2019 年 10 月 20 日召开了中国环境科学学会组织的成果鉴定。鉴定委员会一致认为：项目组研发的高盐有机废水纳微气泡-催化耦合强化臭氧氧化关键技术、抗污染压力/电驱动膜组合高效脱盐与浓缩关键技术、基于酸碱再生/水回用的焦化尾水近“零排放”集成技术均达到国际领先水平。该技术经过现场试验验证了技术的可靠性与经济性，建议加强推广应用。成果技术的推广应用，将解决制约行业可持续发展的焦化行业废水超低排放难题，推动焦化和煤化工行业污染治理技术进步，直接支撑行业和企业的节能减排，如果在更大范围内推广应用，一方面，将全面引领化工、冶金、制药等行业污染治理的技术进步，促进行业可持续发展；另一方面，对于行业所在流域水环境质量改善具有重要的意义。

（4）技术来源及知识产权概况

获得发明专利三项（ZL201410246963.X，ZL201410759526.8，ZL201410246909.5）

（5）工程应用及第三方评价

应用单位：沈煤集团鞍山盛盟煤气化公司

本技术在沈煤集团鞍山盛盟煤气化公司进行了现场中试，并完成了工程技术示范。处理规模为100m^3/d焦化废水资源化示范工程。示范工程已经稳定运行多年，交由第三方运营公司运营，运行指标达到合同指标，膜系统淡水产率达到80%，少量浓盐水暂存于盐湖用于检修时的湿法熄焦和冲渣，从而实现废水“零排放”。下一步将此技术应用于邯钢集团综合废水脱盐回用产生的浓水处理过程，并进一步发展了倒极电渗析酸碱再生技术，将多次浓缩后的高盐水制成低浓度酸碱产品，回用于生产过程。

4.4.2 高盐复杂废水高效电催化处理新技术

4.4.2.1 技术简介

2017年我国工业废水排放总量约690亿吨，其中高盐废水产生量占总废水量的5%，且每年仍以2%的速度增长[48,49]。对于废水生化处理而言，高盐废水是指含有机物和至少总溶解固体（TDS）的质量分数大于3.5%的废水[50,51]。高盐废水中由于含有高浓度的溶解性离子盐分和有机污染物，未经处理直接排放到环境水体中，一方面会对环境水体造成不良影响和破坏，另一方面大量有毒有害的有机物质也会危害人类的身体健康。随着环保法规的日趋严格和人们对于生存环境环保需求的不断提高，经济有效地处理高盐废水变得越来越重要。

目前对于含盐废水的处理主要有电催化、焚烧、膜分离以及生物处理等方式。其中，焚烧法具有简便、彻底的优势，但仅适宜处理有机物浓度高、热值高的高盐废水，而对低热值的高盐废水，存在焚烧前需要调整pH值、添加燃料，且燃烧后需要进行尾气处理等问题[52]；膜分离处理工艺简单，不会造成二次污染，但运行费用较高，且膜容易堵塞[53]；生物处理法运行费用低，处理过程不产生有害物质，但是废水中盐浓度升高后会导致废水中的微生物细胞内的渗透压逐渐升高，最终超出细胞正常的生存条件而死亡，使得污泥膨胀上浮，从而极大降低了处理效率[54]。因此，开发高效低成本的高盐废水处理新技术是未来的发展方向。

高盐复杂废水高效电催化处理技术，是基于高盐废水导电性较好的特点，采用电化学催化氧化的方法，使难降解有机污染物转化为易生化降解的物质，或矿化成二氧化碳、氮气、水等的高级氧化技术（EAOP），具有处理效率高、无二次污染、反应器可控性强、反应条件温和、操作简便、可与其他技术组合应用等优点[55]。

4.4.2.2　适用范围

石化、制药、化肥、造纸、纺织、印染等行业废水处理和含氨氮类有机废水处理。

4.4.2.3　技术就绪度评价等级

TRL-7。

4.4.2.4　技术指标及参数

（1）基本原理

电催化氧化技术的基本原理是氧化还原反应。在外加电场的条件下，利用具有催化性能的电极或溶液中的修饰物促进电极上发生电子转移，实现污染物的直接氧化或间接氧化。在直接氧化过程中，溶液中污染物首先吸附到电极表面，然后通过与电极之间直接电子传递而实现氧化降解。在间接氧化过程中，电极首先与 H_2O 或水中离子 Cl^-、SO_4^{2-}、CO_3^{2-} 等形成诸如·OH、H_2O_2、HClO、SO_4^-·、CO_3^-·等高价氧化物，再与污染物反应生成小分子物质，实现污染物降解[56]。直接电化学氧化和间接电化学氧化过程的分类并不是绝对的，实际上一个完整的污染物电化学降解过程往往包含电极上的直接电化学氧化和间接电化学氧化两个过程。两种氧化反应的示意如图 4-55 所示。在实际废水处理中，因为间接氧化既在一定程度上发挥了阳极直接氧化的作用，又能利用阳极氧化溶液中一些基团产生强氧化剂，间接氧化废水中的污染物，因此处理效率大为提高，达到强化降解的目的[55]。间接氧化可根据待处理水质的不同而选取不同的电极，从而产生不同的活性物种进行氧化处理。例如在含 Cl^- 浓度较高的废水中，可以选择 DSA 电极活化 Cl^- 产生 HClO 作为主要的降解途径；而在含 SO_4^-·浓度较高的废水中，可以选择 BDD 电极活化 SO_4^{2-} 产生 SO_4^-·作为主要的降解途径。

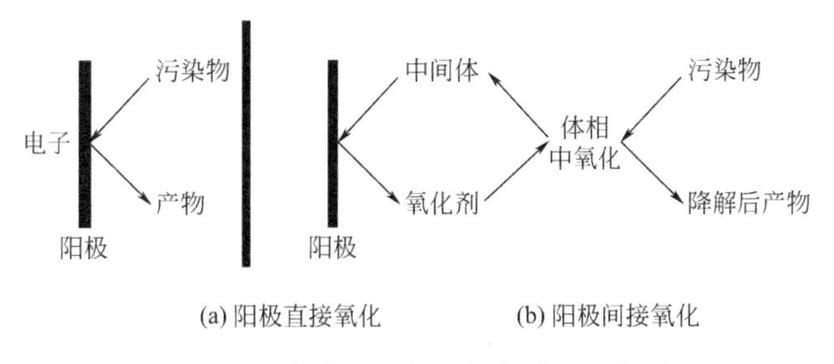

图 4-55　直接和间接阳极氧化反应简图

结合很大一部分的浓盐水存在高浓度氯离子的特点，可以利用氯碱工业的阳极反应——析氯反应生成活性氯物种，对废水中的有机物和氨氮污染物进行氧化去除，同时具有一定的消毒效果。有机物在氯化物作用下的阳极氧化过程是一个复杂的过程，·OH 产生的同时也会发生副反应析氧反应，其反应原理如图 4-56 所示。当确定了原位产生的活性氯间接氧化污染物，污染物去除的问题就转化为如何高效产生活性氯以及活性氯的高效利用。产氯其实在氯碱工业中已经是很成熟的工艺，目前市面上已经有 DSA 电极以及改进后的 DSA 电极用于产氯。DSA 电极的经典配方是 30% RuO_2 和 70% TiO_2 涂覆在 Ti 上，目前改进的 DSA 电极会在原有基础上进一步掺杂少量的 Ir、Sn、Ta 等元素进一步提升析氯效率[56]。

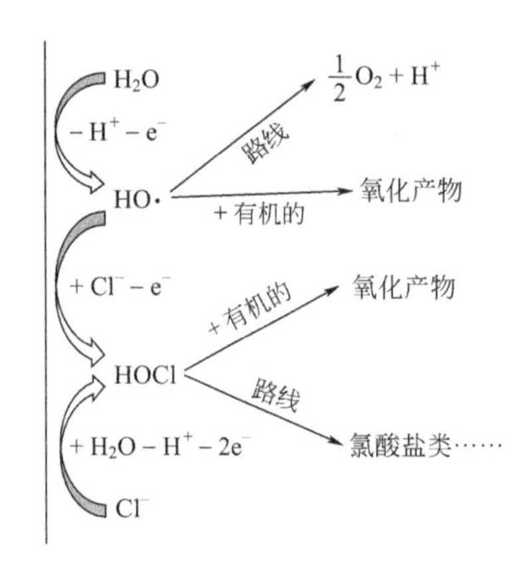

图 4-56 水中电化学析氯氧化的主要反应途径示意

在含 Cl^- 浓度低的废水中，·OH 和 SO_4^- ·都是可以作为氧化污染物的活性中间物种。·OH 具有极强的得电子能力 [E(·OH/H_2O)=2.80V(vs SHE)]，是自然界中仅次于氟的氧化剂，与大多数有机污染物都可以发生快速的链式反应，无选择性地把有害物质氧化成 CO_2、H_2O 或矿物盐，无二次污染。但是·OH 在碱性环境中氧化能力会下降 [E(·OH/OH^-)=1.80 V(vs SHE)]。与·OH 相比，SO_4^- ·有相近的氧化能力 [$E^\ominus$(SO_4^- ·/SO_4^{2-})=2.5～3.1V (vs SHE)]、更宽的 pH 值工作范围（2～8）；同时由于 SO_4^- ·倾向于直接电子转移的方式进行氧化而非·OH的不饱和键加成方式氧化，因此 SO_4^- ·的半衰期（30～40μS）比·OH（<1μS）更长[4]。常用于产生·OH 和 SO_4^- ·的电极主要有石墨、Ebonex®（Ti_4O_7）、PbO_2、SnO_2、BDD 等。

高盐复杂废水高效电催化处理技术可单独使用，也可与其他技术组合应用，实现工业废水的有效处理。由于紫外光光照可以提高电化学反应器中自由基的浓度，提高污染物的去除效率，因此耦合光化学-电解工艺是高效清洁处理高盐度废水的另一有效途径。由于阳极氧化的同时阴极也发生电子转移，阴极可同步进行 NO_3^- 的还原，或同步产氢，实现了对能源的最大化利用。

（2）工艺流程

柯小军[57]采用电催化氧化技术对某化肥厂产生的高盐氨氮废水进行了中试试验研究，工艺流程见图 4-57。研究发现，电催化氧化反应器对该类废水的处理效果不受 pH 值、温度的影响，处理 NH_4^+-N 含量分别为 150～300mg/L、800～1000mg/L 的生化反应器出水，吨水电耗分别为 6～8kW·h、25～30kW·h。反应器出水 NH_4^+-N 含量低于 5mg/L，COD 低于 50mg/L，满足《污水综合排放标准》一级标准要求。

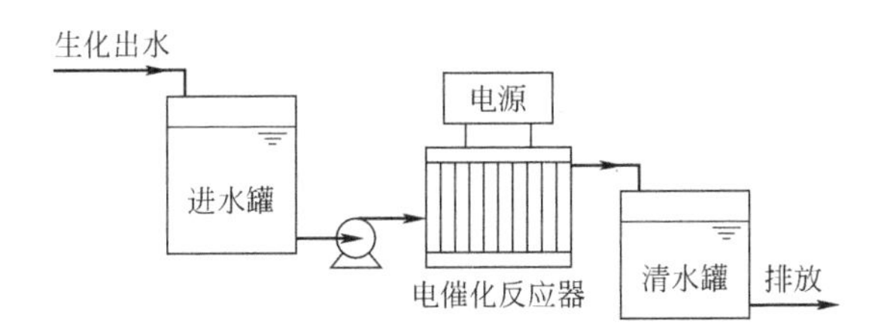

图 4-57　高盐氨氮废水电催化处理工艺流程

李怀森等[58]将电催化氧化工艺与混凝工艺相结合，发明了一种适用于高盐度难降解废水的电催化组合处理方法，如图 4-58 所示。高盐难降解废水经沉砂处理后，进入均质池均匀水质，并通入三维电催化反应器中产生的 Cl_2，对废水进行预氧化。均质后的出水进入电化学反应器进行氧化还原反应，降解废水中的难降解有机物，其出水经混凝沉淀处理后可以实现可生化性或排放的目标。

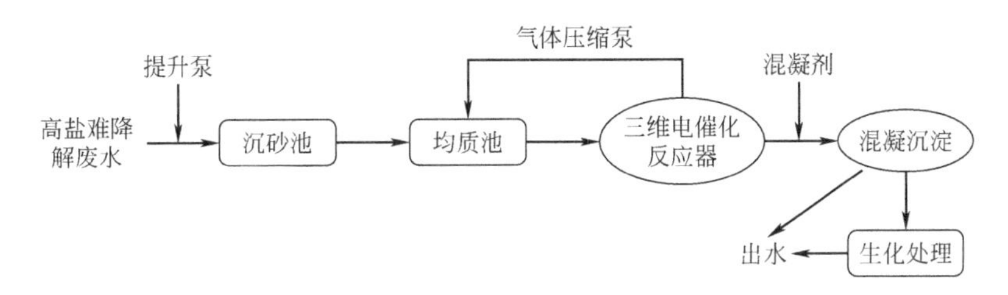

图 4-58　电催化组合处理方法

张鹏等[59]将电芬顿氧化和电催化氧化相结合，开发了一种用于高盐高浓度有机废水的综合处理方法，如图 4-59 所示。待处理废水依次经过磁分离处理、芬顿氧化处理、超声波洗脱处理、电催化处理及生化处理，最后出水的步骤。该发明将多种废水处理技术恰当地优化组合和复合联用，弥补了单一处理技术的缺陷，具有处理有机废水效果好、反应时间短、在低温条件下也能保持良好反应速率的优点。

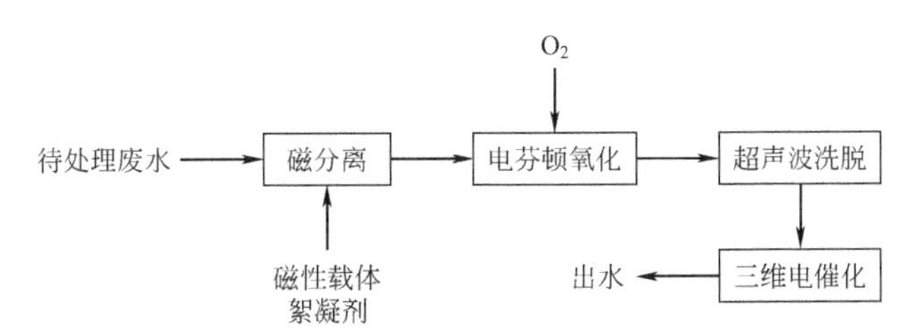

图 4-59　高盐高浓度有机废水的综合处理方法

(3) 主要技术创新点及经济指标

由于电化学催化氧化技术不受高盐度废水强生物毒性、高色度的影响，与生物法、物化法相比，在高盐度有机废水处理上具有一定优势，受到研究者的广泛关注，应用于苯酚、丙烯酸、氨氮、染料等物质的降解。目前研究重点在于开发高效稳定的电极材料、设计合理的反应器结构，从而提高反应和传质的效率，实现高盐有机废水“零排放”处理。

在电催化电极选取方面，王娜[60]采用电氧化技术处理某企业制药车间的高色度高盐废水（NaCl 质量分数为 15%左右），通过对不同电极阳极 Ti/SnO_2、Ti/β-PbO_2、Ti/RuO_2 的比较，选用了较低电压即可析出氯气的 Ti/RuO_2 作为阳极，反应生成的氯气生成次氯酸，对高盐废水中的农药具有较好的氧化处理效果。电氧化过程中，在其他条件相同情况下，电流密度越大电解时间越短，当电流密度为 $71mA/cm^2$时，电氧化 7h，有机物的去除率可达 98%；当电流密度增大到 $134mA/cm^2$时，电氧化 4h，有机物的去除率可达 98%。电氧化电流密度越大，能耗也会越高。

杨丽娟[61]用 Ce-PbO_2/C 电解酸性红 B 染料废水，分析进水浓度、电压、pH 值、NaCl 浓度、电极间距对处理效果的影响。在电压 12V、pH 值为 7、电极间距 1cm、NaCl 浓度为 6g/L 的条件下，COD、NH_4^+-N 去除率及脱色率分别达到了 95.26%、97.78%和 99.98%。通过 UV-Vis 和 GCMS 分析，首先是偶氮双键的断裂，萘环破坏，生成带苯环和氨基的物质，随之降解为长链有机酸，最终生成 H_2O 和 CO_2 等小分子物质。

此外，将电催化氧化技术与其他技术相结合，对有机物的降解具有一定的协同效果。杨卫[62]利用光-电耦合催化氧化技术，处理含有高浓度 Cl^- 的难降解有机废水，其效果较单一的光催化、电催化都要高很多，反应 3h 苯胺的降解率可达 82.6%。同时，随着反应的进行，Cl^- 的含量也不断降低，2.5h 后 Cl^- 浓度由 5000mg/L 降低到 2600mg/L 左右，说明光-电耦合催化氧化在降解有机物的同时还具有同步脱盐的效果。通过 ·OH 抑制剂实验发现光-电耦合协同作用产生的 ·OH比单一的光催化体系产生的要更多，催化氧化效果更好。

光-电耦合催化氧化技术也可用于以 ·OH 为活性中间产物的高盐废水处理。刘荣[63]利用 Fe_2O_3 负载的石墨和 TiO_2 涂覆的玻璃珠构建了高效、稳定的三维粒子电极光电催化反应器。其在酸性条件下降解效果最好，使用 6 次后仍然很稳定。紫外光照射使 TiO_2 和 Fe_2O_3 产生了大量光生电子和空穴，增加了电荷载流子的浓度，TiO_2 和 Fe_2O_3 的同时使用有效抑制了光生电子空穴对的复合，增加了光电流强度。外加电压促使电子经 TiO_2、Fe_2O_3 和工作电极到达对电极，极大地提高了光生载流子的寿命，空穴和电子可与 H_2O、O_2 等反应产生 ·OH 和 O_2^- ·，同时电子还可将 Fe^{3+} 还原，Fe^{3+}/Fe^{2+} 在催化剂表面的循环反应促进了 Fenton 反应的进行，使 ·OH 增加，进而加速有机物的降解。

在成本方面，王亮[64]通过中试试验研究，发现电化学氧化法可协同降解燃煤电厂高盐废水中的 NH_4^+-N 和 COD。根据试验结果测算出电解工艺处理 NH_4^+-N

废水的运行成本约为0.67元/g NH_4^+-N，低于目前燃煤发电行业中采用的绝大多数NH_3-N废水处理工艺，表明电化学高级氧化工艺在处理燃煤电厂NH_4^+-N废水领域有着极佳的应用价值。试验结果还显示，当废水中NH_4^+-N去除完毕后，继续进行短时间电解，总余氯含量迅速上升，突跃至2500mg/L以上。这样高余氯水平的溶液完全可以满足循环水杀菌的要求。故电化学工艺可将废水经深度电解后变为杀菌剂，用于循环水杀菌，减少次氯酸钠溶液采购量并省去储存环节（即电解即使用），同时产生经济效益和环境效益。

（4）工程应用及第三方评价

实际应用案例介绍：张运华[65]将气能絮凝（GEF）、电化学催化氧化（ECO）和膜生物反应器（MBR）三个模块相组合，应用于武钢某冷轧钢厂乳化液废水的处理，进行了中试研究，中试水量为200～3000L/h。最终出水COD≤30mg/L，油约4mg/L，满足《钢铁工业水污染物排放标准》，达到了生产回用水水质要求，为冷轧乳化液废水深度处理和资源化利用提供了新的工艺路线。

王云婷等利用电解析氯原理，优化了负载氧化钌的钛基底电极材料，开发了低压下形成氯自由基为活性物种的高级氧化平台，在耦合紫外催化的基础上建立了针对高盐废水处理的穿透式连续流电化学反应器。运用光电催化反应器对现场的实际高盐废水进行处理，90min后废水TOC值由32.295mg/L降至14.69mg/L，降解率约55%。

阳维薇等[66]采用铜取代炭的改进铁炭内电解法即催化铁内电解法对含高盐高浓度有机物废水进行预处理研究。试验得出，催化铁内电解的最佳工艺组合是：进水pH值为4.6，铁/水比（质量比）为4∶3，铁铜比（质量比）为3.5∶1，停留时间为60min。经处理后，COD浓度由初始24000mg/L降为10460.6mg/L，盐度由61000mg/L降为45472.6mg/L，BOD_5浓度由3770mg/L降为3640mg/L，BOD_5/COD值由原来的0.15提高到0.35左右，为生化处理提供了有利条件。

郑海领[67]采用ASBR-电催化组合工艺处理高盐榨菜废水，废水先采用ASBR预处理，出水再经过电催化进一步处理，电催化法的电流密度、极板间距和电解时间都对处理效果有较大的影响。在电流密度为88mA/cm^2，极板间距为2cm，电解时间为40min时，进水NH_4^+-N、TN、COD、磷酸盐分别为386mg/L、496mg/L、625mg/L、48mg/L，出水NH_4^+-N、TN、COD、磷酸盐分别降为0mg/L、86mg/L、90mg/L、20mg/L，相对应的去除率分别为100%、83%、86%、59%，COD浓度可达到国家一级排放标准，处理1t废水的电费为16.5元。试验数据证明，高盐榨菜废水经过ASBR的预处理，大大降低了废水中的COD，且使废水中的TN大部分转化成NH_4^+-N，不但使后续的电催化法大大节约了电力资源，同时由于电催化法对NH_4^+-N的去除效果显著，从而还大大提高了废水中TN的去除率，是一种处理高盐榨菜废水的可行方法。

4.4.3 高盐废水处理及回用工艺包

4.4.3.1 技术简介

高盐废水处理关键技术包括化学软化-树脂软化技术、催化臭氧氧化-膜生物反应器（MBR）技术、超滤-纳滤-反渗透-电渗析多膜集成处理技术和双极膜电渗析酸碱联产技术。

4.4.3.2 适用范围

工业高盐废水的资源化处理，特别适用于钢铁企业综合废水经膜脱盐工艺产生的高盐废水资源化处理。

4.4.3.3 技术指标及参数

（1）基本原理

钢铁企业综合高盐废水资源化关键技术推荐工艺流程如图4-60所示，主要技术原理如下。

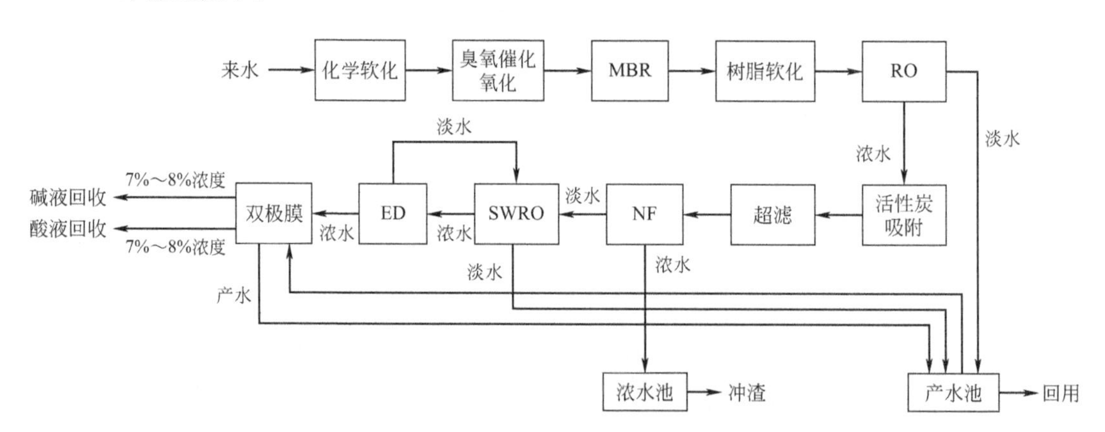

图4-60 钢铁企业综合高含盐废水资源化关键技术推荐工艺流程

1）化学软化-树脂软化技术

化学软化通过投加NaOH、Na_2CO_3、MgO等化学药剂与废水中的Ca^{2+}、Mg^{2+}和硅反应生产$Mg(OH)_2$、$CaCO_3$及硅酸盐沉淀，投加PAM使沉淀物发生絮凝反应后沉淀分离去除废水中的Ca^{2+}、Mg^{2+}和Si。

树脂软化通过废水中的Ca^{2+}、Mg^{2+}与特种树脂中的Na^+发生离子交换而进一步深度去除废水中的Ca^{2+}、Mg^{2+}。当树脂交换容量饱和时，采用盐水或者酸、碱溶液进行再生。

2）催化臭氧氧化-膜生物反应器（MBR）技术

催化臭氧氧化技术采用臭氧（O_3）作为氧化剂，在催化剂催化作用下生成·OH，具有较强的氧化能力，其氧化电位仅次于氟，高达2.80V，可无选择氧化水中的大多数有机物，特别适用于生物难降解或一般化学氧化难以奏效的有机废水的氧化处理，将水中难降解有机物深度氧化成 CO_2 或小分子有机物。

膜生物反应器技术通过生物降解的方式进行深度脱碳和脱氨氮，通过膜分离维持系统较高的污泥浓度，实现较长的泥龄，使高效微生物得到富集，以低成本生物方法实现有机物和氨氮的深度脱除。

3）超滤-纳滤-反渗透-电渗析多膜集成处理技术

超滤以压力为驱动力，利用多孔膜的拦截能力，以物理截留的方式，将废水中残留的胶体、悬浮物过滤下来，为后续的纳滤、反渗透工艺进行安保。纳滤介于超滤和反渗透之间的膜分离技术，能够选择性透过一价离子，截留二价等高价位离子，实现废水氯化钠和硫酸钠分离，达到分盐的目标。纳滤淡水再经反渗透-电渗析集成系统通过压力驱动和电驱动对高盐水进行脱盐和浓缩，实现淡水回用和浓水浓缩至 13％～15％。

4）双极膜电渗析酸碱联产技术

双极膜是一种新型的离子交换复合膜，通常由阳离子交换层（N 型膜）、界面亲水层（催化层）和阴离子交换层（P 型膜）复合而成，在直流电场作用下双极膜可将水离解，在膜两侧分别得到 H^+ 和 OH^-。利用这一特点，将双极膜与其他阴阳离子交换膜组合成的双极膜电渗析系统，能够在不引入新组分的情况下将水溶液中的盐转化为对应的酸和碱。

（2）工艺流程

钢铁企业综合高含盐废水资源化关键技术推荐工艺流程如图 4-60 所示，反渗透高盐水经化学软化后，再通过多介质过滤器过滤进入催化臭氧氧化单元，臭氧在专用催化剂的催化作用下将浓盐水中难降解的高分子有机物氧化、降解；催化塔出水进入 MBR 单元，在该单元实现 NH_4^+-N 的降解及 COD 的进一步去除；MBR 出水进入超滤系统去除悬浮物和胶体后，进入反渗透单元脱盐实现 75％～80％的淡水回用。

低压反渗透浓水处理单元包括活性炭吸附（去除溶解性有机物）、超滤（去除胶体、悬浮物等）、弱酸树脂（去除硬度）、纳滤（分盐），纳滤浓水排放用于冲渣，产水进入高压反渗透进一步除盐；高压反渗透产水进入产水池回用，浓水经电渗析（ED）进一步浓缩后进入双极膜制酸碱，分别回收浓度约为 7.3％的酸溶液和 8％氢氧化钠溶液。通过整套高盐废水的综合处理工艺流程，最终实现废水的“零排放”。

整个工艺流程中，高盐水首先进行预处理消除废水中的污染因子，通过化学软化和树脂软化，深度脱除废水中的 Ca^{2+}、Mg^{2+}，避免运行过程中膜表面无机污染；通过催化臭氧氧化，深度脱除难降解有机物，降低运行过程中膜表面有机污染；通过超滤、反渗透、纳滤、高压反渗透、电渗析等废水脱盐技术单元联合使用优化设计并采用中国科学院过程工程研究所开发的专用自控系统，保证系统稳定运行及提高淡水产率。

技术设计参数如下。

1）化学软化-树脂软化技术

① 化学软化：软化加药量 $n(Na_2CO_3):n(Ca^{2+})=1:1$，$n(NaOH):n(Mg^{2+})=2:1$，$m(MgO):m(Si)=10:1$，PAM 加药量为 3～5mg/L。反应区停留时间为 30min～1h，沉淀器沉淀区表面负荷 5～10$m^3/(m^2 \cdot h)$，高度6.5～7.5m。

② 树脂软化：树脂工作交换容量 1200～1800mol/m^3，再生周期 24～48h，再生盐酸耗量为 40g/mol，再生液浓度为 4%～5%，再生氢氧化钠耗量为 50g/mol，再生液浓度为 4%～5%。

2）催化臭氧氧化-膜生物反应器（MBR）技术

① 催化臭氧氧化：停留时间 30～60min，臭氧投加量 $m(O_3):m(COD)=(1.5\sim2):1$。

② 膜生物反应器（MBR）：停留时间 3～5h，膜通量 12～18L/($m^2 \cdot h$)，曝气风量为 10L/(min·片)，污泥浓度 6000～12000mg/L，污泥负荷 0.05～0.15kg BOD_5/(kg MLSS·d)，跨膜压差 0～20kPa。

3）超滤-纳滤-反渗透-电渗析多膜集成处理技术

① 超滤：膜通量 40～50L/（$m^2 \cdot h$），跨膜压差 0.1～0.5MPa，反洗膜通量按照 100～120L/($m^2 \cdot h$)。

② 纳滤：膜通量 16～20L/($m^2 \cdot h$)，工作压力 1～1.5MPa，冲洗流量 5～10m^3/(h·支膜壳)，产水率 70%～85%。

③ 常压反渗透：膜通量 16～20L/($m^2 \cdot h$)，工作压力 1～1.5MPa，冲洗流量 5～10m^3/(h·支膜壳)，产水率 70%～85%。

④ 高压反渗透：膜通量 12～15L/($m^2 \cdot h$)，工作压力 2～3.5MPa，冲洗流量 5～10m^3/(h·支膜壳)，产水率 70%～85%。

⑤ 电渗析：浓缩后浓水盐含量 130～150g/L，淡水盐含量为 10～15g/L。

4）双极膜电渗析技术

进水盐含量 130～150g/L。酸碱产品浓度：氢氧化钠 80g/L，盐酸 73g/L。

（3）主要技术创新点及经济指标

可实现工业高盐废水的“零排放”，纳滤浓水产率约 7%，用于冲渣；回用水产率约 92%，水质可满足表 4-13 要求。同时回收 7%～8%的盐酸和氢氧化钠溶液。

表 4-13 回用水水质指标

序号	项目	单位	出水控制指标
1	COD_{Cr}	mg/L	≤5
2	NH_4^+-N	mg/L	≤1

续表

序号	项目	单位	出水控制指标
3	电导率	μS/cm	≤200
4	pH 值		6.5～7.5

(4) 工程应用及第三方评价

1) 设计规模

示范工程处理原水为邯钢脱盐水站反渗透浓盐水，系统设计处理能力为 1200m^3/d。

2) 进出水水质

根据取样分析结果，反渗透高盐水设计进水水质见表 4-14。

表 4-14　高盐水水质指标

序号	名称	单位	设计进水指标
1	COD_{Cr}	mg/L	<150
2	NH_4^+-N	mg/L	<30
3	甲基橙碱度	mg/L	<275
4	F^-	mg/L	<15
5	Ca	mg/L	<630
6	Mg	mg/L	<110
7	TFe	mg/L	<3
8	Si	mg/L	<20
9	Cl	mg/L	<980
10	TN	mg/L	<60
11	SO_4^{2-}	mg/L	<1600
12	电导率	μS/cm	<6500
13	pH 值		7～9

脱盐回用水水质满足表 4-15 要求。双极膜产生的酸溶液浓度为 6%～7.3%，碱溶液浓度为 7%～8%。

表 4-15　回用水水质指标

序号	项目	单位	出水控制指标
1	COD_{Cr}	mg/L	≤5
2	NH_4^+-N	mg/L	≤1
3	电导率	μS/cm	≤200
4	pH 值		7～9

3) 工艺流程

工艺流程说明：反渗透浓盐水经化学软化后，再通过多介质过滤器过滤进入催化臭氧氧化单元，臭氧在专用催化剂的催化作用下将浓盐水中难降解的高分子有机物氧化、降解；催化塔出水进入MBR单元，在该单元实现NH_4^+-N的降解及COD的进一步去除；MBR出水进入超滤系统作为反渗透的预处理单元，为保证出水指标及总回收率，设计两级低压反渗透，一级反渗透浓水约50%排放用于冲渣，剩余50%进入反渗透浓水处理单元。示范工程处理工艺流程如图4-61所示。

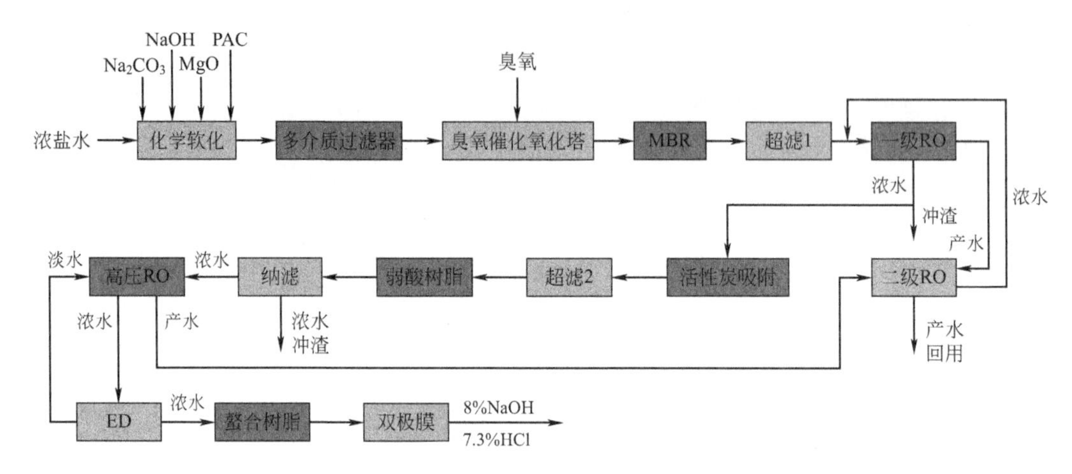

图4-61 示范工程处理工艺流程

低压反渗透浓水处理单元包括活性炭吸附（去除溶解性有机物）、超滤（去除胶体、悬浮物等）、弱酸树脂（去除硬度）、纳滤（分盐），纳滤浓水排放用于冲渣，产水进入高压反渗透进一步除盐；高压反渗透产水进入低压一级反渗透产水箱后再进行二级处理，浓水经吸附除氟、电渗析、螯合树脂后进入双极膜制酸碱，分别回收浓度约为7%的酸溶液和氢氧化钠溶液，产生的酸碱用于前端处理单元的加药。

二级反渗透产生的淡水进入产水池，一部分进入双极膜用作补充水，另外一部分用于厂区回用。通过整套高盐废水的综合处理工艺流程，最终实现废水的“零排放”。

参 考 文 献

[1] 陈欣义，石键韵．轧钢酸洗废液的综合利用的概述及展望［J］．广东化工，2012，39（6）：274-275.

[2] 李斌．钢铁酸洗废液资源化技术研究进展［J］．化学工程师，2019，33（9）：62-64.

[3] 刘海娜，王黎，曹健．钢铁酸洗废水资源化工艺研究［J］．环境保护与循环经济，2014，34（5）：23-25.

[4] Li P，Lin K，Fang Z，et al. Degradation of nitrate and secondary pollution in drinking water by S-NZVI prepared from steel pickling waste liquor［J］．J Hydro-Environ Res，2018（10）：244-249.

[5] Zhai J，Jiang C，Wu J. Techniques for Treating Sulphuric Acid Pickling Waste Liquid of Steel Industry［J］．Meteorological and Environmental Research，2013，4（2）：44-49.

[6] Lili W，Qiao L，Yi L，et al. A novel approach for recovery of metals from waste printed circuit boards and simultaneous removal of iron from steel pickling waste liquor by two-step hydrometallurgical method.［J］．Waste management，2018，71：411-419.

[7] Omprakash S. Treatment of wastewater by electrocoagulation: a review [J]. Environmental science and pollution research in ternational, 2014, 21: 2397-2413.

[8] Kobya M, Gebologlu U, Ulu F, et al. Removal of arsenic from drinking water by the electrocoagulation using Fe and Al electrodes [J]. Electrochimica Acta, 2011, 56: 5060-5070.

[9] Mohammad Y, Paul M, Jewel A, et al. Fundamentals, present and future perspectives of electrocoagulation [J]. Journal of Hazardous Materials B, 2004, 114: 199-210.

[10] Kim T, Kim T, Zoh K. Removal mechanism of heavy metal (Cu, Ni, Zn, and Cr) in the presence of cyanide during electrocoagulation using Fe and Al electrodes [J]. Journal of Water Process Engineering, 2020, 33: 101-109.

[11] Yi G, Chen S, Quan X, et al. Enhanced separation performance of carbon nanotube-polyvinyl alcohol composite membranes for emulsified oily wastewater treatment under electrical assistance [J]. Sep Purif Technol, 2018, 197: 107-115.

[12] 徐莉莉，王昆朋，李魁岭，等. 导电分离膜的制备及其在水处理中的应用研究进展 [J]. 膜科学与技术，2019，39 (03)：157-168.

[13] Li C, Guo X, Wang X, et al. Membrane fouling mitigation by coupling applied electric field in membrane system: Configuration, mechanism and performance [J]. Electrochim Acta, 2018, 287: 124-134.

[14] Kaasik A, Vohla C, Mõtlep R, et al. Hydrated calcareous oil-shale ash as potential filter media for phosphorus removal in constructed wetlands. [J]. Water Research, 2008, 42 (4): 1315-1323.

[15] 鲁秀国，黄林长，杨凌焱，等. 聚合氯化铁的制备及相关改性研究进展 [J]. 科学技术与工程，2016，16 (34)：134-140.

[16] 阎震. 石灰中和法在不锈钢酸洗废液处理中的优化设计 [J]. 给水排水，2013，49 (4)：70-72.

[17] Garcia-Segura S, Eiband M M S G, de Melo J V, et al. Electrocoagulation and advanced electrocoagulation processes: A general review about the fundamentals, emerging applications and its association with other technologies [J]. Journal of Electroanalytical Chemistry, 2017, 801: 267-299.

[18] Moussa D T, El-Naas M H, Nasser M, et al. A comprehensive review of electrocoagulation for water treatment: Potentials and challenges [J]. J Environ Manage, 2017, 186: 24-41.

[19] 万承胜，常海峰. 冷轧乳化液理论与应用分析 [J]. 钢铁研究，2010，38 (1)：30-33.

[20] Cheng H H, Whang L M, Yi T F, et al. Pilot study of cold-rolling wastewater treatment using single-stage anaerobic fluidized membrane bioreactor [J]. Bioresource Technology, 2018, 263: 418-424.

[21] Cheng X N, Gong Y W. Treatment of oily wastewater from cold-rolling mill through coagulation and integrated membrane processes [J]. Environmental Engineering Research, 2018, 23 (2): 159-163.

[22] Sun W, Xu X, Lv Z, et al. Environmental impact assessment of wastewater discharge with multi pollutants from iron and steel industry [J]. Journal of Environmental Management, 2019, 245: 210-215.

[23] 李洁. 聚醚类原油破乳剂的制备、复配及性能研究 [D]. 西安：长安大学，2010.

[24] 苑世领，徐桂英. 原油破乳剂发展的概况 [J]. 日用化学工业，2000 (1)：36-39.

[25] 吴结丰，郭海军，吕仁亮，等. 原油破乳剂的研究进展 [J]. 化学推进剂与高分子材料，2009，7 (01)：28-30.

[26] 马自俊. 乳状液与含油污水处理技术 [M]. 北京：中国石化出版社，2006.

[27] 赵士乐. 聚醚类原油破乳剂的制备及性能 [D]. 济南：山东大学，2016.

[28] 迟瑞娟. 改性聚酰胺-胺的合成及破乳性能的研究 [D]. 青岛：中国海洋大学，2010.

[29] Atta A. M, Al-Lohedan H. A, Abdullah M. M. S, et al. Application of new amphiphilic ionic liquid

based on ethoxylated octadecylammonium tosylate as demulsifier and petroleum crude oil spill dispersant [J]. Journal of Industrial and Engineering Chemistry, 2016, 33: 122-130.

[30] Hao L, Jiang B, Zhang L, et al. Efficient demulsification of diesel-in-water emulsions by different structural dendrimer-based demulsifiers [J]. Industrial & Engineering Chemistry Research, 2016, 55 (6): 1748-1759.

[31] Lamei N, Ezoddin M, Abdi K. Air assisted emulsification liquid-liquid microextraction based on deep eutectic solvent for preconcentration of methadone in water and biological samples [J]. Talanta, 2017, 165: 176-181.

[32] Zolfaghari R, Fakhru'l-Razi A, Abdullah L C, et al. Demulsification techniques of water-in-oil and oil-in-water emulsions in petroleum industry [J]. Separation and Purification Technology, 2016, 170: 377-407.

[33] Bi Y, Xu Z, Jia X, et al. Applications of dendrimer and hyperbranched polyamidoamine in oilfield technology of china: An overview [J]. Materials Review, 2017, 31 (7A): 63-68.

[34] Tian G, Chen Y, Wang Y, et al. Chemical demulsification mechanism and its research progress [J]. Bulletin of the Chinese Ceramic Society, 2018, 37 (1): 155-159.

[35] Noh W, Kim J, Lee S. J, et al. Harvesting and contamination control of microalgae Chlorella ellipsoidea using the bio-polymeric flocculantα-poly-L-lysine [J]. Bioresource Technology, 2017, 249: 206-211.

[36] Yuan Y, Shi X, Gan Z, et al. Modification of porous PLGA microspheres by poly-l-lysine for use as tissue engineering scaffolds [J]. Colloids Surf B Biointerfaces, 2018, 161: 162-168.

[37] Dai X, An J, Wang Y, et al. Antibacterial amphiphiles based on ε-polylysine: Synthesis, mechanism of action, and cytotoxicity [J]. RSC Advances, 2015, 5 (85): 69325-69333.

[38] Nie W, Yuan X, Zhao J, et al. Rapidly in situ forming chitosan/ε-polylysine hydrogels for adhesive sealants and hemostatic materials [J]. Carbohydrate Polymers, 2013, 96 (1): 342-348.

[39] 谭之磊. ε-聚赖氨酸及其复合材料的制备与抑菌活性研究 [D]. 天津: 天津大学, 2014.

[40] Abdelaziz H. M, Gaber M, Abd-Elwakil M. M, et al. Inhalable particulate drug delivery systems for lung cancer therapy: Nanoparticles, microparticles, nanocomposites and nanoaggregates [J]. Journal of Controlled Release, 2018, 269: 374-392.

[41] Wan J, Alewood P F. Peptide-decorated dendrimers and their bioapplications [J]. Angewandte Chemie-International Edition, 2016, 55 (17): 5124-5134.

[42] 邹元龙, 赵锐锐, 石宇, 等. 钢铁工业综合废水处理与回用技术的研究 [J]. 环境工程, 2007 (6): 101-104.

[43] 白洁. 济南钢铁集团综合污水处理及回用系统优化研究 [D]. 济南: 山东建筑大学, 2016.

[44] 李杰. 高密度沉淀池-V型滤池处理钢厂废水并回用 [J]. 中国给水排水, 2015, 31 (18): 112-115.

[45] 孙秀君. 钢厂综合废水处理回用工程实例 [J]. 水处理技术, 2016, 42 (04): 130-132.

[46] 岳丽芳, 王春慧, 周红星, 等. 钢铁企业综合废水处理及回用工程实例 [J]. 水处理技术, 2019, 45 (3): 133-136.

[47] 王福龙, 姜剑, 罗富金. 钢铁企业综合废水处理与回用工程设计及管理研究 [J]. 给水排水, 2014, 40 (3): 48-51.

[48] 成少安, 黄志鹏, 于利亮, 等. 微生物燃料电池处理高盐废水的研究进展 [J]. 化工学报, 2018, 69 (2): 546-554.

[49] 李柄缘, 刘光全, 王莹, 等. 高盐废水的形成及其处理技术进展 [J]. 化工进展, 2014, 33 (2): 493-497, 515.

[50] 孔峰，张晓叶，程洁红．蒸发浓缩-焚烧法处理高浓度医药中间体废液方案设计［J］．环境工程，2010，28（4）：37-38.

[51] 陈鲁川．电化学高级氧化技术降解高含盐炼化废水中难降解有机物［D］．杭州：浙江大学，2019.

[52] 李俊虎，周珉，王乔，等．高盐废水处理工艺最新研究进展［J］．环境科技，2018，31（4）：74-78.

[53] 焦旭阳，张新妙，栾金义．电催化氧化技术处理含盐有机废水研究进展［J］．化工环保，2019，39（1）：6-10.

[54] 韩冬妮．电催化氧化法处理含盐有机废水方法［J］．环境科技，2017，30（3）：40-42.

[55] 陈金銮．氨氮的电化学氧化技术及其应用研究［D］．北京：清华大学，2008.

[56] 胡小华．氯碱工业析氯阳极研究［D］．重庆：重庆大学，2016.

[57] 柯小军．电催化氧化处理高盐氨氮废水技术研究［J］．大氮肥，2015，38（6）：391-393.

[58] 李怀森，宗刚．DSA 电极催化氧化法处理污泥脱水液的研究［J］．西安工程大学学报，2018，32（06）：646-651.

[59] 张鹏，杨冰川，刘港．电催化氧化微反应器工艺在污水处理中的应用［J］．环境与发展，2018，30（11）：58-59.

[60] 王娜．高盐农药有机废水清洁处理技术［D］．济南：齐鲁工业大学，2016.

[61] 杨丽娟．电化学氧化处理高盐活性染料废水研究［D］．北京：北京化工大学，2013.

[62] 杨卫．光-电耦合催化氧化处理含高氯离子难降解有机废水研究［D］．武汉：武汉理工大学，2016.

[63] 刘荣．高盐、难降解工业废水光-电工艺研究［D］．天津：天津工业大学，2018.

[64] 王亮．电化学氧化法应用于燃煤电厂高盐氨氮废水处理的研究［D］．杭州：浙江大学，2019.

[65] 张运华．钢铁工业综合废水处理与资源化技术研究［D］．武汉：武汉大学，2011.

[66] 阳维薇，王中琪，周乃磊．催化铁内电解法预处理高盐高浓度有机废水的试验研究［J］．广东化工，2010，37（10）：93-94，96.

[67] 郑海领．高盐榨菜废水物化生化处理技术的研究［D］．重庆：重庆大学，2012.

第5章 钢铁园区水网络优化与智能调控关键技术

5.1 全流程多因子水质水量平衡优化技术

5.1.1 技术简介

近年来，中国粗钢产量已经占到全球总产量的1/2，钢铁工业的迅猛发展已成为体现我国综合国力的一个重要标志。钢铁工业是资源密集型产业，其特点是产业规模大，生产工艺流程长，从矿石原料进厂到粗钢生产与产品最终加工都离不开水。随着近年来积极贯彻节水减排技术方针，我国钢铁企业的吨钢取水、综合用水、排水指标均有较大改观，部分企业已经达到世界先进水平。然而，由于我国水资源短缺及水环境改善的需求与钢铁冶金巨大产能之间的矛盾，决定了我国钢铁行业节水减排一定要在大幅度消减污染源的同时把用水总量和排水总量的下降作为工作的重心和主要的发展方向。这就要求钢铁企业节水减排工作必须贯穿钢铁冶金工业生产全过程的用水、排水全流程综合管控，以节约用水、减少废水排放，进行钢铁企业的水质水量平衡优化节水则是行之有效的基本方法之一。

(1) 国内外技术方法

当前国际上为缓解水资源的供需矛盾，运用水系统水平衡优化集成技术考虑水的重复利用，实现污水资源化。这一技术是指：运用系统原理，将某一个用水网络视为一个有机整体，综合分析各用水单元的水量和水质，系统科学考虑其合理分配，实现系统“一水多用”，最大化水重复利用率，同时减少新水用量及废水排放量，以达到节水目的。

当前国内外主要有水的串级和循环使用、“水夹点”技术、用质量交换网络分析用水网络中杂质的传递和中间水道的回用模式、物质流分析法、五维水量平衡模式等几种设计方法。

1) 国外发展情况

美国因为计算机技术发展较早，自控技术水平比较高，各化学公司及水处理公司很早就将计算机技术应用在生产管理之中。在20世纪80年代，美国Nalco公司来华与我国石化企业进行循环水处理技术交流时，演示了在微机上预测循环水系统结垢倾向的软件[1]。20世纪90年代美国就实现了水处理远程中央控制管理，例如Betz Dearborn公司，将互联网技术、自动化控制技术和专家诊断系统结合，在亚特兰大的中央控制室可以控制分布在南北美国家的72家企业的水处理系统运行，包括循环水主要水质分析，水处理剂浓度检测、加入和控制，循环水运行状态监测分析，主要水冷器结垢情况的监测等，从而保证水处理运行在最佳状态[2]。

2004年德国西门子公司开发了WADO^{TM}软件，该软件综合考虑各种水中离子含量及回用水水质等情况，优化设计给水方案及成本[3]。

2）国内发展情况

2002年华北电力大学为火力发电厂开发了“火电厂水平衡与节水优化软件”[4]，该研究在综合了火电厂用水和废水系统的基础上，以合理用水和节约用水为目的，充分考虑了电厂不同工艺条件对水质和水量的需求，并以此为基础设计了完善的火电厂水平衡软件，包括各工艺环节水质水量等数据库及多种实用的水处理工艺方案，可根据不同的目的进行灵活运用，从而得到火电厂用水及废水处理回用系统的优化设计方案。

2009～2010年，中南大学与宝钢联合，以物质流分析方法为基础，通过对钢铁企业生产环节水资源的流转分析，确定水资源流转的数量关系，根据一定的分配标准，将水资源成本分别在正负制品成本之间进行分配，形成水资源流转各个环节的水资源有效利用成本和废水损失成本，这两项成本组成企业内部水资源流成本[5]，形成基于循环利用的钢铁企业水资源成本计算方法体系。该计算方法体系应用于宝钢，对宝钢的水资源成本进行了计算并根据计算结果提出了水循环系统改进措施建议。

2010～2011年安徽工业大学在马钢集团马钢新区和三厂区焦化厂及炼钢厂，通过开发的水平衡优化新算法进行用水平衡计算，建立了可行的厂区给水系统优化方案并确定了经济技术指标可行性[6]。

2008年韶钢烧结厂与中冶长天合作开发了烧结综合控制专家系统[7]。2013年包钢开发了炼钢厂检化验数据采集系统[8]；2013年济钢开发了质检中心实验室管理系统[9]；2014年梅钢投资460万元委托宝信软件公司开发了梅钢全厂污染监测管理平台。这些项目都起到了推动相应企业提升管理水平降低成本的作用。

2015年5月26日，河南大和水处理公司研发的“水处理大数据运营管理云平台”顺利通过技术成果鉴定[10]。该公司“云平台”项目通过购买德国循环水管理软件与自有膜处理站管理软件整合，形成水处理大数据远程运营监管服务平台的基础。平台通过向工业企业开放，为工业企业水处理运营监管提供全面、及时、准确的数据，河南大和水处理公司为企业提供数据收集物联网系统及信息传输网络工程施工获取工程项目及效益，企业通过使用该平台在节能减排、降低生产成本方面得到技术支持和服务，同时也为第三方环保运营服务企业提供运营支持，实现了水处理设施在线监测、数据采集和传输、信息实时查询、站内业务管理、远程监控和信息发布等功能。

（2）水专项现有基础

在“十一五”至“十三五”期间，国家水专项部分课题也在本领域内做了一定的工作，取得了较好的成绩。总体上课题技术成果体现在以下 3 个方向。

① 流域水环境网络的水量供给优化，为流域减排管理提供技术支撑。例如，“松花江哈尔滨市市辖区控制单元水环境质量改善技术集成与综合示范”课题建立了控制单元水环境信息分布式数据库，提出基于多目标优化分配的水环境总量减排方案；“海河干流水环境质量改善关键技术与综合示范”课题构建了一维多因素耦合的水动力调度模型，作为模拟河网区域的水量、水质演变过程的基础平台，提出保障城市排涝安全和生态安全的水量、水质的联合调度方案。

② 工业园区污水处理情况精细化管理平台，如“工业园区废水治理及环保服务模式综合示范研究”课题用 Matlab 软件模拟涵盖“企业预处理系统”“水厂预处理系统”“水厂生化系统”“水厂深度处理系统”及各区段“配水系统”等环节的工业园区污水处理全部处理流程，追踪模型组分在不同单元工艺中的变化，确定各类废水的具体处理路径和工艺参数。

③ 工业园区各水节点的监测，建立水网络信息与网络优化系统。例如，“辽河流域重化工业节水减排清洁生产技术集成与示范”课题进行冶金企业生产过程的排污和水流模型，并结合节水回用水系统形成清洁生产评价指标体系；“辽河流域特大型钢铁工业园全过程节水减污技术集成优化与应用示范”课题建立了大型钢铁工业园工序-车间-园区多尺度水网络优化模型，形成指导钢铁园区生产与治污综合成本最小化的水网络优化方法和软件，支撑特大型钢铁园区示范工程建设和绿色化升级。

（3）技术优势

全流程多因子水质水量平衡优化技术是涵盖钢铁企业水源选择、原水处理、用水处理、污水处理及回用的全生命用水周期，利用多因子算法对水量、水质进行统一平衡优化的技术。可以智能衡量在多水源、多水质影响因素和不同经济约束条件下，钢铁企业全厂各水源取水量、用水单元的合理串级设计、中水回用去向，以及进行不同水处理单元的多级串、并联处理能力计算。通过选择特定的经济约束条件，可以得到更符合企业实际需求的水平衡优化结果，对于现有全厂水系统，可以通过指定管网连接进行有限的水系统优化改造设计。如图 5-1、图 5-2 所示。

图 5-1 钢铁企业水网络专家管理集成优化技术软件系统界面

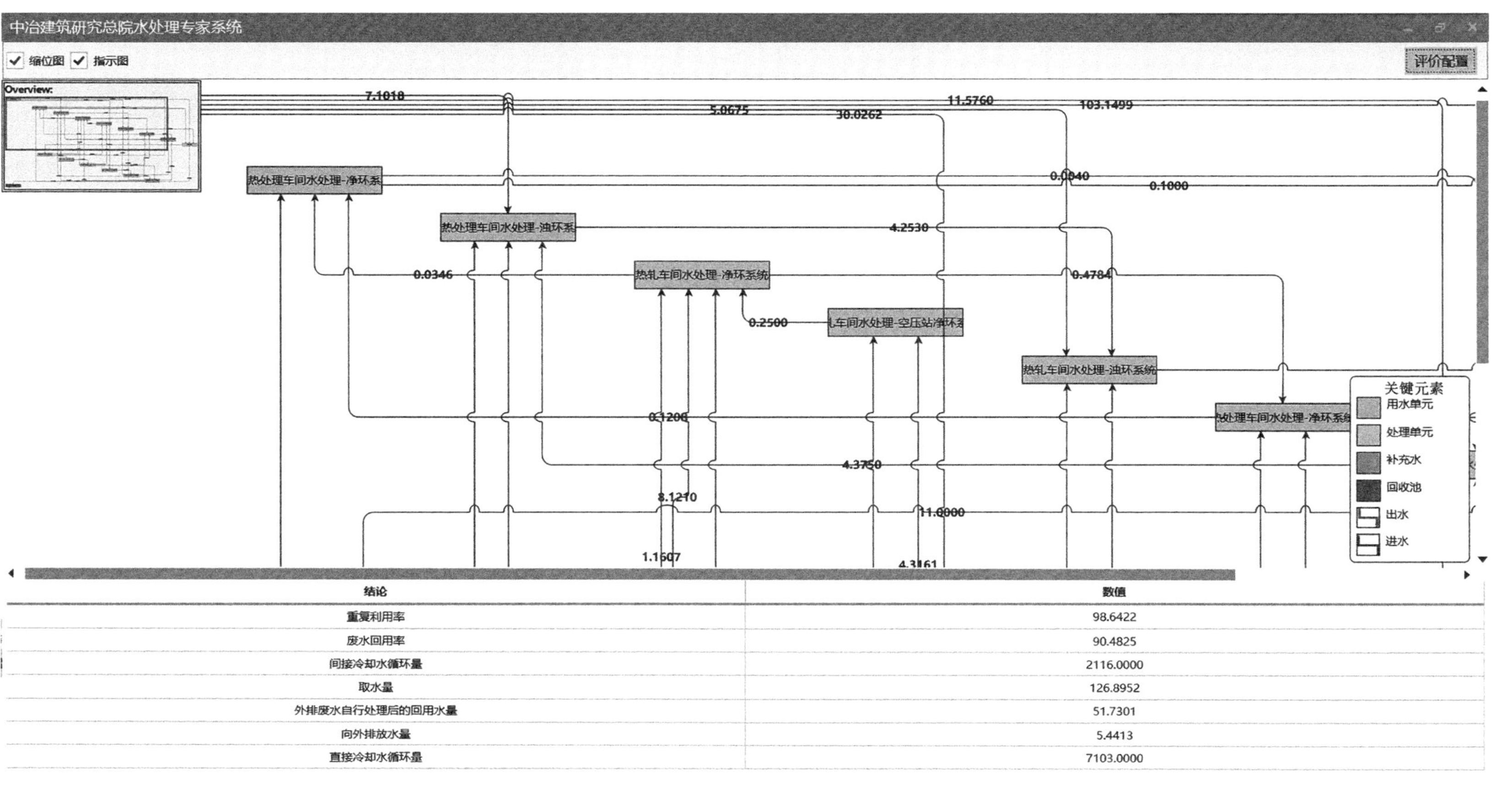

图 5-2　钢铁企业多因子水网络水质水量平衡集成优化技术示意（见书后彩图）

本技术为钢铁企业全过程节水减排智慧管控平台的关键支撑技术之一，拥有自主知识产权的独创算法，并涵盖了钢铁企业用水全生命周期，同时兼顾水量、水质平衡，解决了同类技术中割裂了水的回用、处理与使用的问题，解决了同类技术中难以同时统一进行水量水质平衡的问题。

5.1.2 适用范围

适用于现有钢铁企业水网络系统节水减排优化改造或新建钢铁企业水网络系统的管网设计参考。

5.1.3 技术就绪度评价等级

TRL-6。

5.1.4 技术指标及参数

（1）基本原理

中冶建筑研究总院有限公司在“十五”“十一五”期间，对钢铁企业综合污水处理与回用技术工艺体系和钢铁企业原水水质调控与循环水高浓缩倍数运行技术等

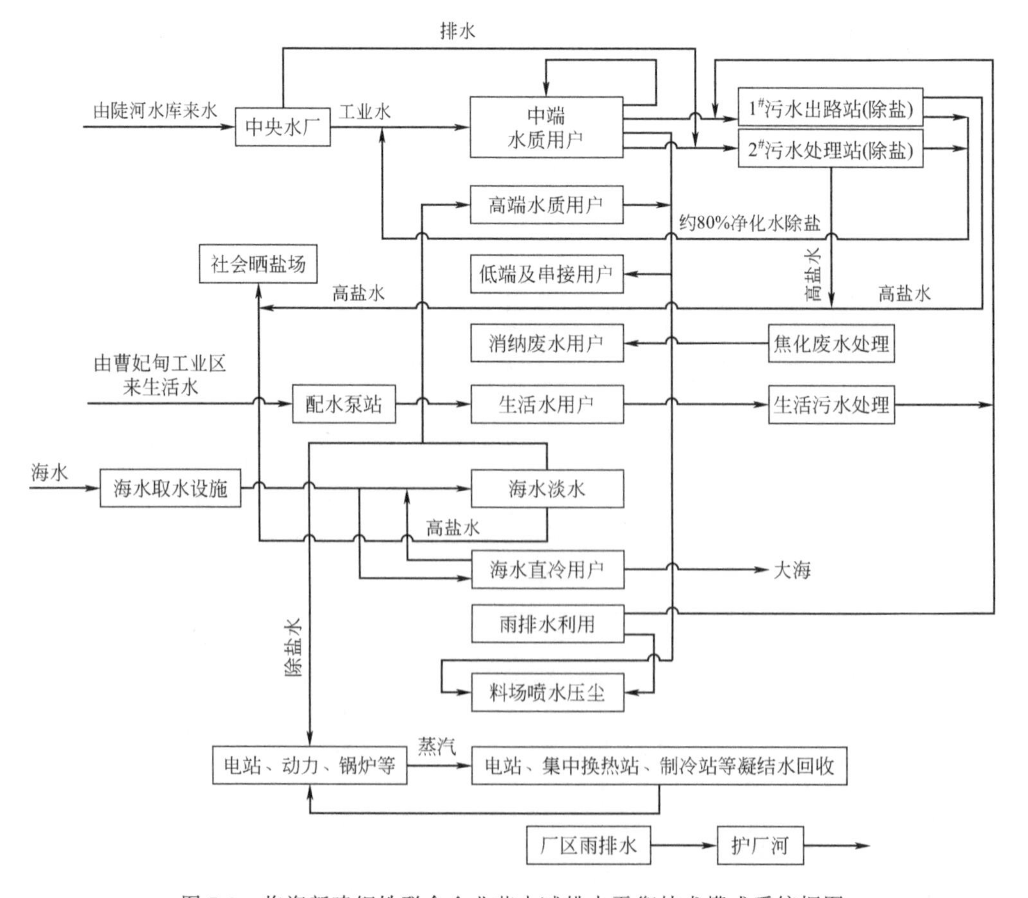

图 5-3 临海新建钢铁联合企业节水减排水平衡技术模式系统框图

进行了研究，并建立了我国大型钢铁联合企业分质供水技术模式，努力通过钢铁企业从原水处理到中间用水环节以及最后污、废水处理回用的全过程有效控制，使得钢铁企业整体达到用水的最少量化。

各类钢铁联合企业节水减排平衡技术模式系统如图5-3～图5-7所示。

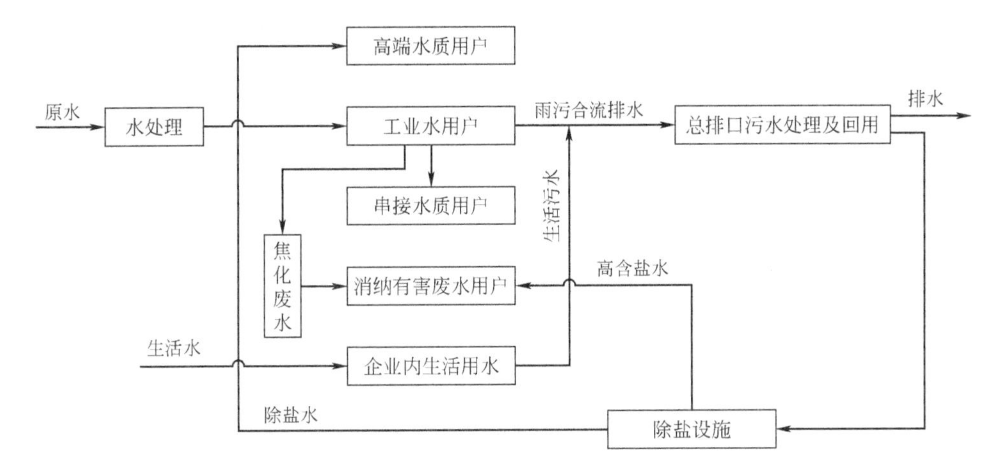

图5-4　改造后老钢铁联合企业节水减排水平衡技术模式1框图

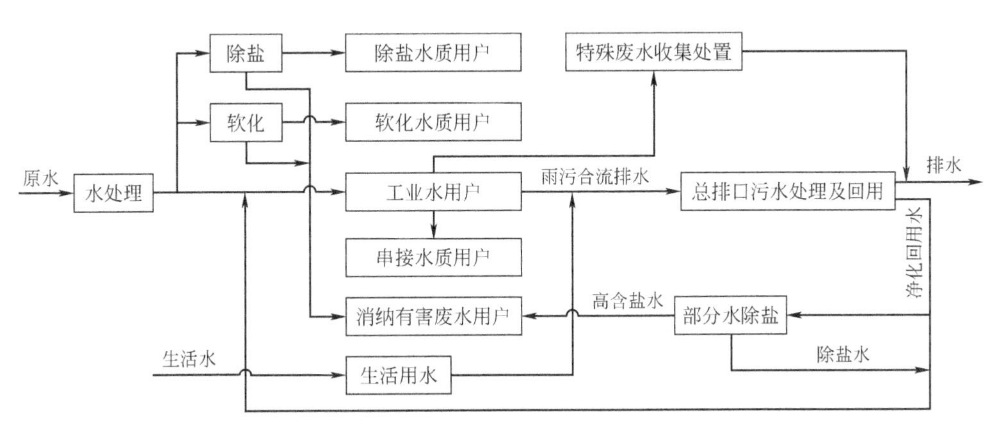

图5-5　改造后老钢铁联合企业节水减排水平衡技术模式2框图

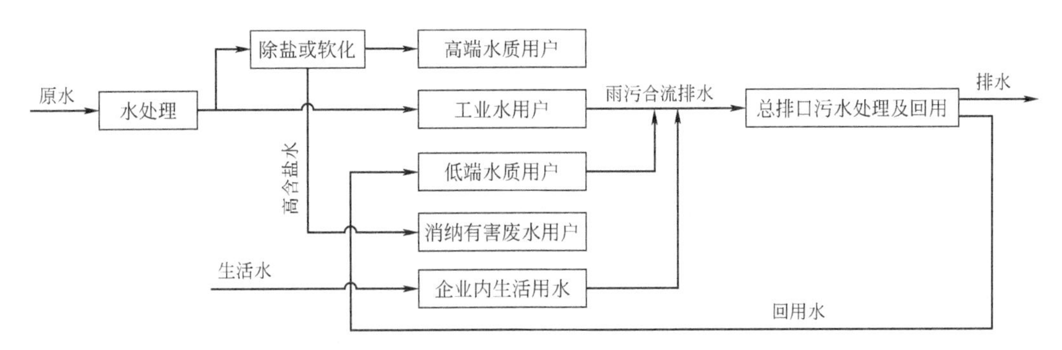

图5-6　改造后老钢铁联合企业节水减排水平衡技术模式3框图

以大型钢铁联合企业水污染控制及资源化利用的技术模式为先导，为我国不同地域新建、改扩建大型钢铁联合企业实现原水水质调控、循环水高浓缩倍数运行、

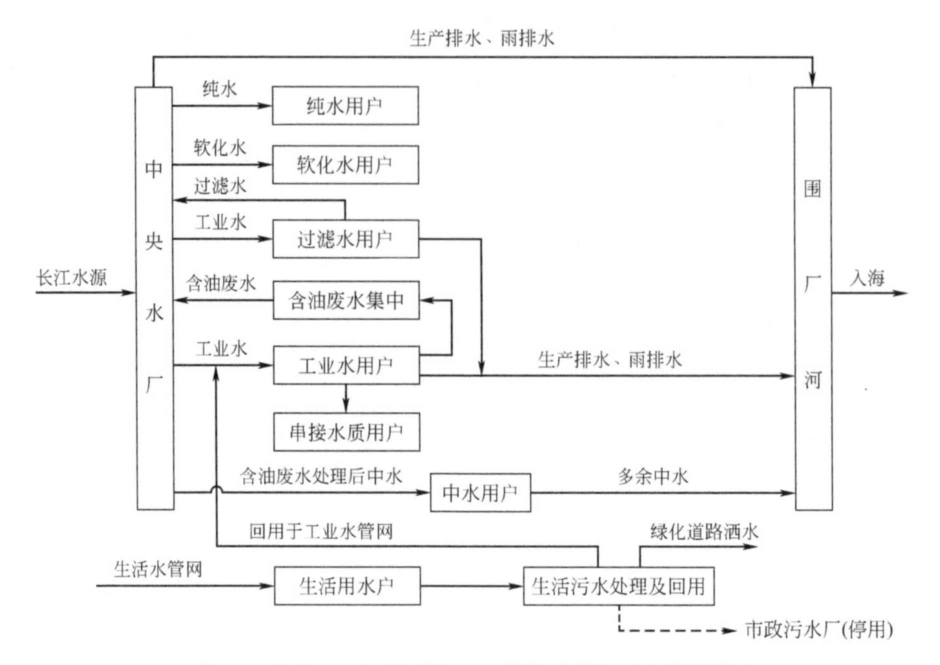

图 5-7 丰水地区钢铁联合企业节水减排水平衡技术模式

综合污水安全回用与“零排放”等节水减排工作提出了可靠的支撑技术及科学合理的应用模式，能够为国家行业管理部门进行节水减排建设、决策提供技术依据。其中，缺水地区钢铁企业水污染控制及资源化利用技术模式提出 3 种不同的水污染控制及资源化利用形式：

① 常规处理和深度处理后的回用水统一进入全厂工业水管网；

② 回用水中的一部分进行深度处理，用于高端用户；

③ 单独建设回用水管网，分别送至不同用户。

此 3 种水污染控制及资源化利用形式基本涵盖我国大部分老钢铁联合企业的生产用水系统实际及其改造需要，企业可以根据自身现状进行选择，或将其组合应用。此种模式已经应用于指导首钢老厂区、迁安钢铁等企业节水减排项目。项目实施后企业水重复利用率均可达到 97.6%以上。用于指导我国在临海新建大型钢铁联合企业的水污染控制及资源化利用支撑技术及其模式，基本内容是建立科学分质供排水体系，合理开发海水等非常规水资源，并以原水分质调配、循环水高浓缩倍数、外排水回用、污水综合平衡为重点，利用大型化、现代化工艺装备优势和科学管理，厂区废水“零排放”。利用此模式，指导建设了首钢搬迁建设项目——首钢京唐钢铁联合有限责任公司钢铁厂整体的供排水系统。多项“十五”“十一五”科研成果在工程中进行了实际应用。首钢京唐钢铁厂通过水污染控制及资源化利用技术模式的应用，全厂水的重复利用率达 97.6%，吨钢取新水量为 2.52m^3。

在“十二五”期间，中冶建筑研究总院有限公司从水系统用水、排水的水质水量需求出发，统筹各单元水系统的串级使用、梯级利用等用水体制，形成一套有自主知识产权的钢铁联合企业节水减排水平衡技术模式，主要包括以下内容。

① 钢铁企业水质能级系统研究。确定全厂各工序用水系统对水质、水量的需求，并确认全厂各水系统排水现状的水质、水量、水压情况，建立钢铁企业系统水质能级系统。钢铁企业用水户繁多，既有对水质要求极高的结晶器等高端用户，也有大量净循环系统中端用户，还有浊循环系统、熄焦、闷渣、冲洗地坪等低端用户，供水水质极大地影响生产水的处理技术筛选及循环用水的管理体制。因此，需要以大型钢铁联合企业为分析对象，进行系统的研究，整体掌握企业用水水质、水量要求。确定水系统的水质、水压等能级水平。进行各工序分质供水及废水资源化利用技术在技术经济方面的评估和筛选，如高效絮凝过滤技术、膜分离技术、水质稳定处理等技术，使处理后水质满足分质供水的要求，并研究各用水户在新的供水模式下的水质保障技术，如循环水系统的缓蚀、阻垢等药剂添加剂量及添加方式、浓缩倍率的调整等；比对、协调后建立水系统的水质能级。

② 钢铁企业水系统优化水质约束条件及经济性约束条件研究。根据钢铁企业的技术水平、工艺特点、装备水平，研究建立钢铁企业水系统优化的水质约束条件；根据水处理设备、管网改造成本、现行水系统运行及维护成本，及优化改造后预期运行、维护成本等，通过企业进行水系统集成优化的成本与优化后给企业增加的利润之间的衡量，研究确定水处理系统优化的经济性约束条件。

③ 钢铁企业水质水量平衡管理网络研究。根据技术及经济的评价约束条件进行因子筛选，建立包括废水再利用的完整钢铁企业水质水量管理平衡网络模型。

④ 钢铁企业全厂供水处理技术、分散处理技术、总排口处理技术集成体系研究。主要研究以上技术在优化设计钢厂给排水新体系中的技术协调与规模确定问题。构建闭路循环用水系统，实现废水“零排放”。

⑤ 钢铁联合企业水系统优化算法研究。研究物质流法、水夹点法、五维平衡法等数学算法在钢铁企业的适应性，开发适应钢铁联合企业水系统优化的具有自主知识产权的优化算法及典型全厂水平衡流程。

⑥ 建立钢铁企业节水减排与水系统节能整体解决方案。在对钢铁企业生产使用和形成的新水、软化（除盐）水、净循环、浊循环水、综合外排废水以及生活用水等水种处理技术以及管理模式的研究基础上，充分发挥各自水质功能，实现各用户自身循环利用与外排水综合处理回用，形成全厂水污染控制及资源化利用体系，实现“低质低用”“优质优用”“合理用水”的目标。

钢铁企业全过程水网优化平衡研究技术路线如图 5-8 所示。

根据上述研究，开发了“钢铁行业水系统全流程多因子水平衡优化设计算法”，算法流程如图 5-9 所示。该算法的设计原则是：利用浓度势的概念，对水源、各单元进行排序，按顺序进行匹配，经过多次迭代得出优化结果形成全过程多因子平衡浓度势优化算法。依据用水过程的水质和水量要求以及水源的水质和水量（水源包含过程产水、污水再生回用水、非常规水源），按用水过程使用当前水源的可能性

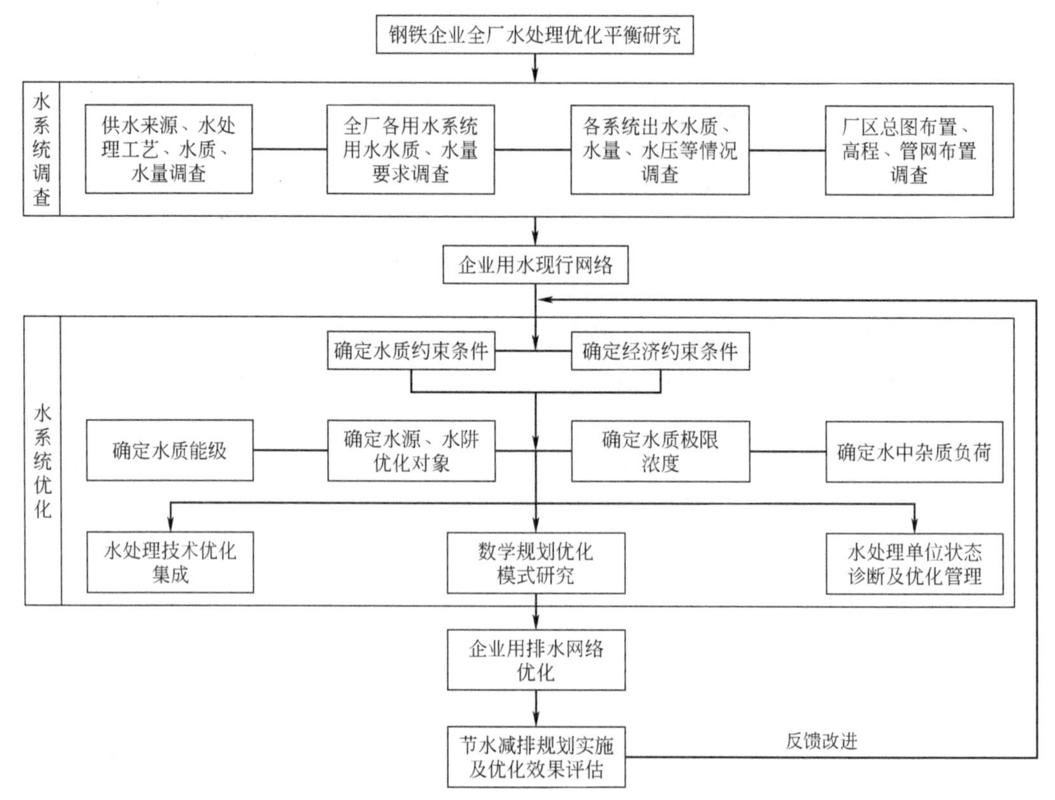

图 5-8 钢铁企业全过程水网络优化平衡研究技术路线

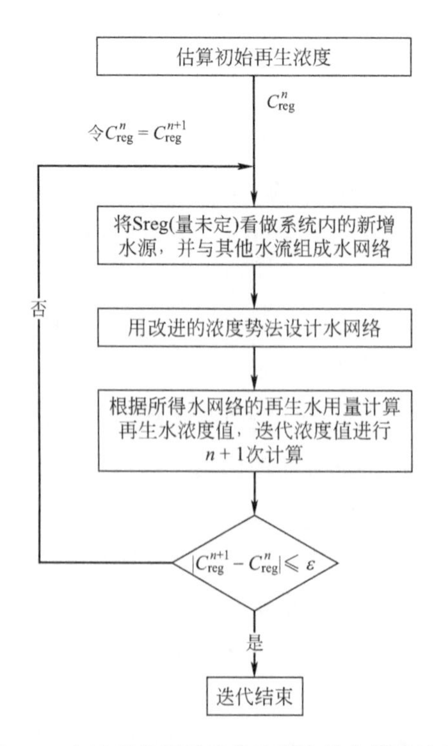

图 5-9 全过程多因子平衡浓度势优化算法流程

由小到大进行用水设计，在满足用水过程的水量要求下尽量将所用水源（包含多股水源的配合使用）的水质达到或接近该用水过程的水质限值。换言之，计算得到的用水方案使得水源的水质尽量符合用水过程的水质限值要求，也就是在现有水源的水质条件下，如何在满足用水过程水质水量要求的同时尽可能消耗水质较差的水源（一般指其他用水过程产生的排水、污水的再生回用水等）。依据水平衡优化算法，实现指导水处理工艺选择，优化用水系统补水配比，优化水系统药剂消耗，提升循环水系统浓缩倍数，减少企业污水处理量，从而达到节水减排、降低生产成本的目的。

（2）工艺流程

全流程多因子水质水量平衡优化技术的应用，主要是通过将技术转化为可以应用于钢铁企业水系统全生命周期优化设计的平台软件进行（见图5-10）。软件主要包含水平衡基础管理、分析管理和水平衡设计管理。其中，水平衡基础管理在B/S端，包含如下几项。

① 关键指标管理：建立分类，确认关键指标。

② 标准规范管理：建立分类，定义各种标准规范。

③ 补充水类别管理：定义基本补充水类别。

④ 指标参数管理：定义计算参数计算规则。

⑤ 计算指标管理：定义各关键指标的计算关系。

⑥ 评价指标管理：定义水平衡设计的评价结论指标。

⑦ 水平衡算法管理：建立水平衡主体算法结构。

⑧ 辅助选项管理：建立水平衡辅助选项算法结构。

分析管理包括：

① 工程方案管理，查询所有工程的方案信息；

② 工程方案分析，对提交的工程方案进行对比分析。

水平衡设计管理模块及其主要功能如下（图5-10）。

① 工程管理：管理工程信息。

② 工程用水单元配置：管理工程的用水单元，供方案引用。

③ 工程区域管理：管理工程区域相关信息，供方案引用。

④ 工程标准规范设置：管理工程统一使用的标准规范。

⑤ 工程补水类别配置：管理工程的补水类别，供方案引用。

⑥ 工程处理单元配置：管理工程的处理单元，供方案引用。

⑦ 方案管理：在工程下建立各种方案。

⑧ 方案用水单元配置：管理方案的用水单元。

⑨ 方案区域管理：管理方案下的区域信息。

⑩ 方案补水类别配置：管理方案的补水类别。

⑪ 方案处理单元配置：管理方案的处理单元。

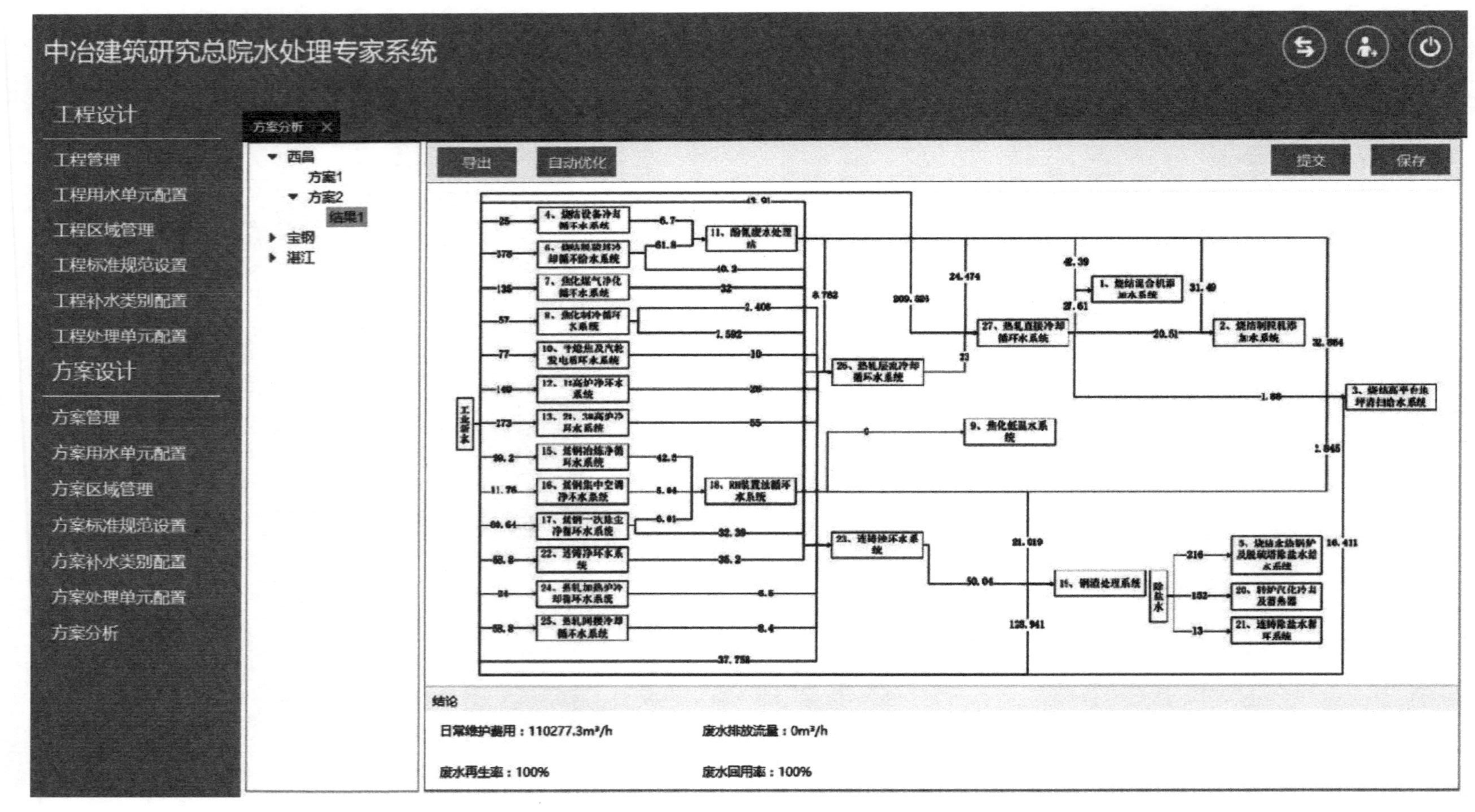

图 5-10 钢铁企业全流程多因子水质水量平衡优化技术在水处理专家系统水网络管理应用（见书后彩图）

⑫ 方案评价指标配置：管理方案的评价指标，作为设计的评价依据。

⑬ 方案设计：水平衡方案设计。

⑭ 方案分析：分析水平衡方案。

钢铁企业节水减排与水系统节能整体解决方案如图5-11所示。

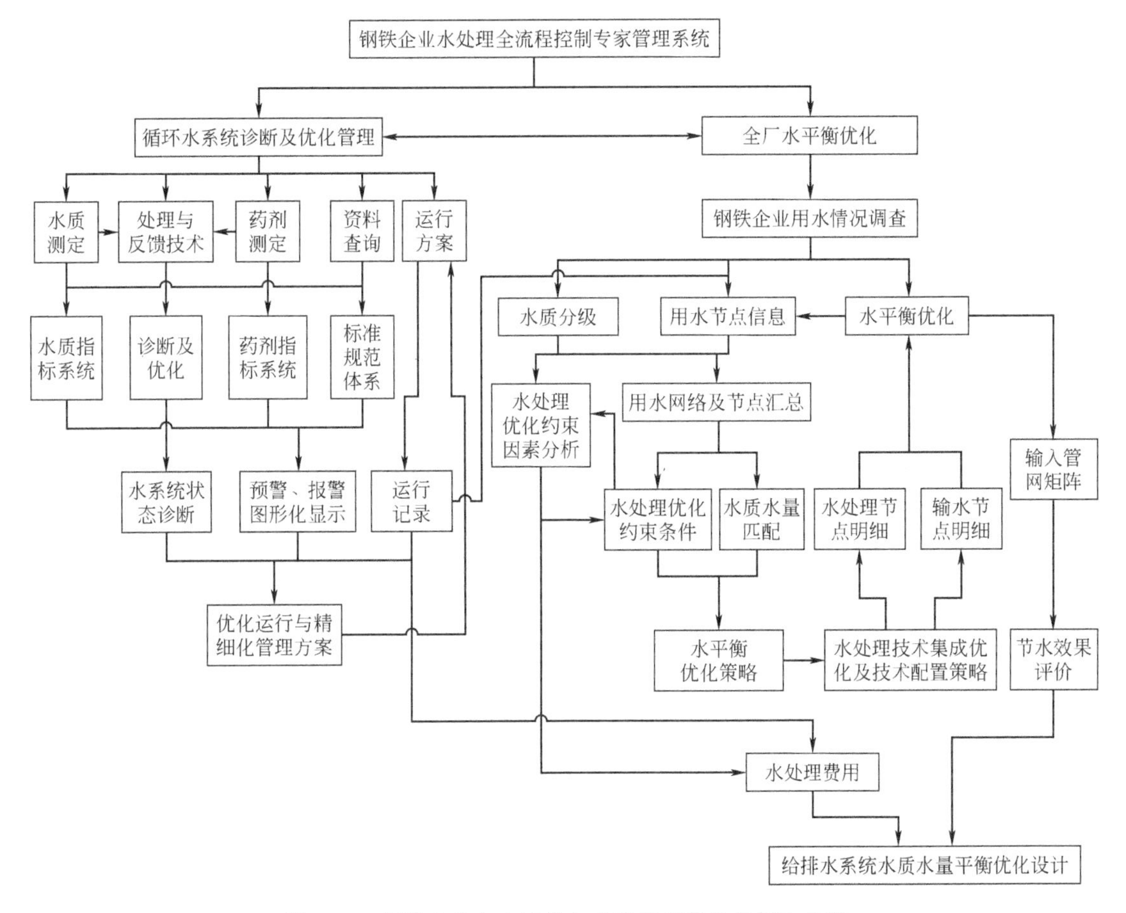

图5-11 钢铁企业节水减排与水系统节能整体解决方案

(3) 主要技术创新点及经济指标

本技术为钢铁企业全过程节水减排智慧管控平台的关键支撑技术之一，拥有自主知识产权的独创算法，并涵盖了钢铁企业用水全生命周期，同时兼顾水量、水质平衡。解决了同类技术中，割裂了水的回用、处理与使用的问题，解决了同类技术中难以同时统一进行水量水质平衡的问题。

通过钢铁企业全厂水质水量平衡优化技术的应用，可以保障钢铁企业各生产系统的安全用水、较少排水并保证环境排放达标、减少水处理过程能耗。最终实现企业水处理系统节水5%～10%，节能10%～15%，节省水处理运行费用10%以上。

利用多因子水质水量平衡优化技术进行钢铁联合企业节水减排及水系统节能的效益明显。以本技术作为关键核心技术形成的南方某钢铁企业节水减排改造技术方案表明，位于丰水地区的，水价大幅低于全国平均水平（0.26元/m^3），年产量

600万吨钢的某钢铁公司，其现状水处理费用7500万元/年、循环水输送电耗2.88亿元/年，共计3.63亿元/年。通过优化用水方案后，节省水资源费、排污费及水处理相关费用约8%，产生节水效益约600万元；由于节水而节约输水能耗约15%～20%，即通过优化用水产生节能效益每年为4320万～5760万元。

本技术已取得软件著作权2项（015SR179564、2016SR371676）。

（4）工程应用及第三方评价

攀钢集团西昌钢钒有限公司水处理过程控制运营服务项目，作为“重点流域冶金废水处理与回用技术产业化”课题示范工程之一，以占钢铁联合企业用水量85%的循环水系统的安全运行及管控技术为核心，利用钢铁企业水质水量平衡优化技术及钢铁企业水质保障技术，达到用排水系统管理及污染物末端治理技术的合理整合，形成钢铁冶金工业废水处理及资源化利用技术模式的示范应用。结合钢铁企业运营现场的数据及经验，形成钢铁企业节水减排与水系统节能整体解决方案，直接指导钢铁企业给排水改造工程及水处理节能环保运营工作；形成由能源中心管理的各种水源、水质制备、各种供水设施、管网等按各类主体工艺用户要求的体系。本体系与各单元厂相对应的循环供水系统对接，形成全企业包括主体工艺装备、水处理工艺装备、各种管网、各种自动化信息化装置及完善的远程控制等在内的水资源合理配置体系。

攀钢集团西昌钢钒有限公司水系统的建设以及热轧水处理业务、炼铁水处理业务、西昌盘江煤焦化有限公司1、2号焦炉水处理业务等水系统水处理专业运营服务项目水处理总规模为$201.9\times10^4m^3/d$。项目由中冶节能环保有限责任公司进行工程实施，在示范项目的运行过程中形成一套适用于西昌钢钒有限公司的行之有效的废水处理及资源化利用技术模式。如图5-12～图5-14所示。

图5-12　攀钢集团西昌钢钒有限公司水处理运营服务项目

污水处理资源化利用及循环水运行智能管控技术，包括综合污水处理回用技术、焦化污水深度处理回用技术、乳化液废水处理回用技术、高性能水质稳定药剂和分质供水优化网络技术、全流程控制处理专家管理系统等技术集成，保障了循环水系统节水、安全、经济运行。

图 5-13　攀钢集团西昌钢钒有限公司综合污水处理工程

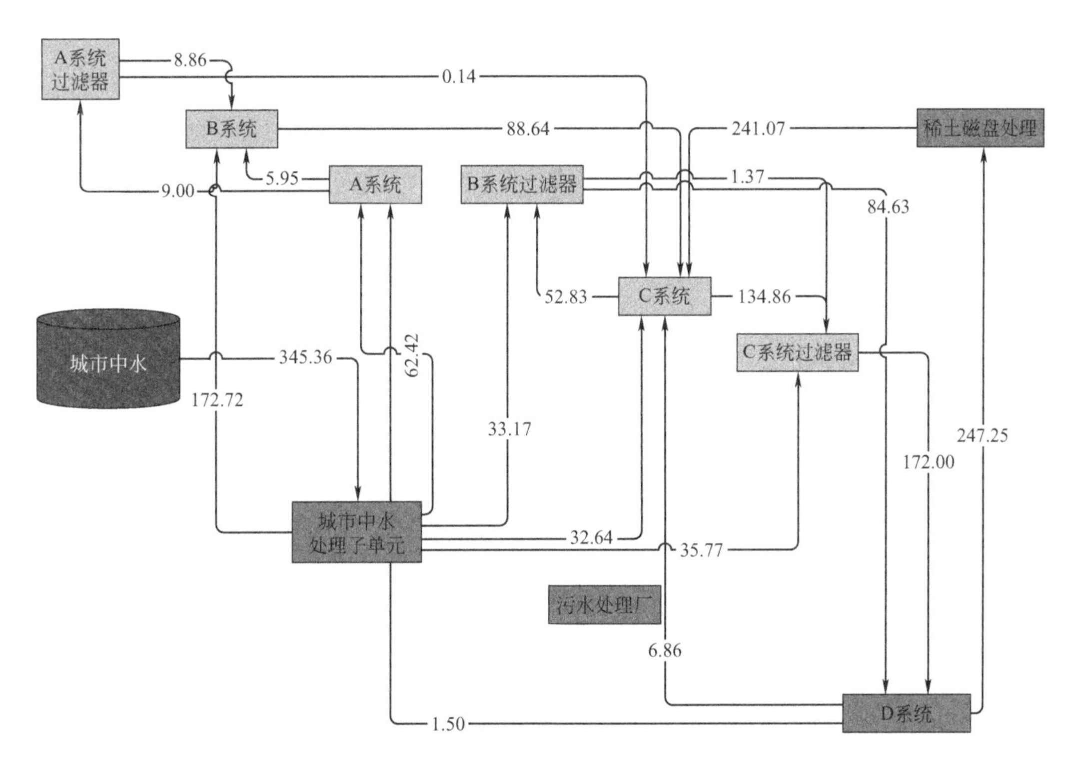

图 5-14　攀钢集团西昌钢钒有限公司全流程多因子水质水量平衡优化技术应用（单位：m^3/h）

综合污水处理回用技术采用由中冶建研院自主开发集成的以“多流向强化澄清器＋V 形滤池”为核心的钢铁企业综合污水处理工艺。为维持全厂用水的盐平衡，部分污水采用超滤和反渗透工艺为主的回用水深度脱盐处理系统处理后回用。

焦化污水深度处理回用技术在焦化废水常规的 A^2/O 生物脱氮处理工艺后，采用纤维过滤、三维电解催化氧化、超滤、反渗透处理工艺，实现焦化废水处理回用。

乳化液废水处理回用技术将乳化液废水处理后在热轧浊环水中循环处理、循环利用，实现了乳化液废水的“零排放”，达到了节能环保的目的。

废水处理回用于循环水，通过集成水处理技术，将企业各用水单元排出的废水经过区域处理或综合处理，回用于净环水系统。为解决水中盐分富集，补充水中各种离子增加 2～3 倍的问题，通过补充水水质水量调控、研发新型水处理药剂、加强水质监控等措施，保障了循环冷却水系统的安全运行。

水处理全流程控制专家管理系统将先进的计算机技术引入循环水系统管理上来，模拟专家或辅助专家对水处理系统进行现场运行数据分析、系统状态预警报警、水质管理、化验管理、水质平衡管理等水处理技术服务和事务处理，实现循环水系统运行状态可视化，并根据系统概况提供可行的现场实施方案。从水质、水量指标对钢铁企业用排水全过程进行水质水量平衡优化设计，创新性地加入了处理水量和水质的设计计算，实现了新水与污水处理的处理单元连接及相应水质水量的设计计算。水质水量平衡优化设计平台能够指导钢铁厂在设计或改造时最大限度提高水的重复利用率，减少供水及排水量，达到技术经济的优化平衡。

示范工程中综合污水处理回用、焦化污水深度处理回用和生活水处理由中冶节能环保有限责任公司进行工程建设实施，由中冶建筑研究总院有限公司进行炼铁、热轧、焦化等 12 个水系统的运营管理。在运营过程中，循环水系统运行安全稳定，浓缩倍数进一步提高，新水补水量和废水外排量得到有效减少。通过污水处理回用、高性能水稳药剂、循环水处理全流程控制专家管理系统等技术应用，保证示范工程每年节约新水达 $8.21\times10^6 m^3$，减少污水排放 $1.022\times10^7 m^3$，减少 COD 排放 1318.6t、SS 550.5t、NH_3-N 27.1t、油 60.7t，实现了良好的节水减排效果。

示范工程水处理全过程控制运营服务模式，采用综合污水处理与回用“零排放”集成技术、钢铁企业水质水量平衡技术、回用水含盐量自动调控技术、循环水高浓缩倍数运行技术及循环水自动监测控制技术等与钢铁企业水处理专家管理系统相结合的方式，采用工程建设 EPC 模式和合同能源管理（EMC）模式，最大限度地发挥了技术所长。不仅为企业降低了生产能耗和经济成本，节能减排的创新发展模式更是成就了技术、环保双效益的跨越。

5.2 钢铁企业全过程节水减排智慧管控平台技术

5.2.1 技术简介

水是钢铁企业生产的重要能源介质，涵盖钢铁企业的各生产工序，水的质量和用量均影响着产钢的品质、成本。在水的使用过程中，存在大量对水质、水量的限制要求，以及水在使用中，由于其液态的特点，会发生水质、水温、水压的变化，其过程相比较固态的生产资料如备品备件等管理起来要复杂得多。因此，从水的全生命周期进行水量、水质、水温、水压的整体调配优化，更容易实现钢铁企业用水的最优化[11]。

（1）存在问题

钢铁企业循环冷却水消耗量很大，但总体上来说，水系统设计时以水量平衡为主，较少或只在局部单元考虑水质平衡；缺少整个钢铁园区的水平衡规划，只在局部供水和排水方面进行了优化处理，对整个园区节水效果的提升有限；水质稳定处理及管理水平落后于电力、石化等行业；用水设备、设施配置水平较低，需要升级换代。国家、钢铁行业近年来的快速发展，决定了钢铁企业必须通过先进技术的应用，在节水减排的战略原则下，建立指导企业水系统生产运行的综合平台，实现生产控制运营的精细化和最优化，实现水质水量的科学核算与调度，实现集约化、智能化的创新运营管理模式，实现环保管理的实时化与零风险，提高水处理的效率、降低运行成本，以解决以上问题。目前，钢铁企业水系统智能或信息化管理的技术，较为普遍的是设立能源中心[12]，但能源中心水的管控基本局限于水量、水压等数据的采集及在此基础上的调度、统计，较少做到管理的自动化、智能化，且缺乏对水系统的运行管理。

（2）国内外技术方法

国内部分研究机构及企业研发了判断系统的腐蚀结垢倾向的计算机化辅助管理系统，并逐渐转向自动投药等自动化管理体系开发[13-15]；另有石化、电力等行业开发了水质水量、水处理工艺方案等数据库系统，进行水平衡优化[16,17]。在世界范围内，西门子、纳尔科等均采用物联网云平台对水处理设施进行智能管理，利用人工智能、物联网技术、数据挖掘技术并以节水降耗为导向的钢铁园区水网络智慧管理技术，是未来钢铁园区水处理技术的发展趋势。

（3）技术优势

钢铁企业全过程节水减排智慧管控平台的开发，紧跟世界前沿的发展趋势，将园区内全过程水的运行、日常运维、环保管理、设备及药剂管理、数据统计以及厂区内调控做到自动化、智能化、互联网化、大数据化，实现水系统智能化监控和钢铁联合企业全园区水资源合理调配，达到管理的现代化、真正意义的节水减排，保障钢铁企业的安全、稳定运行，切实提高生产劳动效益。

钢铁企业节水减排智慧管控平台，基于对钢铁企业用排水的全生命周期进行自动化、智能化监控与分析管理，从水源取水、制水、用水、回用处理、漏损到排放消耗，对水的水量、水质、水温、水压进行整体的物质流、能量流的监控分析及指导调度，达到对水系统运行、平衡优化、能源节约、环保管理、管网过程调控整体统一的智慧管控，取得节水减排、节能降耗、节约运行费用的经济效益与环境效益。

5.2.2 适用范围

钢铁园区水系统全过程节水减排管控

5.2.3 技术就绪度评价等级

TRL-6。

5.2.4 技术指标及参数

（1）基本原理

钢铁企业用户繁多，对水质要求差别大，不同用水工序汇总污染物形态和迁移转化规律差异大。在水处理系统运行过程中，涉及设备运行监控、水质水量监控、水系统运维以及水处理材料消耗和能源监控各个方面。通过对钢铁企业水系统全过程信息的收集，通过对水处理系统全过程水质水量相互影响规律研究，结合信息化、数据分析、云技术等手段，从系统工程角度出发，将钢铁企业整个用排水系统作为一个有机整体进行综合考虑，根据水处理系统工艺和运维的需求，以水的质量平衡和杂质的质量平衡作为分析原则，建立有效的预测模型和分析模型。将钢铁企业水系统进行水量平衡、水质平衡和水质稳定，采用过程系统集成的原理和技术对水系统进行优化调度，按品质需求逐级用水和处理水，提高用水系统的重复利用率，将用水系统的新鲜水消耗量和废水排放量同时减少，使水资源的总体使用和处理排放成本降低，实现最大限度地将废水分配和消纳于各级生产工序的目标。

通过模仿相关专家的思维过程，形成水系统精细化运行知识库和相应的推理机制，并结合数据库、人机接口和知识获取，建设具有成长性的钢铁联合企业水污染全过程节水减排信息化专家管理平台，通过优化水系统运行管理方案，将运行管理规范化，数据化，保障钢铁企业水系统的稳定运行，提高钢铁联合企业节水、减排、降耗的经济效益与社会效益。同时，水系统智慧管控平台通过科学的工作流程设计，标准化作业过程、突出核心业务、跟踪业务过程、全面提升工作质量、有效减少浪费、识别和解决工作缺陷，达到提高水处理作业的效率的目标。同时通过对运行数据的分析，可以对工作流进行改进，进一步优化并合理利用资源、减少人为差错及延误，提高水处理的劳动生产率。

（2）工艺流程

钢铁企业节水减排智慧管控平台通过对水处理系统的智能化科学管理，并通过对厂内用水及水处理单元的水质、水量、工艺运行状态及处理效率的实时监管，提升水处理系统综合治理效果，实现运行管理规范化、数据化、可视化，保障钢铁企业全厂水系统的稳定高效运行；同时将钢铁企业用排水全生命周期可视化显示于企业管理人员及技术人员面前，使之可以通过图形界面或统计图表实时了解全厂给排水网络的运行状况。

钢铁企业节水减排智慧管控平台功能主要包括有水系统实时业绩管理、水处理质量管理、环保管理、水资源控制和协调、运维管理。如图5-15所示。

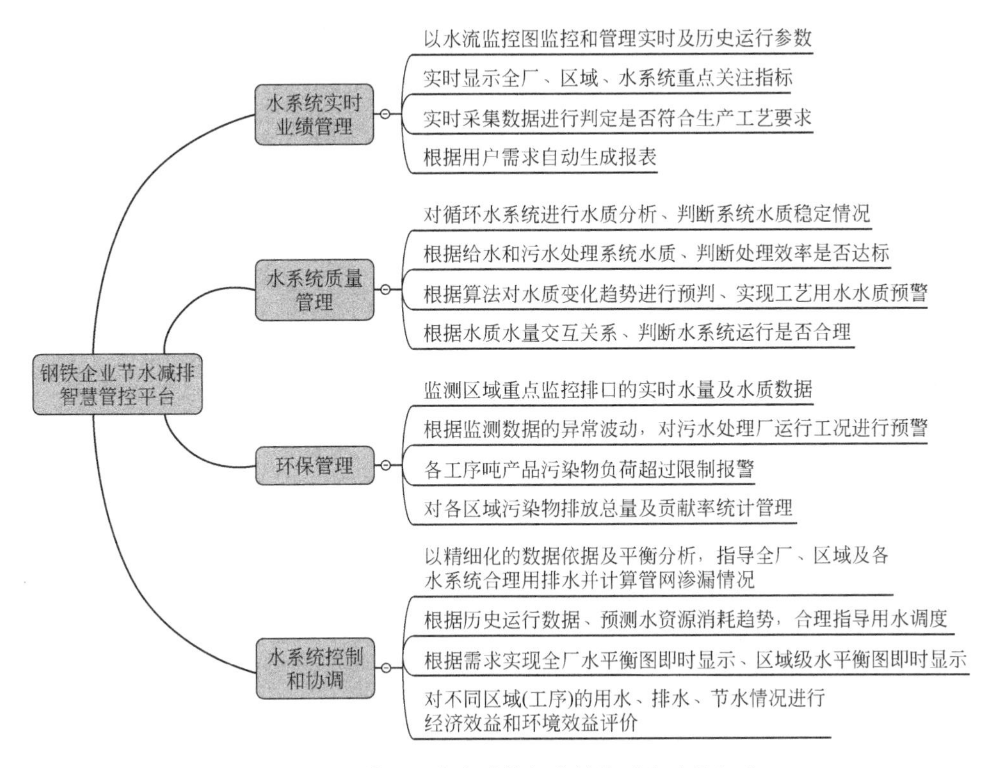

图5-15　钢铁企业节水减排智慧管控平台功能组成

1）水系统实时业绩管理

智慧水平台进行三级计量数据的综合收集、分析，将多渠道采集到的系统数据（生活水、原水、工业净化水、除盐水、工业排水、回用水等）及其运行数据（流量、压力、温度、水质、水位等）进行总结和归纳，按照厂区、工序等类别对能源水介质使用及水污染物环保数据进行监测及统计归纳管理。

① 以水流监控图的形式对水处理系统的运行工况进行监控，可以管理实时及历史运行参数，如补水量、循环水量、排水量、水温、水压、水质等。

② 可实时显示并随时调阅任意时段的全厂及各区域总用排水量、各工序吨产品用排水量、水循环使用率等管理关注的重点指标。

③ 实时对采集的数据进行判定是否符合生产工艺要求。

④ 可根据用户需求自动生成运行报表。

2）水处理质量管理

智能管控系统按照水的全生命周期的运行轨迹进行计量及监测数据的综合收集、分析，在收集了水系统基本工艺流程、用水及水处理设备概括、系统水质水量等信息的基础上，根据分析模型对数据进行分析和计算，结合各水处理系统的特点判断水处理质量，并针对异常情况提出可能原因分析及纠正建议。

① 通过对循环水系统水质的分析，可在水系统运行过程中，根据分析模型判断系统设备的腐蚀、结垢状况，初步指导水质稳定方案调整。

② 根据给水和污水处理系统的水质，判断水处理系统或装备的处理效率/效果是否达标。

③ 根据算法对水质变化趋势进行预判，针对工艺用水需求实现水质超限预警功能。

④ 通过对目前系统水质和水量相互关系的计算分析，判断该水系统运行是否合理，给出改进建议。

3）环保管理

智能管控系统通过环保管理模块，实现以下功能：

① 监测区域重点监控排口的实时水量及水质数据；

② 根据监测数据的异常波动，对污水处理厂进水、排水、运行工况进行预警；

③ 实现各工序吨产品污染物负荷超过限值报警；

④ 对各区域污染物排放总量及贡献率统计管理。

4）水资源控制和协调

智能管控系统可根据厂区给排水系统基础数据通过计算判定建立即时水平衡图，对水资源利用率低的用水点进行分析，做到及时发现问题和解决问题。

① 以精细化的数据依据及平衡分析，指导全厂、区域及各水系统合理用排水。

② 根据历史运行数据，预测水资源消耗趋势，合理指导用水调度。

③ 根据需求实现全厂水平衡水流图即时显示、区域级水平衡图即时显示。

④ 对不同区域（工序）的用水、排水、节水情况进行经济效益和环境效益评价。

（3）主要技术创新点及经济指标

1）创新点

① 开发基于物联网、信息化技术的水处理系统综合信息收集及分析技术，并基于用水-排水-回用水全过程的水质水量平衡优化，实现水系统智能化监控和钢铁联合企业全园区水资源合理调配。

② 结合循环水水质保障技术、钢铁企业全厂给排水系统优化运行的创新，形成源头控制、清洁生产、过程精细化管控、末端治理和水资源重复利用的基于超低排放的钢铁园区水系统优化及智慧管理和分质供水技术。

2）主要技术经济指标

① 钢铁企业循环水精细化管理平台，钢铁企业循环水系统采用优化的数学模型进行自动控制及反馈调节数据预警，采用关键指标和综合指标与水质稳定处理操作联动。

② 通过标准化工作流设计，控制水处理现场工作人员按标准化流程进行操作，保障水处理作业的准确有效，实现现场水处理运行的精细化管理，降低水处理运行成本。

③ 通过水网络优化和智慧管控平台的应用，可以保障钢铁企业各水处理系统

合理、智能运行，减少排水并保证环境排放达标，减少水处理过程能耗。最终实现钢铁企业综合节水5%～10%，节省水处理运行费用10%以上。

获得软件著作权4项（2018SR388405、2019SR0421002、2019SR0931188、2019SR0664128）。

（4）工程应用案例介绍

① 钢铁行业节水减排智慧管控平台物联网数据模拟中试试验平台装置（中试平台开发）。包括以下4部分：a. 现场设备，包含水质、水量监测仪表，如温度热电偶、电磁流量计、液位计、在线pH计、在线电导率仪、在线总硬仪等；b. 网络及辅助设备，包含防火墙、网管型以太网交换机、打印机、UPS等；c. 平台和质控设备，包含水处理信息平台软件、数据库服务器、应用服务器、WEB服务器等；d. 客户端，包含电脑及显示器、大屏显示系统、手机终端等。如图5-16所示。

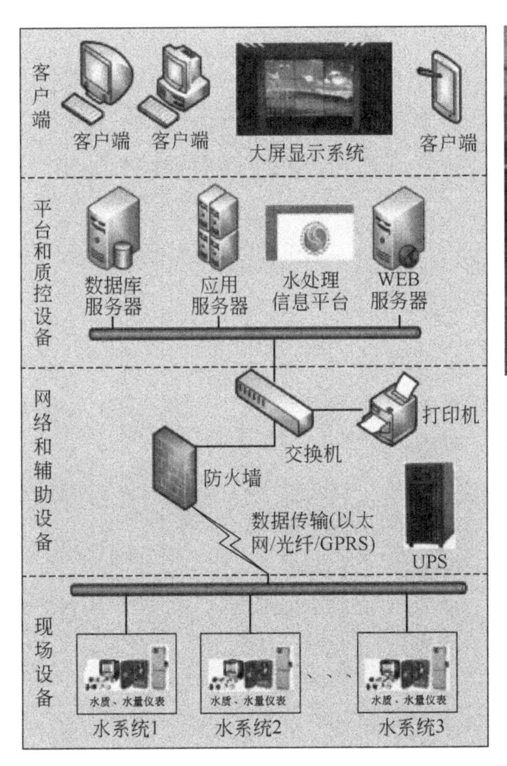

图5-16　钢铁企业节水减排智慧管控平台物联网数据模拟中试试验流程及平台示意

中试试验平台建立水处理系统模拟循环水系统，水处理系统管道主要包括：a. 补水箱及补水管，冷水箱及给水管道，用户水箱及回水管，以及过滤器及冷却塔；b. 设计运行水量为$2m^3/h$，补水和排水为间歇运行，设计补水水量为$0.5m^3/h$；c. 用户水箱为封闭式水箱，利用预压进冷却塔，用户水箱设有加热电偶，可以使得循环水水温升高10℃。为尽可能地达到模拟效果而又贴合较现场环境缩小后的模拟系统，电气部分做了相应符合模拟环境的设计。为满足业务流程和部署方式达到与现场一致的效果，设计上对本中试试验平台信息化采集到的相应硬件做了调整。其他的例如应用服务器、数据库服务器、文件服务器、网络相关硬件与现场同等配置，测试时可模拟现场同等量级的数据进行。

② 工程计划在邯郸钢铁公司西区应用。结合邯钢具体需求，形成一套覆盖用排水全过程的水质、水量平衡优化方案，以指导邯钢的节水减排工作的实施。配合污染物迁移规律及控制策略的研究，在典型用水单元及污水处理单元，结合自控系统和物联网技术，建设相关系统的有效信息收集系统，结合钢铁联合企业水污染全过程节水减排信息化专家管理系统及管控中心的建设，通过对水处理信息进行分析、判断、预测与管理决策，实现水系统的最优化运行，污水超低排放。

Ⅰ. 水处理全过程管理功能。完善水运行指标数据的采集，对水的运行全过程进行监控指导；完善污染源数据的采集，对全过程水污染进行预防控制。基于用水全生命周期的生产和治理环节，针对供水-用水-排水-废水处理-水回用的全流程优化组合，完成基于全局优化的水全生命周期的过程管理。

Ⅱ. 水平衡及优化功能。从水的全生命周期统一分析水的水质水量的整体平衡，优化园区用水结构，指导水的调度，实现水的高效分质分级回用。

以上两个功能共同构成水处理全过程管理优化，是为邯钢水相关工作者提供的高效、便捷、智能的工作平台。

Ⅲ. 示范展示功能。实现园区水资源智慧化可视化管理，将邯钢“十三五”课题中的研究成果和示范工程项目进行整体统一的管理和展示，为邯钢节水减排先进技术成果提供对外展示平台。如图 5-17 所示。

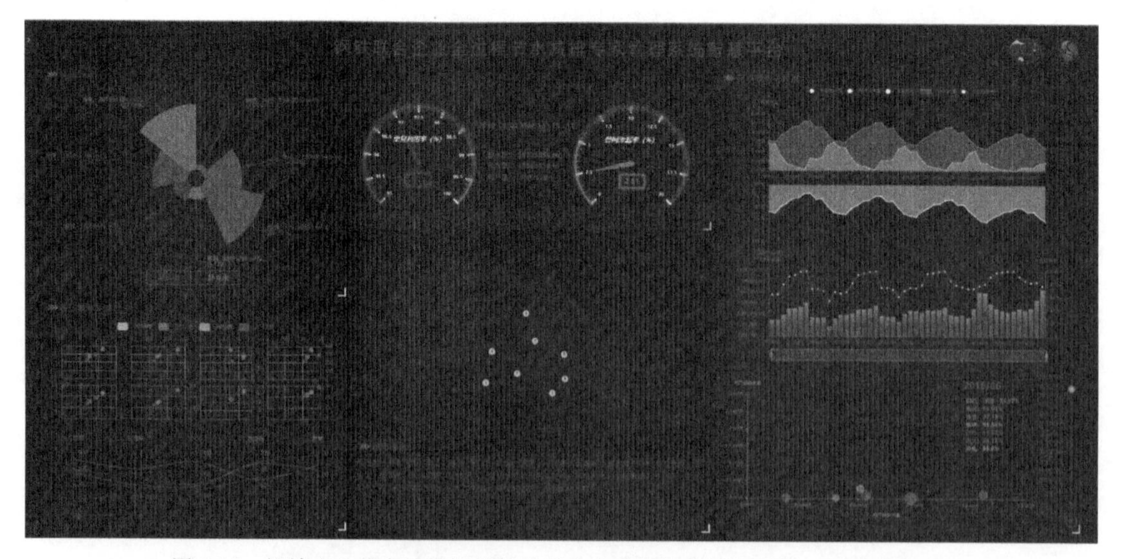

图 5-17　钢铁企业节水减排智慧管控平台实时监控全局概览图（见书后彩图）

运行管理，对各个区域、车间、水系统不同级别的按职责需求不同分别有工艺指标管理界面、能源指标管理界面、环保指标管理界面、水平衡指标管理界面、管网漏损管理界面。实现对水系统运行各方面指标的整体监控收集和分析，而后按照职责权限提供给各用户，实现全厂水运行管理的有机统一，高效便捷。

区域 3D 导航界面，实现 3D 可视化的管理导航，也可以切换成快捷的菜单导航。如图 5-18 所示。

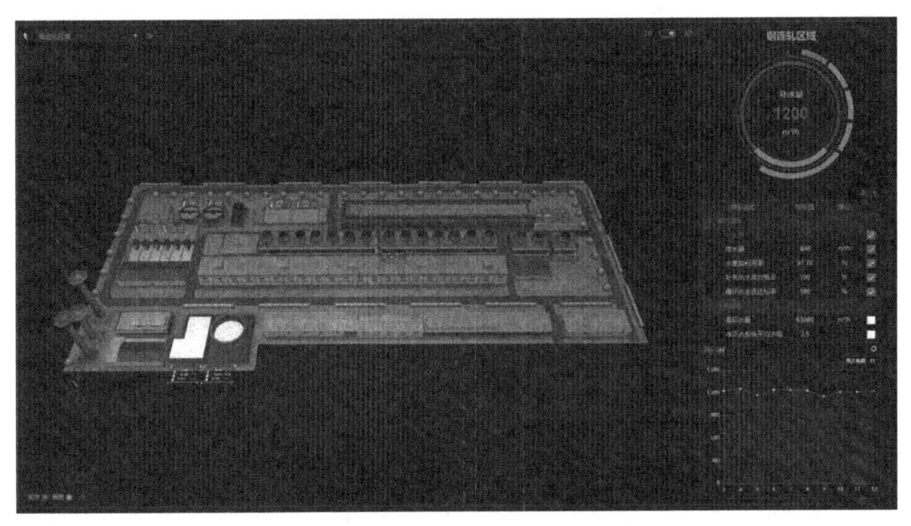

图 5-18　钢铁企业节水减排智慧管控平台 3D 导航界面

工艺指标监控是对中控室管理的各项指标参数进行收集监控和分析预警，此外将各水系统管控主要指标如循环水浓缩倍数等实时显示和分析预警。如图 5-19 所示。

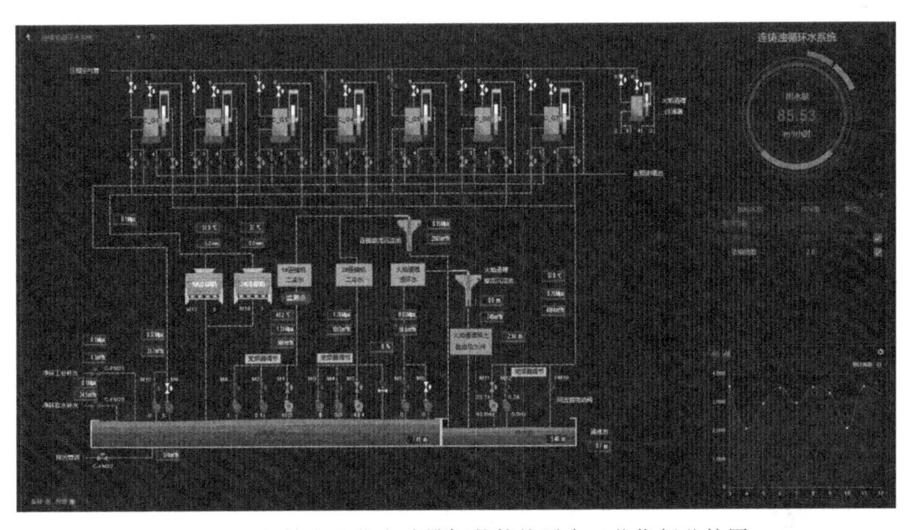

图 5-19　钢铁企业节水减排智慧管控平台工艺指标监控图

能源指标管理是针对水作为能源介质的管理指标进行全厂及各区域级别的统计分析和优化指导，如新水用量、吨产品新水量、用水总量等。如图 5-20 所示。

环保指标监控是针对排水及排放管理指标进行全厂及重点区域级别的统计分析和预警，如吨产品废水排放量、废水回用率、COD、NH_4^+-N 等污染物的排放量。

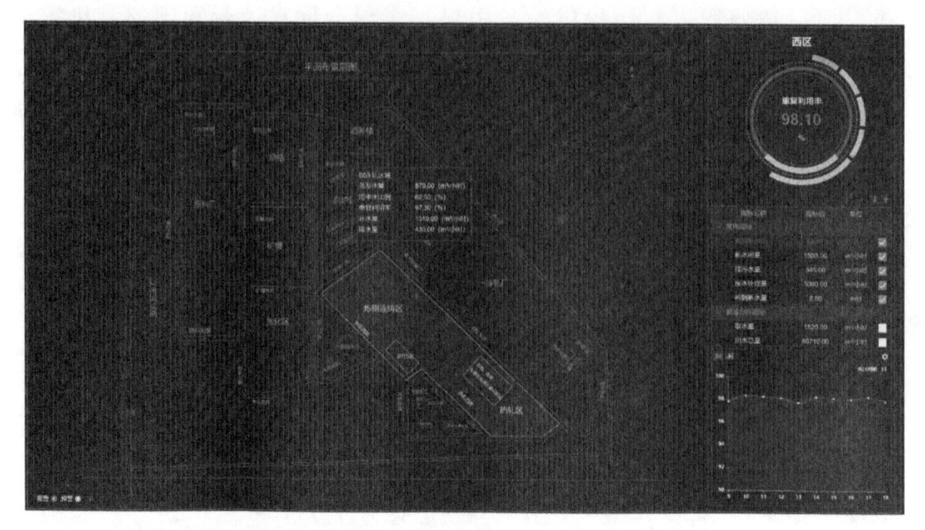

图 5-20　钢铁企业节水减排智慧管控平台能源指标管理图（见书后彩图）

如图 5-21 所示。

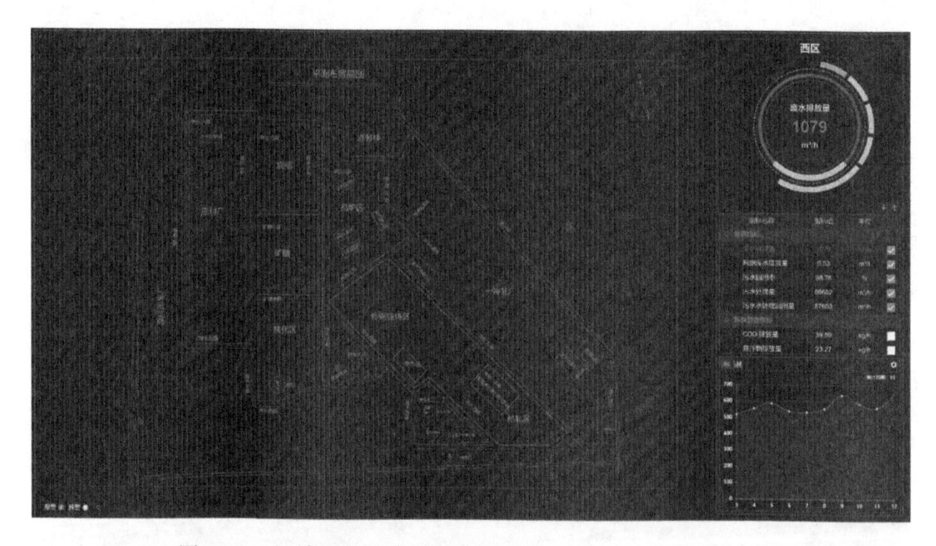

图 5-21　钢铁企业节水减排智慧管控平台环保指标监控图

水平衡监控图实现了全厂水平衡即时监控、区域级水平衡即时监控，以精细化的数据监控和水平衡监控分析，判断用排水全过程中水质水量的不平衡点。如图 5-22 所示。

管网漏损监控可以按照水量平衡推算各管段漏损量及综合漏失率，并进行综合漏失率的评价和报警，指导管网及时修复。如图 5-23 所示。

报表分析数据可以根据权限和需求定制分析展示图表，针对不同职责的人拥有不用的权限和可查阅的内容，为了信息分析和管理的高效，通过设计多样的图标模板，让不同职责的用户可以直观高效地通过报表分析图迅速准确地获取需要的指标信息和分析信息。如图 5-24 所示。

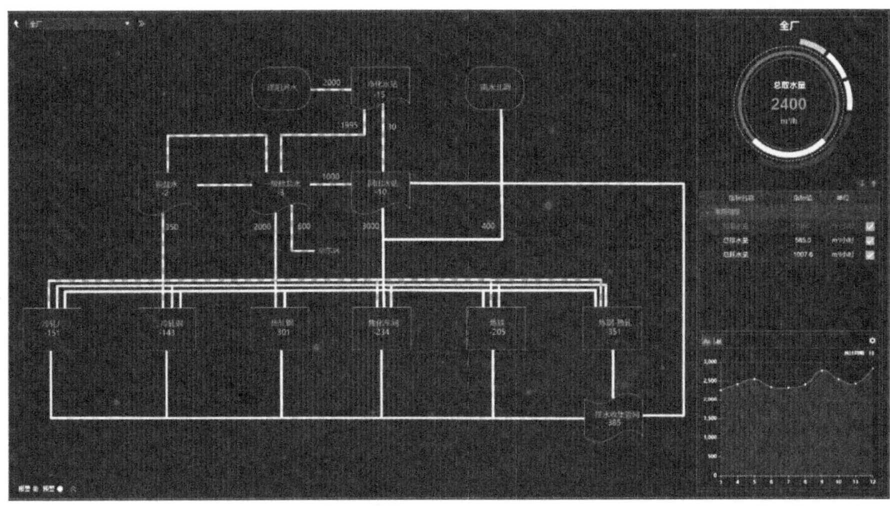

图 5-22　钢铁企业节水减排智慧管控平台水平衡监控图

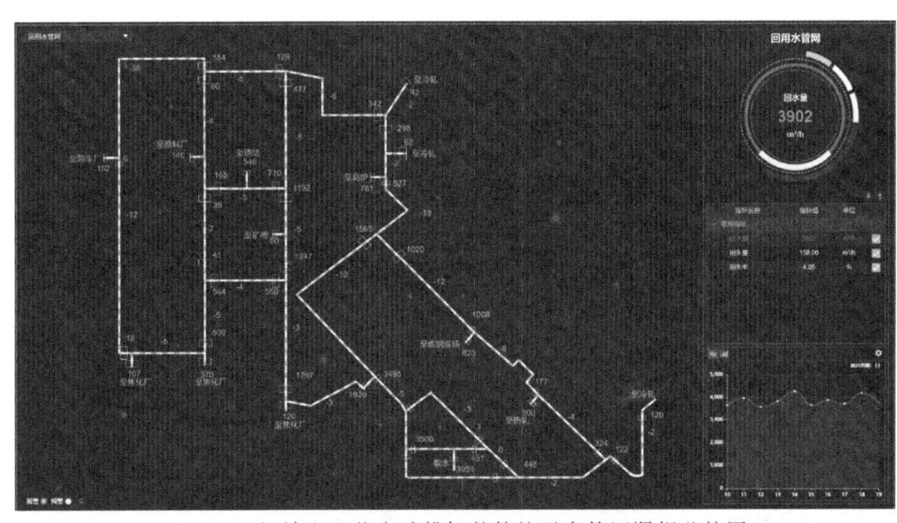

图 5-23　钢铁企业节水减排智慧管控平台管网漏损监控图

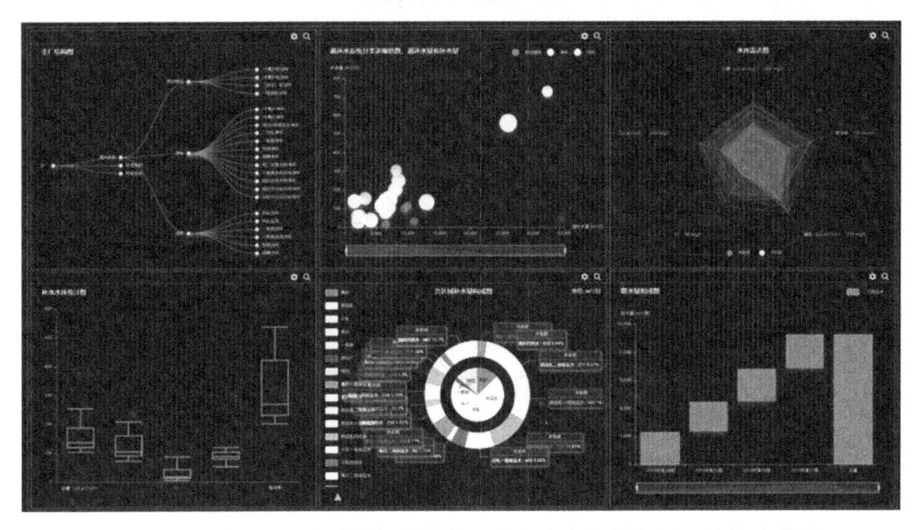

图 5-24　钢铁企业节水减排智慧管控平台报表分析数据图（见书后彩图）

5.3 钢铁园区水网络全局优化技术

5.3.1 典型钢铁工业园水网络全局优化的单元超结构建模

作为典型的高耗水行业，我国钢铁行业高度重视用水及水污染控制，在废水处理单元技术、生产单元节水减排技术及工序尺度水网络优化方面取得了很大的进步，但仍以解决局部问题为主，节水减排技术难度和成本越来越高。如何从园区整体的角度出发，通过工艺节水、水污染控制技术以及节水减排策略综合应用，构建综合用水成本可控的园区水网络全局优化方案是钢铁生产可持续发展面临的一个急需解决的问题。针对此问题，基于全过程水污染控制策略，以新型供水预处理技术、工艺过程单元节水减排技术以及末端废水强化处理技术等水污染控制技术单元和用水单元作为园区水网络的基本构成单元，并通过与园区供水、用水、排水、废水处理及回用等基本用水方式的组合，设计园区水网络组合过程的超结构，以表达水污染控制单元技术在园区水网络中的集成和水网络优化的搜索空间，从园区整体的视角发掘潜在的节水减排潜力。在此基础上，以污染物处理指标传递和水量平衡为重点，形成水系统建模技术，实现了单元—工序—园区三个尺度水系统的建模。

(1) 涉水单元多出口模型

通常水网络超结构设计时，涉水单元（指由一个或多个操作单元构成，能够完整实现某特定功能的水系统，包括用水单元和水处理单元）一般被定义为一个简单的单进口-单出口模型，只考虑主要排水的可能重用，无法准确反映涉水单元水量、水质的输入-输出关系。实际上，很多涉水单元有多个出口，如反渗透法制脱盐水系统有脱盐水、反洗水和浓盐水 3 个出口；循环冷却水系统的排污水和反洗水分别有独立出口管路，均有回用的可能。特别是钢铁生产由于规模大，涉水单元各出口水量大，具有实际的回用意义。基于涉水单元的这一特点，为了实现涉水单元排水按质重用以及统一的模型表达，建立了典型涉水单元（用水单元、水处理单元）统一的超结构表达（见图 5-25），以及相应的以水量和污染物平衡为基础的涉水单元多出口超结构模型，实现了准确描述涉水单元水量、水质输入-输出关系。

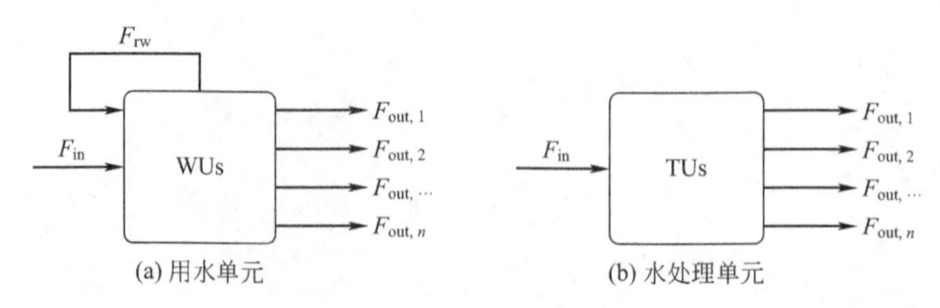

图 5-25 涉水单元超结构

涉水单元模型主要描述涉水单元的水量和污染物平衡，见方程式(5-1)～式(5-3)。

$$F_{out,i}=r_i F_{in} \tag{5-1}$$

$$\sum_{i=1}^{n} F_{out,i} C_{i,j}=F_{in,j} C_{in,j} \tag{5-2}$$

$$C_{i,j}=R_{ei,j} C_{in,j} \tag{5-3}$$

需要注意的是，各出口流股 i 流量占进口流量比例 r_i 及各出口流股 i 中污染物 j 去除率 $R_{ei,j}$，需根据相关涉水单元的特点，建立污染物去除模型，通过计算获得，或根据企业运行数据设定。

钢铁园区典型涉水单元模型主要参数及变量见表 5-1。

表 5-1 钢铁园区典型涉水单元模型主要参数及变量

典型涉水单元	特点	模型描述主要参数和变量
软环(IC)	只考虑补水	C_{cw}, F_{mk}
净环(IO)	双出口	C_{cw}, F_{mk}^*, F_{dw}, F_{bw}^*, F_{bl}^*, F_{ew}
浊环(DO)	双出口	C_{cw}, F_{mk}^*, F_{dw}, F_{bw}^*, F_{bl}^*, F_{ev}
直流用水(PU)	单出口	C_{cw}, F_{mk}, F_{bl}
水源(SU)	只考虑出水	F_{bl}
水阱(DU)	只考虑进水	C_{cw}, F_{mk}
脱盐系统(DS)	多出口	F_{in}^*, F_{bl1}^*, F_{bl2}^*, …
废水处理(TU/CT)	单出口	F_{mink}^*, F_{bl}^*

注：C—污染物浓度；F—流量；下标 cw—循环水；下标 mk—补水；下标 dw—飞溅等损失水；下标 bw—反洗水；下标 bl—排水；下标 ew—蒸发水；下标 in—进水；下标 mink—废水处理单元进水；上标 *—特指符号代表变量。

(2) 工序及园区水网络模型

钢铁园区水网络通常涵盖涉水单元—工序（或分厂）水网络—园区水网络三个尺度的水系统，其中涉水单元是工序及园区水网络的基本构成元素。各尺度水系统间相互连接、相互影响，如何描述各尺度水系统的连接关系和相互作用，是实现园区水网络各尺度水系统协同优化的基础和关键。基于园区水网络多尺度的特点，分别对各尺度水系统进行超结构设计，并建立其操作运行约束条件，以描述各尺度水系统间可能的连接关系和相互作用，是多尺度建模的基础。以多出口涉水单元为基础，综合工序内各用水单元用水水质要求不同，排水水质存在差异的特点，采用直接串接使用、再生后循环/串接使用等废水重用方式，设计工序尺度水网络超结构（见图 5-26）。在工序水网络模型的基础上，构建了以园区供水、排水和废水回用为核心功能的园区水网络超结构（见图 5-27），以表达各工序间水系统的可能连接方式。

其中，工序内各涉水单元通过流股连接构成工序水网络，并通过工序边界的水源和水阱集成到园区水网络中。通过水源、水阱及涉水单元水量和污染物的守恒关系描述即可建立工序水网络模型。园区水网络通过园区尺度的供水、排水管路及中间水道连接各工序水源和水阱，构成复杂的供排水网络。园区各类供水（含废水）通过供水厂/工序的水处理单元处理达标后，经供水管道（或中间水道）供各工序

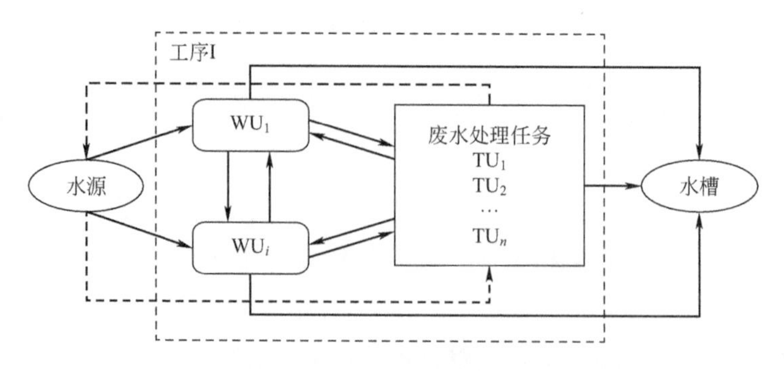

图 5-26　工序水网络超结构

WU—用水单元；TU—废水处理单元技术

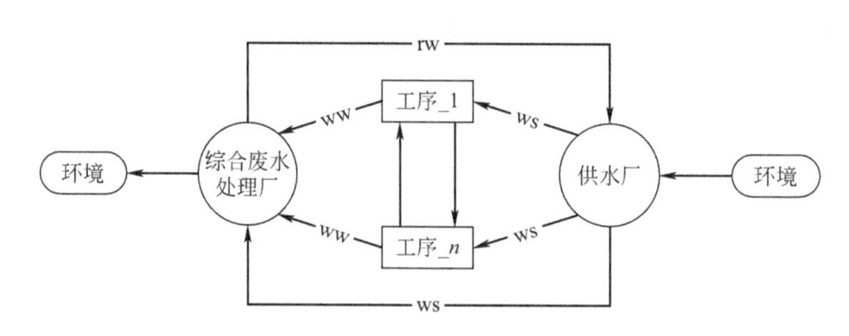

图 5-27　园区水网络超结构

ww—废水；rw—回用水；ws—各类供水

内涉水单元使用；各涉水单元产生废水除在工序内部分回用外，其余排入下水道进入综合废水处理厂。园区水网络模型的重点为建立连接各工序的供水管道、中间水道中各类供水的产生和去向，以及园区下水道废水汇集各工序排水的水量平衡。需要指出的是，为简化模型表达，并提高模型的扩展性，中间水道视为一种虚拟的园区供水管道。

1）工序水网络模型

工序内各涉水单元通过流股连接构成工序水网络，并通过工序边界的水源和水阱集成到园区水网络中。通过水源、水阱及涉水单元水量和污染物的守恒关系描述，即可建立工序水网络模型。

对于水源，其供水去向为工序内各用水单元及水处理单元，相关水量平衡和污染物平衡见方程式(5-4)、式(5-5)：

$$F_{ws} = \sum_{wu \in WU} F_{ws2wu} + \sum_{tu \in TU} F_{ws2tu} \tag{5-4}$$

$$C_{ws2wu,j} = C_{ws2tu,j} = C_{ws,j} \tag{5-5}$$

式中　ws——水源；

wu——用水单元；

tu——废水处理单元；

2——水流流向，如 ws2wu 表示水源向用水单元供水；

j——水质指标。

对于用水单元，其用水来源主要为水源、其他用水单元排水和水处理单元产水，且必须满足用水水质的要求，具体表达见方程式(5-6)～式(5-8)。

$$F_{\mathrm{wu,in}}=\sum_{\mathrm{ws}\in \mathrm{WS}}F_{\mathrm{ws2wu}}+\sum_{\mathrm{wu'}\in \mathrm{WU}}F_{\mathrm{wu'2wu}}+\sum_{\mathrm{tu}\in \mathrm{TU}}F_{\mathrm{tu2wu}} \tag{5-6}$$

$$F_{\mathrm{wu,in}}C_{\mathrm{wu,in,j}}=\sum_{\mathrm{ws}\in \mathrm{WS}}F_{\mathrm{ws2wu}}C_{\mathrm{ws2wu,j}}+\sum_{\mathrm{wu'}\in \mathrm{WS}}F_{\mathrm{wu'2wu}}C_{\mathrm{wu'2wu,j}}+\sum_{\mathrm{tu}\in \mathrm{TU}}F_{\mathrm{tu2wu}} \tag{5-7}$$

$$C_{\mathrm{wu,in,j}}\leqslant C_{\mathrm{wu,in,j}}^{\max} \tag{5-8}$$

式中 in——进水；

其余符号意义同前。

用水单元排水去向为其他用水单元、水处理单元和水阱，可表达为方程式(5-9)～式(5-12)。

$$F_{\mathrm{wu,out}}=\sum_{\mathrm{wu'}\in \mathrm{WU}}F_{\mathrm{wu2wu'}}+\sum_{\mathrm{tu}\in \mathrm{TU}}F_{\mathrm{wu2tu}}+\sum_{\mathrm{wd}\in \mathrm{WD}}F_{\mathrm{wu2wd}} \tag{5-9}$$

$$C_{\mathrm{wu2wu',j}}=C_{\mathrm{wu,out,j}} \tag{5-10}$$

$$C_{\mathrm{wu2tu,j}}=C_{\mathrm{wu,out,j}} \tag{5-11}$$

$$C_{\mathrm{wu2wd,j}}=C_{\mathrm{wu,out,j}} \tag{5-12}$$

式中 out——出水；

其余符号意义同前。

水处理单元接收水源供水、用水单元排水，处理后根据水质情况和设计用途供工序用水单元或排入水阱。当工序中（如综合废水处理厂和供水厂）水处理单元产水作为园区供水，如中水、软水、脱盐水等，则其产水作为水源进入园区供水管道（或中间水道）。水处理单元进水来源和排水去向相关的水量平衡和污染物平衡如下：

$$F_{\mathrm{tu,in}}=\sum_{\mathrm{wu}\in \mathrm{WU}}F_{\mathrm{wu2tu}}+\sum_{\mathrm{ws}\in \mathrm{WS}}F_{\mathrm{ws2tu}} \tag{5-13}$$

$$F_{\mathrm{tu,in}}C_{\mathrm{tu,in,j}}=\sum_{\mathrm{wu}\in \mathrm{WU}}F_{\mathrm{wu2tu}}C_{\mathrm{wu2tu,j}}+\sum_{\mathrm{ws}\in \mathrm{WS}}F_{\mathrm{ws2tu}}C_{\mathrm{ws,j}} \tag{5-14}$$

$$F_{\mathrm{tu,out}}=\sum_{\mathrm{wu}\in \mathrm{WU}}F_{\mathrm{tu2wu}}+\sum_{\mathrm{wd}\in \mathrm{WD}}F_{\mathrm{tu2wd}}+\sum_{\mathrm{sw}\in \mathrm{SW}}F_{\mathrm{tu2sw}} \tag{5-15}$$

$$C_{\mathrm{tu2wu,j}}=C_{\mathrm{tu,out,j}} \tag{5-16}$$

工序内涉水单元排放废水进入下水道或中间水道两类水阱单元，离开工序，进入园区水网络，相关的水量平衡和污染物平衡详见园区水网络超结构模型。

2）园区水网络模型

园区水网络通过园区尺度的供水、排水管路及中间水道连接各工序水源和水阱，构成复杂的供排水网络。园区各类供水（含废水）通过供水厂/工序的水处理单元处理达标后，经供水管道（或中间水道）供各工序内涉水单元使用；各涉水单元产生废水除在工序内部分回用外，其余排入下水道进入综合废水处理厂。园区水网络模型的重点为建立连接各工序的供水管道、中间水道各类供水的产生和去向，以及园区下水道废水汇集各工序排水的水量平衡，具体见方程式(5-17)～式(5-19)。

$$F_{sw}=\sum_{p\in P}\sum_{tu\in TU}F^{p}_{tu2sw} \tag{5-17}$$

$$F_{sw}=\sum_{p\in P}\sum_{wu\in WU}F^{p}_{sw2wu}+\sum_{p\in P}\sum_{tu\in TU}F^{p}_{sw2tu} \tag{5-18}$$

$$F_{eff}=\sum_{p\in P}\sum_{wu\in WU}F^{p}_{wu2eff}+\sum_{p\in P}\sum_{tu\in TU}F^{p}_{tu2eff} \tag{5-19}$$

式中 P——工序；

eff——下水道；

其余符号意义同前。

5.3.2 物质转化全流程超结构模型优化求解策略及算法研究

在单元、工序、园区三个尺度水系统模型的基础上，建立园区水网络水量平衡、典型污染物平衡为核心的基础约束，以及国家环保排放标准和钢铁生产用排水要求等扩展约束；优化目标为综合用水成本最低。形成的园区水网络多尺度超结构优化模型如下。

目标：minimize TOC

约束：

涉水单元模型［方程式(5-1)～式(5-3)］

工序水网络模型［方程式(5-4)～式(5-16)］

园区水网络模型［方程式(5-17)～式(5-19)］

其中，综合用水成本由供水成本、废水处理成本和废水排放费用3部分构成，定义如下：

$$TOC=\sum_{sw0}C_{sw}F_{sw}+\sum_{tu}OC_{tu}F_{tu}+C_{dis}F_{dis} \tag{5-20}$$

式中 TOC——综合用水成本；

C_{sw}——供水价格；

F_{sw}——供水量；

OC_{tu}——废水处理成本；

F_{tu}——废水处理量；

C_{dis}——废水外排费用；

F_{dis}——废水外排量。

对于新建园区或现有园区改造，如需要考虑新建相关水处理装置的投资，则需在综合用水成本中增加相关水污染控制单元投资成本。

对于涉水单元、工序水网络以及园区水网络模型则以水量平衡和污染物平衡为基础建立，引入水量和污染物浓度乘积形成的双线性项，因此水网络优化模型是典型的非凸非线性优化问题（NLP）。此外，还需根据园区水网络的特点，增加描述工序水网络结构（工序内涉水单元连接关系约束）、园区水网络结构（工序间用水、排水连接关系约束），以及园区各类用水、排水操作条件等的相关约束方程。特别是，在涉水单元的选择以及涉水单元间是否建立连接，需要引入二元变量予以表达。在这种情况下，由于水网络优化模型各方程中引入二元变量，园区水网络优化成为一个大型的非线性、非凸的 MI(N)LP 问题。为简化模型，可采用线性化的方法将其转化为 MILP 问题，但其有可能影响求解结果的准确性。

对于 MILP 模型，可直接采用 cplex 求解器求解，获得其全局最优解。对于 MI(N)LP 模型，由于双线性项（流量与污染物组分的乘积，FC）、非线性项（如固定投资模型中 F_{in}^{α} 幂函数项）的出现，水网络优化模型是一个典型的非凸、非线性的 MI(N)LP 问题，求解收敛困难，并且很难得到全局最优解。使用全局求解器，如 baron、lindoglobal 等，但求解并不十分稳定，易受到变量初始值、上下限及方程表达形式的影响。为了实现快速稳定求解，本研究根据文献报道方法和本模型特点，采用空间分支界限法（spatial branch and bound，SBB）的思路，设计了全局最优求解策略，供 GAMS 内置求解器求解速度慢或不稳定时使用，来获得初始值。

（1）双线性项 FC 的处理

对双线性项 FC，通常采用线性松弛方法进行处理，定义变量 $f=FC$，并引入 McCormick 凸包（convex and concave envelopes）来表达 f 的取值域，从而将双线性项转化线性表达，详见式(5-21)、式(5-22)。

$$f=FC \tag{5-21}$$

$$\left.\begin{aligned} f &\geqslant F^{L}C+FC^{L}-F^{L}C^{L} \\ f &\geqslant F^{U}C+FC^{U}-F^{U}C^{U} \\ f &\leqslant F^{L}C+FC^{U}-F^{L}C^{U} \\ f &\leqslant F^{U}C+FC^{L}-F^{U}C^{L} \end{aligned}\right\} \tag{5-22}$$

式中　F^{L}、C^{L}、F^{U}、C^{U}——水流股流量和代表污染物浓度的上下限，并可采用分段松弛的方法，进一步提高模型的准确性。

（2）非线性项 F_{in}^{α} 的处理

为了消除目标函数中投资成本模型中非线性项 F_{in}^{α}，可采用线性松弛的方法，定义变量 $F_{in,new}=F_{in}^{\alpha}$，从而实现目标函数线性松弛。同时，用该凹函数 F_{in}^{α} 在 F_{in} 的上下限间的割线来近似表达 F_{in}^{α}，并将线性近似方程计算值作为下限。此时，目标函数变为一个线性方程。

$$F_{in,new}\geqslant F^{lin}=(F_{in,L})^{\alpha}+\frac{(F_{in,U})^{\alpha}-(F_{in,L})^{\beta}}{F_{in,U}-F_{in,L}}(F_{in}-F_{in,L}) \tag{5-23}$$

式中　F^{lin}——非线性项线性近似值；

$(F_{in,U})^{\alpha}$、$(F_{in,L})^{\beta}$——凹函数割线近似时，与其相交两点的函数值。

（3）全局最优求解策略和步骤

SBB 全局优化求解策略见图 5-28。

步骤1：

初始化，定义优化问题的可行域（变量及其上下限），以及收敛极限ε和初始目标值$+\infty$。

步骤2：

选择求解域，并在该区域进行原问题的线性松弛，构建MILP，求解获得该区域目标值下限L及优化变量值；固定二元变量为MILP求解值，求解原MI(N)LP问题，获得目标值上限U。

步骤3：

删除可行域中$L>U$部分，判断是否满足收敛条件。如满足，则停止计算，输出结果；否则，继续切分可行域，返回步骤1再次计算。

注：可行域切分依据流量进行，选择双线性项FC与其线性近似项f差的绝对值最大流量为可行域切分变量。

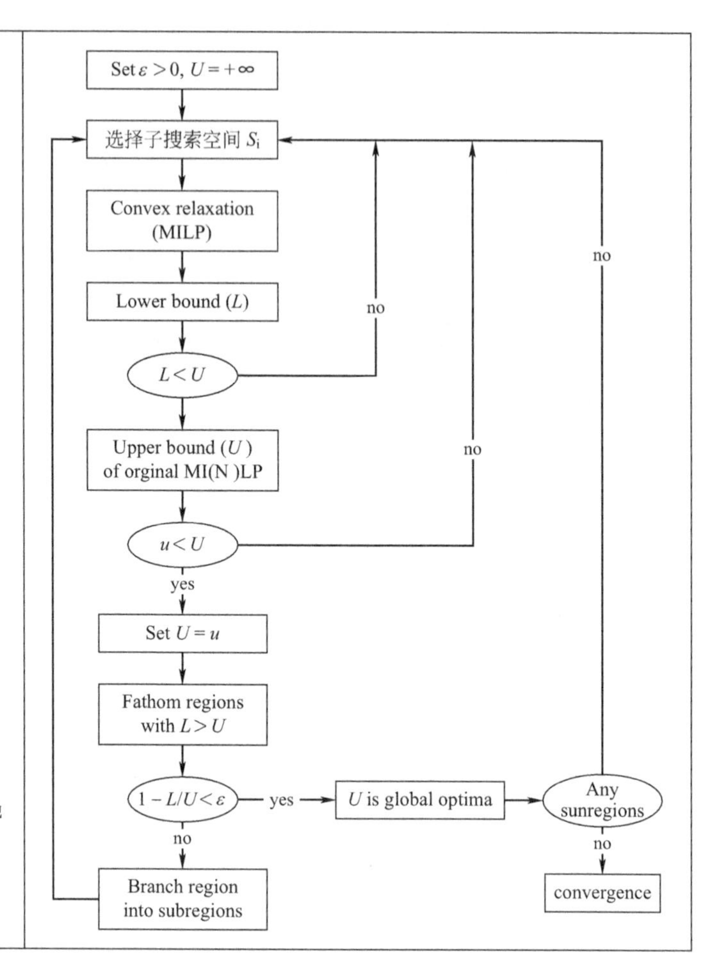

图 5-28 园区水网络 MI(N)LP 优化模型全局优化求解策略

基于建立的园区水网络多尺度优化模型及求解策略，开发了水网络优化软件(2018SRBJ0798)，其基本框架（见图 5-29）及主要参数如下。

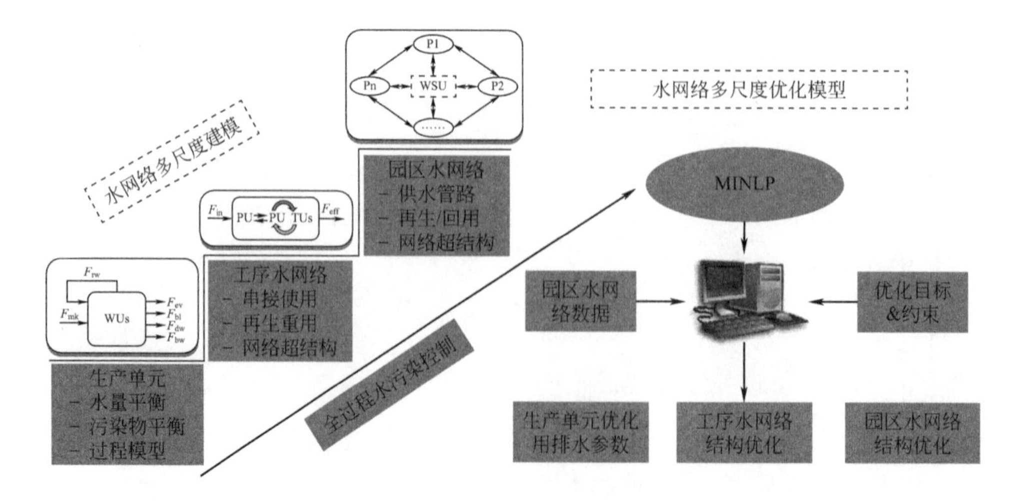

图 5-29 钢铁园区水网络多尺度全局优化软件框架

1）典型输入参数表

基于典型钢铁园区水网络的调研，水网络优化软件设计了针对钢铁园区用排水特点的水网络操作参数和控制参数输入表，设定建模的范围和数据需求，指导数据收集工作。典型模型输入参数见表 5-2。

表 5-2 园区水网络基本参数

符号	说明	实例(以某钢铁园区为例)
ps0lc	园区包含工序	ps0lc＝{p1，p2，p3，p4，p5，p41，p42} p1—烧结；p2—炼铁；p3—炼钢；p4—2150 热轧；p5—制氧；p41—焦化；p42—冷轧
sw0lc	园区供水类别	sw0lc＝{fw，sw，dw，rw，rcw，rocw，rcrw} fw—新水；sw—软水；dw—脱盐水；rw—大净环水；rcw—焦化废水；rocw—脱盐浓水；rcrw—冷轧废水
j0lc	水质指标	j0lc＝{c1，c2，c3，c4} c1—Cl^-；c2—sS；c3—twh；c4—oil
其他参数	外排废水排污费用 C_{dis}； 蒸氨废水量 F_{NH_3}； 冷轧含油、含碱、含酸等废水总量 F_{crw}	C_{dis}＝0.6¥/m^3 F_{NH_3}＝270m^3/h F_{crw}＝50m^3/h

园区水网络用水、水处理、供水单元基本参数分别如表 5-3～表 5-5 所列。

表 5-3 园区水网络用水单元基本参数

参数 单元	mk	bl	bw	dw	ew	recycle	说明
p1. iocl	20	4	0	0	16	800	烧结净环
p1. wdul	114	0	0	0	114	—	热返矿和混料加湿
……							
p2. iocl	122	30	12	0	80	4012	炼铁净环
p2. docl	300	54	0	0	246	4800	冲渣
p2. iccl	60	0	0	60	0	13200	高炉软闭环
……							

注：mk—补充水量；bl—排水量；bw—反洗水量；dw—飞溅等水损失量；ew—蒸发水损失量；recycle—循环水量。

表 5-4 园区水网络水处理单元基本参数

参数 单元	tsw	tdw	r	r_1	price	fmax	oc	ic	说明
(p2*p5). stul	—	—	1	—	—			—	污泥处理系统
p1. ctul	0	1	0.71	0.29	8	300			烧结脱盐水站
……									
p2. ctul	1	0	0.67	0.33	5	100			炼铁软水站
p4. ctul	1	0	0.7	0.3	5	1000			热轧软水站
p41. ctul	0	1	0.7	0.3	8	300			焦化脱盐水站
……									

注：tsw—产水为软水；tdw—产水为脱盐水；r—产水率；r_1—浓盐水产水率；price—供水价格；fmax—量大处理量；oc—操作成本；ic—投资成本。

表 5-5 园区水网络供水基本参数

供水＼参数	C1	C2	C3	C4	price	fmax
fw	55	8	230	0	3.14	12000
sw	45	5	8	2	5	—
dw	0	0	0	0	8	—
rw	275	16	420	3	0.9	—
rcw	500	50	750	5	—	—
rcrw	500	50	750	5	—	—
rocw	700	48	800	5	—	—

2）典型模型输出数据

① 模型求解后，可获得优化后园区多个尺度的水网络结构及优化操作参数。例如，一定用水条件下优化的水网络结构和操作参数。

② 一些设定场景下，优化的水网络结构和操作参数。

③ 一些用水关键操作参数对水网络优化的影响。

④ 各种计算条件下，水网络的综合用水成本、新水用量、排水量等关键参数。

在输出数据的基础上，可建立含有水量、水质信息，以及涉水单元进出水情况的优化水网络结构图（工序、园区）；不同情况下，水网络操作参数（综合用水成本、新水用量、排水量等）的对比等。

3）软件运行环境

硬件配置要求：CPU 1GHz 及以上；内存为 500M 及以上；硬盘为 50G 及以上。

软件配置要求：操作系统为简体中文 Windows VISTA/7/8/10。

Microsoft Office 10/13/16；通用代数建模系统 GAMS 23.8.2。

4）软件核心功能

根据实际钢铁园区中各工序和单元用水、排水的特点，如水质、水量要求，收集园区水网络数据，作为软件输入。输入信息包括钢铁园区所包含的工序、单元，各单元的用水类别、水量及用水质量控制指标。优化计算输出结果包括园区最小新水需求量、最小综合用水成本条件下优化的园区水网络结构和操作参数，可为园区水网络的全局优化和管控提供理论和数据支持。

5）软件主界面

水网络全局优化软件主界面如图 5-30 所示。其中包含 OPENFILE、INPUT、RUN、DISPLAY、EDIT、EXIT 6 个按钮，每个按钮都对应着相应的操作事件，引导用户完成相应的操作。

6）软件使用要求

由于该软件需要调用 GAMS 系统进行水网络优化 MI(N)LP 问题的求解，所

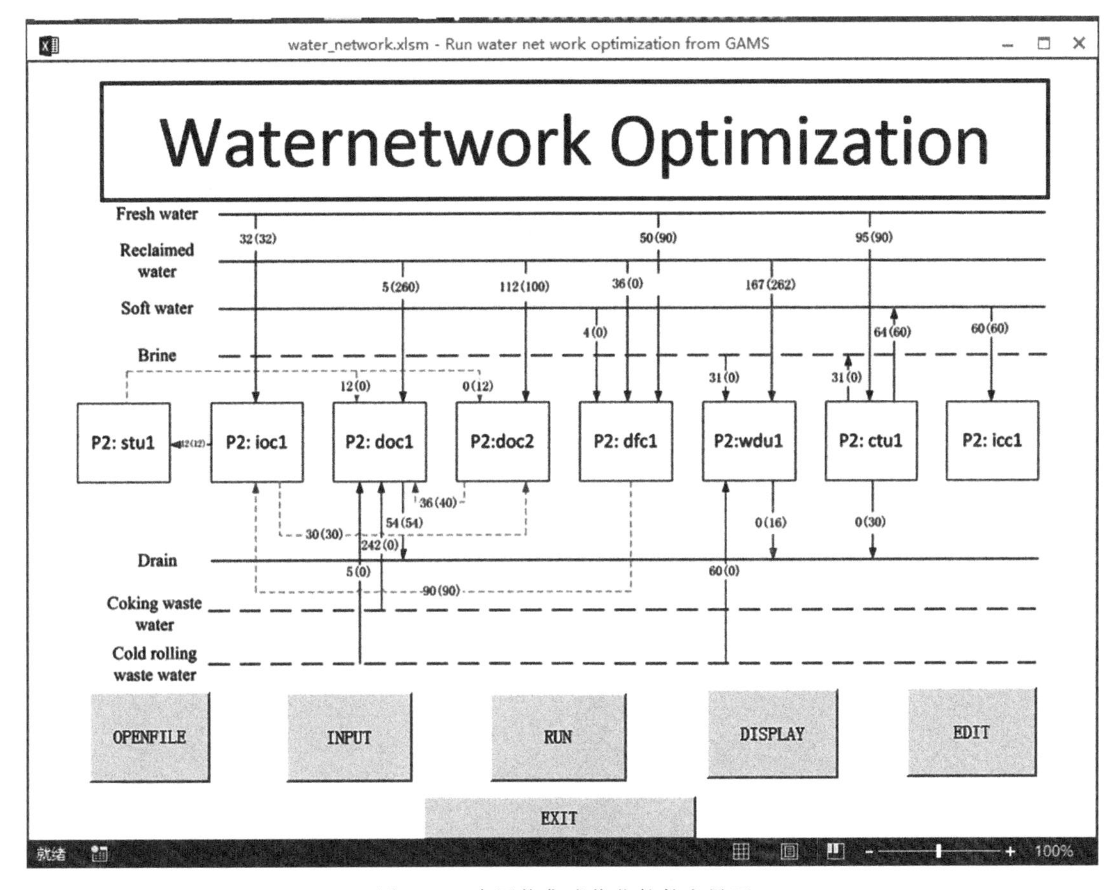

图 5-30 水网络集成优化软件主界面

OPENFILE—打开文件；INPUT—输入参数；RUN—模型求解；DISPLAY—查看结果；EDIT—编辑参数

以在使用软件时需要确定GAMS程序的安装位置。有2种方法：a. 设置系统环境变量；b. 根据GAMS系统的配置文件找到GAMS主程序所在位置。

本程序采用方法b.，使用前需找到gamside. ini配置文件，将其放在系统C：\windows目录下。gamside. ini文件一般在gamsdir文件夹中，可通过GAMSIDE找到。

软件运行时会自动判断是否能找到GAMS主程序；如果未找到，则输出图5-31所示的提示。

5.3.3 基于模型优化的园区层面水污染全过程综合控制示范研究

为了指导开展园区水网络优化工作的实施，建立了水网络优化实施框架。本框架的基本思路是以全过程水污染控制策略为指导，结合项目示范工程，以新型供水预处理技术、工艺过程单元节水减排技术，以及末端废水强化处理技术等水污染控制单元技术和用水单元技术作为园区水网络设计的基本单元，并通过与园区供水、用水、排水、水回用等基本用水方式的组合，设计园区水网络超结构，以表达水污染控制单元技术在园区水网络中的集成和水网络优化的搜索空间。在此基础上，建立以综合用水成本最低为目标的水网络优化模型，通过模型的求解分析，以形成指

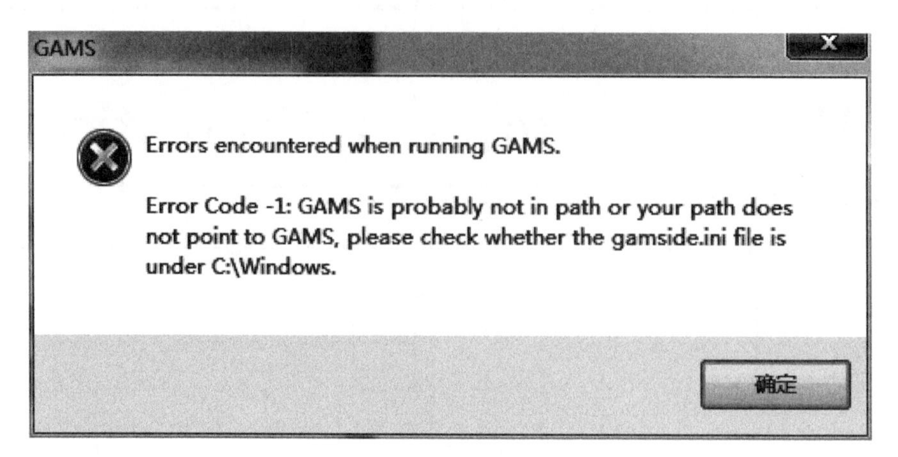

图 5-31 文件位置错误提示界面

导工业园区基于综合用水成本最小的水网络全局优化方案。框架的主要环节见图5-32，具体实施环节如下。

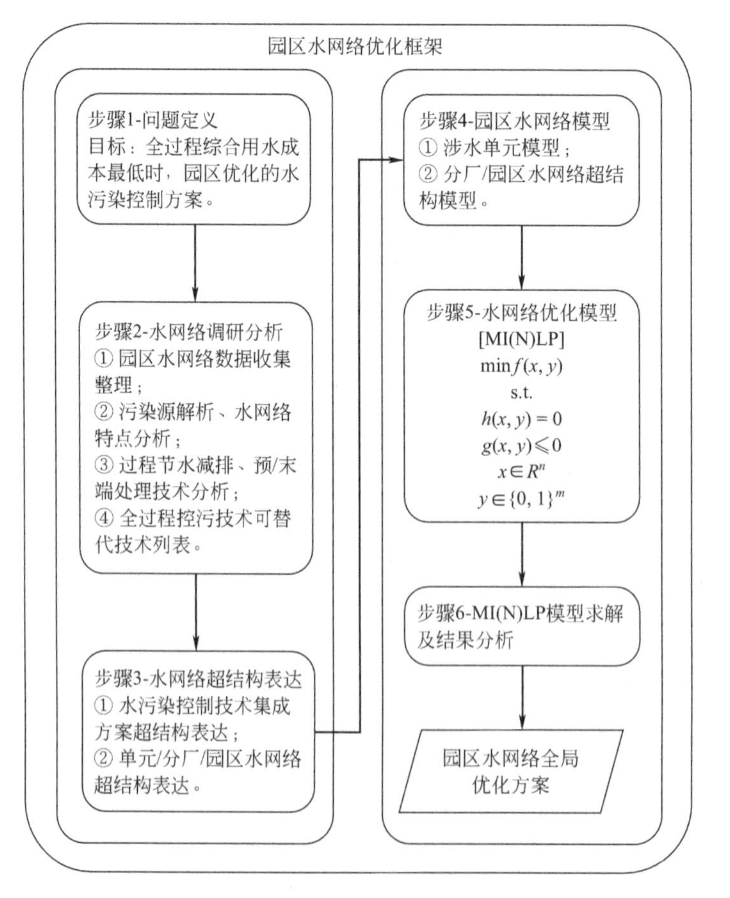

图 5-32 园区水网络优化框架

(1) 问题定义

利用工业园区水网络优化框架，以园区生产综合用水成本最低为目标，对园区水污染控制技集成和节水减排方案进行研究，以期为园区水网络全局优化提供思路和参考。

（2）园区水网络调研和分析

基于全过程水污染控制策略和水网络优化模型的数据需求，指导鞍钢工程技术有限公司完成数据收集工作，并有针对性地开展深入调研和分析，主要内容包括对园区生产概况（工艺流程、主要产品及产量等）及用水排水情况（新水用量、外排废水量、水平衡等）、各工序基本生产情况（如工艺流程、工序物料处理量、产品设计产量及实际产量、工序产品单位产量水耗、单位产量排水量等）进行调研，形成支持园区水网络优化的数据集，如园区水网络基本参数、用水单元基本参数、水处理单元基本参数和供水基本参数，详见表5-2～表5-5；综合钢铁园区水网络调研及典型节水控污技术的文献分析，确定焦化废水深度处理、高炉煤气干法除尘、中水深度处理提质替代新水、调整废水回用方式作为园区水污染控制和节水减排主要技术途径。

（3）园区水网络超结构表达

基于园区水网络优化框架，对钢铁生产园区中典型涉水单元建立了统一的多出口单元模型，以描述园区各类典型涉水单元，如软闭环IC、净环IO、浊环DO、直流用水PU、产水过程SU、耗水过程DU、脱盐系统DS和废水处理单元TU等。

对于钢铁生产，用于设备和产品冷却的净环和浊环是主要用水系统，用水量占园区总用水量的90%以上。由于净环水质较好，其排水可串接用于用水水质要求较低的用水单元（如浊环、直流用水、耗水单元等）；而浊环则由于水质较差，且含油，一般只能串接用于水质要求更低的一些直流用水和耗水单元；产水单元（如蒸汽冷凝水、工艺冷凝水等）排水则需根据具体水质情况，定义其串接使用方案，一般可设计其串接用于满足用水水质要求的各类用水单元；各用水系统的反洗水由于悬浮物（SS）过多，一般经沉淀处理（TU）后排下水道或用于浊环系统补水等水质要求不高的用水单元。根据以上钢铁园区工序用水特点，基于园区水网络优化框架，构建了工序水网络超结构方案。对于需要考虑替代水污染控制技术的工序，则需在工序水网络超结构中增加相应的表达，如炼铁工序干法除尘替代湿法除尘。

为实现特种废水（焦化废水、冷轧废水、脱盐浓水等）分质利用，在钢铁园区水网络超结构设计时，设计特种废水专用中间水道，连接特种废水产生工序和用水工序，构建工序间排水-用水的直接集成方式。同时，根据案例钢铁园区供水和综合废水处理的中心式布局情况，设计了以综合废水处理厂和园区供水厂为中心的工序间供水-用水-排水的间接集成方式。

（4）园区水网络优化模型

在案例水网络优化模型建立过程中，主要的难点在于根据调研数据的情况，依据框架，进行实例化，建立案例的目标方程和约束方程。在本研究中，主要目的是现有园区水网络的全局优化方案研究，因此，建立了由供水成本、废水处理成本和废水排放费用3部分构成的综合用水成本目标方程，未考虑投资成本；参照框架，建立了工序水网络、园区水网络和各类涉水单元的水量、水质平衡关系，作为等式约束方程；进一步，根据专家经验和园区水网络操作的具体情况，增加必要的非等式约束方程，以表达水网络操作的控制条件。例如，为避免过小的串接用水量，造成管路过多，定义工序内最小串接用水量 F_{lo}、最大串接用水量 F_{up} 和表达流股是否存在的二元变量 y，并引入逻辑约束（$F_{lo}y \leqslant F \leqslant F_{up}y$）加以实现。

由于园区水网络结构复杂，包含工序和涉水单元多，形成的优化模型为大型非线性非凸的MI(N)LP问题，求解困难。为降低求解难度，本书设定各用水单元出水及水处理单元出水水质为调研的该类单元平均水质，此时MI(N)LP模型简化为MILP模型。

（5）钢铁园区水网络全局优化案例设计

基于园区水网络优化框架及软件，在鞍钢园区现有供水种类、用水点用水排水操作参数以及水处理单元操作参数调研数据的基础上，本研究基于全过程水污染控制策略，结合“十二五”水专项项目示范工程考虑的工艺过程节水、废水处理技术情况，设计不同案例，利用水网络优化方法，对鞍钢园区水系统进行优化分析，以期为园区水网络的全局优化提供参考和支撑。

优化计算时，园区供水、排水及用水水质控制指标综合国标、文献和鞍钢调研数据设定；其中，代表水质指标包含 Cl^-、SS、含油物质和总硬度。为了充分挖掘可能的节水减排潜力，在过程节水、废水处理技术等全过程水污染控制措施的基础上充分考虑了工序内及工序间的废水重用可能性，并根据钢铁生产用排水特点，设计工序及园区尺度水网络超结构，即在工序内充分考虑废水直接串接回用、再生后回用/循环等废水利用方式设计工序内水网络超结构。在工序间，充分考虑各类可能的供水方式，以综合废水处理厂/系统和园区供水厂/系统作为园区水网络的中心，构成园区水网络的间接集成超结构；对于水量大且在本工序无法全部消纳的废水，通过中间水道在园区工序间直接回用，构成园区水网络的直接集成超结构。综合以上两种工序间水系统集成方式，设计园区尺度水网络超结构，以充分发掘潜在的节水减排潜力。例如，对于浊环、亏水单元等低质用水点则综合考虑通过工序内、工序间集成方式，实现工序内净环排水、新水直流冷却排水等水质较好的排水直接串接使用，以及回用水、焦化废水、冷轧废水的工序间回用。

结合“十二五”水专项的各项任务，利用开发的水网络多尺度优化模型及软件，以调研数据为基础，构建模型输入参数表和模型控制参数（模型输入主要参数见表5-2～表5-5），通过优化模型求解即可获得不同水网络配置（全过程水污染控制措施的应用）和操作条件下水网络结构优化、操作参数优化和园区典型用排水指标。以园区目前鞍钢水网络状态及用排水水质控制指标为参考，分别考察单独采用水网络优化方法、过程节水新技术（高炉煤气干法除尘替代湿法除尘）、废水处理新技术（焦化废水深度处理、综合废水深度处理）以及新的中水回用策略（中水与其他高质水混合作为净环补水）情景下的园区水网络全局优化。进一步通过综合过程节水新技术、废水处理新技术等全过程水污染控制措施，构建基于全过程水污染控制策略的园区水网络优化案例。具体设计案例如下。

案例 0：园区水网络当前用排水状况分析。

案例 1：当前水网络条件下的优化。

案例 2：焦化废水深度处理，出水满足回用要求条件下的水网络优化。

案例 3：高炉煤气干法除尘替代湿法除尘条件下水网络优化。

案例 4：回用水可用于净环补水条件下水网络优化。

案例 5：全过程水污染控制方案Ⅰ条件下的水网络优化。

案例 6：全过程水污染控制方案Ⅱ条件下的水网络优化。

（6）案例研究结果及分析

优化前后园区用水总体情况如表 5-6 所列。

表 5-6　优化前后园区用水排水总体情况

项目	水量/(m^3/h)				综合用水成本/(元/h)	结果文件
	新水	回用水	脱盐水	排水		
案例 0	2580	1151	24	749	15084	—
案例 1	2139	1596	24	752	13633	results_16.06.18_11.30.00.txt
案例 2	2139	1378	24	534	13977	results_17.06.18_09.26.42.txt
案例 3	2139	1492	24	750	13540	results_17.06.18_09.42.11.txt
案例 4	1339	2356	24	712	11805	results_17.06.18_09.53.51.txt
案例 5	1339	2033	24	491	12055	results_17.06.18_10.09.27.txt
案例 6	731+(487)	2652	105	0	11065	results_19.06.18_20.24.00.txt

1）园区水网络当前用排水状况（案例 0）

园区各工序内已考虑废水串接使用，如净环排水串接用于浊环补水、地面冲洗等水质要求不高的用水点；焦化废水采用普通生化处理，出水 COD、NH_4^+-N 含量高，未达回用要求；净环补水为新水；高炉煤气采用湿法除尘。园区当前用排水情况见表 5-6 中案例 0，详细园区水网络相关数据参见园区水网络调研表。

2）园区当前水网络条件下的水网络优化（案例 1）

① 优化条件：水网络各操作参数保持当前设置，如焦化废水采用普通生化处理，未回用；净环补水为新水；高炉煤气湿法除尘。

② 优化目标：以综合用水成本最小为目标，以理论最小新水用量为新水消耗约束，通过工序内排水串接使用、中水回用等废水回用作为节水减排的主要措施。

③ 程序参数设置。

wnrept.gms：

runtype=psection；iocmk=rwno；rcewdp=rcwdpno

wndata-wo-ctu. gms：

p2. doc2

水网络优化模型求解的其他约束包括：在保持当前园区水网络操作条件和水网络结构的情况下，其理论最小新水用量为 2136.03m^3/h。在优化模型中加入最小新水用量约束（1～1.2 倍理论最小新水用量）；同时考虑用水操作约束（如工序内废水回用最小流量 2m^3/h，工序间废水回用最小流量 5m^3/h），设置水网络操作逻辑约束。优化计算结果表明：通过废水串接使用、按质用水（回用水部分替代新水）等优化用水方式综合使用，与园区当前水网络相比，优化后新水用量降低（17%），综合用水成本减低（10%），但总排水量保持不变。园区水网络优化后的用水和排水（至下水）总体情况见表 5-6 中案例 1。

此外，从计算结果还可知，在当前园区水网络经过多次改造升级，单纯采用水网络优化的方法，节水减排潜力有限。如希望进一步提高园区用水指标，就需要采用全过程水污染控制的策略，综合使用过程节水、水网络优化和废水深度处理技术。

3）焦化废水深度处理，出水满足回用要求条件下的水网络优化（案例 2）

① 优化条件：保持当前园区水系统操作条件和水网络结构；焦化废水深度处理，出水水质达回用标准；净环补水为新水；高炉煤气湿法除尘。其他水网络参数保持当前设置。

② 程序参数设置。

wnrept. gms：

runtype＝psection；iocmk＝rwno；rcwdp＝rcwdpyes

wndata-wo-ctu. gms：

p2. doc2

优化结果显示，在案例 2 条件下其理论最小新水用量仍为 2136.03m^3/h，表明焦化废水深度处理后并不能起到替代新水的作用，因此不能降低系统的新水需求量。但由于其出水水质满足部分用水点回用的要求，可替代部分回用水，因此回用水量降低；同时，通过工序内、工序间的废水重用，园区废水排放量也有一定的降低。但由于焦化废水深度处理成本的增加，与案例 1 相比，综合废水处理成本有一定的提高，见表 5-6 中案例 2。

4）高炉煤气干法除尘条件下的水网络优化（案例 3）

① 优化条件：保持当前园区水系统操作条件和水网络结构；焦化废水采用普通生化处理，未回用；净环补水为新水；高炉煤气干法除尘替代湿法除尘。其他水网络参数保持当前设置。

② 程序参数设置。

wnrept. gms：

runtype＝psection；iocmk＝rwno；rcewdp＝rcwdpno

wndata-wo-ctu. gms：

＊p2. doc2

优化结果显示，在案例 3 条件下园区理论最小新水用量仍为 2136.03m³/h，表明采用高炉煤气干法除尘技术并不能降低系统的新水需求量。这是由于高炉煤气湿法除尘用水对水质要求较低，其他用水点排水或回用水水质即可满足要求，可直接串接使用，并不需要消耗新水。采用干法除尘后，取消了这部分串接用水或回用水消耗，但由于工序内串接用水水质较差，工序内无法消纳，造成排水量仍维持较高水平，见表 5-6 中案例 3。

5）回用水用于净环补水条件下的水网络优化（案例 4）

① 优化条件：保持当前园区水系统操作条件和水网络结构；焦化废水采用普通生化处理，未回用；净环补水为新水、回用水；高炉煤气湿法除尘。其他水网络参数保持当前设置。

② 程序参数设置。

wnrept. gms：

runtype＝psection；iocmk＝rwyes；rcewdp＝rcwdpno

wndata-wo-ctu. gms：

p2. doc2

优化结果显示，在案例 4 条件下园区理论最小新水用量降为 1334.47m³/h，表明在回用水水质达标，且允许回用水作为净环补水的条件下，系统理论新水最小用量大幅下降，这主要为由于净环补充用水量占整个园区新水用量的比重很大。此外，在案例 4 条件下，在其他用水点回用水也可部分替代新水。因此，案例 4 实现新水用量降低 48％，综合用水成本降低 22％，见表 5-6 中案例 4。

6）全过程水污染控制方案Ⅰ条件下的水网络优化（案例 5）

① 优化条件：保持当前园区水系统操作条件和水网络结构；基于全过程水污染控制策略，综合采用焦化废水深度处理，出水回用；净环补水为新水、回用水；高炉煤气湿干法除尘等节水减排措施。其他水网络参数保持当前设置。

② 程序参数设置。

wnrept. gms：

runtype＝psection；iocmk＝rwyes；rcewdp＝rcwdpyes

wndata-wo-ctu. gms：

＊p2. doc2

优化结果显示，在案例 5 条件下，园区理论最小新水用量仍为 1334.47m³/h，与案例 4 相同，这是由于焦化废水深度处理出水及高炉煤气干法除尘所节约的用水均因水质较差，无法替代新水。但通过综合采用几种节水减排措施，可使其回用水用量、排水量比案例 4 进一步降低，分别为 13.7％和 31％。需要指出的是，由于焦化废水深度处理成本的增加，综合用水成本略有增加，见表 5-6 中案例 5。需要说明的是，采用焦化废水深度处理后可消除以往由于焦化废水进入综合废水系统造成整个水系统运行不稳的问题，因此综合来看案例 5 优于案例 4。

7）全过程水污染控制方案Ⅱ条件下的水网络优化（案例 6）

① 优化条件：保持当前园区水系统操作条件和水网络结构；基于全过程水污染控制策略，综合采用焦化废水深度处理，出水回用；净环补水为新水、回用水；高炉煤气干法除尘替代湿法除尘；综合废水深度处理（综合废水一般处理＋深度处理＋脱盐，为防止大量 RO 浓盐水排入下水造成中水含盐量升高，设定脱盐生产浓盐水全部回用，如冲渣等，并作为脱盐生产的约束条件）。其他水网络参数保持当前设置。

② 程序参数设置。

wnrept. gms：

runtype＝pwhole；iocmk＝rwyes；rcwdp＝rcwdpyes

wndata-w-ctu. gms：

* p2. doc2

优化结果显示，在案例 6 条件下，园区理论最小新水用量进一步降为 1216.62 m^3/h。这主要是因为综合废水深度处理后生产脱盐水，用于部分用水点，与其他供水混合，提高水质，实现替代新水，进一步降低了理论新水用量。此外，优化后园区水网络通过废水重用和中水深度处理产新水（中水深度处理替代新水 487m^3/h）等节水技术的配合，外供新水用量降低至 731m^3/h，并实现废水“零排放”，见表 5-6 中案例 6。表明示范工程全部实施后，基于全过程水污染控制的策略，通过水网络全局优化，园区水网络可实现各项指标的大幅提升。

8）园区水网络全局优化结果分析讨论

利用园区水网络多尺度优化模型，除了能得到园区水网络的基本用水指标（见表 5-6）外，还可得到园区水网络涉水单元、工序及园区三个尺度的优化的用排水操作参数和水网络结构参数，可作为园区水网络优化改造和运行的参考数据。以下将以案例 6 为例，详细分析全过程水污染控制策略指导下园区水网络的优化情况。

① 园区尺度水网络优化。由水网络优化后园区尺度的水网络结构及水平衡情况（图 5-33）可知，为实现废水的分级分质回用，园区水网络结构需进行一定的优化和调整。图 5-33 中，数字单位为 mg/L，其中，正常标注数字为优化前水量，黑体数字为优化后较优化前有减少的水量，下有划线数字为优化后较优化前有增加的水量。

需根据虚拟水道的情况（图中黑粗线流股），增设专用废水管路，对特殊废水（焦化废水、冷轧废水、RO 含盐浓水等）采用工序间直接集成的方式加以回用，如焦化废水直接回用于对水质要求不高的高炉冲渣、转炉闷渣等。

此外，为了实现园区整体的节水减排，还需从园区尺度对供水进行优化，重新调度新水、回用水和脱盐水（图中细线流股）在各工序的分配，采用按需供水的方

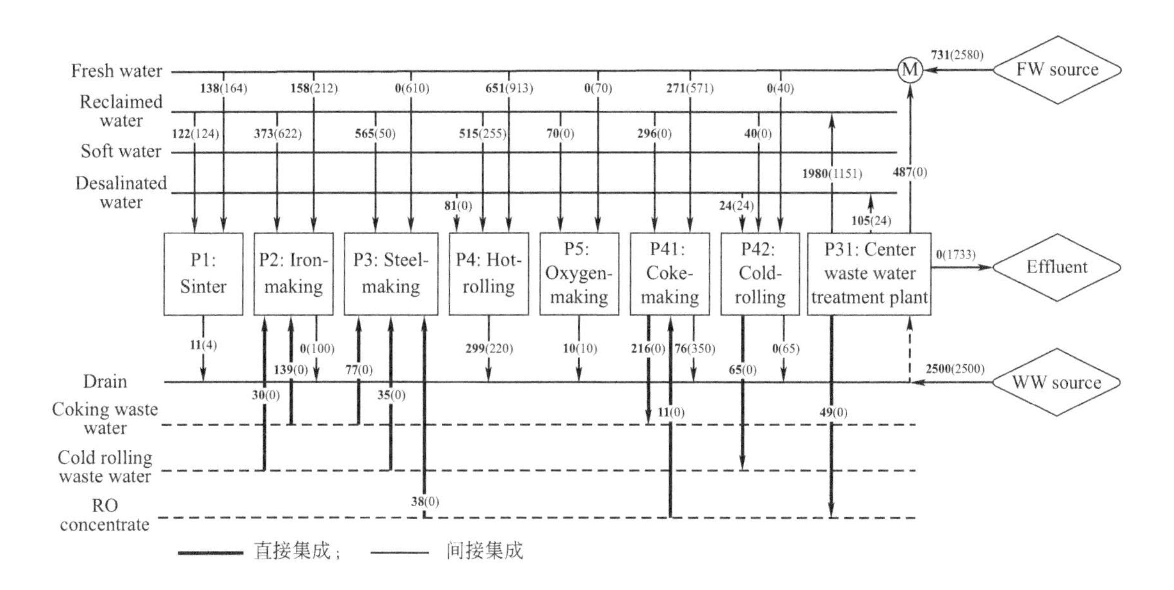

图 5-33　鞍钢园区水网络优化结果（数字单位：m^3/h）

FW source—外部新水；WW source—工序排放其他废水；Effluent—包含外送水量、外排水量等；Fresh water—新水；Reclaimed water—回用水；Soft water—软水；Desalinated water—脱盐水；Drain—排水；Coking waste water—焦化废水；Cold rolling waste water—冷轧废水；RO concentrate—反渗透浓盐水；P—工序；Sinter—烧结；Iron-making—炼铁；Steel-making—炼钢；Hot-rolling—热轧；Oxygen-making—制氧；Coke-making—焦化；Cold-rolling—冷轧；Center waste water treatment plant—综合废水处理厂

式对各工序用水点的供水并安排脱盐水的生产。

② 工序尺度水网络优化。从园区尺度水网络优化结果可以发现炼铁、炼钢工序用水排水情况变动较大，且用水种类多。因此，以这两个工序的水网络优化结果为例，详细介绍工序尺度的水网络优化结果，分别见图 5-34、图 5-35。图 5-34、图 5-35 中，数字单位为 mg/L，其中，正常标注数字为优化前水量，黑体数字为优化后较优化前有减少的水量，下有划线数字为优化后较优化前有增加的水量。

从图 5-34 可以发现，炼铁工序在高炉煤气湿法除尘改干法除尘后，原湿法除尘用水作为低质废水消纳的功能消失，在这种情况下高炉冲渣成为唯一的低质废水消纳点，焦化废水、冷轧废水、反洗水、净环排水等低质废水均通过（工序内/工序间）串接使用的方式用于冲渣，替代回用水，使回用水用量大幅降低（由 $260m^3/h$ 降至 $89m^3/h$）。但由于无高炉煤气湿法除尘的消纳作用，冲渣废水无法在工序内消纳，溢流排下水的量仍维持在较高水平，可能会造成对综合废水处理带来一定的压力；此外，依据按需用水的原则，工序喷洒、清扫等低水质要求用水点可通过工序内直接串接使用工序内其他用水单元排水，如直流冷却排水、软水制备产浓盐水等，替代回用水，使该类用水单元的回用水耗量降低约 50%。需要指出的是，炼铁工序内类似的废水串接使用方式在一些钢铁厂已有实施，其可行性可以

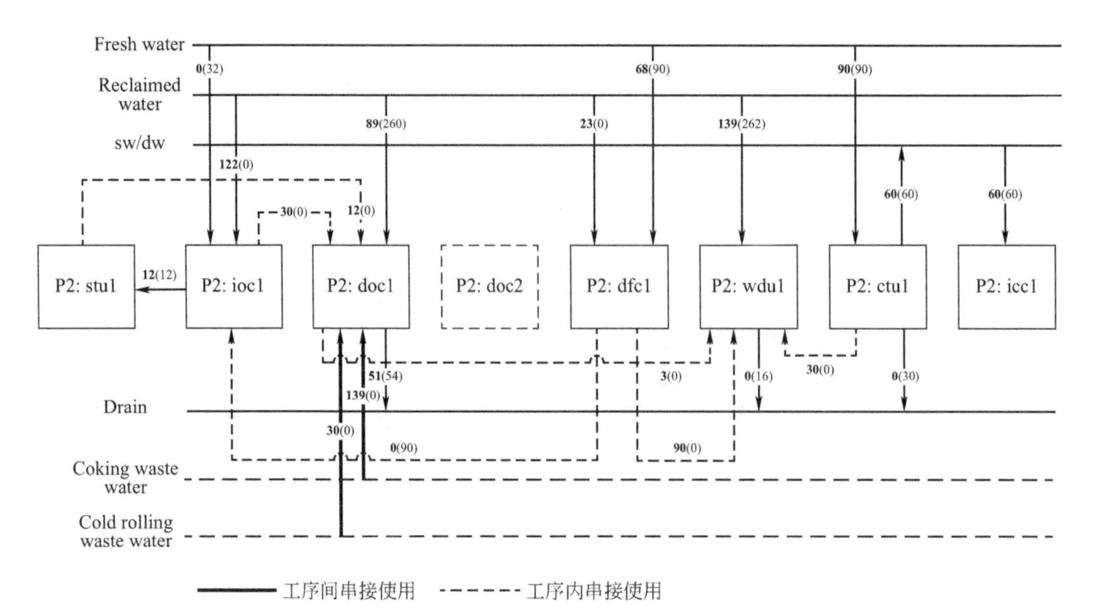

图 5-34 炼铁工序水网络优化结果

Fresh water—新水；Reclaimed water—回用水；sw/dw—软水/脱盐水；Drain—排水；Coking waste water—焦化废水；Cold rolling waste water—冷轧废水；P—工序；ioc—净环；doc—浊环；stu—沉淀池；dfc—直流用水；wdu—耗水单元；ctu—废水处理；icc—软闭环

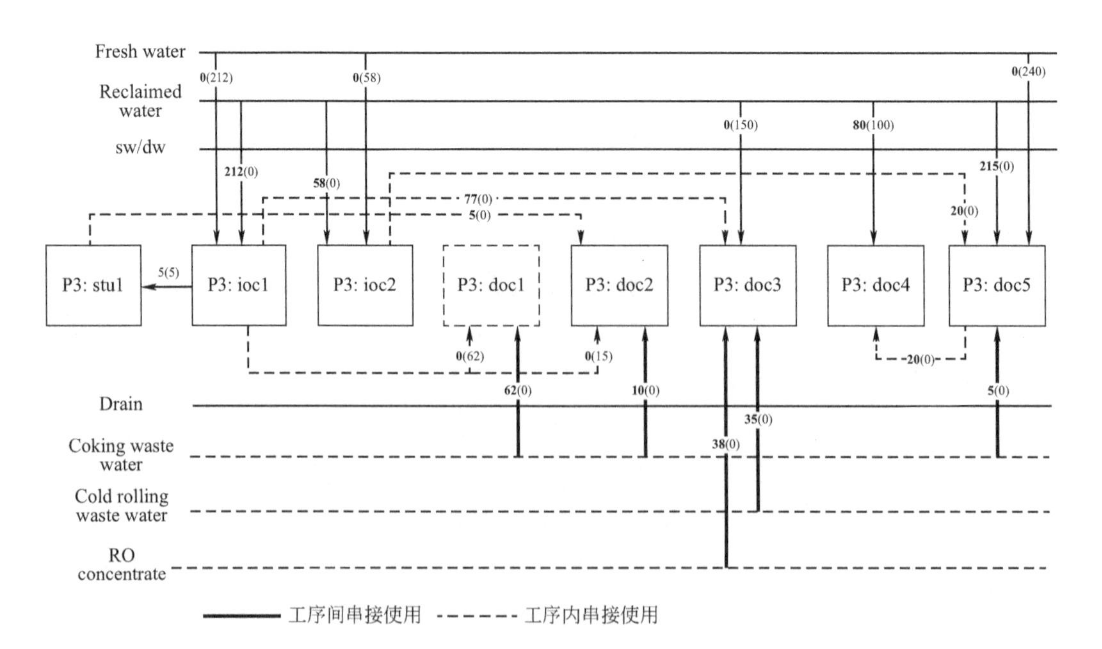

图 5-35 炼钢工序水网络优化结

Fresh water—新水；Reclaimed water—回用水；sw/dw—软水/脱盐水；Drain—排水；Coking waste water—焦化废水；Cold rolling waste water—冷轧废水；RO concentrate—反渗透浓盐水；P—工序；ioc—净环；doc—浊环；stu—沉淀池

保证，也进一步验证了本优化模型的有效性、正确性。

从图5-35可以发现，炼钢工序由于浊环较多，如转炉煤气净化、焖渣、RH冷凝器及精炼设备的直接喷水冷却等，对水质要求不高，依据按需用水的原则，可串接使用工序内净环排水或焦化废水等其他工序产生的特种废水，从而实现工序节水减排的目标。如转炉煤气净化用水在优化后全部使用焦化废水替代净环排水，将水质较好的净环排水用于RH冷凝器喷水冷却；焖渣则串接使用净环反洗水和焦化废水，替代目前串接使用的净环排水；此外，根据各用水单元水质控制指标的要求，采用按需供水的方式，实现回用水对新水的替代，如连铸二冷段用水全部用回用水替代新水（240m^3/h）。总体来说，在炼钢工序主要通过低质废水（工序内/工序间）串接使用以及按需供水相结合的方式实现工序水网络的优化。需要指出的是，按需供水方案需要根据用水单元水质控制指标的变化进行调整。

基于以上分析，炼铁和炼钢工序是钢铁园区主要的废水消纳工序，在构建园区水网络超结构时可以这两个工序作为园区水网络工序间直接集成方式的重点，以便简化超结构模型的复杂度；此外，由于这两个工序用水点较多，且水质要求不同，可充分利用一级或多级串接重用的方式构建工序水网络超结构。

③ 涉水单元水用水排水优化。按照按需用水的原则，优化后各用水单元的用水一般由园区供水和串接使用工序内其他单元排水构成，特别是对用水水质要求不高的用水单元可作为主要的废水消纳点，如冲渣、焖渣、煤气湿法除尘等，并可作为工序水网络超结构设计的核心。对于排水水质较好的净环排水、新水直流冷却排水则可通过串接用于工序内其他用水单元实现重用，如炼铁工序净环（p2.iocl）、炼钢工序净环（p3.docl，p3.doc2）排水全部实现回用，没有排放，参见图5-34、图5-35。炼铁工序冲渣用水（p2.docl）由于其对水质要求较低，仅对SS有一定要求（≤400mg/L），优化后其用水由反洗水、炼铁净环排水、焦化废水、冷轧废水和回用水构成，进水SS为37mg/L，详见图5-36。

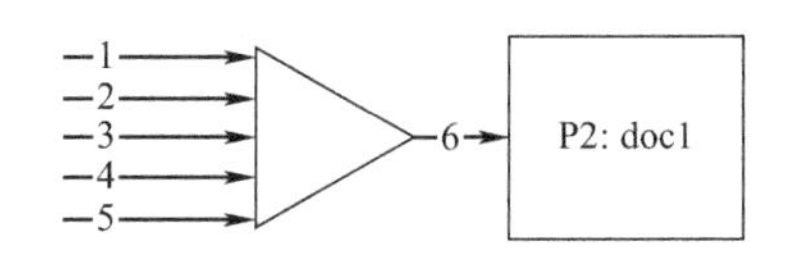

图5-36　高炉冲渣用水优化构成

1—反洗水（p2.stul，12m^3/h，SS 50mg/L）；2—净环排水（pl.iocl，30m^3/h，SS 20mg/L）；
3—焦化废水（rcw，139m^3/h，SS 50mg/L）；4—冷轧废水（rcrw，30m^3/h，SS 50mg/L）；
5—回用水（rw，89m^3/h，SS 16mg/L）；6—冲渣用水（p2.docl，300m^3/h，SS 37mg/L）；
P—工序；doc—浊环

因此，在工序尺度，按需用水和排水串接使用是钢铁生产工序实现水网络优化的两种主要方式，在建立工序水网络超结构需重点考虑，并根据工序内涉水单元用排水水质的特点建立相关约束，以便简化工序水网络超结构模型的复杂度。

9）水网络优化结果总结分析

全过程水污染控制策略，通过过程节水、水处理新技术（包括预处理、再生、末端处理）的应用，并利用水网络优化的方法实现新水处理技术与用排水单元的集成优化，有利于从园区整体实现节水减排。案例研究结果表明，基于全过程水污染控制策略驱动的钢铁园区水网络优化，综合用水成本与其他方案相比有较大幅度的降低［图 5-37(a)］，外供新水用量也相应降低，减少了水资源消耗量［图 5-37(b)］，新水在综合用水成本占比也大幅降低［图 5-37(c)］，研究结果对于水资源压力大、新水成本高地区的钢铁企业水网络的优化具有重要的参考价值。

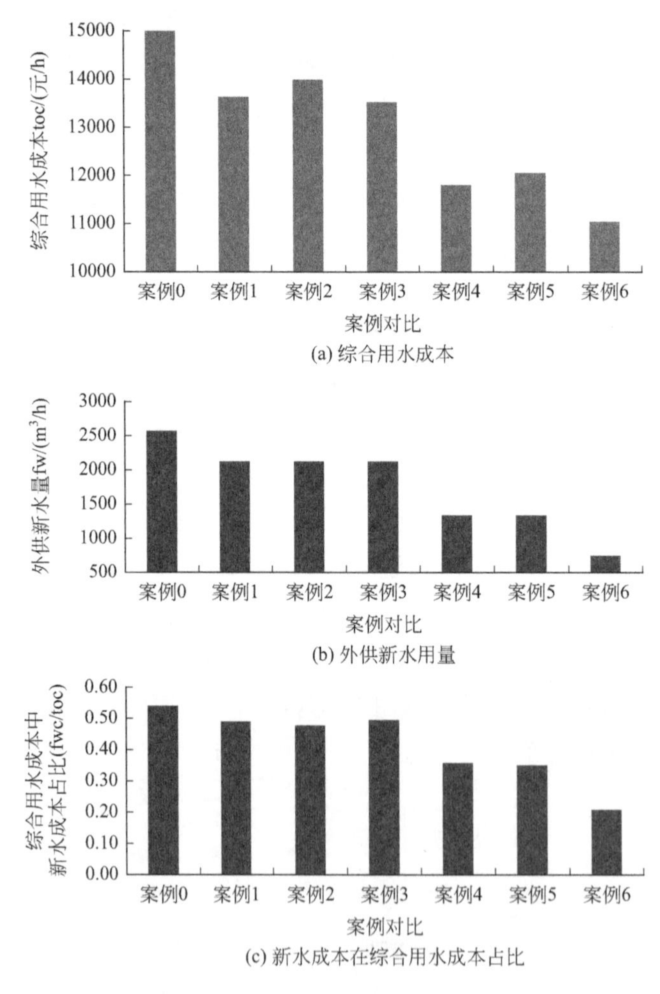

图 5-37 园区水网络各方案优化结果

toc—综合用水成本；fw—新水量；fwc—新水成本

10）最佳优化条件下水网络变化情况

以最优水网络方案（案例 6）为对象，在保持水网络结构的情况，以 Cl^- 为关键水质指标，分析了钢铁园区两大主要用水种类（新水和回用水），水质变化对水网络几个关键指标的影响见图 5-38。

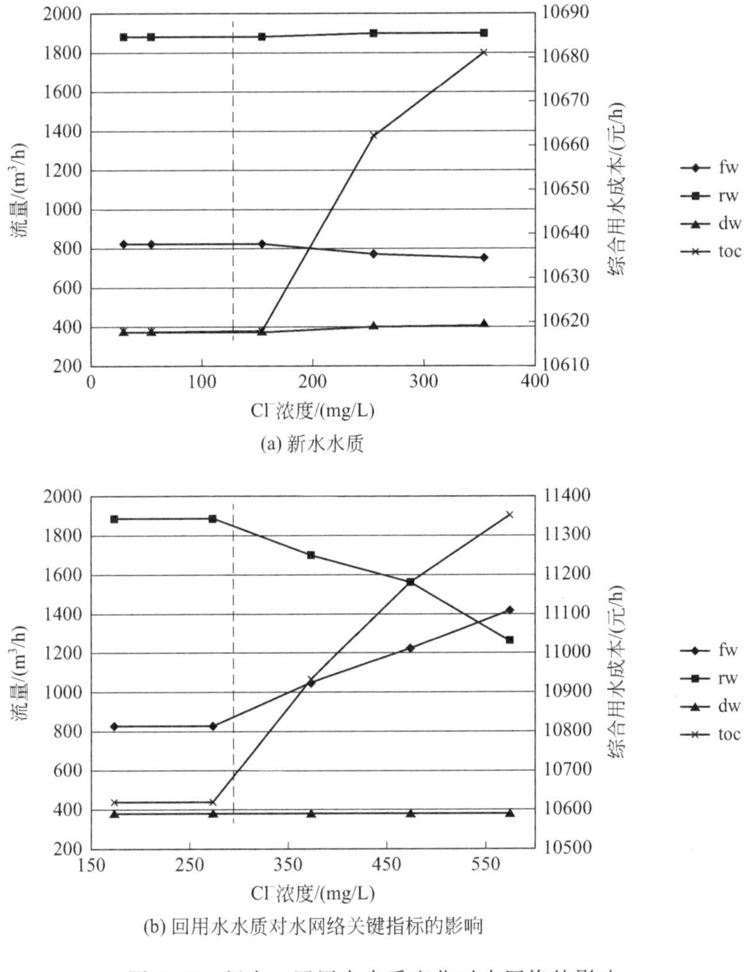

(a) 新水水质

(b) 回用水水质对水网络关键指标的影响

图 5-38 新水、回用水水质变化对水网络的影响

fw—新水；rw—软水；dw—脱盐水；toc—综合用水成本

由图5-38(a) 可以发现，随着新水水质提高（Cl^-浓度降低，由355mg/L降至155mg/L），用于掺混提高用水水质的脱盐水用量降低41m^3/h，但新水用量有一定的提高，约增加81m^3/h。当新水水质进一步提高（$Cl^- \leqslant 155$mg/L），水质的提高并不影响各类供水的使用量，表明$Cl^- = 155$mg/L时整个水系统污染物平衡已达最优，为新水水质的临界点，只有当新水Cl^-浓度高于临界浓度时提高水质才会影响各类供水的使用量；提高新水水质有利于降低综合用水成本，但存在临界点（本案例为$Cl^- = 155$mg/L），只有当新水Cl^-浓度高于临界浓度时提高水质才利于降低综合用水成本。

由图5-38(b) 可以发现，随着回用水质提高（Cl^-浓度降低，由550mg/L降至275mg/L），回用水逐渐可以满足用水的水质要求，且用水成本很低，用量逐渐增大，由1256m^3/h增至1880m^3/h；脱盐水用量保持不变，这主要是由于脱盐水生产成本较高的原因；新水用量则由于回用水的替代，用量逐步降低。当回用水水质进一步提高（Cl^-≤275mg/L），水质的提高并不影响各类供水的使用量，表明Cl^-=275mg/L时，整个水系统污染物平衡已达最优，为回用水水质的临界点，只有当回用水Cl^-浓度高于临界浓度时提高水质才会影响各类供水的使用量；提高回用水水质有利于降低综合用水成本，但存在临界点（本案例为Cl^-=275mg/L），只有当回用水Cl^-浓度高于临界浓度时提高水质才利于降低综合用水成本。

参 考 文 献

[1] 贾鹏林．美国NALCO化学公司来华进行技术交流［J］．石油化工腐蚀与防护，1991（2）：52.

[2] 陈小华．一种新型荧光示踪剂的合成及其研究［D］．南京：南京工业大学，2002.

[3] 张莹．火电厂水平衡与节水优化软件设计［D］．保定：华北电力大学，2003.

[4] 舒小宁．基于循环利用的钢铁企业水资源成本计算研究［D］．长沙：中南大学，2010.

[5] 包胜．水平衡优化新算法及通用平台建设［D］．马鞍山：安徽工业大学，2011.

[6] 杨斌．SCIES支撑平台及数据采集分析关键技术研究［D］．长沙：中南大学，2009.

[7] 郭广丰，邬海燕．包钢炼钢厂检化验数据采集系统的设计与开发［J］．现代计算机（专业版），2015（7）：60-64.

[8] 王岩．济钢质检中心实验室管理系统的研究与应用［D］．济南：山东大学，2015.

[9]《中国环保产业》编辑部．"工业水处理大数据运营管理云平台"通过技术鉴定［J］．中国环保产业，2015（8）：37.

[10] 吕子强，蔡九菊，谢国威，等．钢铁企业水系统网络信息平台方案研究［C］．第八届全国能源与热工学术年会，辽宁大连，2015.

[11] 韩香玉，张丽娜，刘亮．钢铁企业能源管控信息系统技术框架研究［J］．资源节约与环保，2013（2）：17-20.

[12] 张凌峰．工业循环冷却水智能辅助分析平台的关键技术研究［D］．天津：天津理工大学，2012.

[13] 胡艳珍．工业循环冷却水系统腐蚀结垢预测研究［D］．天津：天津理工大学，2018.

[14] 王姜维．钢铁企业用水系统在线监测诊断及控制技术研究［D］．北京：北京科技大学工业，2009.

[15] 齐贺．石化行业水资源利用网络的优化研究［D］．上海：同济大学，2008.

[16] 高中文，闫庆贺，赵艳微，等．炼化企业水平衡测试及系统节水优化技术研究与应用［C］．第三届全国石油与化工节能节水技术交流会暨化工节水与膜应用研讨会，辽宁大连，2011.

[17] 李肇杰．燃煤电厂水平衡管理系统设计优化与应用［D］．重庆：重庆理工大学，2014.

附录

附录 1　钢铁工业水污染物排放标准（GB 13456—2012）[1]

1　适用范围

本标准规定了钢铁生产企业或生产设施水污染物排放限值、监测和监控要求，以及标准的实施与监督等相关规定。

本标准适用于现有钢铁生产企业或生产设施的水污染物排放管理。

本标准适用于对钢铁工业建设项目的环境影响评价、环境保护设施设计、竣工环境保护验收及其投产后的水污染物排放管理。

本标准不适用于钢铁生产企业中铁矿采选废水、焦化废水和铁合金废水的排放管理。

本标准适用于法律允许的污染物排放行为。新设立污染源的选址和特殊保护区域内现有污染源的管理，按照《中华人民共和国大气污染防治法》、《中华人民共和国水污染防治法》、《中华人民共和国海洋环境保护法》、《中华人民共和国固体废物污染环境防治法》、《中华人民共和国环境影响评价法》等法律、法规、规章的相关规定执行。

本标准规定的水污染物排放控制要求适用于企业直接或间接向其法定边界外排放水污染物的行为。

2　规范性引用文件

本标准内容引用了下列文件中的条款。

GB/T 6920—1986　水质　pH 值的测定　玻璃电极法

GB/T 7466—1987　水质　总铬的测定　高锰酸钾氧化-二苯碳酰二肼分光光度法

GB/T 7467—1987　水质　六价铬的测定　二苯碳酰二肼分光光度法

---

[1] 附录 1 来源于《钢铁工业水污染物排放标准》（发布稿）。

GB/T 7469—1987 水质 汞的测定 高锰酸钾-过硫酸钾消解 双硫腙分光光度法
GB/T 7472—1987 水质 锌的测定 双硫腙分光光度法
GB/T 7475—1987 水质 铜、锌、铅、镉的测定 原子吸收分光光度法
GB/T 7485—1987 水质 总砷的测定 二乙基二硫代氨基钾酸银分光光度法
GB/T 11893—1989 水质 总磷的测定 钼酸铵分光光度法
GB/T 11894—1989 水质 总氮的测定 碱性过硫酸钾消解分光光度法
GB/T 11901—1989 水质 悬浮物的测定 重量法
GB/T 11910—1989 水质 镍的测定 丁二酮肟分光光度法
GB/T 11911—1989 水质 铁、锰的测定 火焰原子吸收分光光度法
GB/T 11912—1989 水质 镍的测定 火焰原子吸收分光光度法
GB/T 11914—1989 水质 化学需氧量的测定 重铬酸钾法
GB/T 16488—1996 水质 石油类和动植物油的测定 红外分光光度法
HJ/T 195—2005 水质 氨氮的测定 气相分子吸收光谱法
HJ/T 199—2005 水质 总氮的测定 气相分了吸收光谱法
HJ/T 341—2007 水质 汞的测定 冷原子荧光法（试行）
HJ/T 345—2007 水质 铁的测定 邻菲罗啉分光光度法
HJ/T 399—2007 水质 化学需氧量的测定 快速消解分光光度法
HJ 484—2009 水质 氰化物的测定 容量法和分光光度法
HJ 485—2009 水质 铜的测定 二乙基二硫代氨基甲酸钠分光光度法
HJ 487—2009 水质 氟化物的测定 茜素磺酸锆目视比色法
HJ 488—2009 水质 氟化物的测定 氟试剂分光光度法
HJ 503—2009 水质 挥发酚的测定 4-氨基安替比林分光光度法
HJ 535—2009 水质 氨氮的测定 纳氏试剂分光光度法
HJ 536—2009 水质 氨氮的测定 水杨酸分光光度法
HJ 537—2009 水质 氨氮的测定 蒸馏-中和滴定法
HJ 597—2011 水质 汞的测定 冷原子吸收分光光度法
《污染源自动监控管理办法》（国家环境保护总局令第 28 号）
《环境监测管理办法》（国家环境保护总局令第 39 号）

3 术语和定义

3.1 钢铁联合企业

指拥有钢铁工业的基本生产过程的钢铁企业，至少包含炼铁、炼钢和轧钢等生产工序。

3.2 钢铁非联合企业

指除钢铁联合企业外，含一个或二个及以上钢铁工业生产工序的企业。

3.3 烧结

指铁粉矿等含铁原料加入熔剂和固体燃料，按要求的比例配合，加水混合制粒后，平铺在烧结机台车上，经点火抽风，使其燃料燃烧，烧结料部分熔化粘结成块状的过程，包括球团。

3.4 炼铁

指采用高炉冶炼生铁的生产过程。高炉是工艺流程的主体，从其上部装入的铁矿石、燃料和熔剂向下运动，下部鼓入空气燃料燃烧，产生大量的高温还原性气体向上运动；炉料经过加热、还原、熔化、造渣、渗碳、脱硫等一系列物理化学过程，最后生成液态炉渣和生铁。

3.5 炼钢

指将炉料（如铁水、废钢、海绵铁、铁合金等）熔化、升温、提纯，使之符合成分和纯净度要求的过程，涉及的生产工艺包括铁水预处理、熔炼、炉外精炼（二次冶金）和浇铸（连铸）。

3.6 轧钢

指钢坯料经过加热通过热轧或将钢板通过冷轧轧制变成所需要的成品钢材的过程。本标准也包括在钢材表面涂镀金属或非金属的涂、镀层钢材的加工过程。

3.7 现有企业

指在本标准实施之日前，已建成投产或环境影响评价文件已通过审批的钢铁生产企业或生产设施。

3.8 新建企业

指在本标准实施之日起，环境影响评价文件通过审批的新建、改建和扩建的钢铁工业建设项目。

3.9 直接排放

指排污单位直接向环境排放水污染物的行为。

3.10 间接排放

指排污单位向公共污水处理系统排放水污染物的行为。

3.11 公共污水处理系统

指通过纳污管道等方式收集废水，为两家以上排污单位提供废水处理服务并且排水能够达到相关排放标准要求的企业或机构，包括各种规模和类型的城镇污水处理厂、区域（包括各类工业园区、开发区、工业聚集地等）废水处理厂等，其废水处理程度应达到二级或二级以上。

3.12 排水量

指生产设施或企业向企业法定边界以外排放的废水的量，包括与生产有直接或间接关系的各种外排废水（如厂区生活污水、冷却废水、厂区锅炉和电站排水等）。

3.13 单位产品基准排水量

指用于核定水污染物排放浓度而规定的生产单位产品的废水排放量上限值。

4 水污染物排放控制要求

4.1 自2012年10月1日起至2014年12月31日止，现有企业执行表1规定的水污染物排放限值。

表1 现有企业水污染物排放浓度限值及单位产品基准排水量

单位：mg/L（pH值除外）

<table>
<tr><th rowspan="5">序号</th><th rowspan="5" colspan="2">污染物项目</th><th colspan="7">限值</th><th rowspan="5">污染物排放监控位置</th></tr>
<tr><th colspan="6">直接排放</th><th rowspan="4">间接排放</th></tr>
<tr><th rowspan="3">钢铁联合企业</th><th colspan="5">钢铁非联合企业</th></tr>
<tr><th rowspan="2">烧结（球团）</th><th rowspan="2">炼铁</th><th rowspan="2">炼钢</th><th colspan="2">轧钢</th></tr>
<tr><th>冷轧</th><th>热轧</th></tr>
<tr><td>1</td><td colspan="2">pH值</td><td>6～9</td><td>6～9</td><td>6～9</td><td>6～9</td><td colspan="2">6～9</td><td>6～9</td><td rowspan="13">企业废水总排放口</td></tr>
<tr><td>2</td><td colspan="2">悬浮物</td><td>50</td><td>50</td><td>50</td><td>50</td><td colspan="2">50</td><td>100</td></tr>
<tr><td>3</td><td colspan="2">化学需氧量（COD_{Cr}）</td><td>60</td><td>60</td><td>60</td><td>60</td><td>80</td><td>60</td><td>200</td></tr>
<tr><td>4</td><td colspan="2">氨氮</td><td>8</td><td>—</td><td>8</td><td>—</td><td colspan="2">8</td><td>15</td></tr>
<tr><td>5</td><td colspan="2">总氮</td><td>20</td><td>—</td><td>20</td><td>—</td><td colspan="2">20</td><td>35</td></tr>
<tr><td>6</td><td colspan="2">总磷</td><td>1.0</td><td>—</td><td>—</td><td>—</td><td colspan="2">1.0</td><td>2.0</td></tr>
<tr><td>7</td><td colspan="2">石油类</td><td>5</td><td>5</td><td>5</td><td>5</td><td colspan="2">5</td><td>10</td></tr>
<tr><td>8</td><td colspan="2">挥发酚</td><td>0.5</td><td>—</td><td>0.5</td><td>—</td><td colspan="2">—</td><td>1.0</td></tr>
<tr><td>9</td><td colspan="2">总氰化物</td><td>0.5</td><td>—</td><td>0.5</td><td>—</td><td colspan="2">0.5</td><td>0.5</td></tr>
<tr><td>10</td><td colspan="2">氟化物</td><td>10</td><td>—</td><td>—</td><td>10</td><td colspan="2">10</td><td>20</td></tr>
<tr><td>11</td><td colspan="2">总铁[a]</td><td>10</td><td>—</td><td>—</td><td>—</td><td colspan="2">10</td><td>10</td></tr>
<tr><td>12</td><td colspan="2">总锌</td><td>2.0</td><td>—</td><td>2.0</td><td>—</td><td colspan="2">2.0</td><td>4.0</td></tr>
<tr><td>13</td><td colspan="2">总铜</td><td>0.5</td><td>—</td><td>—</td><td>—</td><td colspan="2">0.5</td><td>1.0</td></tr>
<tr><td>14</td><td colspan="2">总砷</td><td>0.5</td><td>0.5</td><td>—</td><td>—</td><td colspan="2">0.5</td><td>0.5</td><td rowspan="7">车间或生产设施废水排放口</td></tr>
<tr><td>15</td><td colspan="2">六价铬</td><td>0.5</td><td>—</td><td>—</td><td>—</td><td colspan="2">0.5</td><td>0.5</td></tr>
<tr><td>16</td><td colspan="2">总铬</td><td>1.5</td><td>—</td><td>—</td><td>—</td><td colspan="2">1.5</td><td>1.5</td></tr>
<tr><td>17</td><td colspan="2">总铅</td><td>1.0</td><td>—</td><td>1.0</td><td>—</td><td colspan="2">—</td><td>1.0</td></tr>
<tr><td>18</td><td colspan="2">总镍</td><td>1.0</td><td>—</td><td>—</td><td>—</td><td colspan="2">1.0</td><td>1.0</td></tr>
<tr><td>19</td><td colspan="2">总镉</td><td>0.1</td><td>—</td><td>—</td><td>—</td><td colspan="2">0.1</td><td>0.1</td></tr>
<tr><td>20</td><td colspan="2">总汞</td><td>0.05</td><td>—</td><td>—</td><td>—</td><td colspan="2">0.05</td><td>0.05</td></tr>
<tr><td rowspan="5">单位产品基准排水量/(m^3/t)</td><td colspan="2">钢铁联合企业[b]</td><td colspan="7">2.0</td><td rowspan="5">排水量计量位置与污染物排放监控位置相同</td></tr>
<tr><td rowspan="4">钢铁非联合企业</td><td>烧结、球团</td><td colspan="7" rowspan="2">0.05</td></tr>
<tr><td>炼铁</td></tr>
<tr><td>炼钢</td><td colspan="7">0.1</td></tr>
<tr><td>轧钢</td><td colspan="7">1.8</td></tr>
</table>

注：a. 排放废水pH值小于7时执行该限值。

b. 钢铁联合企业的产品以粗钢计。

4.2　自2015年1月1日起，现有企业执行表2规定的水污染物排放限值。

4.3　自2012年10月1日起，新建企业执行表2规定的水污染物排放限值。

表2　新建企业水污染物排放浓度限值及单位产品基准排水量

单位：mg/L（pH值除外）

<table>
<tr><th rowspan="4">序号</th><th rowspan="4">污染物项目</th><th colspan="7">限值</th><th rowspan="4">污染物排放监控位置</th></tr>
<tr><th colspan="6">直接排放</th><th rowspan="3">间接排放</th></tr>
<tr><th rowspan="2">钢铁联合企业</th><th colspan="5">钢铁非联合企业</th></tr>
<tr><th>烧结（球团）</th><th>炼铁</th><th>炼钢</th><th>轧钢 冷轧</th><th>轧钢 热轧</th></tr>
<tr><td>1</td><td>pH值</td><td>6～9</td><td>6～9</td><td>6～9</td><td>6～9</td><td colspan="2">6～9</td><td>6～9</td><td rowspan="13">企业废水总排放口</td></tr>
<tr><td>2</td><td>悬浮物</td><td>30</td><td>30</td><td>30</td><td>30</td><td colspan="2">30</td><td>100</td></tr>
<tr><td>3</td><td>化学需氧量（COD_{Cr}）</td><td>50</td><td>50</td><td>50</td><td>50</td><td>70</td><td>50</td><td>200</td></tr>
<tr><td>4</td><td>氨氮</td><td>5</td><td>—</td><td>5</td><td>5</td><td colspan="2">5</td><td>15</td></tr>
<tr><td>5</td><td>总氮</td><td>15</td><td>—</td><td>15</td><td>15</td><td colspan="2">15</td><td>35</td></tr>
<tr><td>6</td><td>总磷</td><td>0.5</td><td>—</td><td>—</td><td>—</td><td colspan="2">0.5</td><td>2.0</td></tr>
<tr><td>7</td><td>石油类</td><td>3</td><td>3</td><td>3</td><td>3</td><td colspan="2">3</td><td>10</td></tr>
<tr><td>8</td><td>挥发酚</td><td>0.5</td><td>—</td><td>0.5</td><td>—</td><td colspan="2">—</td><td>1.0</td></tr>
<tr><td>9</td><td>总氰化物</td><td>0.5</td><td>—</td><td>0.5</td><td>—</td><td colspan="2">0.5</td><td>0.5</td></tr>
<tr><td>10</td><td>氟化物</td><td>10</td><td>—</td><td>—</td><td>10</td><td colspan="2">10</td><td>20</td></tr>
<tr><td>11</td><td>总铁[a]</td><td>10</td><td>—</td><td>—</td><td>—</td><td colspan="2">10</td><td>10</td></tr>
<tr><td>12</td><td>总锌</td><td>2.0</td><td>—</td><td>2.0</td><td>—</td><td colspan="2">2.0</td><td>4.0</td></tr>
<tr><td>13</td><td>总铜</td><td>0.5</td><td>—</td><td>—</td><td>—</td><td colspan="2">0.5</td><td>1.0</td></tr>
<tr><td>14</td><td>总砷</td><td>0.5</td><td>0.5</td><td>—</td><td>—</td><td colspan="2">0.5</td><td>0.5</td><td rowspan="7">车间或生产设施废水排放口</td></tr>
<tr><td>15</td><td>六价铬</td><td>0.5</td><td>—</td><td>—</td><td>—</td><td colspan="2">0.5</td><td>0.5</td></tr>
<tr><td>16</td><td>总铬</td><td>1.5</td><td>—</td><td>—</td><td>—</td><td colspan="2">1.5</td><td>1.5</td></tr>
<tr><td>17</td><td>总铅</td><td>1.0</td><td>1.0</td><td>1.0</td><td>—</td><td colspan="2">—</td><td>1.0</td></tr>
<tr><td>18</td><td>总镍</td><td>1.0</td><td>—</td><td>—</td><td>—</td><td colspan="2">1.0</td><td>1.0</td></tr>
<tr><td>19</td><td>总镉</td><td>0.1</td><td>—</td><td>—</td><td>—</td><td colspan="2">0.1</td><td>0.1</td></tr>
<tr><td>20</td><td>总汞</td><td>0.05</td><td>—</td><td>—</td><td>—</td><td colspan="2">0.05</td><td>0.05</td></tr>
<tr><td rowspan="4">单位产品基准排水量/(m^3/t)</td><td>钢铁联合企业[b]</td><td colspan="7">1.8</td><td rowspan="4">排水量计量位置与污染物排放监控位置相同</td></tr>
<tr><td>钢铁非联合企业 烧结、球团、炼铁</td><td colspan="7">0.05</td></tr>
<tr><td>钢铁非联合企业 炼钢</td><td colspan="7">0.1</td></tr>
<tr><td>钢铁非联合企业 轧钢</td><td colspan="7">1.5</td></tr>
</table>

注：a. 排放废水pH值小于7时执行该限值。

b. 钢铁联合企业的产品以粗钢计。

4.4　根据环境保护工作的要求，在国土开发密度已经较高、环境承载能力开始减弱，或环境容量较小、生态环境脆弱，容易发生严重环境污染问题而需要采取特别保护措施的地区，应严格控制企业的污染物排放行为，在上述地区的企业执行表 3 规定的水污染物特别排放限值。

执行水污染物特别排放限值的地域范围、时间，由国务院环境保护行政主管部门或省级人民政府规定。

表 3　水污染物特别排放限值

单位：mg/L（pH 值除外）

序号	污染物项目	限值						污染物排放监控位置
		直接排放					间接排放	
		钢铁联合企业	钢铁非联合企业					
			烧结（球团）	炼铁	炼钢	轧钢		
1	pH 值	6～9	6～9	6～9	6～9	6～9	6～9	企业废水总排放口
2	悬浮物	20	20	20	20	20	30	
3	化学需氧量（COD_{Cr}）	30	30	30	30	30	200	
4	氨氮	5	—	5	5	5	8	
5	总氮	15	—	15	15	15	20	
6	总磷	0.5	—	—	—	0.5	0.5	
7	石油类	1	1	1	1	1	3	
8	挥发酚	0.5	—	0.5	—	—	0.5	
9	总氰化物	0.5	—	0.5	—	0.5	0.5	
10	氟化物	10	—	—	10	10	10	
11	总铁[a]	2.0	—	—	—	2.0	10	
12	总锌	1.0	—	1.0	—	1.0	2.0	
13	总铜	0.3	—	—	—	0.3	0.5	
14	总砷	0.1	0.1	—	—	0.1	0.1	车间或生产设施废水排放口
15	六价铬	0.05	—	—	—	0.05	0.05	
16	总铬	0.1	—	—	—	0.1	0.1	
17	总铅	0.1	0.1	0.1	—	—	0.1	
18	总镍	0.05	—	—	—	0.05	0.05	
19	总镉	0.01	—	—	—	0.01	0.01	
20	总汞	0.01	—	—	—	0.01	0.01	
单位产品基准排水量/(m^3/t)	钢铁联合企业[b]	1.2						排水量计量位置与污染物排放监控位置相同
	钢铁非联合企业：烧结、球团、炼铁	0.05						
	钢铁非联合企业：炼钢	0.1						
	钢铁非联合企业：轧钢	1.1						

注：a. 排放废水 pH 值小于 7 时执行该限值。

b. 钢铁联合企业的产品以粗钢计。

4.5　水污染物排放浓度限值适用于单位产品实际排水量不高于单位产品基准

排水量的情况。若单位产品实际排水量超过单位产品基准排水量，须按公式(1)将实测水污染物浓度换算为水污染物基准水量排放浓度，并以水污染物基准水量排放浓度作为判定排放是否达标的依据。产品产量和排水量统计周期为一个工作日。

在企业的生产设施为两种及以上工序或同时生产两种及以上产品，可适用不同排放控制要求或不同行业国家污染物排放标准时，且生产设施产生的污水混合处理排放的情况下，应执行排放标准中规定的最严格的浓度限值，并按公式(1)换算水污染物基准水量排放浓度。

$$\rho_{基}=\frac{Q_{总}}{\sum Y_i Q_{i基}}\times\rho_{实} \tag{1}$$

式中 $\rho_{基}$——水污染物基准水量排放浓度，mg/L；

$Q_{总}$——实测排水总量，m^3；

Y_i——第 i 种产品产量，t；

$Q_{i基}$——第 i 种产品的单位产品基准排水量，m^3/t；

$\rho_{实}$——实测水污染物浓度，mg/L。

若 $Q_{总}$ 与 $\sum Y_i Q_{i基}$ 的比值小于1，则以水污染物实测浓度作为判定排放是否达标的依据。

5 水污染物监测要求

5.1 对企业排放废水的采样，应根据监测污染物的种类，在规定的污染物排放监控位置进行。有废水处理设施的，应在处理设施后监控。在污染物排放监控位置须设置永久性排污口标志。

5.2 新建企业和现有企业安装污染物排放自动监控设备的要求，按有关法律和《污染源自动监控管理办法》的规定执行。

5.3 对企业污染物排放情况进行监测的频次、采样时间等要求，按国家有关污染源监测技术规范的规定执行。

5.4 企业产品产量的核定，以法定报表为依据。

5.5 企业应按照有关法律和《环境监测管理办法》的规定，对排污状况进行监测，并保存原始监测记录。

5.6 对企业排放水污染物浓度的测定采用表4所列的方法标准。

表4 水污染物浓度测定方法标准

序号	污染物项目	方法标准名称	方法标准编号
1	pH值	水质 pH值的测定 玻璃电极法	GB/T 6920—1986
2	悬浮物	水质 悬浮物的测定 重量法	GB/T 11901—1989
3	化学需氧量	水质 化学需氧量的测定 重铬酸钾法	GB/T 11914—1989
		水质 化学需氧量的测定 快速消解分光光度法	HJ/T 399—2007

续表

序号	污染物项目	方法标准名称	方法标准编号
4	氨氮	水质　氨氮的测定　气相分子吸收光谱法	HJ/T 195—2005
		水质　氨氮的测定　纳氏试剂分光光度法	HJ 535—2009
		水质　氨氮的测定　水杨酸分光光度法	HJ 536—2009
		水质　氨氮的测定　蒸馏-中和滴定法	HJ 537—2009
5	总氮	水质　总氮的测定　碱性过硫酸钾消解紫外分光光度法	GB/T 11894—1989
		水质　总氮的测定　气相分子吸收光谱法	HJ/T 199—2005
6	总磷	水质　总磷的测定　钼酸铵分光光变法	GB/T 11893—1989
7	石油类	水质　石油类的测定　红外分光光度法	GB/T 16488—1996
8	挥发酚	水质　挥发酚的测定　4-氨基安替比林分光光度法	HJ 503—2009
9	氟化物	水质　氟化物的测定　茜素磺酸锆目视比色法	HJ 487—2009
		水质　氟化物的测定　氟试剂分光光度法	HJ 488—2009
10	氰化物	水质　氰化物的测定　容量法和分光光度法	HJ 484—2009
11	总铁	水质　铁、锰的测定　火焰原子吸收分光光度法	GB/T 11911—1989
		水质　铁的测定　邻菲罗啉分光光度法	HJ/T 345—2007
12	总锌	水质　铜、锌、铅、镉的测定　原子吸收分光光度法	GB/T 7475—1987
		水质　锌的测定　双硫腙分光光度法	GB/T 7472—1987
13	总铜	水质　铜、锌、铅、镉的测定　原子吸收分光光度法	GB/T 7475—1987
		水质　铜的测定　二乙基二硫代氨基甲酸钠分光光度法	HJ 485—2009
14	总砷	水质　砷的测定　二乙基二硫代氨基钾酸银分光光度法	GB/T 7485—1987
15	总铬	水质　总铬的测定　高锰酸钾氧化-二苯碳酰二肼分光光度法	GB/T 7466—1987
16	六价铬	水质　六价铬的测定　二苯碳酰二肼分光光度法	GB/T 7467—1987
17	总铅	水质　铜、锌、铅、镉的测定　原子吸收分光光度法	GB/T 7475—1987
18	总镍	水质　镍的测定　丁二酮肟分光光度法	GB/T 11910—1989
		水质　镍的测定　火焰原子吸收分光光度法	GB/T 11912—1989
19	总镉	水质　铜、锌、铅、镉的测定　原子吸收分光光度法	GB/T 7475—1987
20	总汞	水质　总汞的测定　冷原子吸收分光光度法	HJ 597—2011
		水质　汞的测定　双硫腙分光光度法	GB/T 7469—1987
		水质　汞的测定　冷原子荧光法(试行)	HJ/T 341—2007

6　实施与监督

6.1　本标准由县级以上人民政府环境保护行政主管部门负责监督实施。

6.2　在任何情况下，企业均应遵守本标准的污染物排放控制要求，采取必要措施保证污染防治设施的正常运行。各级环保部门在对企业进行监督性检查时，可以采用现场即时采样或监测的结果，作为判定排污行为是否符合排放标准以及实施相关环境保护管理措施的依据。在发现设施耗水或排水量有异常变化的情况下，应核定设施的实际产品产量和排水量，按本标准的规定，将实测水污染物浓度换算为水污染物基准水量排放浓度后进行考核。

附录 2 炼焦化学工业污染物排放标准（GB 16171—2012）[1]

1 适用范围

本标准规定了炼焦化学工业企业水污染物和大气污染物排放限值、监测和监控要求，以及标准的实施与监督等相关规定。

本标准适用于现有和新建焦炉生产过程备煤、炼焦、煤气净化、炼焦化学产品回收和热能利用等工序水污染物和大气污染物的排放管理，以及炼焦化学工业企业建设项目的环境影响评价、环境保护设施设计、竣工环境保护验收及其投产后的水污染物和大气污染物的排放管理。

钢铁等工业企业炼焦分厂污染物排放管理执行本标准。

本标准适用于法律允许的污染物排放行为。新设立污染源的选址和特殊保护区域内现有污染源的管理，除执行本标准外，还应符合《中华人民共和国大气污染防治法》《中华人民共和国水污染防治法》《中华人民共和国海洋环境保护法》《中华人民共和国固体废物污染环境防治法》《中华人民共和国环境影响评价法》等法律、法规、规章的相关规定。

本标准规定的水污染物排放控制要求适用于企业直接或间接向其法定边界外排放水污染物的行为。

2 规范性引用文件

本标准内容引用了下列文件或其中的条款。

GB 6920—1986 水质 pH 值的测定 玻璃电极法

GB 11890—1989 水质 苯系物的测定 气相色谱法

GB 11893—1989 水质 总磷的测定 钼酸铵分光光度法

GB 11901—1989 水质 悬浮物的测定 重量法

GB 11914—1989 水质 化学需氧量的测定 重铬酸盐法

GB/T 14669—93 空气质量 氨的测定 离子选择电极法

GB/T 14678—1993 空气质量 硫化氢 甲硫醇甲硫醚 二甲二硫的测定气相色谱法

GB/T 15432—1995 环境空气 总悬浮颗粒物的测定 重量法

GB/T 15439—1995 环境空气 苯并［*a*］芘的测定 高效液相色谱法

GB/T 16157—1996 固定污染源排气中颗粒物测定与气态污染物采样方法

GB/T 16488—1996 水质 石油类和动植物油的测定 红外光度法

---

[1] 附录 2 来源于《炼焦化学工业污染物排放标准》（发布稿）。

GB/T 16489—1996 水质 硫化物的测定 亚甲基蓝分光光度法
HJ/T 28—1999 固定污染源排气中氰化氢的测定 异烟酸-吡唑啉酮分光光度法
HJ/T 32—1999 固定污染源排气中酚类化合物的测定 4-氨基安替比林分光光度法
HJ/T 38—1999 固定污染源排气中非甲烷总烃的测定 气相色谱法
HJ/T 40—1999 固定污染源排气中苯并[a]芘的测定 高效液相色谱法
HJ/T 42—1999 固定污染源排气中氮氧化物的测定 紫外分光光度法
HJ/T 43—1999 固定污染源排气中氮氧化物的测定 盐酸萘乙二胺分光光度法
HJ/T 55—2000 大气污染物无组织排放监测技术导则
HJ/T 56—2000 固定污染源排气中二氧化硫的测定 碘量法
HJ/T 57—2000 固定污染源排气中二氧化硫的测定 定电位电解法
HJ/T 60—2000 水质 硫化物的测定 碘量法
HJ/T 195—2005 水质 氨氮的测定 气相分子吸收光谱法
HJ/T 199—2005 水质 总氮的测定 气相分子吸收光谱法
HJ/T 200—2005 水质 硫化物的测定 气相分子吸收光谱法
HJ/T 399—2007 水质 化学需氧量的测定 快速消解分光光度法
HJ 478—2009 水质 多环芳烃的测定 液液萃取和固相萃取高效液相色谱法
HJ 479—2009 环境空气 氮氧化物（一氧化氮和二氧化氮）的测定 盐酸萘乙二胺分光光度法
HJ 482—2009 环境空气 二氧化硫的测定 甲醛吸收-副玫瑰苯胺分光光度法
HJ 483—2009 环境空气 二氧化硫的测定 四氯汞盐吸收-副玫瑰苯胺分光光度法
HJ 484—2009 水质 氰化物的测定 容量法和分光光度法
HJ 502—2009 水质 挥发酚的测定 溴化容量法
HJ 503—2009 水质 挥发酚的测定 4-氨基安替比林分光光皮法
HJ 505—2009 水质 五日生化需氧量（BOD_5）的测定 稀释与接种法
HJ 533—2009 空气和废气 氨的测定 纳氏试剂分光光度法
HJ 534—2009 环境空气 氨的测定 次氯酸钠-水杨酸分光光度法
HJ 535—2009 水质 氨氮的测定 纳氏试剂分光光度法
H1 536—2009 水质 氨氮的测定 水杨酸分光光度法
HJ 537—2009 水质 氨氮的测定 蒸馏-中和滴定法
HJ 583—2010 环境空气 苯系物的测定 固体吸附/热脱附-气相色谱法

HJ 584—2010 环境空气 苯系物的测定 活性炭吸附/二硫化碳解吸-气相色谱法

HJ 636—2012 水质 总氮的测定 碱性过硫酸钾消解紫外分光光度法

《污染源自动监控管理办法》(国家环境保护总局令 第28号)

《环境监测管理办法》(国家环境保护总局令 第39号)

3 术语和定义

下列术语和定义适用于本标准。

3.1 炼焦化学工业 coke chemical industry

炼焦煤按生产工艺和产品要求配比后，装入隔绝空气的密闭炼焦炉内，经高、中、低温干馏转化为焦炭、焦炉煤气和化学产品的工艺过程。炼焦炉型包括常规机焦炉、热回收焦炉、半焦（兰炭）炭化炉三种。

3.2 常规机焦炉 machine-coke oven

炭化室、燃烧室分设，炼焦煤隔绝空气间接加热干馏成焦炭，并设有煤气净化、化学产品回收利用的生产装置。装煤方式分顶装和捣固侧装。木标准简称“机焦炉”。

3.3 热回收焦炉 thermal-recovery stamping mechanical coke oven

集焦炉炭化室微负压操作、机械化捣固、装煤、出焦、回收利用炼焦燃烧废气余热于一体的焦炭生产装置，其炉室分为卧式炉和立式炉，以生产铸造焦为主。

3.4 半焦（兰炭）炭化炉 semi-coke oven

以不粘煤、弱粘煤、长焰煤等为原料，在炭化温度750℃以下进行中低温干馏，以生产半焦（兰炭）为主的生产装置。加热方式分内热式和外热式。本标准简称为“半焦炉”。

3.5 标准状态 standard condition

温度为273K，压力为101325Pa时的状态，简称“标态”。本标准规定的大气污染物排放浓度均以标准状态下的干气体为基准。

3.6 现有企业 exmting facility

本标准实施之日前，已建成投产或环境影响评价文件已通过审批的炼焦化学工业企业及生产设施。

3.7 新建企业 new facility

本标准实施之日起，环境影响评价文件通过审批的新建、改建和扩建的炼焦化学工业建设项目。

3.8 排水量 effluent volume

生产设施或企业向企业法定边界以外排放的废水的量，包括与生产有直接或间接关系的各种外排废水（如厂区生活污水、冷却废水、厂区锅炉和电站排水等）。

3.9　单位产品基准排水量　benchmark effluent volume per unit product

用于核定水污染物排放浓度而规定的生产单位产品的废水排放量上限值。

3.10　排气筒高度　stack height

自排气筒（或其主体建筑构造）所在的地平面至排气筒出口计的高度。

3.11　企业边界　enterprise boundary

炼焦化学工业企业的法定边界。若无法定边界，则指企业的实际边界。

3.12　公共污水处理系统　public wastewater treatment system

通过纳污管道等方式收集废水，为两家以上排污单位提供废水处理服务并且排水能够达到相关排放标准要求的企业或机构，包括各种规模和类型的城镇污水处理厂、区域（包括各类工业园区，开发区、工业聚集地等）废水处理厂等，其废水处理程度应达到二级或二级以上。

3.13　直接排放　direct discharge

排污单位直接向环境排放水污染物的行为。

3.14　间接排放　indirect discharge

排污单位向公共污水处理系统排放水污染物的行为。

3.15　多环芳烃（PAHs）polycyclic aromatic hydrocabons

含有一个苯环以上的芳香化合物。本标准多环芳烃是指特定的苯并［*a*］芘、荧蒽、苯并［*b*］荧蒽、苯并［*k*］荧蒽、茚并［1,2,3-*c*,*d*］芘，苯并［*g*,*h*,*i*］苝六种污染物。

4　污染物排放控制要求

4.1　水污染物排放控制要求

4.1.1　自2012年10月1日至2014年12月31日止，现有企业执行表1规定的水污染物排放限值。

表1　现有企业水污染物排放浓度限值及单位产品基准排水量

单位：mg/L（pH值除外）

序号	污染物项目	限值		污染物排放监控位置
		直接排放	间接排放	
1	pH值	6～9	6～9	独立焦化企业废水总排放口或钢铁联合企业焦化分厂废水排放口
2	悬浮物	70	70	
3	化学需氧量(COD_{Cr})	100	150	
4	氨氮	15	25	
5	五日生化需氧量(BOD_5)	25	30	
6	总氮	30	50	
7	总磷	1.5	3.0	
8	石油类	5.0	5.0	

续表

序号	污染物项目	限值		污染物排放监控位置
		直接排放	间接排放	
9	挥发酚	0.50	0.50	独立焦化企业废水总排放口或钢铁联合企业焦化分厂废水排放口
10	硫化物	1.0	1.0	
11	苯	0.10	0.10	
12	氰化物	0.20	0.20	
13	多环芳烃(PAHs)	0.05	0.05	车间或生产设施废水排放口
14	苯并[a]芘	0.03μg/L	0.03μg/L	
单位产品基准排水量(m^3/t 焦)		1.0		排水量计量位置与污染物排放监控位置相同

4.1.2 自 2015 年 1 月 1 日起，现有企业执行表 2 规定的水污染物排放限值。

4.1.3 自 2012 年 10 月 1 日起，新建企业执行表 2 规定的水污染物排放限值。

表 2 新建企业水污染物排放浓度限值及单位产品基准排水量

单位：mg/L（pH 值除外）

序号	污染物项目	限值		污染物排放监控位置
		直接排放	间接排放	
1	pH 值	6～9	6～9	独立焦化企业废水总排放口或钢铁联合企业焦化分厂废水排放口
2	悬浮物	50	70	
3	化学需氧量(COD_{Cr})	80	150	
4	氨氮	10	25	
5	五日生化需氧量(BOD_5)	20	30	
6	总氮	20	50	
7	总磷	1.0	3.0	
8	石油类	2.5	2.5	
9	挥发酚	0.30	0.30	
10	硫化物	0.50	0.50	
11	苯	0.10	0.10	
12	氰化物	0.20	0.20	
13	多环芳烃(PAHs)	0.05	0.05	车间或生产设施废水排放口
14	苯并[a]芘	0.03μg/L	0.03μg/L	
单位产品基准排水量(m^3/t 焦)		0.40		排水量计量位置与污染物排放监控位置相同

4.1.4 根据环境保护工作的要求，在国土开发密度较高、环境承载能力开始减弱，或水环境容量较小、生态环境脆弱，容易发生严重水环境污染问题而需要采取特别保护措施的地区，应严格控制企业的污染物排放行为，在上述地区的企业执行表 3 规定的水污染物特别排放限值。

表 3 水污染物特别排放限值 单位：mg/L（pH 值除外）

序号	污染物项目	限值		污染物排放监控位置
		直接排放	间接排放	
1	pH 值	6～9	6～9	独立焦化企业废水总排放口或钢铁联合企业焦化分厂废水排放口
2	悬浮物(SS)	25	50	
3	化学需氧量(COD_{Cr})	40	80	
4	氨氮	5.0	10	
5	五日生化需氧量(BOD_5)	10	20	
6	总氮	10	25	
7	总磷	0.5	1.0	
8	石油类	1.0	1.0	
9	挥发酚	0.10	0.10	
10	硫化物	0.20	0.20	
11	苯	0.10	0.10	
12	氰化物	0.20	0.20	
13	多环芳烃(PAHs)	0.05	0.05	车间或生产设施废水排放口
14	苯并[a]芘	0.03μg/L	0.03μg/L	
单位产品基准排水量(m^3/t 焦)		0.30		排水量计量位置与污染物排放监控位置相同

执行水污染物特别排放限值的地域范围、时间，由国务院环境保护行政主管部门或省级人民政府规定。

4.1.5 焦化生产废水经处理后用于洗煤、熄焦和高炉冲渣等的水质，其 pH、SS、COD_{Cr}、氨氮、挥发酚及氰化物应满足表 1 中相应的间接排放限值要求。

4.1.6 水污染物排放浓度限值适用于单位产品实际排水量不大于单位产品基准排水量的情况。若单位产品实际排水量超过单位产品基准排水量，须按公式(1)将实测水污染物浓度换算为水污染物基准水量排放浓度，并以水污染物基准水量排放浓度作为判定排放是否达标的依据。产品产量和排水量统计周期为一个工作日。

在企业的生产设施同时生产两种以上产品，可适用不同排放控制要求或不同行业国家污染物排放标准，且生产设施产生的污水混合处理排放的情况下，应执行排放标准中规定的最严格的浓度限值，并按公式(1) 换算水污染物基准排水量排放浓度。

$$\rho_{基}=\frac{Q_{总}}{\sum Y_i Q_{i基}}\cdot \rho_{实} \tag{1}$$

式中 $\rho_{基}$——水污染物基准排水量排放浓度，mg/L；

$Q_{总}$——排水总量，m^3；

Y_i——第 i 种产品产量，t；

$Q_{i基}$——第 i 种产品的单位产品基准排水量，m^3/t；

$\rho_{实}$——实测水污染物排放浓度，mg/L。

若 $Q_{总}$ 与 $\sum Y_i Q_{i基}$ 的比值小于 1，则以水污染物实测浓度作为判定排放是否达标的依据。

4.2 大气污染物排放控制要求

4.2.1 自 2012 年 10 月 1 日至 2014 年 12 月 31 日止，现有企业执行表 4 规定的大气污染物排放限值。

表 4 现有企业大气污染物排放浓度限值 单位：mg/m³

序号	污染物排放环节	颗粒物	二氧化硫	苯并[a]芘	氰化氢	苯[3)]	酚类	非甲烷总烃	氮氧化物	氨	硫化氢	监控位置
1	精煤破碎、焦炭破碎、筛分及转运	50	—	—	—	—	—	—	—	—	—	车间或生产设施排气筒
2	装煤	100	150	0.3 μg/m³	—	—	—	—	—	—	—	
3	推焦	100	100	—	—	—	—	—	—	—	—	
4	焦炉烟囱	50	100[1)] 200[2)]	—	—	—	—	—	800[1)] 240[2)]	—	—	
5	干法熄焦	100	150	—	—	—	—	—	—	—	—	
6	粗苯管式炉、半焦烘干和氨分解炉等燃用焦炉煤气的设施	50	100	—	—	—	—	—	240	—	—	
7	冷鼓、库区焦油各类贮槽	—	—	0.3 μg/m³	1.0	—	100	120	—	60	10	
8	苯贮槽	—	—	—	—	6	—	120	—	—	—	
9	脱硫再生塔	—	—	—	—	—	—	—	—	60	10	
10	硫铵结晶干燥	100		—	—	—	—	—	—	60	—	

注：1）机焦、半焦炉；2）热回收焦炉；3）待国家污染物监测方法标准发布后实施。

4.2.2 自 2015 年 1 月 1 日起，现有企业执行表 5 规定的大气污染物排放限值。

4.2.3 自 2012 年 10 月 1 日起，新建企业执行表 5 规定的大气污染物排放限值。

表 5 新建企业大气污染物排放浓度限值 单位：mg/m³

序号	污染物排放环节	颗粒物	二氧化硫	苯并[a]芘	氰化氢	苯[3)]	酚类	非甲烷总烃	氮氧化物	氨	硫化氢	监控位置
1	精煤破碎、焦炭破碎、筛分及转运	30	—	—	—	—	—	—	—	—	—	
2	装煤	50	100	0.3 μg/m³	—	—	—	—	—	—	—	
3	推焦	50	50	—	—	—	—	—	—	—	—	

续表

序号	污染物排放环节	颗粒物	二氧化硫	苯并[a]芘	氰化氢	苯[3]	酚类	非甲烷总烃	氮氧化物	氨	硫化氢	监控位置
4	焦炉烟囱	30	50[1] 100[2]	—	—	—	—	—	500[1] 200[2]	—	—	车间或生产设施排气筒
5	干法熄焦	50	100	—	—	—	—	—	—	—	—	
6	粗苯管式炉、半焦烘干和氨分解炉等燃用焦炉煤气的设施	30	50	—	—	—	—	—	200	—	—	
7	冷鼓、库区焦油各类贮槽	—	—	0.3 μg/m³	1.0	—	80	80	—	30	3.0	
8	苯贮槽	—	—	—	—	6	—	80	—	—	—	
9	脱硫再生塔									30	3.0	
10	硫铵结晶干燥	80		—	—	—	—	—	—	30	—	

注：1）机焦、半焦炉；2）热回收焦炉；3）待国家污染物监测方法标准发布后实施。

4.2.4 根据国家环境保护工作的要求，在国土开发密度较高、环境承载能力开始减弱，或大气环境容量较小、生态环境脆弱，容易发生严重大气环境污染问题而需要采取特别保护措施的地区，应严格控制企业的污染物排放行为，在上述地区的企业执行表 6 规定的大气污染物特别排放限值。

执行大气污染物特别排放限值的地域范围、时间，由国务院环境保护行政主管部门或省级人民政府规定。

表 6 大气污染物特别排放限值 单位：mg/m³

序号	污染物排放环节	颗粒物	二氧化硫	苯并[a]芘	氰化氢	苯[1]	酚类	非甲烷总烃	氮氧化物	氨	硫化氢	监控位置
1	精煤破碎、焦炭破碎、筛分及转运	15	—	—	—	—	—	—	—	—	—	车间或生产设施排气筒
2	装煤	30	70	0.3 μg/m³	—	—	—	—	—	—	—	
3	推焦	30	30	—	—	—	—	—	—	—	—	
4	焦炉烟囱	15	30	—	—	—	—	—	150	—	—	
5	干法熄焦	30	80	—	—	—	—	—	—	—	—	
6	粗苯管式炉、半焦烘干和氨分解炉等燃用焦炉煤气的设施	15	30	—	—	—	—	—	150	—	—	
7	冷鼓、库区焦油各类贮槽	—	—	0.3 μg/m³	1.0	—	50	50	—	10	1	
8	苯贮槽	—	—	—	—	6	—	50	—	—	—	
9	脱硫再生塔			—	—	—	—	—	—	10	1	
10	硫铵结晶干燥	50								10	—	

注：1）待国家污染物监测方法标准发布后实施。

4.2.5 企业边界任何1小时平均浓度执行表7规定的浓度限值。

表7 现有和新建炼焦炉炉顶及企业边界大气污染物浓度限值

单位：mg/m³

污染物项目		颗粒物	二氧化硫	苯并[a]芘	氰化氢	苯	酚类	硫化氢	氨	苯可溶物	氮氧化物	监控位置
浓度限值		2.5	—	2.5μg/m³	—	—	—	0.1	2.0	0.6	—	焦炉炉顶
		1.0	0.50	0.01μg/m³	0.024	0.4	0.02	0.01	0.2	—	0.25	厂界

4.2.6 在现有企业生产、建设项目竣工环保验收后的生产过程中，负责监管的环境保护主管部门应对周围居住、教学、医疗等用途的敏感区域环境质量进行监测。建设项目的具体监控范围为环境影响评价确定的周围敏感区域；未进行过环境影响评价的现有企业，监控范围由负责监管的环境保护主管部门，根据企业排污的特点和规律及当地的自然、气象条件等因素，参照相关环境影响评价技术导则确定。地方政府应对本辖区环境质量负责，采取措施确保环境状况符合环境质量标准要求。

4.2.7 产生大气污染物的生产工艺和装置必须设立局部或整体气体收集系统和净化处理装置，达标排放。所有排气筒高度应不低于15m（排放含氰化氢废气的排气筒高度不得低于25m。）。排气筒周围半径200m范围内有建筑物时，排气筒高度还应高出最高建筑物3m以上。现有和新建焦化企业须安装荒煤气自动点火放散装置。

4.2.8 在国家未规定生产设施单位产品基准排气量之前，以实测浓度作为判定大气污染物排放是否达标的依据。

5 污染物监测要求

5.1 污染物监测的一般要求

5.1.1 对企业排放废水和废气的采样，应根据监测污染物的种类，在规定的污染物排放监控位置进行，有废水和废气处理设施的，应在处理设施后监控。企业应按国家有关污染源监测技术规范的要求设置采样口，在污染物排放监控位置须设置永久性排污口标志。

5.1.2 新建企业和现有企业安装污染物排放自动监控设备的要求，按有关法律和《污染源自动监控管理办法》的规定执行。

5.1.3 对企业污染物排放情况进行监测的频次、采样时间等要求，按国家有关污染源监测技术规范的规定执行。

5.1.4 企业产品产量的核定，以法定报表为依据。

5.1.5 企业须按照有关法律和《环境监测管理办法》的规定，对排污状况进行监测，并保存原始监测记录。

5.2　水污染物监测要求

5.2.1　对企业排放水污染物浓度的测定采用表8所列的方法标准。

5.2.2　对于洗煤、熄焦和高炉冲渣等回用水质监测的取样位置，分别设在洗煤、熄焦和高炉冲渣的回用水池中。

表8　水污染物浓度测定方法标准

序号	污染物项目	方法标准名称	方法标准编号
1	pH值	水质　pH值的测定　玻璃电极法	GB 6920—1986
2	悬浮物	水质　悬浮物的测定　重量法	GB 11901—1989
3	化学需氧量（COD_{Cr}）	水质　化学需氧量的测定　重铬酸钾法	GB 11914—1989
		水质　化学需氧量的测定　快速消解分光光度法	HJ/T 399—2007
4	氨氮	水质　氨氮的测定　纳氏试剂分光光度法	HJ 535—2009
		水质　氨氮的测定　水杨酸分光光度法	HJ 536—2009
		水质　氨氮的测定　蒸馏-中和滴定法	HJ 537—2009
		水质　氨氮的测定　气相分子吸收光谱法	HJ/T 195—2005
5	五日生化需氧量（BOD_5）	水质　五日生化需氧量（BOD_5）的测定　稀释与接种法	HJ 505—2009
6	总氮	水质　总氮的测定　碱性过硫酸钾消解紫外分光光度法	HJ 636—2012
		水质　总氮的测定　气相分子吸收光谱法	HJ/T 199—2005
7	总磷	水质　总磷的测定　钼酸铵分光光度法	GB 11893—1989
8	氰化物	水质　氰化物的测定　容量法和分光光度法	HJ 484—2009
9	石油类	水质　石油类和动植物油的测定　红外光度法	GB/T 16488—1996
10	挥发酚	水质　挥发酚的测定　4-氨基安替比林分光光度法	HJ 503—2009
		水质　挥发酚的测定　溴化容量法	HJ 502—2009
11	硫化物	水质　硫化物的测定　亚甲基蓝分光光度法	GB/T 16489—1996
		水质　硫化物的测定　碘量法	HJ/T 60—2000
		水质　硫化物的测定　气相分子吸收光谱法	HJ/T 200—2005
12	苯	水质　苯系物的测定　气相色谱法	GB 11890—1989
13	多环芳烃	水质　多环芳烃的测定　液液萃取和固相萃取高效液相色谱法	HJ 478—2009
14	苯并[*a*]芘	水质　多环芳烃的测定　液液萃取和固相萃取高效液相色谱法	HJ 478—2009

5.3　大气污染物监测要求

5.3.1　采样点的设置与采样方法按GB/T 16157执行。

5.3.2　在有敏感建筑物方位、必要的情况下进行监控，具体要求按HJ/T 55—2000进行监测。

5.3.3　常规机焦炉和热回收焦炉炉顶无组织排放的采样点设在炉顶装煤塔与焦炉炉端机侧和焦侧两侧的1/3处、2/3处各设一个测点；半焦炭化炉在单炉炉顶设置一个测点。应在正常工况下采样，颗粒物、苯并［a］芘和苯可溶物监测频次为每天采样3次，每次连续采样4小时；H_2S、NH_3 监测频次为每天采样3次，每次连续采样30min。机焦炉和热回收焦炉的炉顶监测结果以所测点位中最高值计。

5.3.4 对企业排放大气污染物浓度的测定采用表9所列的方法标准。

表9 大气污染物浓度测定方法标准

序号	项目	分析方法	方法标准编号
1	颗粒物	固定污染源排气中颗粒物测定与气态污染物采样方法	GB/T 16157—1996
		环境空气 总悬浮颗粒物的测定 重量法	GB/T 15432—1995
2	二氧化硫	固定污染源排气中二氧化硫的测定 定电位电解法	HJ/T 57—2000
		固定污染源排气中二氧化硫的测定 碘量法	HJ/T 56—2000
		环境空气 二氧化硫的测定 甲醛吸收-副玫瑰苯胺分光光度法	HJ 482—2009
		环境空气 二氧化硫的测定 四氯汞盐吸收-副玫瑰苯胺分光光度法	HJ 483—2009
3	苯并[a]芘	环境空气 苯并[a]芘的测定 高效液相色谱法	GB/T 15439—1995
		固定污染源排气中苯并[a]芘的测定 高效液相色谱法	HJ/T 40—1999
4	氰化氢	固定污染源排气中氰化氢的测定 异烟酸-吡唑啉酮光度法	HJ/T 28—1999
5	苯	环境空气 苯系物的测定 活性炭吸附/二硫化碳解吸-气相色谱法	HJ 584—2010
		环境空气 苯系物的测定 固体吸附/热脱附-气相色谱法	HJ 583—2010
6	酚类化合物	固定污染源排气中酚类化合物的测定 4-氨基安替比林分光光度法	HJ/T 32—1999
7	非甲烷总烃	固定污染源排气中非甲烷总烃的测定 气相色谱法	HJ/T 38—1999
8	氮氧化物	固定污染源排气中氮氧化物的测定 紫外分光光度法	HJ/T 42—1999
		固定污染源排气中氮氧化物的测定 盐酸萘乙二胺分光光度法	HJ/T 43—1999
		环境空气 氮氧化物(一氧化氮和二氧化氮)的测定 盐酸萘乙二胺分光光度法	HJ 479—2009
9	氨	空气质量 氨的测定 离子选择电极法	GB/T 14669—1993
		空气和废气 氨的测定 纳氏试剂分光光度法	HJ 533—2009
		环境空气 氨的测定 次氯酸钠-水杨酸分光光度法	HJ 534—2009
10	硫化氢	空气质量 硫化氢 甲硫醇 甲硫醚 二甲二硫的测定 气相色谱法	GB/T 14678—1993

6 实施监督

6.1 本标准由县级以上人民政府环境保护行政主管部门负责监督实施。

6.2 在任情况下，企业均应遵守本标准的污染物排放控制要求，采取必要措施保证污染防治设施正常运行。各级环保部门在对设施进行监督性检查时，可以现场即时采样或监测的结果，作为判定排污行为是否符合排放标准以及实施相关环境保护管理措施的依据。在发现设施耗水或排水量有异常变化的情况下，应核定企业的实际产品产量、排水量，按本标准的规定，换算水污染物基准排水量排放浓度。

(a) 处理前　　(b) 处理后

图 2-9　超导高强磁场-化学耦合技术杀菌效果

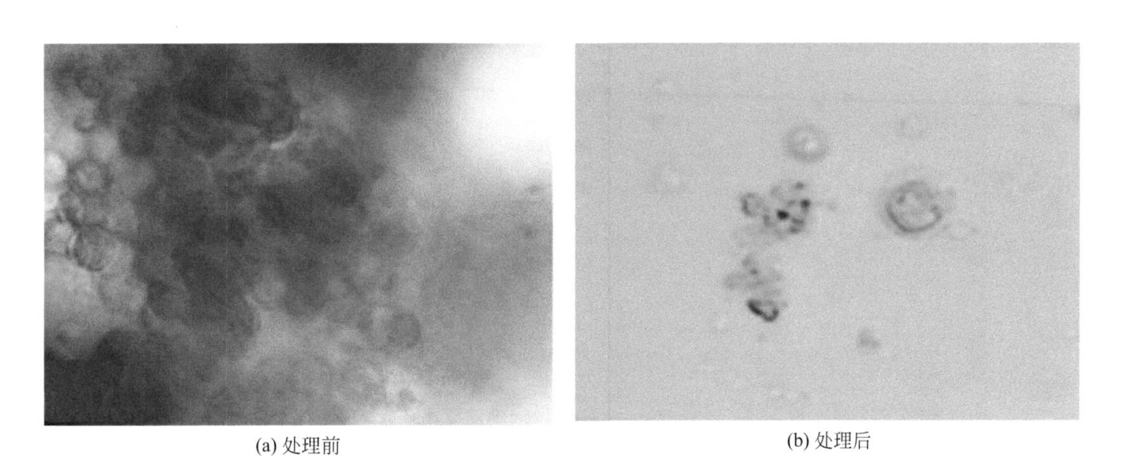

(a) 处理前　　(b) 处理后

图 2-10　超导高强磁场-化学耦合技术灭藻效果

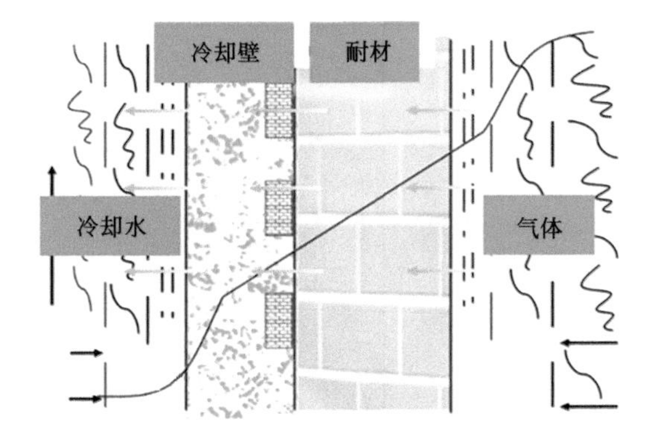

图 2-16　冷却系统传热过程示意

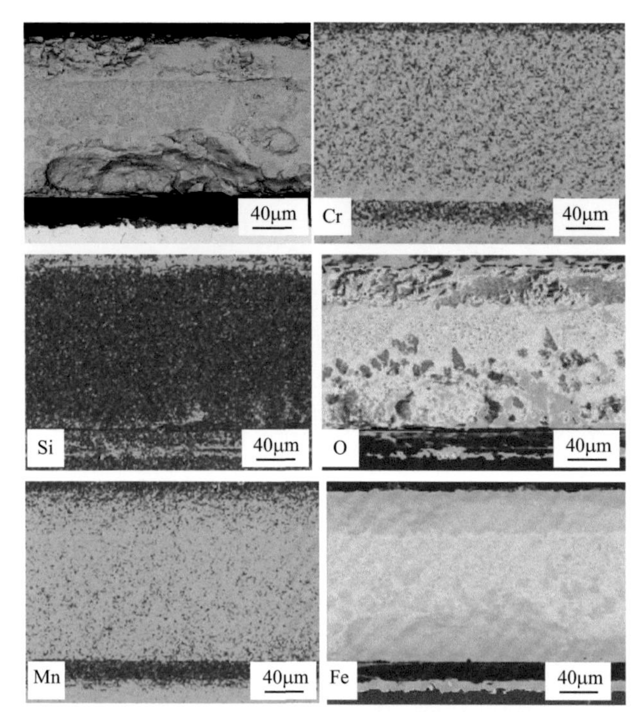

图 2-52　Q690 钢经 1150℃氧化 15min 后氧化铁皮横截面的背散射图像

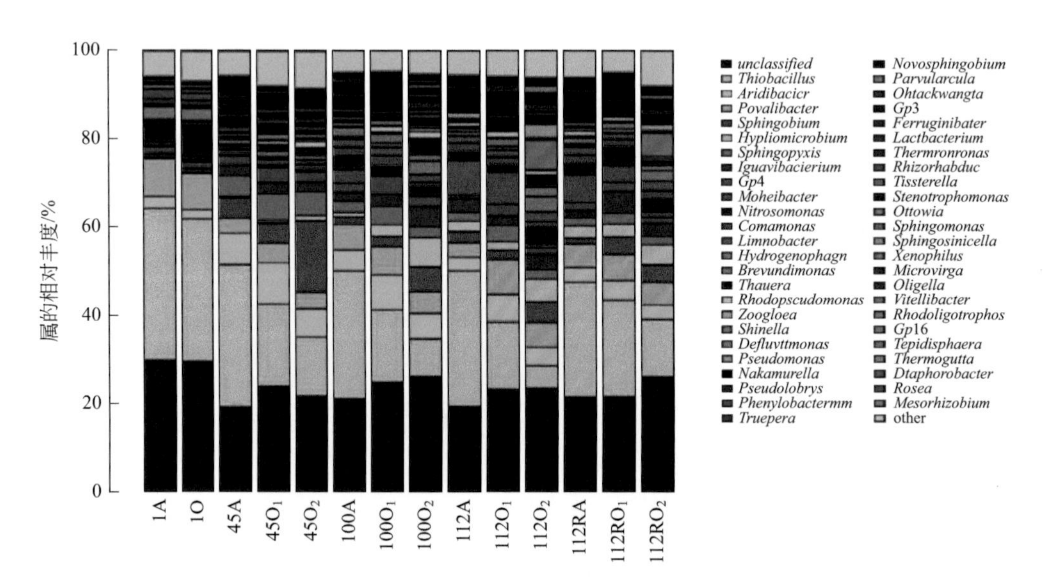

图 3-20　反应器属水平微生物相对丰度

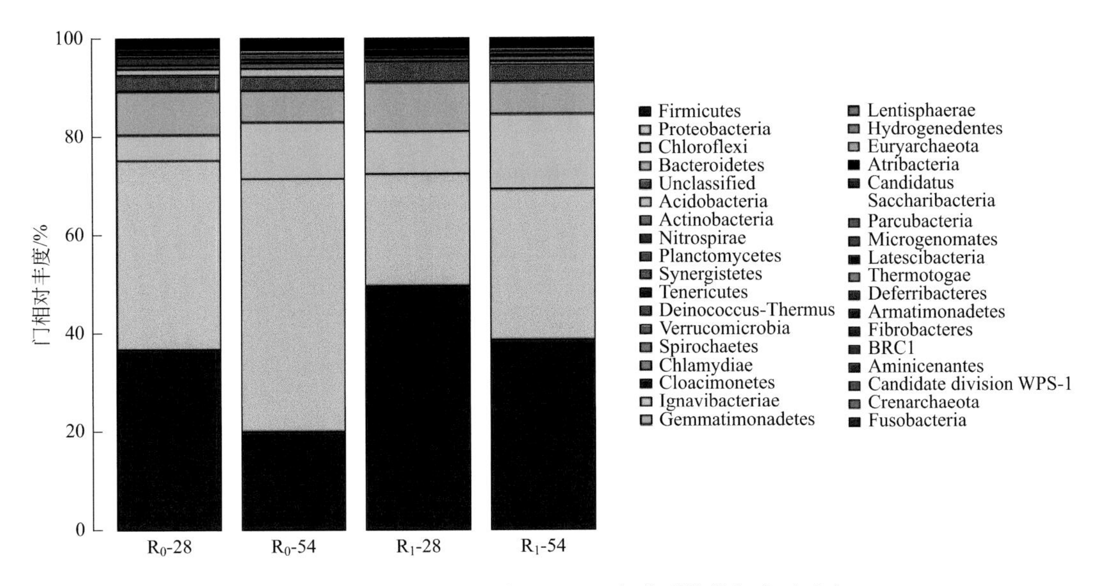

图 3-22 零价铁投加组合对照组厌氧菌群结构门水平对比

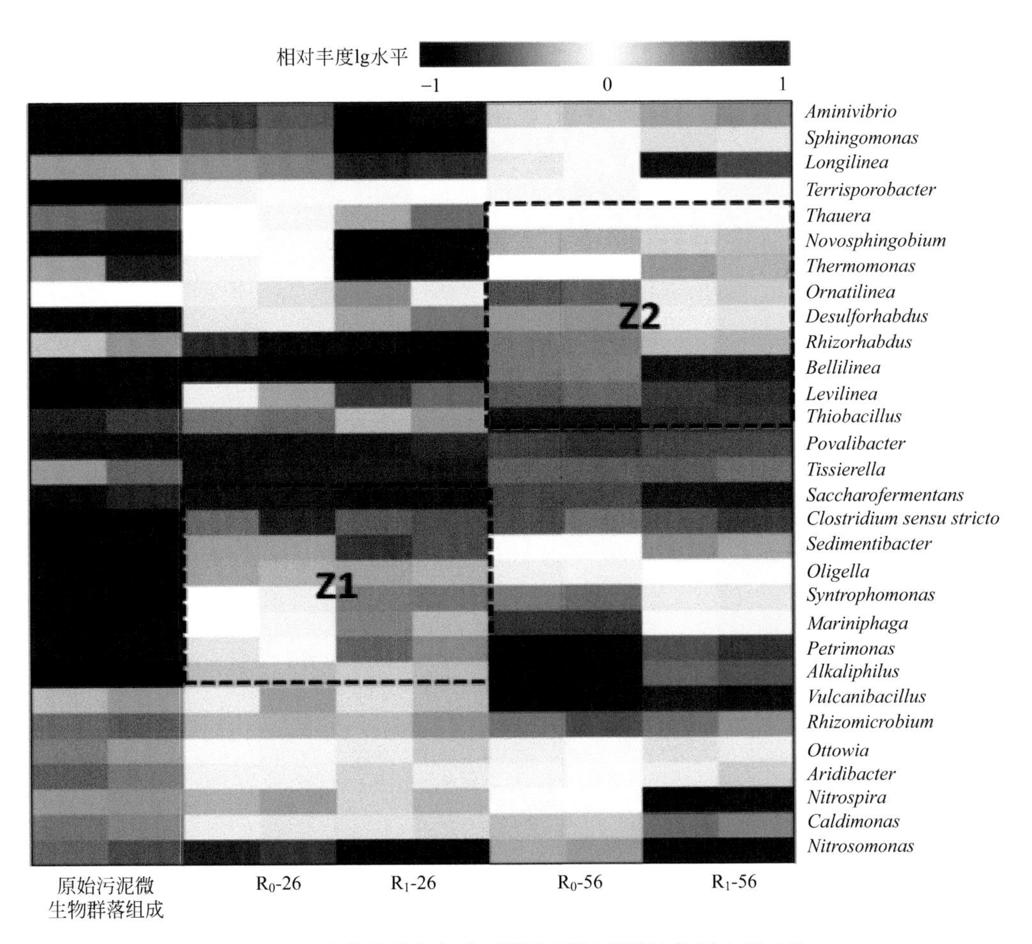

图 3-23 零价铁投加组合对照组厌氧菌群结构属水平对比

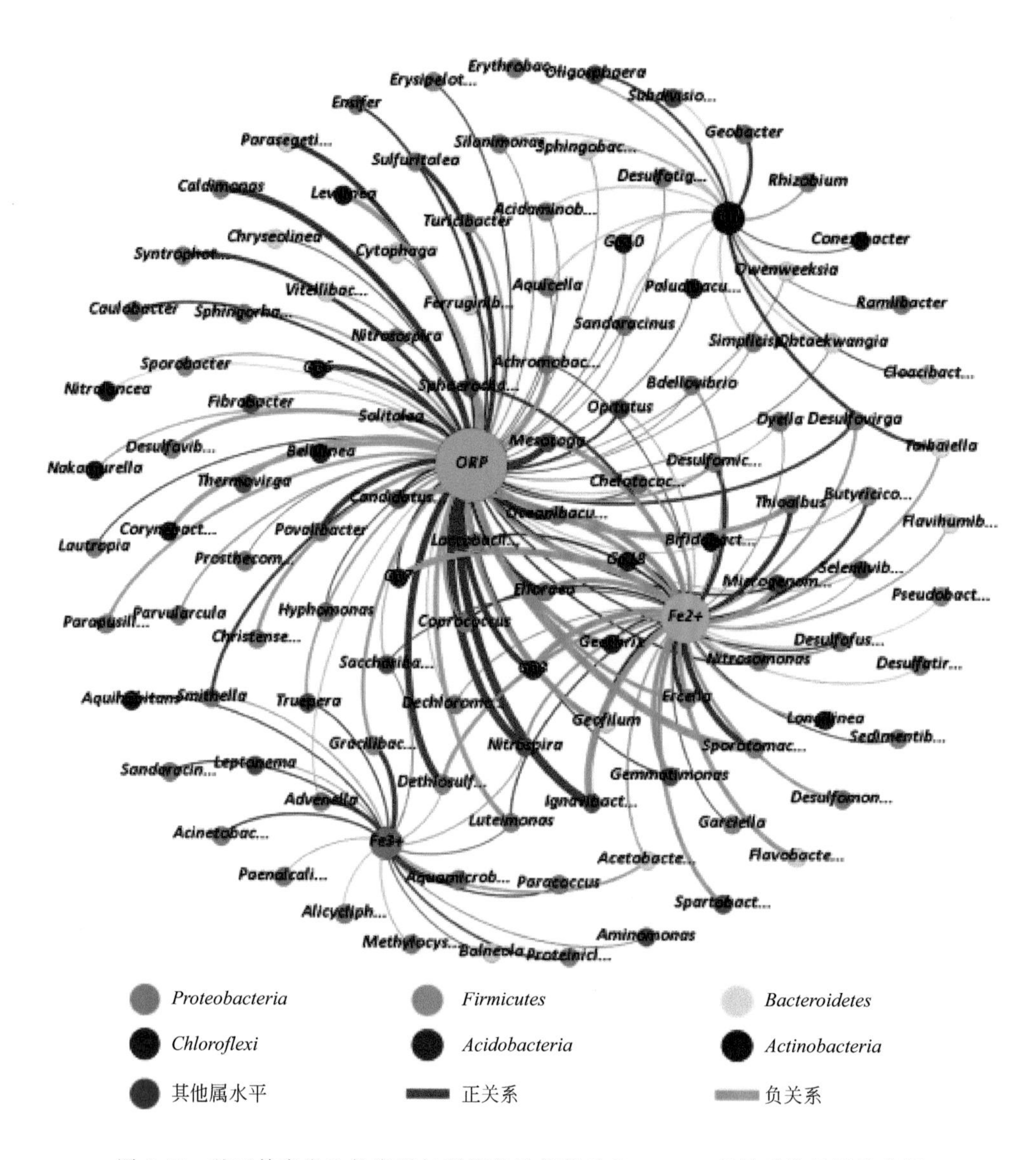

图 3-24　基于特定微生物类群与环境变量的配对 Spearman 相关系数的网络分析

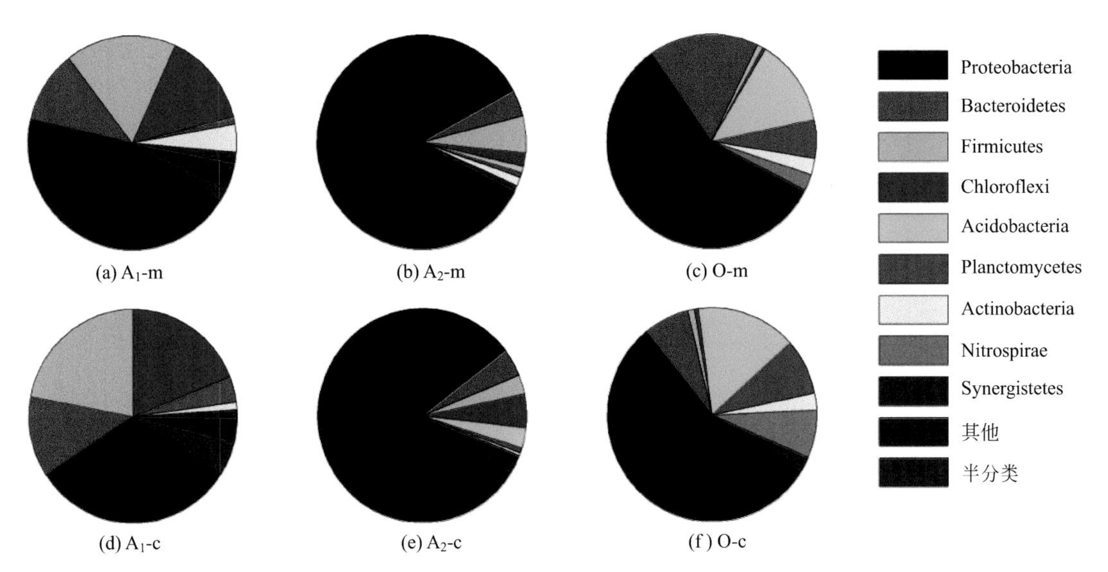

图 3-28　两套 A/A/O 系统中各处理工序门水平菌群结构

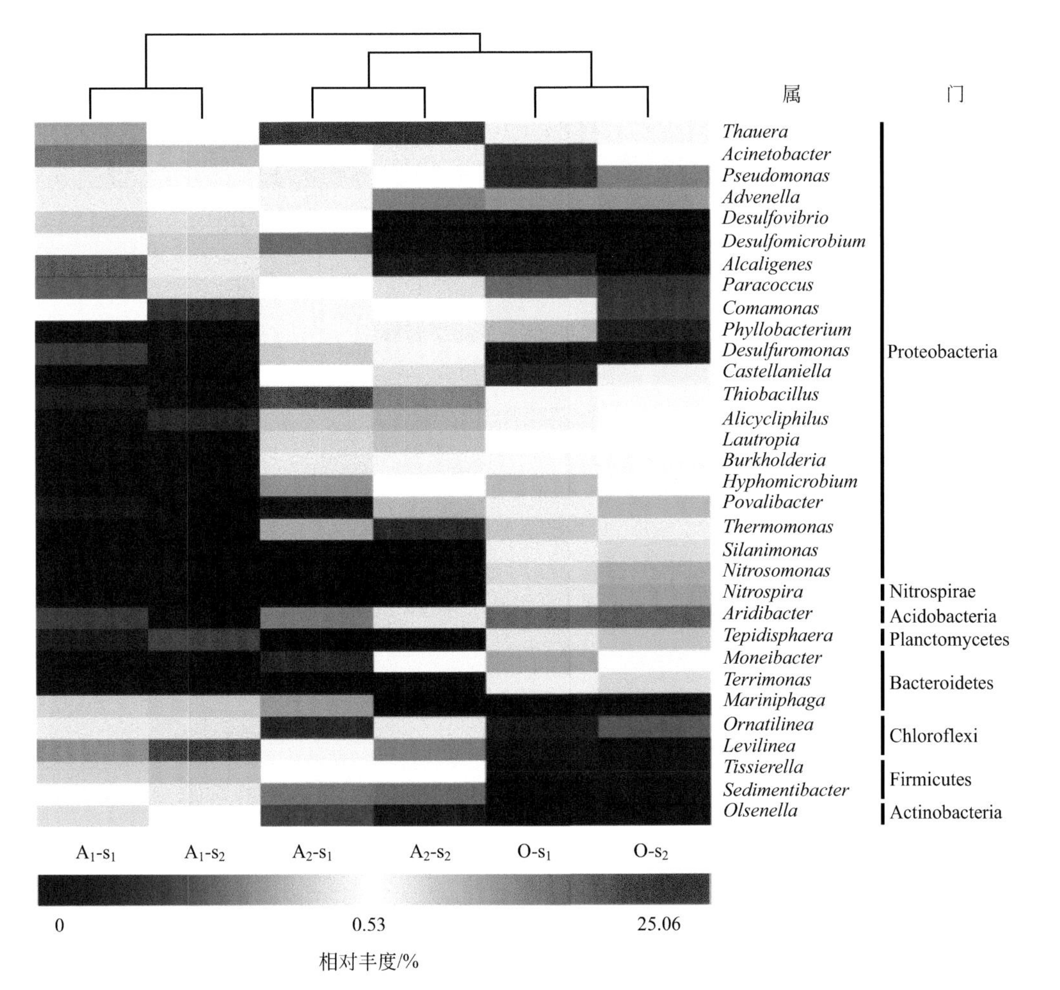

图 3-29　两套 A/A/O 系统中各处理工序属水平菌群结构热图

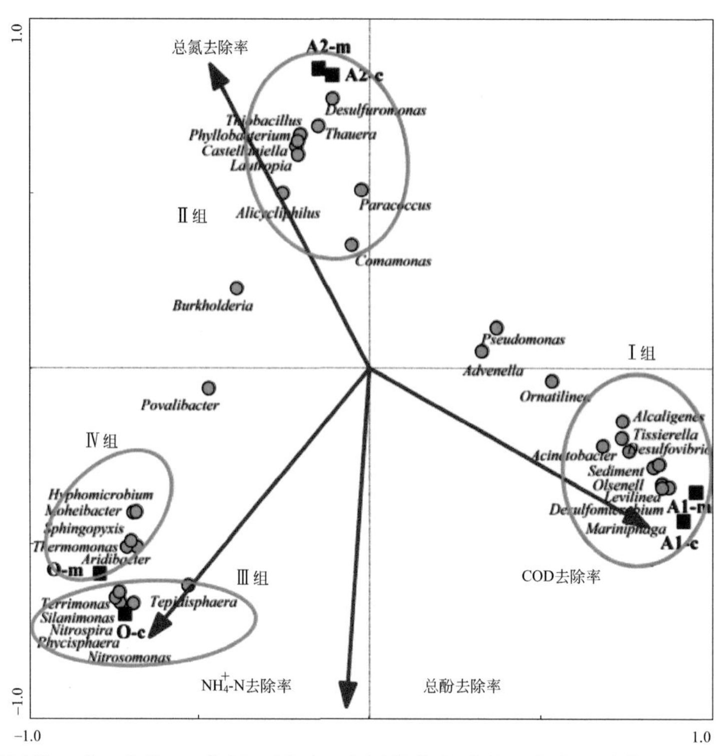

图 3-30　不同处理池（方块）、菌属（圆圈）和污染物去除率（箭头）的典型对应分析排序图

(a) 高炉煤气洗涤水絮凝处理对比

(b) 某企业 (一) 焦化废水絮凝处理对比

(c) 某企业 (二) 焦化废水絮凝处理对比

图 3-34　混凝去除效果

图 3-35　鞍钢西大沟混凝现场中试试验

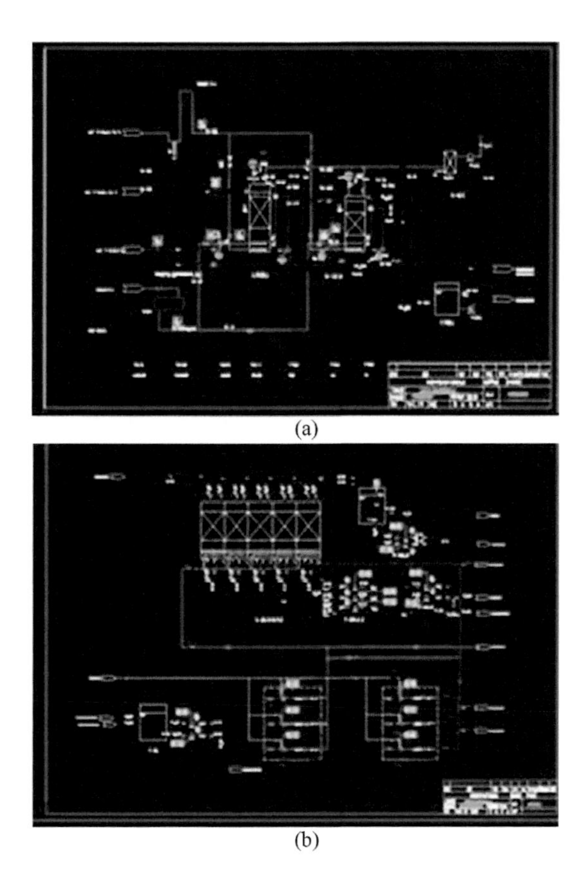

(a)

(b)

图 3-39　臭氧多相催化氧化深度处理工艺包（PID）

图 3-43　原水、混凝出水和催化氧化出水颜色对比

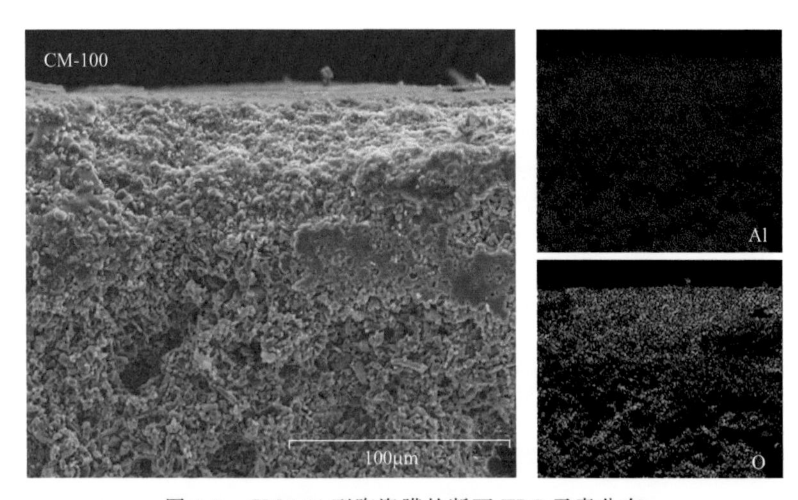

图 4-3　CM-100 型陶瓷膜的断面 EDS 元素分布

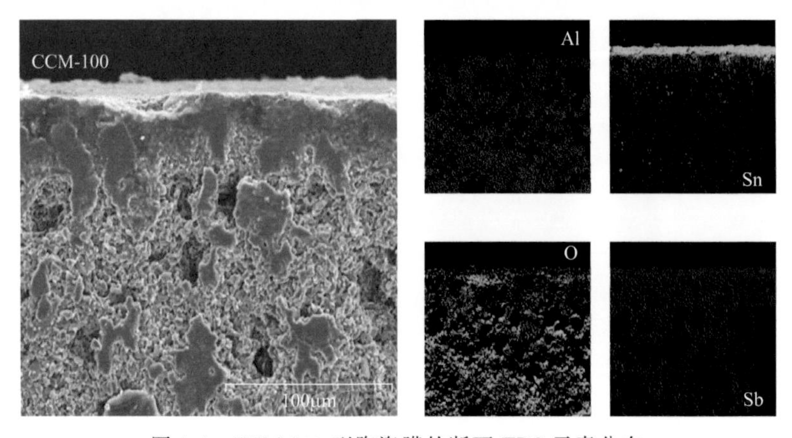

图 4-4　CCM-100 型陶瓷膜的断面 EDS 元素分布

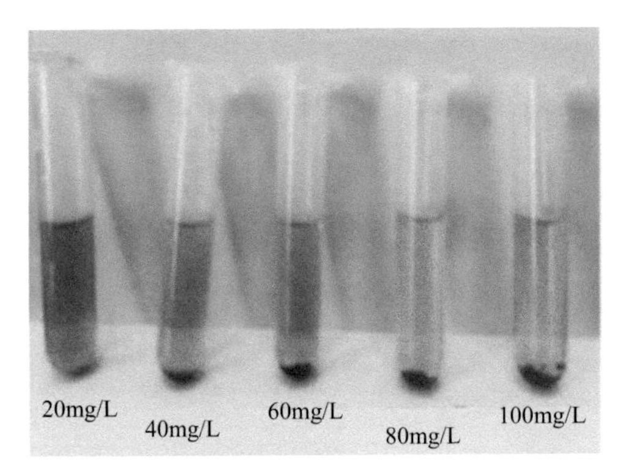

(a) 破乳剂浓度从20mg/L到100mg/L的破乳效果

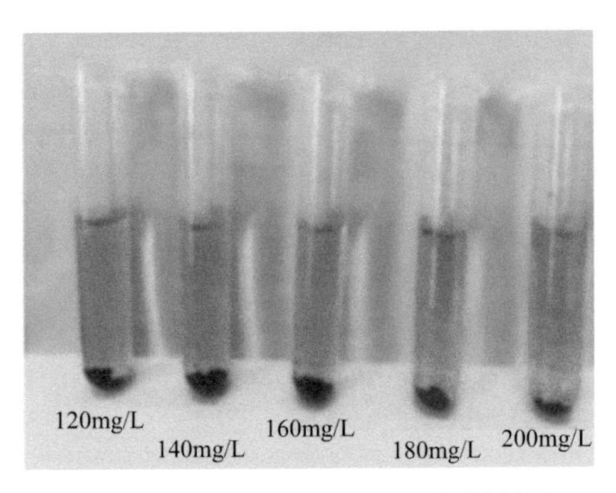

(b) 破乳剂浓度从120mg/L到200mg/L的破乳效果

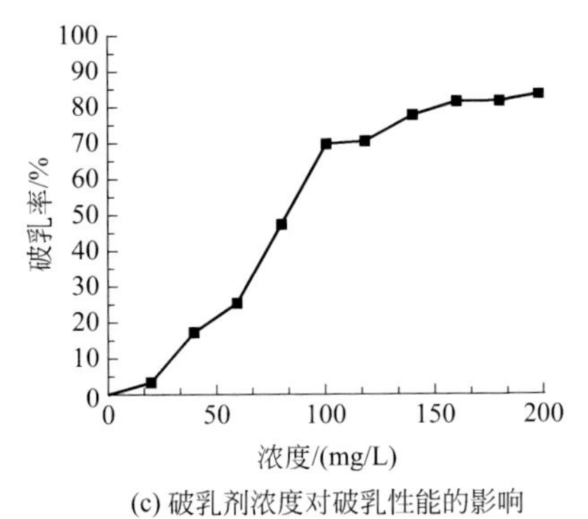

(c) 破乳剂浓度对破乳性能的影响

图 4-12　焦化废水中破乳剂浓度对破乳性能的影响

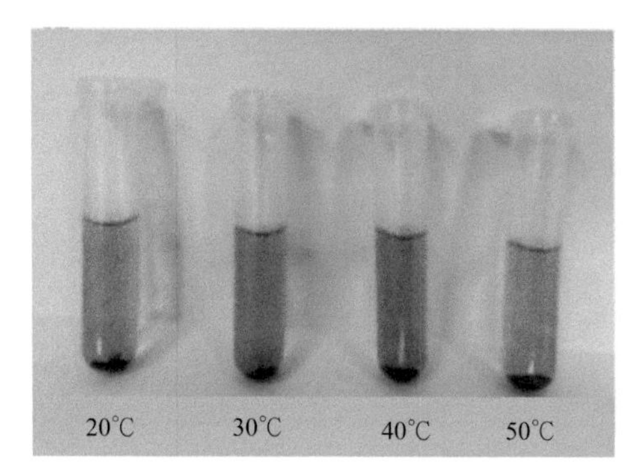

(a) 温度从20℃到50℃的破乳效果

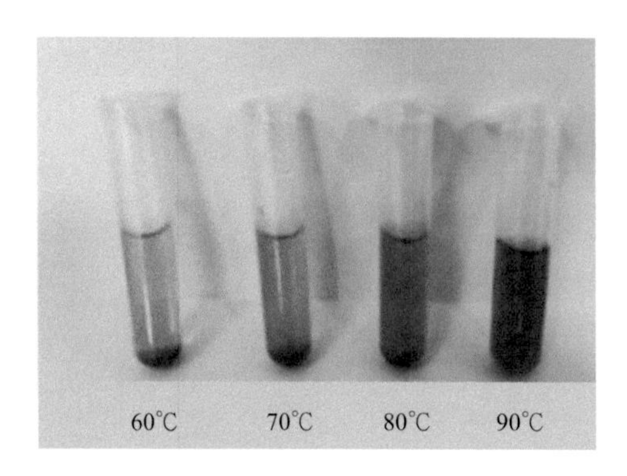

(b) 温度从60℃到90℃的破乳效果

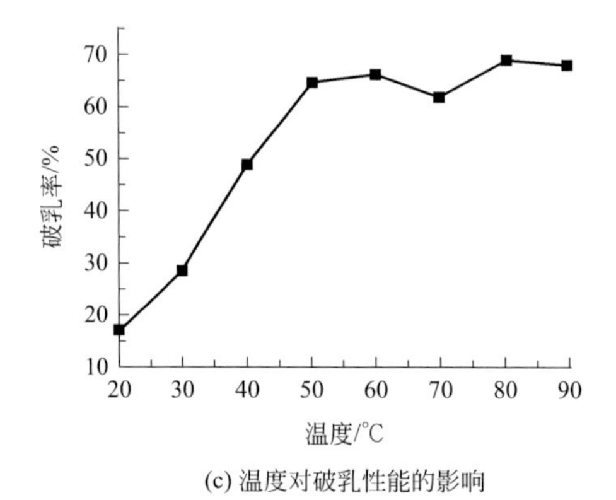

(c) 温度对破乳性能的影响

图 4-13　焦化废水中温度对破乳性能的影响

图 4-32　中试实验

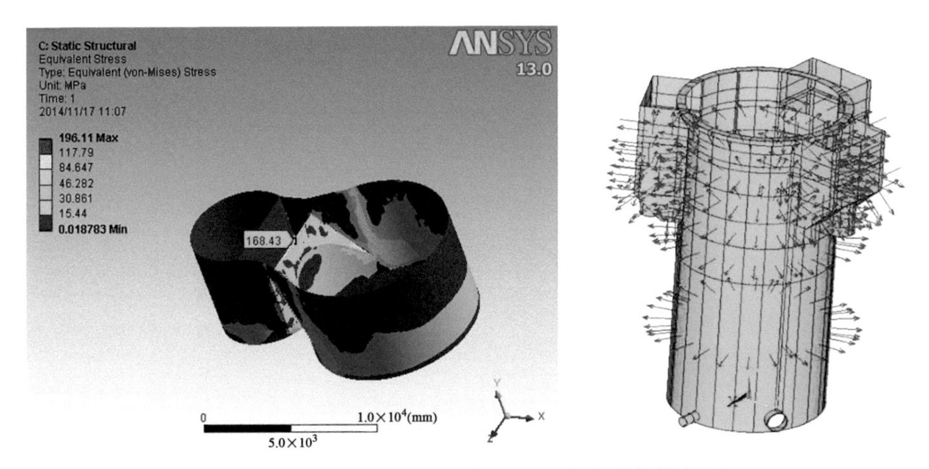

图 4-37　多流向钢结构设备荷载及应力分析模拟图

(a) 原水

(b) 处理后

图 4-42　焦化尾水的催化臭氧氧化处理

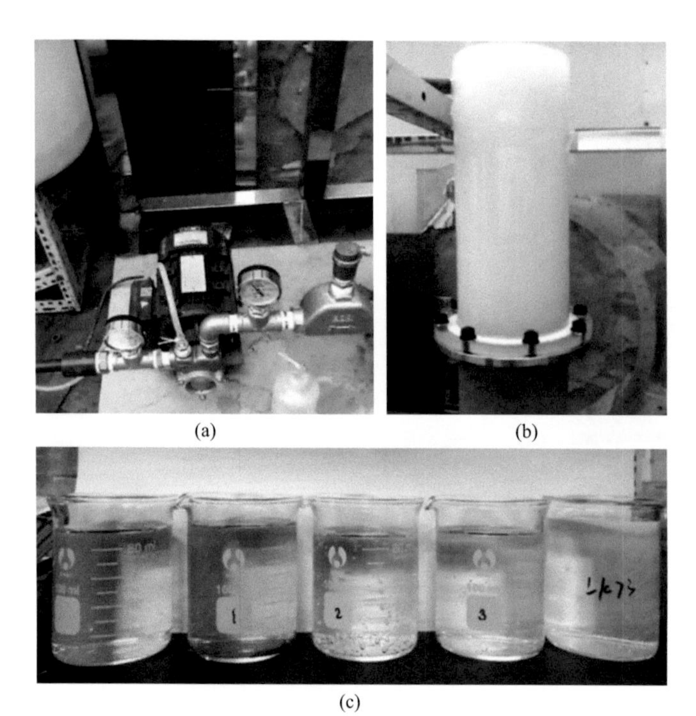

(a)　(b)

(c)

图 4-43　纳微气泡-耦合强化催化臭氧氧化法处理焦化尾水

(a) 原水　(b) 软化后液　(c) 超滤进水　(d) RO淡水　(e) 臭氧进水(RO淡水)

(f) 臭氧出水　(g) 树脂出水　(h) 纳滤浓水　(i) 电渗析淡水　(j) 电渗析浓水　(k) 纳滤淡水

图 4-54　水样色度变化

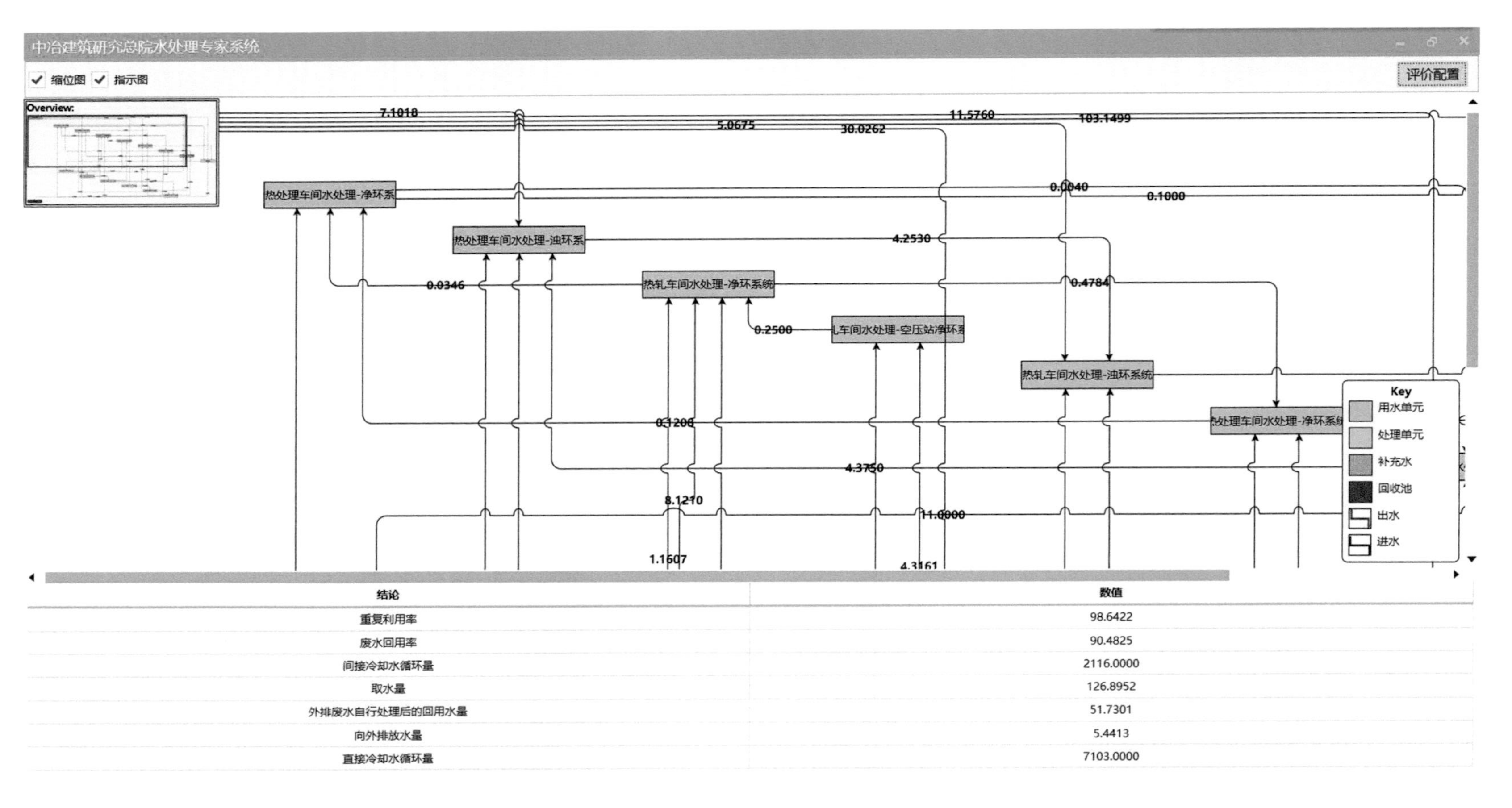

结论	数值
重复利用率	98.6422
废水回用率	90.4825
间接冷却水循环量	2116.0000
取水量	126.8952
外排废水自行处理后的回用水量	51.7301
向外排放水量	5.4413
直接冷却水循环量	7103.0000

图 5-2　钢铁企业多因子水网络水质水量平衡集成优化技术示意

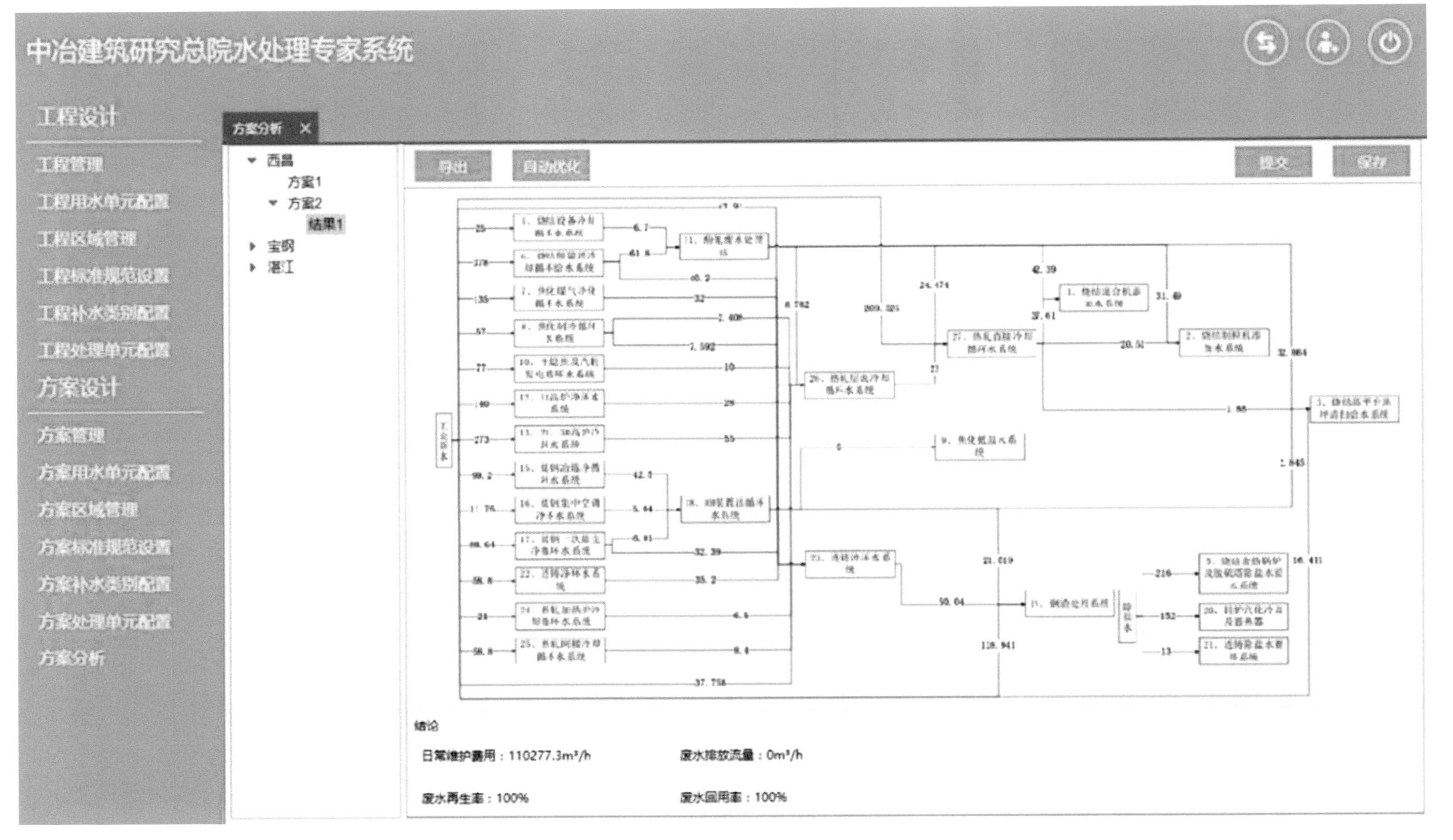

图 5-10　钢铁企业全流程多因子水质水量平衡优化技术在水处理专家系统水网络管理应用

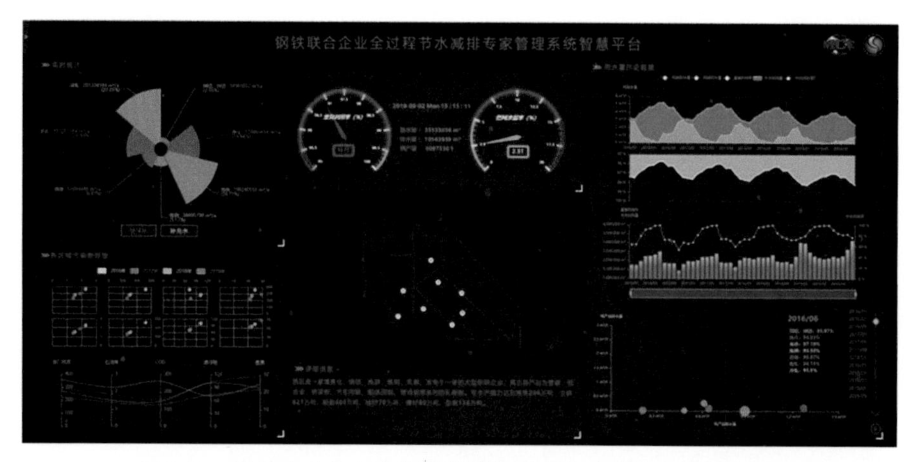

图 5-17　钢铁企业节水减排智慧管控平台实时监控全局概览图

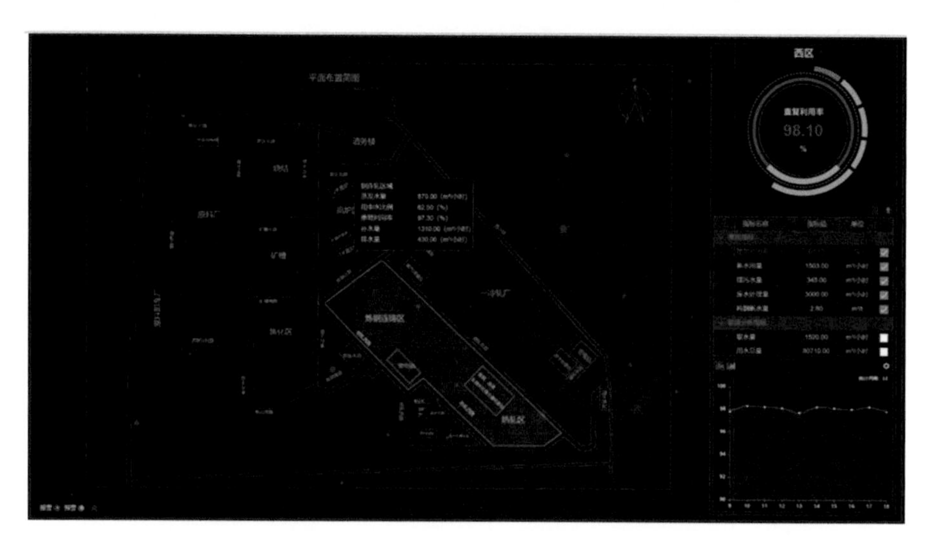

图 5-20　钢铁企业节水减排智慧管控平台能源指标管理图

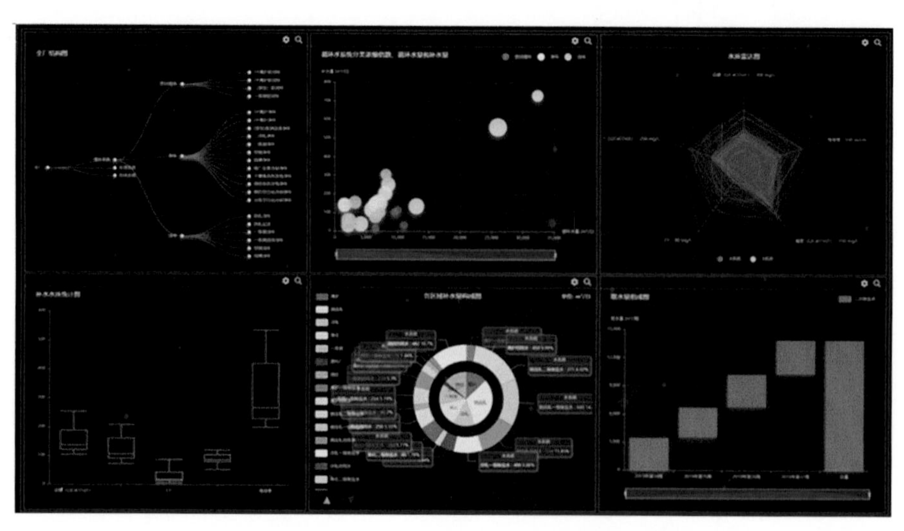

图 5-24　钢铁企业节水减排智慧管控平台报表分析数据图